KB160543

세상을 바꾼 위대한 과학실험 100

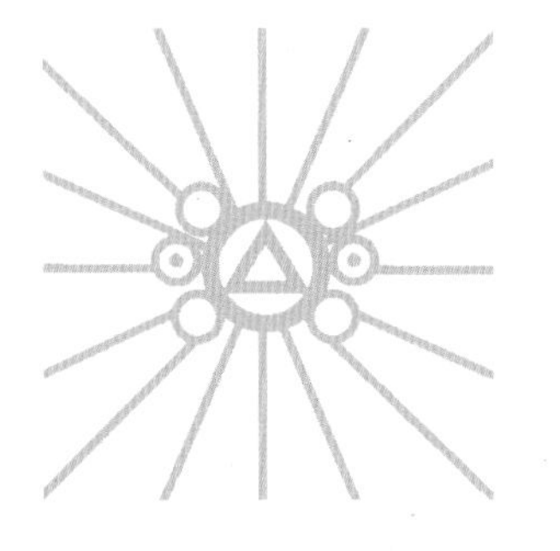
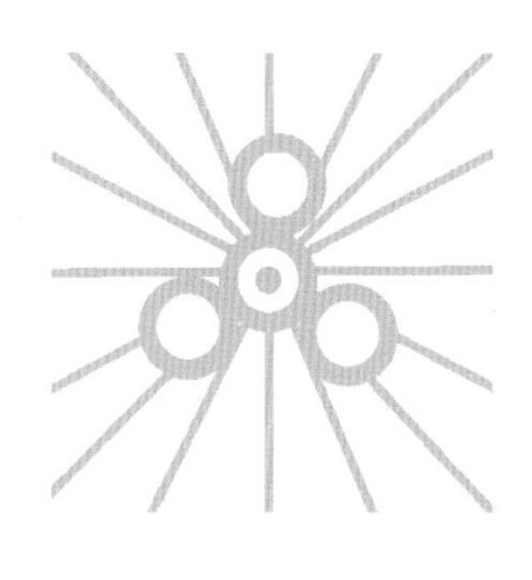

세상을 바꾼 위대한 과학실험

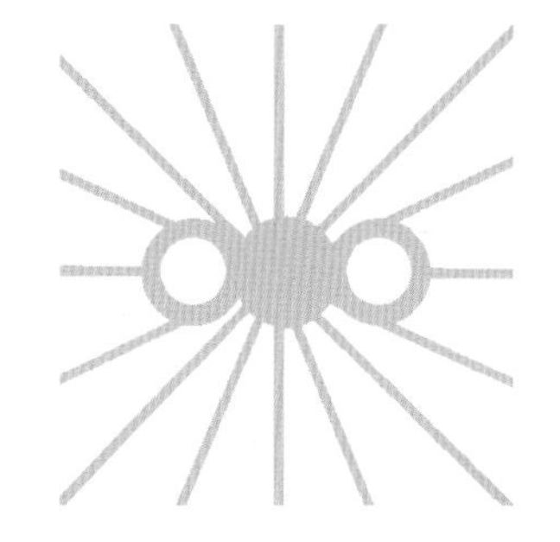

존 그리빈 · 메리 그리빈

오수원 옮김

일러두기

- 이 책은 앨프리드 멍거 재단Alfred C. Munger Foundation의 지원과 서섹스대학교University of Sussex의 지지를 바탕으로 저술됐습니다.
- 책 제목은 《 》, 신문·방송·잡지·논문·작품·연극·영화·노래·웹사이트 이름은 〈 〉, 신문·잡지의 기사 제목은 “ ”로 묶어 표기했습니다.

우리가 지금까지 알고 있는 것들은 물 한 방울에 불과하다.

하지만 알지 못하는 것은 저 바다와 같다.

_아이작 뉴턴

서문

실험 없는 과학은 아무것도 아니다. 1965년 노벨상을 받은 물리학자 리처드 파인만Richard Feynman의 말을 들어보자.

"대개 새로운 법칙을 찾는 과정은 다음과 같다. 첫째, 법칙을 추론한다. 둘째, 추론한 법칙이 옳을 경우의 함의를 알아보기 위해 추론한 결과를 수학적으로 계산한다. 셋째, 실험이나 경험(세계의 관찰)을 통해 계산한 결과를 자연에 대입한다. 계산한 결과를 관찰 내용과 직접 비교함으로써 결과가 맞는지 살피는 일이다. 계산을 통한 법칙이 실험과 일치하지 않은 경우 그 법칙은 틀린 것이다. 이 간단한 언명 속에 과학의 열쇠가 들어 있다. 추론이 얼마나 아름다운지, 과학자의 실력이 얼마나 뛰어난지, 추론을 한 사람이 누구인지, 그의 명성이 얼마나 큰지는 전혀 중요하지 않다. 실험과 일치하지 않는 법칙은 틀린 것이다."[1]

"실험과 일치하지 않는 법칙은 틀린 것이다"라는 언명은 과학의 본질을 가장 집약적으로 보여준다. 때로 사람들은 과학의 출발이 왜 그토록 늦었는지 의아해한다. 고대 그리스인도 현대인 못지않은 지성의 소유자들이었고, 그 중 일부는 세계란 무엇인가에 관해 철학적으로 사유할 수 있는 호기심과 여유를 갖고 있었다. 그러나 극히 적은 예외를 제외하고 고대 그리스인이 할 수 있었던 것은 대개 철학적 사유가 전부였다. 철학을 폄훼하려는 게 아니다. 철학은 인간이 일궈낸 업적의 반열에서 나름의 지위를 차지하고 있다. 하지만 철학은 과학이 아니다. 가령 고대 그리스의 철학자들은 가벼운 물체와 무거운 물체를 동시에 떨어뜨릴 경우 이것들이 동시에 땅에 도달하는가, 아니면 무거운 물체가 더 빨리 떨어지는가의 문제를 놓고 논쟁을 벌였을 뿐, 높은 탑 꼭대기에서 무

왼쪽 우주비행사가 통상 임무 중에 허블 우주망원경HST을 정비하고 있다.

게가 서로 다른 물체를 떨어뜨려봄으로써 자신들의 생각을 시험하거나 검증해 보지 않았다. 이러한 실험은 17세기에 이르러서야 이뤄졌다(뒤에 설명하겠지만 실험의 주인공은 갈릴레오 갈릴레이Galileo Galilei였다. 실험 6을 보라).

실제로 영국의 의사이자 과학자*였던 윌리엄 길버트William Gilbert(실험 5를 보라)가, 훗날 파인만이 간결하게 요약했던 과학적 방법을 최초로 명료하게 설명한 것도 17세기 초의 일이었다. 1600년 길버트는 《자기, 자성체, 거대한 자석 지구에 관하여De Magnete Magneticisque Corporibus, et de Magno Magnete Tellure》, 줄여서 《자기磁氣에 관하여De Magnete》에서 자기의 성질과 관련된 것으로 유명세를 떨치게 될 자신의 작업을 '새로운 종류의 철학적 사유'라고 기술했다. 그는 한 걸음 더 나아가 다음과 같이 말한다.

"여기 표명한 나의 의견에 동의하지 않는다 해도, 또 나의 역설paradoxes(여기서는 어떤 주의나 주장에 반대되는 이론이나 말의 의미로 쓰였다_옮긴이)을 받아들이지 않는다 해도 수많은 실험과 발견만큼은 주목하시라… 우리는 이 실험과 발견들을 캐냈고, 엄청난 노고와 큰돈을 들여 밤잠을 설쳐가며 이들을 입증했다. 여러분은 우리가 제공하는 실험과 발견을 즐겁게 이용하시라. 그리고 가능하다면 더 좋은 목적에 이들을 가져다 사용하시라… 우리가 제시한 많은 추론과 가설은 필시 받아들이기 어려워 보일 수 있다. 일반적으로 수용되는 견해들과 일치하지 않기 때문이다. 하지만 나는 앞으로 우리의 추론과 가설들이 증명을 통해 권위를 얻게 되리라는 것을 믿어 의심치 않는다."[2]

윌리엄 길버트(1544년~1603년). 영국의 의사이자 물리학자. 1600년, 길버트는 자기력에 대한 선구적 연구서 《자기에 관하여》를 출간했다. 과학적 방법에 대한 최초의 기술이 담겨 있는 이 책은 훗날 갈릴레오에게 큰 영향을 끼쳤다.

길버트의 말을 바꿔보자면, 실험과 일치하지 않는 법칙은 틀린 것이다. '큰돈'에 대한 언급 또한, 과학이 진보하려면 가장 작은 물질 구조를 탐색하는 유럽입자물리연구소CERN의 대형 강입자 충돌기Large Hadron Collider나 우주 탄생의 원인인 빅뱅의 세부사항을 밝혀주는 우주 망원경 등 값비싼 도구를 만들어야 하는 이 시대에 전혀 낯설지 않다. 실험 도구를 만드는 기술technology의 문제는 과학의 발전이 늦어진 또 하나의 핵심

미국의 물리학자 리처드 파인만
(1918년~1988년).

원인을 짚어준다. 예나 지금이나 과학에는 '기술'이 필요하다. 사실 과학과 기술 사이에는 서로를 뒷받침해주는 시너지가 존재한다. 길버트가 글을 쓰던 무렵 안경용으로 개발된 렌즈는 망원경용으로 개조돼 천체 연구에 사용됐다. 천체 연구는 성능이 더 좋은 렌즈의 발전을 촉진시켰고, 이렇게 개선된 렌즈는 시력이 심각하게 나쁜 사람들에게 큰 혜택을 줬다.

과학과 실험 간의 의존 관계를 보여주는 더 극적인 예는 19세기의 증기기관이다. 증기기관은 원래 여러 차례의 시행착오를 거쳐 개발됐다. 증기기관은 기관 내의 작용에 대한 과학자들의 탐구심을 부추겼다. 처음에 이러한 탐구는 더 나은 증기기관을 설계하려는 의도가 아니라 순전히 호기심의 산물이었지만, 열역학의 발전은 더 효율적인 기관의 설계에 영향을 미칠 수밖에 없었다. 그러나 과학의 진보에 기술이 얼마나 중요한가를 보여주는 가장 놀라운 사례는 앞의 사례들보다 훨씬 더 애매모호하다. 바로 '진공펌프'다.

많은 사람들은 처음에 진공펌프가 왜 그토록 중요한 기술적 성과인지 이해하지 못했다. 진공펌프는 예로부터 여러 다른 형태로 존재해온 기구다. 효과적인 진공펌프가 없었다면, 19세기 진공 유리관 내부의 '음극선cathode rays' 작용 연구나, 음극선이라는 '광선'이 실제로 더 이상 쪼개지지 않는다고 알려져 있던 원자에서 분리돼 나온 입자들, 즉 '전자electron'의 연속체라는 발견은 불가능했을 것이다. 게다가 오늘날 대형 강입자 충돌기 속에 설치된 빔 파이프는 세계 최대의 진공 시스템이다. 이 시스템 내의 진공 상태는 '텅 빈' 우주의 진공보다 더 완벽하다. 진공펌프가 없다면 힉스Higgs 입자(실험 99를 보라)의 존재를 알 수 없다. 사실 이러한 실체가 존재할 수 있다는 것을 추론하려면 아원자subatomic 세계에 대해 알아야 하는데, 진공펌프가 없었다면 그조차 제대로 알 수 없었을 것이다.

그러나 이제 우리는 원자뿐 아니라 원자보다 작은 입자들이 존재한다는 사실을, 추론에 기댔던 고대 그리스의 철학자들보다 훨씬 더 근원적인 방식으로 알고 있다. 추론을 검증하기 위해 실험을 실행할 수 있었고, 또한 실험을 실행할 의지가 있었기 때문이다. 파인만이 말하는 '추론'은 더 정확한 표현으로 바꾸자면 '가설'이다. 과학자들은 주변의 세상을 관찰하면서 세상의 작용에 대한 가설을 세운다. 가령 무거운 물체와 가벼운 물체를 동시에 떨어뜨리면 땅에 떨어지는 시간이 각각 다르리라는 가설을 만드는 것이다. 그런 다음 이들은 높은 탑에서 물체들을 떨어뜨리고 자신의 가설이 틀렸다는 것을 발견한다. 가설을 반대로 세울 수도 있다. 무거운 물체나 가벼운 물체나 모두 동일한 속도로 떨어진다는 가설을 세우는 것이다. 실험은 이 가설이 옳다는 것을 입증하고 입증된 가설은 이론의 지위를 얻게 된다. 이론이란 실험을 통한 검증을 통과한 가설이다. 물론 인간의 속성상 이러한 과정이 늘 간단하고 명료한 것은 아니다. 실패한 가설에 매달리는 사람들은 실험 증거를 받아들이지 않고, 자신의 가설을 뒷받침하면서 현상을 설명할 방법을 찾으려 필사적으로 애쓰기도 한다. 그러나 진실은 밝혀진다. 자신의 가설을 포기하지 않으려 안간힘을 쓰는 완고한 사람들도 결국은 죽기 때문이다.

로버트 훅Robert Hooke이 직접 제작한 현미경.

과학자가 아닌 사람들은 때로 가설과 이론 사이의 구분을 혼동한다. 많은 과학자들이 용어를 잘못 쓰거나 엉성하게 쓰는 탓이다. 일상 언어의 용법에서 우리가 뭔가에 관한 '이론'이 있는 경우, 예컨대 왜 어떤 사람들은 토스트에 땅콩버터를 발라 먹는 것을 좋아하는데 어떤 사람들은 아닌지에 관한 이론이 있다면 그것은 그저 추측이거나 가설일 뿐 과학에서 말하는 '이론'이 아니다. 찰스 다윈Charles Darwin의 진화론을 비판하는 사람들은 과학을 모르기 때문에 다윈의 이론이 "단지 이론일 뿐"이라고 말한다. 이때 이들이 말하는 바의 함의는 "나의 추측이 다윈의 추측만큼 옳다"라는 것이다. 그러나 다윈의 자연선택 이론은 진화에 대해 관찰한 사실에서 출발해 진화의 발생 방식을 설명한다. 진화론을 비판하는 사람들이 무엇을 생각하건 다윈의 이론은 '가설-추론에 불과한 것' 이상이다. 실험을 통한 검증에 통과했기 때문이다. 자연선택에 의한 진화론이 '그저 이론에 불과한 것'이려면 아이작 뉴턴Isaac Newton의 중력 이론도 '그저 이론에 불과한 것'이어야 한다. 뉴턴은 물체가 낙하하거나 지구와 태양 주위를 궤도 순환하는 방식에 대한 사실 관찰에서 출발해, 중력이 어떻게 작용하는가(중력은 역제곱 법칙을 따른다는 것)에 대한 관념을 발전시켰다. 실험(그리고 후속 관찰, 이 책에서는 관찰을 '실험'이라는 용어에 포함시킴)은 이 관념을 입증했다.

중력은 과학의 작동방식에 대한 또 하나의 사례다. 뉴턴의 이론은 처음에 모든 검증을 통과했지만, 관측이 발전하면서 그 이론이 태양에서 가장 가까운 행성이자 중력이 강하게 작용하는 지점(강력한 중력장이 존재하는 지점)에서 궤도 순환을 하는 수성 궤도의 미묘한 세부 요소들을 설명하지 못한다는 사실이 밝혀졌다. 20세기에 들어 알베르트 아인슈타인Albert Einstein은 기발한 착상을 해

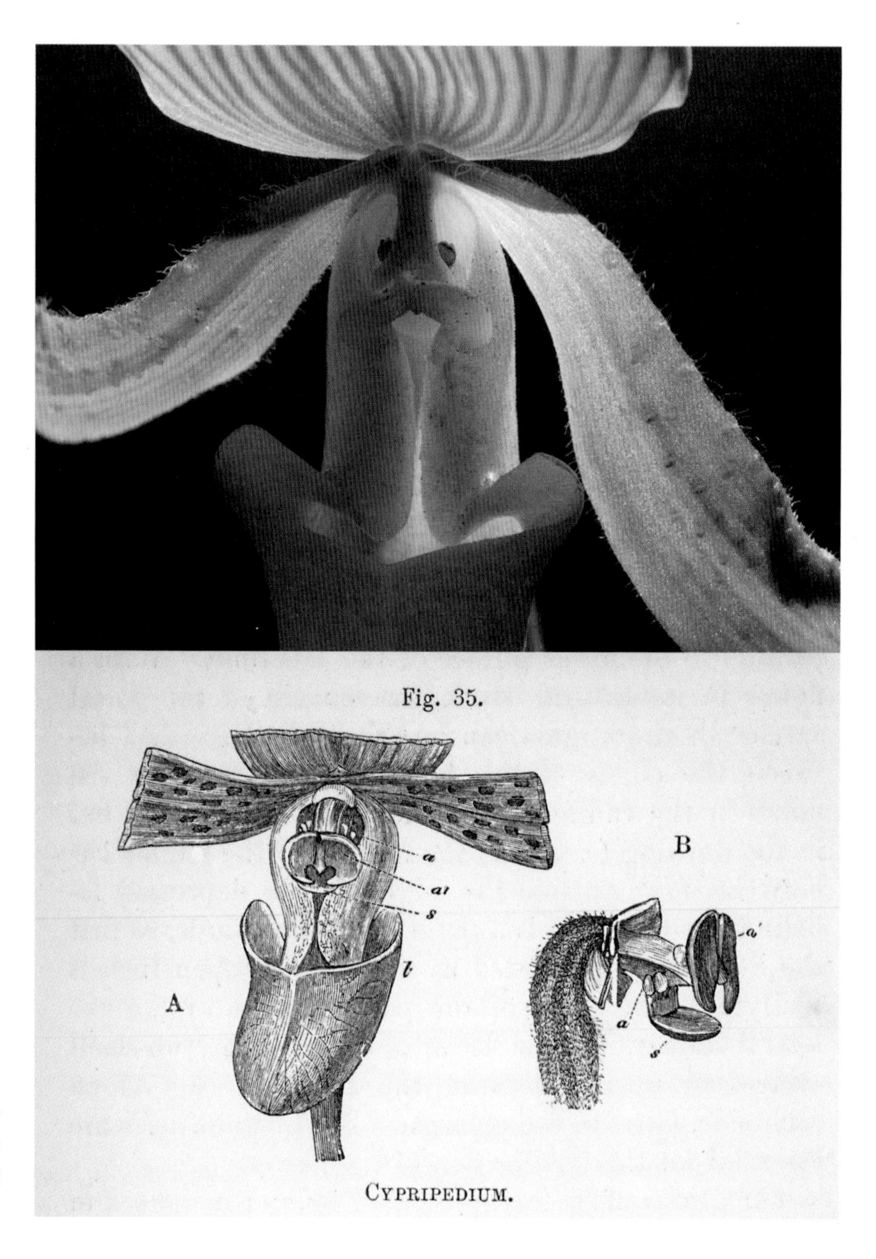

위 샌포드Sanford 품종의 난.
아래 찰스 다윈의 저서 《난초의 수정Fertilisation of Orchid》에 나오는 슬리퍼 난Cypripedium의 삽화. 다윈이 직접 그린 것이다.

냈고, 이는 훗날 '일반 상대성 이론'으로 알려지게 된다. 아인슈타인의 일반 상대성 이론은 뉴턴의 모든 이론을 설명하는 동시에 수성의 궤도까지 설명해냈으며, 빛이 태양 근처를 통과할 때 어떻게 구부러지는가를 정확히 예측했다(실험 67을 보라). 아인슈타인의 이론은 현재까지 가장 완벽한, 과학계 최고의 중력 이론이다. 그러나 그렇다고 뉴턴의 이론을 폐기해야 한다는 뜻은 아니다. 뉴턴의 이론은 여전히 특정 계에서 완벽하게 통하기 때문이다. 예컨대 뉴턴의 중력 이론은 이른바 '약한 장에서 타당한 근사weak field approximation'로 통한다. 약한 장이라는, 극한성이 덜한 환경에서는 뉴턴의 이론이 중력의 영향을 받는 사물의 운동을 기술할 수 있다는 것이다. 게다가 뉴턴의 이론은 태양 주위를 도는 지구의 궤도를 계산하거나, 혜성을 탐사하라고 쏘아 보낸 우주탐사선의 궤적을 계산하는 데 아무 문제없이 적용할 수 있다.

우리가 배운 일반상식과 달리, 과학은 아주 드문 경우를 제외하고는 혁명적으로 진보하지 않는다. 과학은 기존에 발전한 것 위에 새로운 것을 쌓아나가는 점증적인 성격을 갖고 있다. 아인슈타인의 이론은 뉴턴의 이론을 대체하는 것이 아니라 그 위에 축적된 것이다. 작은 원자가 서로 부딪힐 경우 딱딱한 작은 공처럼 튕겨나간다는 관념은 상자 내 기체의 압력을 계산할 때는 잘 맞지만, 원자 내부에서 이리저리 뛰어오르는 전자가 어떻게 빛의 스펙트럼 중 가시광선을 산출하는지 계산할 때는 수정이 필요하다. 그 어떤 실험도 아인슈타인이나 다윈의 이론을 폐기시키고 완전히 새로운 것을 만들게 한다는 의미로 '틀린 것'이 아니다. 이들의 이론은 그저 불완전하다고 밝혀질 수 있을 뿐이다. 뉴턴의 이론이 불완전하다고 입증됐던 것과 마찬가지다. 중력이나 진화에 관한 더 나은 이론들은 기존의 이론이 설명해낸 것들을 모두 설명하면서도 그 외에 더 많은 것들을 설명해내야 한다.

항상 의심하라. 양자 이론의 선구자 중 가장 위대한 천재였던 폴 디랙Paul Dirac은《양자 이론Quantum Theory》에서 다음과 같은 의견을 피력했다.

"물리학의 발전을 되돌아보면, 작은 발걸음이 무수히 축적된 다음 수많은 거대한 도약이 그 위에 중첩된 모습으로 나타난다는 것을 알게 된다. 여기서 거대한 도약이란 대개 편견을 극복하는 것이다… 편견을 극복한 물리학자는 더 정확한 무엇인가로 편견을 대체해야 하고, 그것은 자연에 대한 완전히 새로운 개념으로 이어져야만 한다."[3]

이 모든 것들은 과학의 역사적 발전을 밝힐 목적으로 이 책에 선정해놓은 실험을 통해 분명해진다. 과학의 발전은 단순한 철학적 추론을 극복했던 1,600년 이전의 예외적인 실험 사례 두 가지 정도에서 출발해, 우주의 구성요소에 대한 오늘날의 발견에 이른다. 이 책에서 선정한 실험과 발견들은 부득이하게 개인적인 선택의 결과물이며, 100개를 선정해야 하는 지면상의 한계에 제약을 받는다. 여기에 포함되지 않았지만 포함시킬 수도 있었던 더 많은 실험이 존재한다. 하지만 이 책을 위해 실험과 발견들을 조사하면서 깨닫게 된 이 모든 이야기의 분명한 특징 하나는 개인적 선택의 산물이 아니라, 과학의 작동방식을 드러내는 또 하나의 사례다. 또한 이 책에 포함시킨 실험 중 일부는 개인의 실험이 아니라 비교적 단기간에 이뤄진 과학 내 유사한 분야의 여러 실험들, 가령 원자·양자 물리학이 발전하면서 이뤄진 실험들을 묶어놓은 형태로 소개돼 있다. 짧은 기간 내에 이러한 실험들이 이뤄질 수 있었던 것은 일군의 과학자들이 '편견을 극복했기' 때문이다. 하나의 돌파구가 열릴 때 그것은 새로운 아이디어(파인만이 말했던 새로운 추론, 그러나 결정적으로 지식을 갖춘 추론)와 새로운 실험으로 이어진다. 이 실험들은 추론의 틈새들을 빈틈없이 메꿀 때까지 서로 격렬한 경합을 벌인다.

전문가가 아닌 이들이 알아야 할 점은, 이 추론들의 바탕이 되는 지식 자체가 과학의 전체 체계, 즉 수백 년을 거슬러 올라가는 일련의 실험들에 기반을 두고 있다는 것이다. 대형 강입자 충돌기 속 진공의 기원은 17세기의 수학자이자 물리학자 에반젤리스타 토리첼리Evangelista Torricelli의 실험이다(실험 8을 보라). 그러나 토리첼리는 힉스 입자Higgs particle의 존재를 발견하기 위한 실험을 해보기는커녕 상상조차 못했을 것이다. 이러한 발전 과정의 초기 단계들은 과학자가 아닌 사람들도 비교적 쉽게 이해할 수 있다. 지난 세월 동안 사회 내 과학의 위상이 꽤 높아졌기 때문이다. 현대인들에게 무게가 다른 물체들이 동일한 속도로 낙하한다는 것은, 고대인들에게 무게가 다른 물체들이 다른 속도로 낙하한다는 것만큼 '자명'하다. 그러나 힉스 입자와 우주의 구조 문제로 가면, 물리학 학위 한두 개를 취득하지 않은 이상 관련 이론들이 이치에 맞는다는 것을 명료하게 이해하기가 매우 어렵다. 어떤 지점에서는 우리가 밝히는 이론을 그대로 신뢰할 수밖에 없다. 그러나 그 신뢰의 근거는 "과학적 세계관은 모두 실험에 바탕을 두고 있다"는 사실이다. 여기서 실험이라는 용어에는 빛이 태양을 지나면서 구부러지는 현상 등 이론과 가설이 예측했던 자연현상에 대한 관찰도 포함된다(실험 67을 보라). 여기서 설명하는 개념 중 일부가 상식에 맞지 않는다고 생각한다면 길버트의 말을 떠올려보라.

"우리가 만든 많은 추론과 가설은 필시 받아들이기 어려워 보일 수 있다. 일반적으로 수용되는 견해들과 일치하지 않기 때문이다."

하지만 추론과 가설은 "증명(실험)을 통해 권위"를 얻는다. 그리고 무엇보다 중요한 명제, 실험과 일치하지 않는 법칙은 틀린 것이다.

* '과학자'라는 용어는 훨씬 더 나중에 만들어졌지만, 편의상 수백 년 전의 사상가들이나 자연철학자들natural philosophers도 포괄했다.

차례

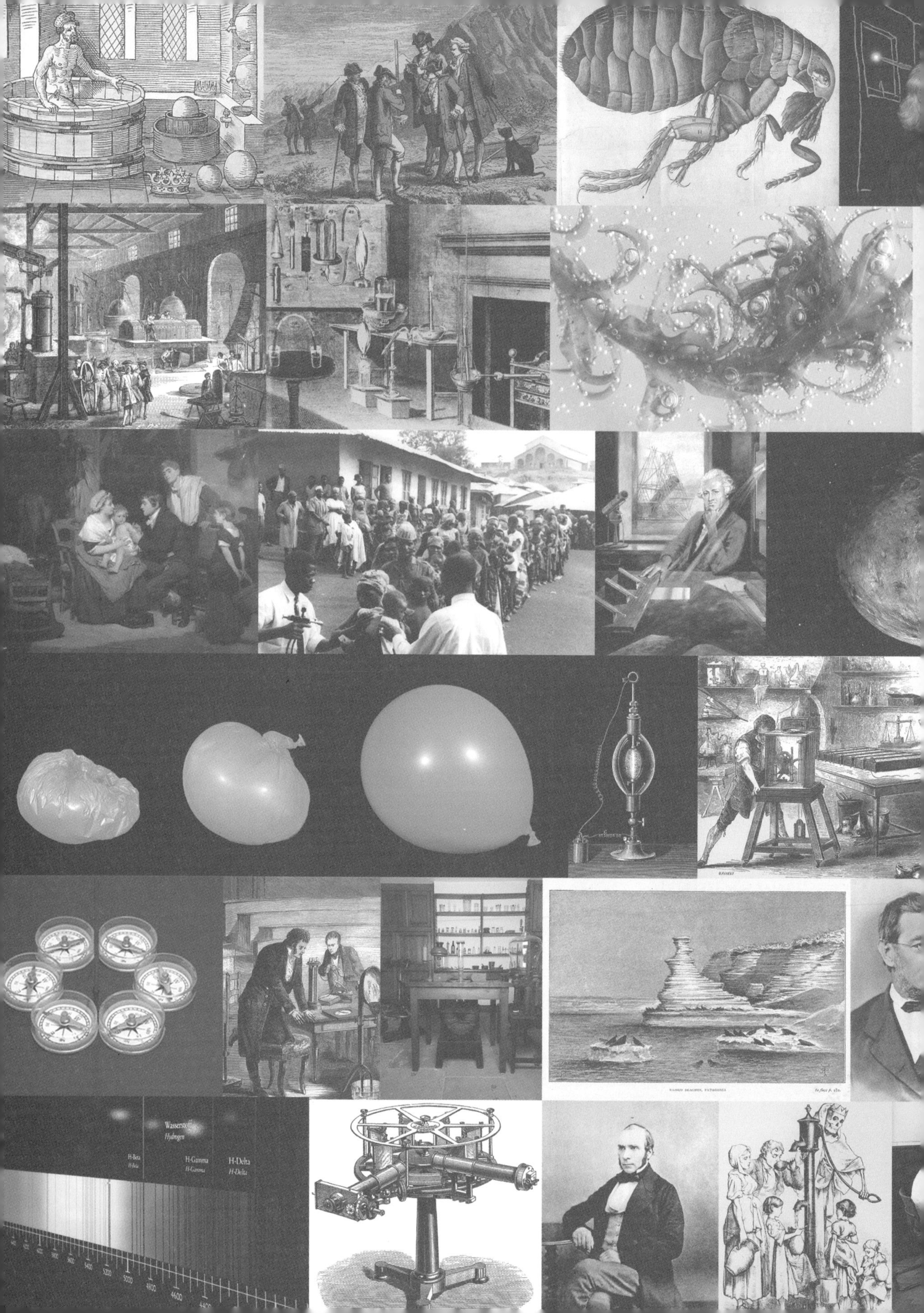
H-Beta
H-Gamma
H-Delta
5400
5200
5000
4800
4600

CHEMISTRY

001 왕관이 순금인지 검증하라

· 아르키메데스의 유레카

그리스의 수학자이자 물리학자인 아르키메데스(기원전 287년~212년)가 욕조에 들어간 모습을 상상해 그린 그림. 아르키메데스는 액체 속에 담긴 물체를 떠받치는 힘(부력)은 빠져나간 액체의 무게와 동일하다는 것을 보여줬다(아르키메데스의 원리).

가장 유명한 최초의 과학실험 중 하나는 기원전 3세기에 살았던 아르키메데스Archimedes가 실행한 것이다. 아르키메데스의 생애에 관해서는 알려진 바가 많지 않지만, 그는 시칠리아 시라쿠사 지역을 통치하던 히에론 2세Hieron II의 친척이었던 것으로 보인다. 아르키메데스는 광범위한 지역을 여

행하고 나서 왕의 천문학자이자 수학자로 정착했다. 전해져 내려오는 이야기에 따르면, 히에론 2세에게 새 왕관이 생겼다. 월계관 모양의 왕관이었으리라 추정된다. 왕이 왕관용으로 쓰라고 보석 세공사에게 줬던 금괴로 만든 것이었다. 왕은 새 왕관을 신전의 신들에게 제물로 바칠 작정이었다. 그런데 왕은 세공사가 금의 일부를 따로 챙기고 값싼 은을 섞어 똑같은 무게의 왕관을 만들었다고 의심했다. 그랬을 경우 문제는 더욱 심각해질 터였다. 왕만 속는 것이 아니라 신들도 질 낮은 제물을 받고 노할 터였기 때문이다. 결국 왕은 아르키메데스에게 왕관이 순금으로 만들어진 것인지 알아보라고 명을 내렸다. 물론 왕관을 훼손하는 일은 절대 없어야 했다. 아르키메데스는 어찌해야 할지 몰라 여러 날 동안 고심을 거듭했다. 그러던 어느 날 가장자리까지 물이 가득 찬 욕조에 발을 담그던 아르키메데스는 자기 몸이 욕조로 들어가면서 물이 옆으로 넘쳐흐르는 모습에 주목했다.

이 이야기는 아르키메데스 사후 200년 후 로마의 건축가인 비트루비우스Vitruvius가 쓴 책을 통해 전승됐다. 비트루비우스가 어디서 이 이야기를 알게 됐는지 모르지만, 왕관에 사용된 금의 양을 검증하는 방법이 떠올라 흥분한 나머지 벌거벗은 채 거리로 뛰쳐나가 "유레카(알았다)!"라고 외치는 아르키메데스의 이미지는 여기서 나온 것이다.

아르키메데스가 깨달은 것은 목욕통에서 흘러나온 물의 부피가 물속에 잠긴 자신의 몸의 부피와 동일하다는 것이었다. 은은 금보다 밀도가 낮기 때문에 왕관에 은을 섞었을 경우 왕관의 무게가 순금 왕관과 동일하려면 순금 왕관보다 부피가 더 커야 한다. 결국 그는 왕관을 물에 담가 빠져나온 물의 양이 얼마나 되는지 측정함으로써 왕관을 손상시키지 않고 부피를 잴 수 있었다.

아르키메데스가 정확히 어떤 방법으로 실험을 행했는지는 아무도 모른다. 그러나 개연성이 가장 높은 방법은 그가 쓴《부유하는 물체에 관하여On Floating Bodies》에서 직접 기술했던 관찰을 근거로 한 것이다. 책에서 아르키메데스는 물속(또는 다른 유체속)에 놓인 물체가 위를 향해 받는 힘(부력)은 빠져나온 유체가 받는 중력(무게)과 동일하다는 점을 설명했다. 이것이 오늘날 아르키메데스의 원리라 알려진 것이다. 그리고 물론 빠져나온 물의 무게는 그 물의 부피에 비례한다.

아르키메데스가 알아냈을 법한 실험 방법, 즉 왕관의 순도를 검증하기 위해 자신의 추론을 이용하는 명백한 방법은, 물탱크 위쪽에 천칭을 설치한 다음 천칭의 한쪽에 놓은 왕관의 무게와 정확히 같은 무게의 순금을 반대쪽에 놓아 천칭이 수평이 되게 하는 것이다. 그런 다음 천칭 위의 왕관과 순금만 물속에 잠길 때까지 천칭을 내린다. 만일 왕관과 순금 모두 순금으로 이뤄져 있다면, 각각의 물체는 동일한 부피(따라서 동일한 무게)의 물을 밀어낼 것이고, 동일한 부력을 받아 저울의 균형이 수평을 이룰 것이다. 그러나 만일 왕관이 순금보다 밀도가 낮다면 부피가 더 크기 때문에 순금보다 부력을 더 많이 받아 더 많은 물을 밀어내 저울의 균형이 금 쪽으로 쏠릴 것이다. 이 실험의 백미는 실제로 왕관의 부피나 왕관이 밀어낸 물의 부피를 측정할 필요가 없다는 것이다. 그저 저울의 균형이 한쪽으로 쏠리는지만 보면 되기 때문이다.

아마 당시의 실험은 앞에서 설명한 방식으로 이뤄졌을 것이다. 아르키메데스는 실험(또는 실험과 매우 비슷한 것)을 시행했고 세공업자가 왕을 속였다는 사실을 알아냈다. 비트루비우스의 시대에서 500년 후 이 이야기는 이러한 비중천칭比重天秤, hydrostatic balance의 쓰임새를 기술했던 라틴어 시 '무게와 측정에 대한 노래Carmen de ponderibus et mensuris'에 다시 등장했고, 12세기 중세 시대 '기술의 열쇠Mappae clavicula'라는 필사본은 불순물이 섞인 왕관 속 은의 비율을 계산하기 위해 무게를 측정하는 이 방법에 상세한 지침을 제공했다.

아르키메데스의 원리는 강철로 만든 배가 물에 뜨는 이유도 설명한다. 부피가 작은 강철 덩어리는 자기 무게에 훨씬 못 미치는 비교적 적은 양의 물만 밀어내므로 가라앉는다. 반면 같은 양의 강철을 배나 우묵한 그릇 모양의 물건 모양이 되도록 평평하게 펴면 더 큰 부피의 물이 빠져나간다. 이 경우 배의 무게보다 더 많은 무게의 물이 나가는 셈이므로 배가 뜰 만큼 충분한 부력이 생겨난다.

002 깊은 우물에서도 보이는 태양

· 지구의 지름을 잰 에라토스테네스

지구의 크기를 측정하는 최초의 과학적 시도는 수학과 천문학과 지리학에서 다재다능함을 자랑했던 그리스 키레네의 에라토스테네스Eratosthenes에 의해 이뤄졌다. 에라토스테네스는 기원전 3세기 경 알렉산드리아 도서관의 책임자였다. 그는 아르키메데스와 동시대인이자 친구 사이였다. 에라토스테네스의 실험은 알렉산드리아에서 직접 했던 관찰에다, 그가 한 번도 방문한 적이 없는 멀고 먼 시에네(지금의 아스완 지방)라는 도시에서 나온 증거를 합친 것이었다.

에라토스테네스는 매년 태양이 가장 높이 뜨는 하지夏至마다 알렉산드리아 남부 시에네에서 보이는 태양의 위치가 정확히 머리 위라는 것을 알아냈다. 하지가 되면 시에네의 깊은 우물 바닥에서도 태양을 볼 수 있다는 여행자들의 말을 들은 것이다. 알렉산드리아의 경우 하짓날에도 태양은 바로 머리 위에 오지 않는다. 에라토스테네스도 알고 있던 바대로 지구는 둥글기 때문이다. 따라서 그는 태양이 하지 때 알렉산드리아에서 만느는 각도와 시에네에서 만드는 수직 각도 사이의 차이를 세심하게 측정했고, 이것이 지구 둘레의 50분의 1인 7.12도에 해당한다는 사실을 알아냈다. 간단한 기하학을 통해 그는 이것이 알렉산드리아에서 시에네까지의 거리가 지구 둘레의 50분의 1을 뜻한다는 것을 알게 된 것이다. (정확하지는 않지만) 시에네가 알렉산드리아의 정남쪽에 위치한다는 사실에서 추정한 결과였다.

에라토스테네스(기원전 276년~194년경).

시에네에서 알렉산드리아까지의 거리는 에라토스테네스의 시대에도 잘 알려져 있었다(현대의 단위로 약 800킬로미터). 이집트인의 기록에 따르면 이 거리는

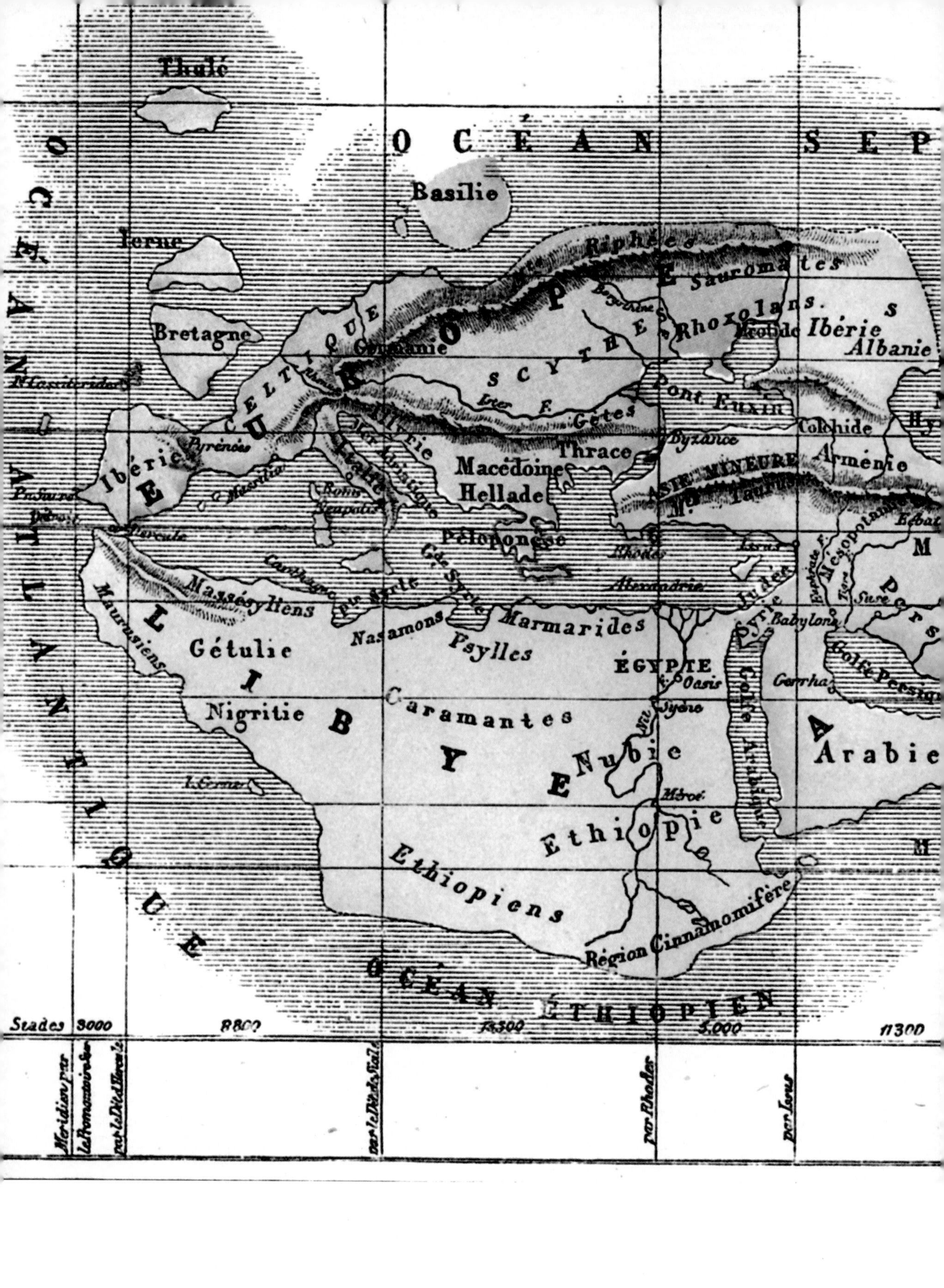

Thulé
OCÉAN SEP
Basilie
Ierne
Bretagne
Riphées
Sauromates
Rhoxolans
Ibérie
Albanie
CELTIQUE
Germanie
EUROPE
SCYTHES
Pont Euxin
Gètes
Colchide
Byzance
Thrace
Macédoine
Hellade
Arménie
ASIE MINEURE
Taurus
Ibérie
Pyrénées
Péloponèse
Rhodes
Alexandrie
Mésopotamie
Massésyliens
Maurusiens
Gétulie
Nasamons
Marmarides
Psylles
ÉGYPTE
Oasis
Syène
Nigritie
Caramantes
LIBYE
Nubie
Méroé
Ethiopie
Ethiopiens
Région Cinnamomifère
Babylone
Suse
Golfe Persique
Golfe Arabique
Gerrha
Arabie
OCÉAN ATLANTIQUE
OCÉAN ÉTHIOPIEN
Stades 3000 8800 13300 5000 11300
Meridien par le Promontoire Sacré
par le Détroit d'Hercule
par le Détroit de Sicile
par Rhodes
par Issus

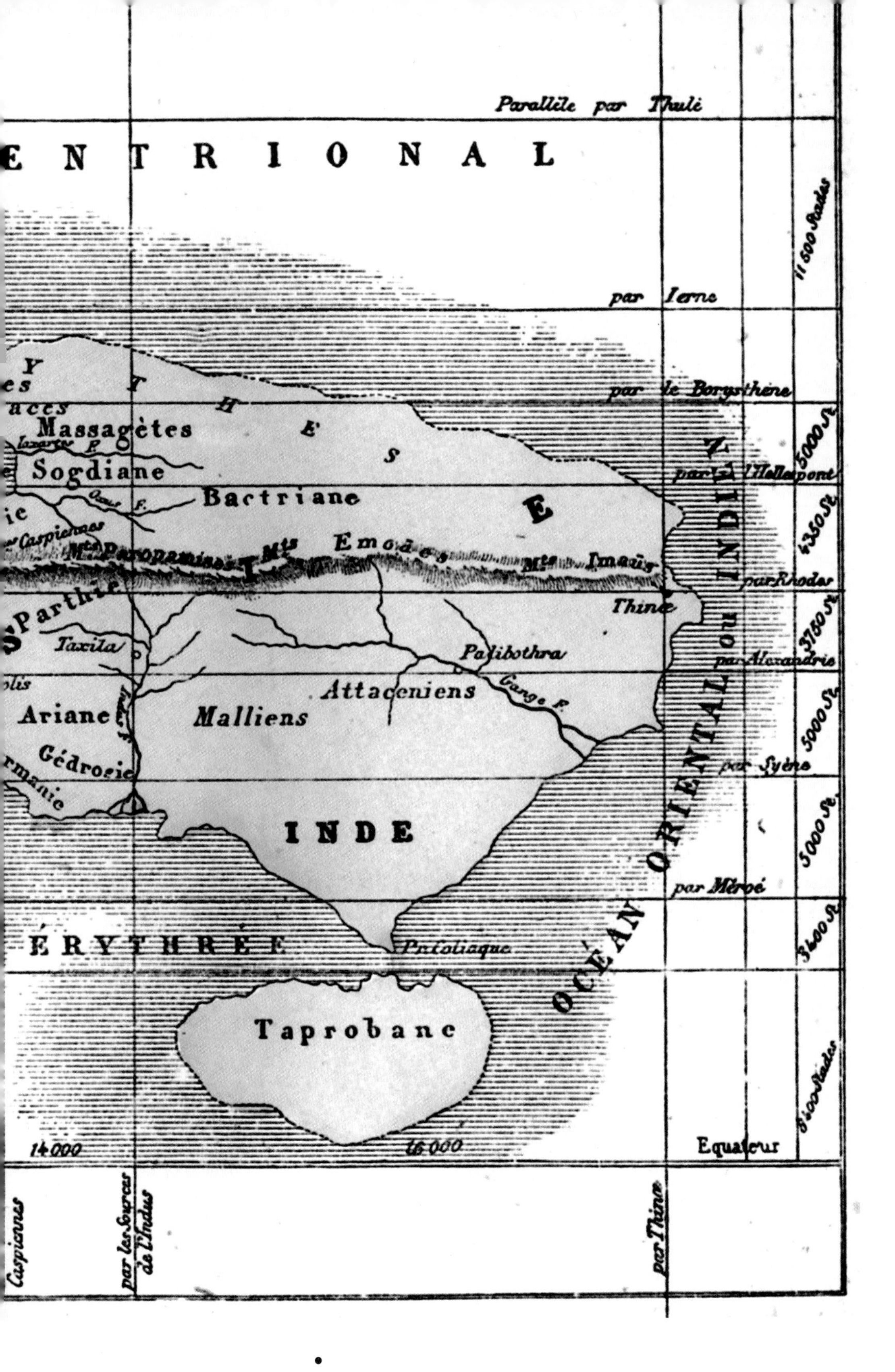

에라토스테네스가 그린 세계. 고대 그리스의 지리학자이자 수학자이자 천문학자였던 에라토스테네스가 그린 세계지도를 1886년에 복원한 것이다.

5,000스타디온stadion(고대 그리스의 거리 단위_옮긴이)이었고, 에라토스테네스는 낙타 상인들에게 이 거리를 여행하는 데 소요되는 시간을 물어봄으로써 정보를 점검했다(일부 자료에 따르면 에라토스테네스가 사람을 고용해 그 거리를 가게 했다는 이야기도 있지만 이는 출처가 불분명한 이야기다). 이러한 작업을 통해 그는 1도가 694스타디온이라는 것을 알아냈고 이 거리를 어림잡아 700으로 잡았다. 여기다 360을 곱해 25만 2,000스타디온이라는 지구의 둘레 값을 얻어냈다. 5,000스타디온에 50(7.2도가 360도의 50분의 1이니까)을 곱하기만 해도 25만이라는 '답'을 얻을 수 있었지만 그는 더 힘들게 이 값을 얻어낸 것으로 보인다.

이 값을 현대의 단위로 환산하면 어떻게 될까? 우리로서는 불행한 일이지만, 그리스인과 이집트인의 스타디온 값은 약간 달랐다. 그러나 에라토스테네스는 그리스인이었기 때문에 그리스의 단위를 썼을 것이다. 그리스 단위를 쓸 경우 1스타디온은 185미터이므로 지구 둘레는 4만 6,620킬로미터가 된다. 이는 실제 둘레보다 겨우 16.3퍼센트 큰 수치다. 가능성은 없지만 만일 그가 이집트의 측정 단위를 썼다면, 이집트의 1스타디온은 157.5미터이므로 3만 9,690킬로미터라는 수치가 나온다. 이는 원래 지구 둘레보다 약간 작은 수치다(지구의 실제 둘레는 4만 8킬로미터다). 어떤 값이건 놀랍다.

에라토스테네스의 놀라운 업적은 이것만이 아니었다. 그는 알렉산드리아의 도서관에 있는 책에서 알게 된 지식을 이용해 세 권짜리 책을 썼다. 거기에 당시 사람들이 알고 있던 세계 전체의 지도를 그리고 관련 정보를 기술했다. 그는 현대의 위도선과 경도선처럼 세로와 가로로 이뤄진 격자를 이용해 지리적 위치를 표시했고, 오늘날의 지리학자들도 쓰고 있는 많은 용어들을 고안해냈다. 이 지도에는 400개 넘는 도시들의 지명과 위치가 기록돼 있었다. 애석하게도 《지리학Geographika》이라는 제목의 책 자체는 소실됐지만, 다른 저작에서 언급된 일부 내용은 재구성할 수 있었다. 《지리학》 제2권에는 에라토스테네스가 추정한 지구의 크기가 들어 있었다. 프톨레마이오스Ptolemaios에 따르면, 에라토스테네스는 지구 둘레 측정치와 관련된 지축earth's axis의 기울기를 매우 정확히 측정해, 180도의 83분의 11이라는 값을 얻어냈다. 이는 23도 51분 15

초에 해당하는 수치다. 그는 또한 윤년을 포함한 달력을 만들었고, 트로이 함락까지 거슬러 올라가는 문학적·정치적 사건들의 연대기를 정립하고자 했다.

에라토스테네스는 여러 분야에서 다재다능한 팔방미인이기 때문에 '베타Beta'라는 별명을 갖고 있었다. 동시대인들의 말에 따르면 온갖 분야에서 2등은 했기 때문이었다. 기원전 64년부터 기원후 24년까지 살았던 그리스의 지리학자 스트라보Strabo는 에라토스테네스를 지리학자들 중 최고의 수학자이자 수학자들 중 최고의 지리학자라고 묘사했다. 수학 분야에서 그는 '에라토스테네스의 체sieve of Eratosthenes'로 유명하다. 에라토스테네스의 체는 소수素數를 찾는 데 쓰인다. 그가 고안해낸 이 간단한 방법은 여러분이 관심 있는 가장 큰 숫자(가령 1에서 1,000까지의 숫자)를 격자로 된 표에 적은 다음, 표에서 가장 작은 소수인 2의 배수들을 지워 나간 후(4, 6, 8 등, 그러나 2는 제외한다) 그 다음으로 남은 가장 작은 숫자가 소수인지 점검하는 것이다(만일 소수가 아니라면 실수한 것이다). 그 다음 이렇게 남은 소수들의 배수들을 모두 지워 나가라(단, 2에서와 마찬가지로 가장 작은 소수 자체는 지우지 말라). 이런 식으로 표의 끝까지 가면 지워지지 않은 남은 숫자들이 모두 소수라는 것을 알 수 있다.

003 눈은 핀홀 카메라와 같다

· 아랍의 지성 알하젠

고대 문명이 쇠퇴하고 유럽의 르네상스 시대가 오기 전, 과학 지식을 보존하고 발전시킨 것은 아랍 세계였다. 그리스의 문서들은 아랍어로 번역됐고 훗날 아랍어에서 라틴어로 다시 번역됐다. 이런 경로를 통해 그리스의 지식은 유럽에 전해지게 됐다. 그러나 아랍인들도 나름의 독창적인 과학적 연구를 실행했다. 중세 시대 가장 위대한 과학자이자 '아랍의 뉴턴'이라 불린 인물은 아부 알리 알하산 이븐 알하이삼Abu Ali al-Hasan ibn al-Haytham, 줄여서 알하젠Alhazen이라 알려진 사람이다. 알하젠은 965년에서 1040년까지 살았고 1000년 전후로 광학 실험을 실행했다. 그의 저서《광학의 서Opticae Thesaurus》는 1572년 유럽에서 라틴어로 출간됐다. 그가 죽은 지 500년 후의 일이었다. 이 저작은 유럽에서 최초로 과학혁명을 일으켰던 '자연철학자들'에게 지대한 영향을 끼쳤다.

알하젠의 중요한 통찰은 시각이 눈에서 나와 외부 세계를 지각하는 작용의 결과가 아니라, 외부에서 눈으로 들어가는 빛에 의한 결과라는 것이었다.

"색깔이 있는 물체의 빛과 색은 외부의 빛을 받아 그 물체의 모든 지점으로부터 나오는 것이며, 그 방향은 물체의 각 지점으로부터 직선으로 그릴 수 있다."

이것은 완전히 독창적인 생각은 아니었다. 유클리드Euclid와 아리스토텔레스Aristoteles의 시대 이후 철학자들은 시각이 내부에서 외부를 향한 영향에 의해 초래되는 것(유출설emission)인지, 아니면 외부에서 내부를 향한 영향에 의해 초래되는 것(유입설intromission)인지를 놓고 논쟁을 벌여왔다. 그러나 알하젠은 이러한 가설들을 일관성 있게 집대성했고, '카메라 옵스큐라camera obscura(문자 그대로 '어두운 방'이라는 뜻의 이 라틴어 단어는 현대 카메라의 어원을 제공했다)'라는 관념을 기초로 한 실험을 통해 이를 입증했다. 창문에 커튼을 두껍게 친 암실에서 맑은 날 커튼에 아주 작은 바늘구멍을 내면, 외부 세계의 상이 투영돼 창문 반대편에 거꾸로 맺힌다. 이 현상은 고대인들도 알고 있었지만, 알하젠은 이를 명료하게 기술하고 원리를 설명한 최초의 인물이었다.

알하젠은 '빛이 직선으로 이동한다'는 사실을 알아차렸다. 카메라 옵스큐라(어두운 방)의 창문 밖에 있는 정원의 나무 꼭대기에서 오는 빛은 커튼 속 구멍을 통과해 반대편 벽의 바닥으로 직행하고, 나무 맨 아래쪽에서 나온 빛은 구멍을 지나 벽의 꼭대기로 직진한다. 나무의 각기 다른 점에서 나온 직선뿐 아니라 창문 밖 다른 물체의 각 점에서 온 직선들도 직선으로 구멍을 통과해 벽에 이미지를 만든다.

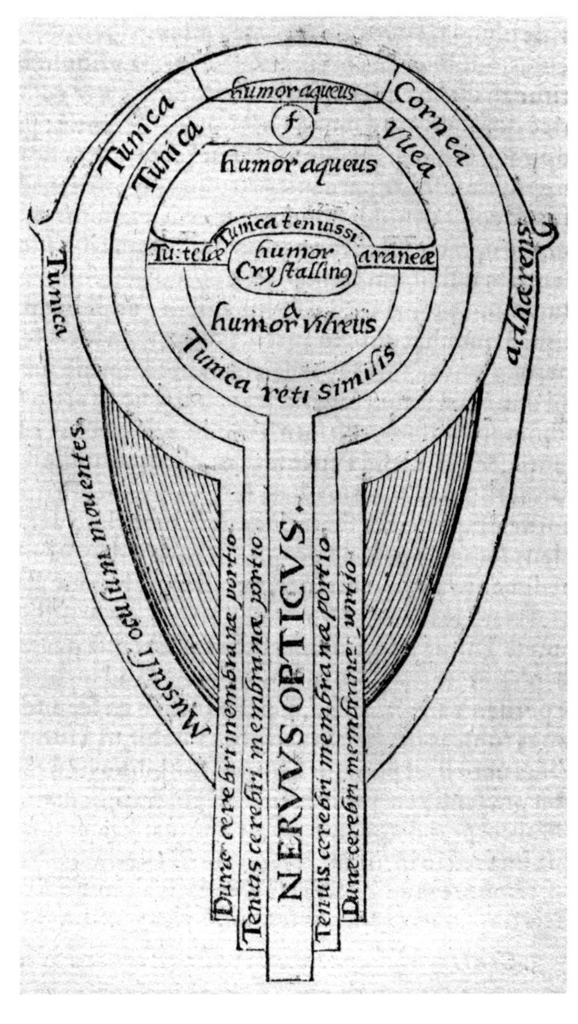

알하젠이 제시한 카메라로서의 눈.

알하젠은 여기서 멈출 수도 있었다. 알하젠 전에 이러한 현상을 생각이나마 했던 유클리드와 아리스토텔레스 같은 철학자들은 자신들의 생각을 검증하는 실험을 하지 않고 대개 이 단계에서 멈췄다. 이들은 손을 더럽히지 않고 자신들의 생각이 옳다는 것을 논리와 이성으로 설득하려고 했다(물론 아르키메데스 같은 주목할 만한 인물도 있었지만 그는 매우 드문 예외였다). 알하젠이 진정한 의미의 과학자가 된 것은 추론에서 한 단계 더 나아갔기 때문이다. 사실 카메라 옵스큐라가 어떻게 작동하는지 보여주는 일과, 눈이 카메라 옵스큐라와 동일한 방식으로 작용한다는 것을 입증하는 것은 별개의 일이었다. 1,000년 전, 많은 사

•
아부 알리 알하산 이븐 알하이삼(965년~1040년), 서양에서는 알하첸Alhacen 또는 알하젠으로 알려져 있다.

람들은 생물이 작용하는 법칙과 무생물이 작용하는 법칙은 다르다고 가정했을 것이다. 하지만 알하젠은 정말 그러한지 검증하기 위해 황소의 안구를 가져다 뒤쪽부터 주의 깊게 문질러 안구 뒤쪽에서 눈앞에 있던 상을 볼 수 있을 때까지 얇게 다듬었다. 작은 카메라 옵스큐라를 거의 정확히 구현한 것이다. 그는 빛이 직선으로 움직인다는 것을 입증했고, 카메라 옵스큐라가 어떻게 작용하는지 보여줬으며, 시각작용을 설명하는 데 필요한 것은 불가사의한 생명력life force이 아니라 그저 무생물에 적용되는 동일한 물리법칙뿐이라는 것을 입증했다. 무엇보다 그는 과학적 방법(관찰에 의거해 세상의 작용방식에 대한 가설을 생각해내고 실험을 통해 그것을 검증하는 일)을 이용해 입증이라는 작업을 해냈다. 오늘날 실험의 검증을 통과하는 가설은 이론의 지위를 받는 반면, 실험을 통과하지 못하는 가설들은 폐기된다. 20세기 물리학자 리처드 파인만이 간결하게 요약했듯, "실험과 일치하지 않는 법칙은 틀린 것"이다. 알하젠은 이 점을 알고 있었을 뿐 아니라 실천으로 옮겼기 때문에 최초의 근대 과학자로 칭송받을 만하다.

알하젠의 업적은 그뿐만이 아니다. 다양한 과학 및 수학의 주제에 관해 글을 썼고, 광학 연구에 대한 책만 무려 일곱 권을 썼다. 그는 빛의 속도가 매우 빠르긴 해도 무한이 아니라는 점을 파악했다. 그리고 직선의 막대기 한쪽 끝을 물속에 넣으면 구부러져 보이는 착시현상이 빛의 속도가 공기 중과 물속이 달라서 생기는 결과라는 설명을 내놓았다. 렌즈와 만곡형 거울을 연구했고, 곡률curvature이 어떻게 거울로 하여금 빛을 모으게 하는지도 알아냈다. 그러나 알하젠이 과학의 역사 속에 견고하게 자리를 잡게 된 것은 그가 연구한 내용만큼이나 그가 연구했던 방식 때문이었다. 그것은 실험과학의 진정한 출발점이었다.

004 강의를 위해 처형 시간을 맞추다

· 인체를 해부한 베살리우스

16세기 중반에 시작된 과학의 르네상스 시대에서 중대한 분기점은 1543년이다. 코페르니쿠스Copernicus가 유명한 저서 《천구의 회전에 관하여Orbium Coelestium》를 출간함으로써 지구를 우주의 중심 위치에서 끌어내리고, 안드레아스 베살리우스Andreas Vesalius가 《인체의 구조에 관하여De Humani Corporis Fabrica》를 출간해 동물 세계에서 특별한 위상을 차지하고 있던 인간이라는 종의 지위를 끌어내린 해다. 코페르니쿠스의 이야기는 잘 알려져 있고, 엄밀히 말해 그는 실험을 하지는 않았다. 그러나 베살리우스는 비교적 덜 알려져 있어 주목받을 만한 가치가 있다. 그는 '인체'를 대상으로 실험을 행한 인물이기 때문이다.

안드레아스 베살리우스(1514년~1564년).

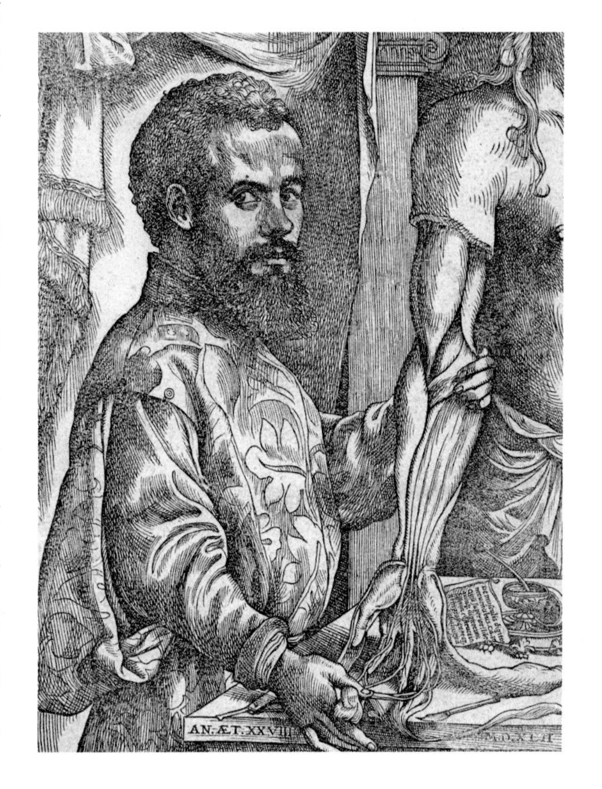

베살리우스는 1514년 벨기에 브뤼셀에서 태어났지만, 그의 중요한 연구는 1530년대 말에서 1540년대 초에 걸쳐 그가 해부학 교수로 일하던 파도바대학교에서 이뤄졌다. 그전의 인체 해부(빈번히 이뤄지던 일은 아니다)에서 실제 절개를 담당한 것은 이발사 겸 외과의사였다. 당시의 이발사 겸 외과의사는 (논란의 여지는 있으나) 도살업자나 별반 다를 바 없었다. 해부학 교수들은 안전거리를 유지하고 서서(말 그대로 손을 더럽히지 않고) 실제 증거뿐 아니라 상상력을 이용한 해부를 통

16세기에 출간된 《인체의 구조에 관하여》의 권두 삽화. 공개 해부 장면을 보여준다.

해 밝혀진 내용을 학생들에게 강의했다. 그러나 베살리우스는 이 모든 관행을 변화시켰다. 그는 직접 해부를 시행하면서 진행 상황을 학생들에게 말로 설명했을 뿐 아니라, 직접 보게 함으로써 인체에 대한 지식을 심화하고 발전시켰다. 그러기 위해 그는 파도바 시 당국의 도움을 받았다. 특히 마르칸토니오 콘타리니Marcantonio Contarini라는 판사는 베살리우스에게 처형된 범죄자들의 시체를 제공했을 뿐더러 베살리우스가 강의를 위해 금방 죽은 시체를 필요로 할 경우를 대비해 처형 시간까지 맞춰줬다. 그가 파리의 학생이던 시절과는 딴판인 환경이었다. 파리에 있을 때는 (동료 의대생들과 마찬가지로) 연구 표본용 시체를 얻기 위해 도굴을 감행해야 하는 신세였기 때문이다.

베살리우스 전에 인체 해부에 대한 일반 지식은 고대 이후로 전승된 것이었고 이는 고대 로마의 의학자 클라우디오스 갈레노스Claudios Galenus(갈렌Galen이라 알려져 있다)의 연구에 기반을 둔 것이었다. 중세 유럽인은 고대인이 자신들보다 훨씬 더 지혜로우며, 뛰어넘기는커녕 모방하기조차 불가능할 만큼 우월한 지식을 갖고 있다고 생각했다. 그러나 이것은 틀린 생각이었다. 갈레노스는 해부를 열심히 했지만 그의 해부 대상은 대부분 개와 돼지와 원숭이였다. 2세기에 인간을 해부한다는 것은 품위에 어긋나는 행동이었기 때문이다. 따라서 인체에 대한 갈레노스의 기술은 터무니없이 부정확한 경우가 많았다.

베살리우스의 커다란 공헌은 인체 해부에 대한 지식을 향상시켰다는 점은 물론 고대인의 이른바 우월한 지혜에 의존하지 않고 눈앞에 있는 증거와 자기만의 실험을 통한 지식의 중요성을 강조했다는 데 있다. 이러한 인식은 동시대 천문학에서 벌어지고 있던 변화와도 일치했다. "나는 한두 번의 관찰만으로 뭔가를 자신 있게 말하는 것이 익숙치 않다"라는 글을 남겼던 베살리우스는 동물의 사체와 인간의 사체를 나란히 놓고 해부하는 '병행 해부'를 실시하곤 했다. 동물과 인간 사이의 해부학적 차이를 강조함으로써 갈레노스의 오류를 명시적으로 교정하기 위함이었다.

베살리우스는 또한 고도로 숙련된 화가에게 자신의 강의에 쓸 커다란 그림을 그리게 했고, 그 중 여섯 점은 1538년《여섯 점의 해부학 그림Tabulae Anatomica Sex》이라는 책으로 발간됐다. 이 그림 중 세 점은 베살리우스가 직접 그렸고 나머지 세 점은 티치아노Titian의 제자였던 칼카르의 요한네스 스테파노John Stephen of Kalkar가 그린 것이다. 스테파노는 베살리우스의 걸작《인체의 구조에 관하여》의 주요 삽화가로도 일컬어진다. 《인체의 구조에 관하여》는 1543년 7권으로 출간됐다. 그러나 베살리우스의 선구적 활동은 거기서 멈추지 않았다. 《인체의 구조에 관하여》는 동료 교수와 의사를 비롯한 전문가용 서적이었다. 그는 자신의 연구를 학생들이 쉽게 이해할 수 있도록, 그리고 심지어 교육 수준이 떨어지는 평범한 사람도 볼 수 있도록 하기 위해 같은 해 《인체의 구조에 관한 요약집De Humani Corporis Fabrica Librorum Epitome》이라는 공식 제목을 단 개괄서도 출간했다. 이 책은 줄여서 《요약집Epitome》으로 통한다. 모두 그가 30세도 채 되기 전에 이룩한 업적이다. 그런 다음 그는 강의를 그만두고 나머지 인생을 궁정의 주치의로 보내면서 연구에 바쳤다. 처음에는 신성로마제국의 황제 카를 5세Karl V, 그 후에는 카를 5세의 아들인 스페인의 펠리페 2세Felipe II의 주치의로 일했다(펠리페 2세는 훗날 영국에 대적할 무적함대Spanish Armada를 만든 인물이다).

베살리우스가 직업을 바꿔야 했던 이유는 필시 그의 이론에 대한 일부 동료들의 반대 때문이었을 것이다. 파도바대학교도 예외가 아니었다. 파도바대학교로 오기 전 파리에서 베살리우스가 다니던 대학의 의사였던 자코부스 실비우스Jacobus Sylvius는 베살리우스가 제정신이 아니라며 비난을 퍼부어댔고, 갈레노스를 넘어서는 해부학 지식의 진보는 아예 불가능하다고 주장했다. 그의 말에 따르면, 갈레노스가 틀린 것처럼 보이는 것은 그가 틀렸기 때문이 아니라 갈레노스 시대 이후 인간의 신체가 변화를 겪었기 때문일 가능성이 높다는 것이었다. 1543년, 과학의 길은 여전히 험난했다.

005 과학으로 이겨낸 '나침반 미신'

· 자기를 연구한 윌리엄 길버트

세계를 바라보는 신비주의적이고 미신적인 관점이 과학적 연구로 이행했던 결정적 시기를 찾고 있다면 1600년을 그 원년으로 꼽아도 크게 무리가 없을 것 같다. 1600년은 오로지 과학실험에만 의거한 최초의 책이 출간된 해이기 때문이다. 바로《자기에 관하여》다. 이 저작의 주인공은 엘리자베스 여왕 시대의 의사 겸 과학자였던 윌리엄 길버트다. 그는 자기현상을 연구하면서 여러 해를 보냈다.

윌리엄 길버트는 1544년에 태어나 케임브리지대학교에서 수학했고 궁정의 주치의로 처음에는 영국의 엘리자베스 1세Elizabeth I와 제임스 1세James I(스코틀랜드의 제임스 6세라고도 한다)를 위해 일했다. 부유한 젠틀맨gentleman 계급에 속했던 길버트는 취미로 과학 연구에 몰두할 수 있었고, 이 '취미생활'에 5,000파운드나 되는 돈을 썼다고 전해진다. 그는 1603년 흑사병의 일종인 선페스트Sunfest에 걸려 사망했다고 알려져 있다.

길버트의 가장 중요한 실험 중 일부는 지구의 자성磁性과 관련된 것이었다. 당시 뱃사람들은 세계 전역을 탐험하는 지리상의 발견의 시대를 열어젖힌 선구자들이었고, 따라서 자기 나침반은 이들에게 매우 귀중한 도구였지만 그 작동원리를 아는 사람은 아무도 없었다. 길버트는 자침(자석바늘)의 작용을 놓고 배의 선장, 선원들과 토론을 벌였고, 자기 나침반을 마늘로 문지르거나 마늘 먹은 입 냄새를 묻히면 나침반이 무뎌진다는 따위의 관념들이 터무니없는 미신이라는 것을 실험으로 입증했다. 그 다음 길버트는 로드스톤lodestone이라는 자철석(자성을 띤 자연 광물)으로 구형 자석을 만들어 연구했다. 그는 이 자석에

TRACTATVS
Siue
PHYSIOLOGIA NOVA
DE MAGNETE,
MAGNETICISQVE CORPORIBVS ET MAGNO MAGNETE tellure Sex libris comprehensus
à
Guilielmo Gilberto Colcestrensi,
Medico Londinensi.
Omnia nunc diligenter recognita & emendatius quam ante in lucem edita, aucta & figuris illustrata opera & studio
Wolfgangi Lochmans / I.U.D. & Mathemati:
Ad calcem libri adiunctus est Index Capitum Rerum et Verborum locupletissimus
EXCVSVS SEDINI
Typis Götzianis Sumptibus Authoris
Anno M.DC.XXVIII.

•
1628년 출간된 윌리엄 길버트의 《자기에 관하여》 제2판의 일부.

테렐라terrella('작은 지구'라는 뜻)라는 이름을 붙였다. 그는 구형 자석 주변에서 움직이도록 만든 자침으로 구형의 자기력을 연구했다. 길버트는 이 자침이 지구상의 다양한 장소에서 작용하는 나침반 바늘과 똑같이 작동한다는 것을 보여줬고, 지구에도 막대자석처럼 작용하는 철심이 있고 북극과 남극이 있다는 결론을 내렸다. 그가 실험을 시행하기 전, 철학자들은 나침반 바늘이 북쪽을 가리키는 이유는 북극성Pole Star에 이끌려서거나, 아니면 북극 지역에 자력을 발휘하는 거대한 섬이 있기 때문이라고 주장했다.

이 모든 것은 그야말로 과학의 화려한 도약을 상징했다. 현대인의 눈에도 극명히 드러나는 도약이라 당시 사람들이 그것을 얼마나 혁명적이라고 생각했는지 가늠하기조차 어려울 정도다. 길버트는 자신이 만든 테렐라를 지구의 실제 모형이라고 여겼기 때문에, 이를 통해 얻은 결과를 확대하면 지구 자체가 어떤 모습인지 알 수 있다고 추정했다. 가령 테렐라 자침의 위치로 지구 자침의 복각伏角(지구상의 한 지점에 작용하는 전자기력의 방향과 그 지점의 지표면이 이루는 각_옮긴이)을 알 수 있다는 식이었다. 그는 자신이 만든 모형을 통해 세계 일반에 대한 추론을 실행한 것이다. 경험적 증거를 통한 일반적 추론, 이것은 그 이후 수백 년에 걸쳐 내려오게 될 과학의 가장 중요한 특징이었다.

이 실험 덕분에 길버트는 반대 극끼리 서로 당기는 자석의 성질 때문에, 자석의 N극이 가리키는 부분, 즉 지리상으로 북극이 실제로는 S극을 띤다는 것을 통찰해낸 최초의 인물이었다(현대 과학자들은 '북극'과 '남극' 대신 'N극north-seeking pole'과 'S극south-seeking pole'이라는 용어를 쓰는데, 바로 이러한 혼동을 피하기 위함이다). 길버트는 다음과 같이 말을 남겼다.

"지금껏 자철석의 양극에 대해 말했던 사람들과 도구 제작자들과 선원들은 모두 북쪽을 향하는 자철석 부분을 북극north pole이라 알고 있고 남쪽을 향하는 부분을 남극south pole이라 생각한다. 이는 터무니없이 잘못 알고 있는 것이다. 장차 이것이 오류라는 점을 입증할 것이다. 자석과 관련된 철학 전체가 워낙 일천한 실정이다. 자석의 기초적 원리조차 예외가 아니다."

실제로 '자극磁極'과 '전기력electricity' 같은 용어를 도입한 것도 길버트였다

(전기라는 말도 그가 처음 만든 것이다). 그는 자성과 전기력이 별개의 현상이라는 것을 알아낸 최초의 인물이었으며, 자성에 대한 그의 연구는 마이클 패러데이Michael Faraday의 연구가 나올 때까지 200년 동안 큰 진전을 보지 못했다.

길버트의 저서는 당시에 일대 파란을 일으켰고 엄청난 영향력을 발휘했다. 갈릴레오 갈릴레이 또한 그의 책을 읽은 독자 중 한 명으로, 친구에게 보내는 편지에 책에 대한 호의적 언급을 남겨놓았다. 갈릴레오는 길버트를 과학적 방법의 창시자라고 평했다. 길버트가 한 말로 표현해보면 다음과 같다.

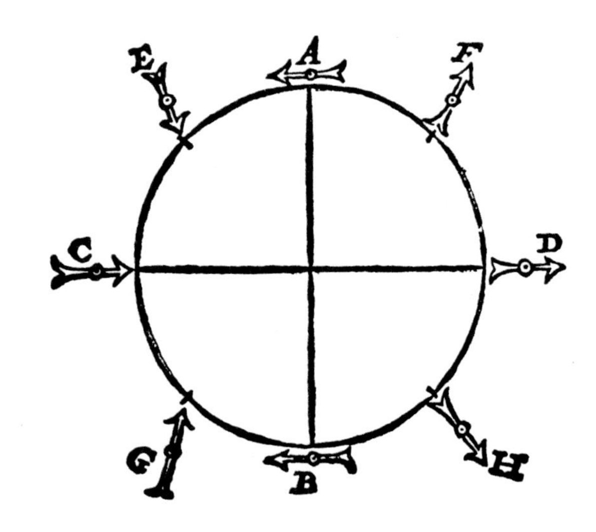

지구를 둘러싸고 있는 자기장의 복각을 그린 윌리엄 길버트의 삽화. 직선 AB는 적도, C는 북극, D는 남극이다.

"신비한 것을 발견하고 숨은 원인을 탐구할 때 더 확실한 분별력을 얻으려면 그럴 듯한 추측과 사변을 일삼는 철학자의 견해보다는 확실한 실험과 입증을 거친 논증에 기대야만 한다."

이것이야말로 과학이 무엇인지 밝히는 간단명료한 정의다. 길버트는 직접 행했던 실험의 세부사항을 자신의 저서에 상세히 밝혔다. 다른 사람들이 그 실험을 직접 해보고 결과를 직접 알 수 있도록 하기 위함이었다. 그러나 그는 실험을 하는 모든 이들에게 경고한다.

"실험 대상을 능수능란하고 주의 깊게 다루라. 부주의와 서투름은 금물이다. 실험이 실패할 경우 실패한 실험자가 자신의 실패를 모른 채 우리가 발견한 바를 비난하도록 방치해서는 안 된다. 이 책에 설명한 모든 실험은 우리가 직접 수없이 되풀이함으로써 검증한 것들뿐이기 때문이다. 실험이 실패하는 것은 우리의 발견이 잘못됐기 때문이 아니라 실험자의 무지와 실수 때문이다."

006 아리스토텔레스가 틀렸다

· 관성을 측정한 갈릴레이

갈릴레오 갈릴레이는 자신이 직접 하지 않았던 실험으로 유명하지만, 사실 그 실험도 그의 연구에 영감을 받아 이뤄진 것이다. 갈릴레이는 1592년부터 1610년까지 파도바대학교의 수학 교수로 일하면서 수학뿐 아니라 역학과 천문학을 연구했다.

갈릴레오가 이룬 업적들의 가치를 이해하려면 그가 연구하던 당시 사람들의 물리 지식을 살펴볼 필요가 있다. 당시 많은 사람들은 총포에서 수평으로 발사된 총알이나 대포에서 발사된 포탄이 일정 거리 동안 직선으로 날아가서 멈춘 다음 수직으로 땅에 떨어진다고 생각했다. 지식인들도 예외가 아니었다. 갈릴레오는 발사된 총알이 공중에 던져진 공과 같은 궤적의 포물선을 그린다는 것을 최초로 알아냈고 이를 입증하기 위한 실험을 시행했다.

15세기에서 16세기로 넘어갈 무렵의 수년 동안 갈릴레오가 했던 많은 실험 중에는 경사면에 무게가 다른 공을 굴려보는 것이 포함돼 있었다. 그는 자신의 맥박을 이용해 공이 움직이는 속도를 쟀고, 두 가지 중요한 결론에 도달했다. 첫 번째 결론은, 경사면을 굴러 내려가는 공의 '자연적' 운동 상태는 마찰의 방해를 받지 않는 한 수평으로(문자 그대로 '수평선을 향해') 지속된다는 것이었다. 마찰이 없는 한 공은 영원히 구른다는 추론에 도달한 것이다. 이것은 아이작 뉴턴이 로버트 훅Robert Hooke에 이어 뉴턴의 역학 '제1법칙'으로 발전시킨 것, 즉 물체는 외부의 힘을 받지 않는 이상 정지 상태를 유지하거나, 움직이는 물체의 경우에는 일정한 속도로 직선운동을 한다는 법칙을 잉태한 통찰이었다.

갈릴레오의 두 번째 결론은 공이 경사면을 내려가는 속도가 공의 무게에 달

려 있지 않다는 것이었다. 어떤 경사면이건 공이 꼭대기에서 바닥까지 내려가는 데 걸린 시간은 동일했다. 이것은 경사면의 기울기에 상관없이 동일하게 적용됐다. 따라서 그는 공기의 저항이 없는 경우 낙하하는 모든 물체는 동일한 속도로 가속 운동을 한다는 결론(실제로 수직으로 물건을 떨어뜨려보지 않고)에 도달했다.

•
경사면에서 공을 굴리는 갈릴레이의 실험을 극화한 19세기 삽화. 이 장면은 허구적으로 구성한 것이지만 갈릴레오는 이러한 실험을 실제로 행했다.

이러한 결론은 동료 중 일부를 격노하게 만들었다. 이들은 파도바의 철학자들로, 무거운 물체의 낙하속도가 가벼운 물체보다 빠르다고 주장했던 아리스토텔레스가 틀릴 리 없다고 믿는 사람들이었다. 따라서 1612년 갈릴레오가 파도바에서 피사Pisa로 이주하고 2년 후 이 철학자들 중 한 명이 아리스토텔레스가 옳았다는 것을 입증할 의도로 공개 실험을 계획했고, 피사의 사탑에서 두 개의 물체를 떨어뜨리는 실험을 실제로 행했다. 공은 거의 같은 속도로 땅에 떨어졌지만 정확하게 똑같은 속도로 떨어진 것은 아니었다. 아리스토텔레스의 이론을 믿는 이 철학자들은 이로써 갈릴레오가 틀렸다는 것이 입증됐다고 주장했다. 그러나 갈릴레오는 이에 대한 답을 내놓았다.

"아리스토텔레스는 100큐빗cubit(고대에 사용되던 길이의 단위_옮긴이) 높이에서 떨어지는 100파운드짜리 공이 100큐빗만큼 떨어지는 속도가 1파운드짜리 공이 1큐빗 떨어지는 속도보다 빠르다고 주장한다(무게와 속도가 비례하므로 만일 100파운드짜리 공과 1파운드짜리 공을 100큐빗 높이에서 떨어뜨리면 100파운드짜리 공이 100배는 더 빨리 떨어져야 한다는 뜻_옮긴이). 반면 나는 두 개의 공이 똑같이 떨어진다고 주장한다. 실험을 해보는 즉시 큰 공이 작은 공보다 약 2인치만큼 더 빨리 떨어진다는 것을 발견할 것이다. 이제 당신들은 그 2인치 뒤에 아리스토텔레스의 99큐빗을 숨기려 한다. 당신들은 나의 미미한 오류만 지적하면서 아리스토텔레스의 어마어마한 오류에 대해서는 입을 다물고 있는 것이다."[4]

무엇보다 이 실화는 실험이라는 방법의 힘이 얼마나 중요한 것인지를 보여준다. 정직하게 이뤄진 실험은 진실을 전한다. 실험을 통해 얻고 싶은 결과가 무엇이건 중요하지 않다. 아리스토텔레스를 신봉하는 철학자들은 갈릴레이가 틀렸다는 것을 입증하고 싶어 했지만, 정작 실험은 갈릴레오가 옳다는 것을 증명했다. 실험상의 오류라는 제약은 있었지만 실험이 밝힌 진실의 중요성을 볼 때 그 정도는 허용 가능한 범위의 오류였다고 봐야 한다.

1612년 무렵 갈릴레오는 50세 가까운 나이가 됐고 실험물리학자 시절은 실질적으로 끝이 났다. 로마 교회 당국과의 유명한 충돌은 1630년대나 이르러서야 벌어졌고, 이 충돌로 그는 1634년부터 가택연금을 당한 채 말년을 보내게 된다(이단임을 자백하라는 압력을 받았다는 점을 고려하면 비교적 너그러운 선고였다). 1613년 갈릴레오는 네덜란드에서 《새로운 두 과학에 대한 수학적 논증과 증명Discourses and Mathematical Demonstrations Concerning Two New Sciences》이라는 위대한 저서를 출간했다. 그는 이 책에 역학에 대한 필생의 연구 성과를 요약해놓았을 뿐 아니라 길버트가 개척해놓은 과학적 방법을 발전시켰다. 이 책은 간략히 《새로운 두 과학Two New Science》이라는 제목으로 알려져 있으며, 최초의 진정한 과학 교과서로 엄청난 영향력을 발휘했고 유럽 전역의 과학자들에게 영감을 줬다. 물론 이 책의 출간을 금지했던 가톨릭 국가 이탈리아는 예외였다. 그 여파로 과학의 부흥에서 주도적인 역할을 했던 이탈리아는 이제 벽지로 밀려난 반면 진정한 진보는 다른 지역에서 이뤄지게 된다.

007 '갈레노스가 틀릴 수 있다'는 증거

· 혈액의 순환을 알아낸 윌리엄 하비

베살리우스가 《인체의 구조에 관하여》를 발간한 뒤에도(실험 4를 보라) 16세기 후반과 17세기 초반까지 갈레노스와 같은 고대 교사들의 지식이 틀릴 수 있다는 생각에 대한 반발은 여전히 위세를 떨쳤다. 1578년 태어난 영국의 의사 윌리엄 하비William Harvey가 17세기 초반의 혈액순환 연구를 당시에 이미 완성했음에도 불구하고 자신이 발견한 바를 1628년에야 출간한 것은 바로 이런 이유에서였다. 그 무렵 하비는 자신의 생각을 뒷받침할 상당한 증거들을 모아놓은 상태였다(하지만 강의는 예외였는데, 그는 책을 출간하기 전이었던 1616년 자신의 연구를 주제로 일련의 강의를 제공했다). 그 연구의 결과가 바로 《동물의 심장과 혈액의 운동에 관하여De Motu Cordus et Sanguinis in Animalibus》라는 저서였다. 이 책은 그 이전 20년 동안 하비가 실행했던 일련의 실험들, 즉 진정한 의미의 과학실험을 바탕으로 한 간단명료한 사례들을 제시했다. 이 모든 것은 하비가 케임브리지대학교와 파도바대학교에서 수학한 뒤 훌륭한 의사로서 윌리엄 길버트처럼 1618년에는 제임스 1세의 주치의가 되고, 훗날 찰스 1세의 주치의라는 더 막중한 책무까지 맡았던 틈틈이 여가 시간을 내어 일궈낸 업적이다. 윌리엄이라는 같은 이름을 가진 두 인물은 동명의 또 다른 작가 윌리엄 셰익스피어William Shakespeare의 동시대인이기도 했다(셰익스피어는 1616년 사망했다).

길버트 이전에는 갈레노스의 가르침을 따라, 정맥과 동맥이 두 가지 다른 종류의 혈액을 운반한다는 이론이 정설로 통했다. 하나는 간에서 생성돼 정맥을 타고 흐르면서 신체의 각 조직에 영양분을 공급하고 다 소모된 후 간에서 나온

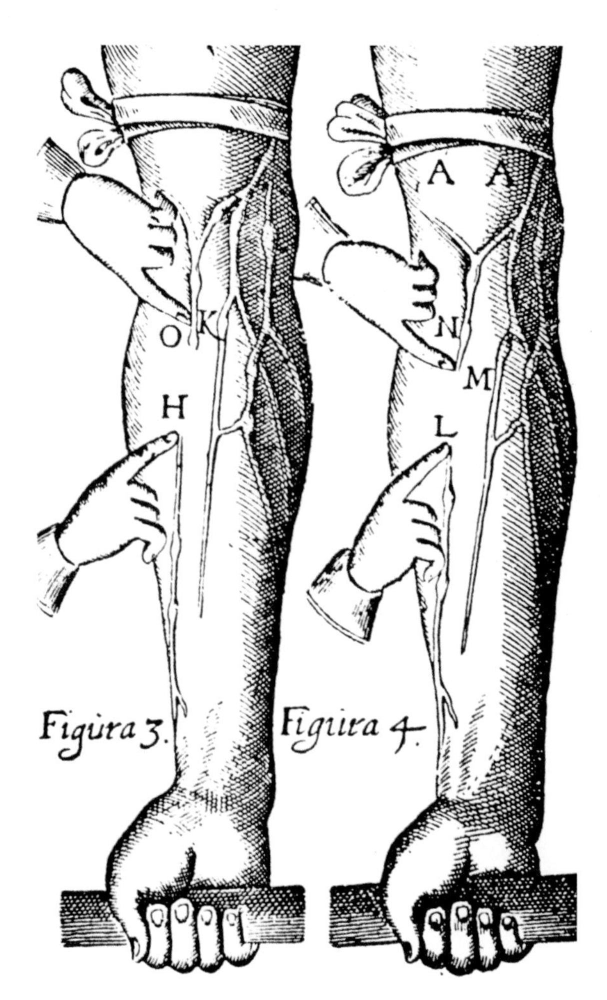

하비의 《동물의 심장과 혈액의 운동에 관하여》에서 발췌한 목판화. 이 삽화에는 팔뚝 피부의 얕은 층에 있는 표재정맥의 정맥판막이 그려져 있다. 왼쪽 그림의 손가락은 정맥을 따라 O에서 H까지(심장에서 멀어지는 쪽으로) 지나간 것이다. 이 경우 정맥에서 피가 빠져나가도 다시 채워지지 않는다. O부위에 있는 정맥판막이 혈액의 순환을 막기 때문이다.

새 혈액으로 대체되는 종류의 혈액이고, 또 하나는 동맥을 통해 흐르며 폐에서 다른 조직으로 신비로운 '생명정기vital spirit'를 운반하는 종류의 혈액이었다.

길버트(실험 5를 보라)와 마찬가지로, 하비가 연구를 시행하고 결과를 제시했던 방식은 발견한 내용 못지않게 중요했다. 하비는 철학의 추상적 사유가 아니라 직접적인 측정과 관찰을 바탕으로 사유한 것이다. 그의 핵심 통찰은 심장의 용량과 일반적인 맥박수를 측정해 심장이 매분 얼마나 많은 혈액을 옮기는지 알아냈을 때 얻어진 것이다. 그는 인간의 심장이 한번 뛸 때마다 약 60세제곱센티미터씩 움직여 시간당 거의 260리터의 혈액을 새로 만들어낸다는 것을 알아냈다(단위는 현대에 쓰는 것으로 환산한 것이다). 인간 몸무게의 3배에 달하는 혈액이 매시간 모조리 간(또는 다른 기관)에서 새로 만들어진다는 것은 분명 불가능한 일이었다. 유일하게 가능한 추론은 실제 혈액의 양은 그보다 훨씬 적으며 혈액은 심장에서 출발해 동맥을 통과하고 정맥을 통해 다시 심장으로 돌아간다는 것, 다시 말해 혈액이 지속적으로 몸 전체를 순환한다는 것이었다.

이러한 순환체계를 통해 혈액은 폐와 심장 사이를 돌면서 '생명정기'가 아니라 산소를 운반한다. 이 통찰은 하비가 정맥에서 아주 작은 판막valve을 관찰한 결과로 나온 것이다(정맥의 판막을 발견한 인물은 파도바대학교에서 하비를 가르쳤던 스승 중 한 사람인 히에로니무스 파브리시우스Hieronymous Fabricius였다). 정맥판막은 정맥혈이 심장에서 나오는 것이 아니라 심장을 향해 흐르게 해준다(당시에는 혈액이 몸의 중심부인 간에서 말초부분 쪽으로 흐른다는 갈레노스의 이론이 대세였지만 하비는 정맥판막을 토대로 혈액이 말초부분 쪽에서 중심부 쪽으로 흐를 때 제대로 열린다는 사실에 착안해 갈레노스의 '이론'을 반박했다_옮긴이)

관찰을 통해 이러한 결론에 도달한 하비는 일련의 실험을 통해 자신의 주장을 입증했다. 그 중 하나는 기가 막히게 단순하고 명료한 실험이었다. 만일 혈액이 신체를 순환한다는 그의 주장이 옳다면 동맥과 정맥 사이에는 연결부가 있어야 한다. 동맥은 정맥보다 피부 밑 더 깊숙한 곳에 위치해 있기 때문에 그는 자신의 팔 둘레에 끈을 단단히 묶어 정맥혈의 흐름을 차단하되(이를 결찰 ligature이라고 한다) 동맥에 흐르는 피는 차단하지 않는 실험을 해봤다. 지속적으로 흐르는 혈액이 동맥에서 차단된 정맥 쪽으로 흐르다 보니, 결찰 부위 뒤쪽 정맥이 크게 부풀어 올랐다. 그는 또한 심장 부근의 동맥이 심장에서 먼 곳에 있는 동맥보다 더 굵다는 점도 지적했다. 심장 근처의 동맥이 심장의 강력한 박동을 견뎌내기 위해서는 더 튼튼해야 하기 때문이라는 것이었다.

이 모든 장점에도 불구하고 하비의 사유에는 신비주의 요소가 없지 않았다. 그는 심장을 단지 혈액을 흐르게 하는 펌프 역할만 하는 기관이 아니라, '생명의 토대이자 모든 것을 관장하는 존재'가 혈액을 완전하게 만드는 장소로 여겼다. 하비의 연구를 바탕으로 1637년 심장은 단지 기계적 펌프에 불과하다고 주장함으로써 과학적 사유를 향해 한 단계 더 나아간 인물은 르네 데카르트René Descartes였다.

하비의 《동물의 심장과 혈액의 운동에 관하여》는 영국에서 엄청난 반향을 불러일으켰지만, 혈액순환에 대한 사상은 그의 생전에는 데카르트 같은 선구자들을 제외하고는 온전히 받아들여지지 않았다. 그 이유 중 하나는 몸속의 혈액이 새롭게 만들어지는 것이 아니라 하비의 말대로 한정된 양으로 존재할 경우, 그 당시 중요한 질병 치료법이었던 방혈bloodletting의 근거가 훼손될 터이기 때문이었다.

하비는 1657년 사망했고 그 직후 현미경의 발전(실험 10을 보라)으로 정맥과 동맥 간의 작은 연결부위(모세혈관)를 볼 수 있게 되면서 하비가 옳았다는 것이 최종적으로 입증됐다.

EXERCITATIO
ANATOMICA DE
MOTV CORDIS ET SAN-
GVINIS IN ANIMALI-
BVS,
GVILIELMI HARVEI ANGLI,
Medici Regii, & Professoris Anatomiæ in Col-
legio Medicorum Londinensi.

FRANCOFVRTI,
Sumptibus GVILIELMI FITZERI.
ANNO M. DC. XXVIII.

하비의 《동물의 심장과 혈액의 운동에 관하여》의 표지.

008 공기의 무게를 측정하다

· 토리첼리의 진공

1640년대 초반에 이탈리아의 에반젤리스타 토리첼리Evangelista Torricelli는 30피트(약 9미터) 이상을 판 우물에서는 물을 펌프로 끌어올릴 수 없다는 문제를 파고들었다. 펌프의 작동방식은 자전거펌프의 한쪽 끝(열린 쪽)을 물속에 담그고 펌프 속으로 물을 끌어들이는 원리와 비슷하다. 아주 긴 펌프를 수영장 속에 똑바로 세우면 최대 30피트까지 물을 끌어올릴 수 있지만 그 이상은 안 된다. 아무리 핸들을 열심히 움직여도 소용없다. 토리첼리의 추론은, 우물 수면을 내리누르는 공기의 무게가 파이프 속 공기를 30피트까지는 밀어올리지만 그 이상은 불가능하다는 것이었다. 그는 물 대신 밀도가 더 높은 액체인 수은을 이용해 자신의 추론을 시험하는 데 착수했다(당시 물을 30피트나 끌어올릴 수 있는 대롱을 유리로 만들 수 없었기 때문에 밀도가 높은 수은을 쓴 것이다_옮긴이). 수은은 물보다 밀도가 약 14배 크기 때문에 토리첼리는 30피트 높이의 물기둥이 만들어질 정도의 압력이 만드는 수은 기둥에 작용할 경우 수은 기둥은 2피트 좀 넘을 것(60센티미터 이상)이라고 예측했다. 실험에서 유리대롱의 한쪽 끝을 막고 수은을 가득 채운 다음, 수은이 들어 있는 통 속에 대롱을 거꾸로 세웠더니 대롱 속에 꽉 차 있던 수은의 높이가 수은이 차 있는 통의 수면에서 30인치(76센티미터)까지 내려오면서 대롱 속 수은 위쪽에 틈새 공간이 생겼다. 그의 예상과 맞는 결과가 나온 것이다. 이 틈새 공간에는 아무것도 없었기 때문에 '토리첼리의 진공Torricelli Vacuum'이라는 이름이 붙었다.

토리첼리는 대롱 속 수은 기둥의 정확한 높이가 날마다 바뀌는 것에 주목했고, 이것이 통 속에 있는 수은에 작용하는 대기의 압력이 변하기 때문이라는

플로랑 페리에가 프랑스에 있는 해발 1,464미터의 화산형 산인 퓌드돔에 오르면서 기압을 측정하는 모습을 그린 가상의 삽화.

것을 깨달았다. '기압계'를 발명한 것이다. 토리첼리는 1647년에 사망했지만 프랑스인인 블레즈 파스칼Blaise Pascal은 그의 발견들을 넘겨받아 더욱 발전시켰다. 파스칼은 이런 종류의 초기 기압계로 측정한 기압이 날씨에 따라 어떻게 달라지는지 연구했다. 또 다른 프랑스인인 르네 데카르트는 1647년 파스칼을 찾아가, 산으로 기압계를 가지고 올라가 고도에 따라 기압이 어떻게 변하는지 알아보면 흥미로울 것이라고 제안했다. 파스칼은 파리에 살고 있었지만 그의 처남 플로랭 페리에Florin Périer는 퓌드돔이라는 산 근처에 살고 있었기 때문에, 1648년 파스칼은 페리에를 설득해 실험을 시켰다. 페리에는 산에서 실험한 결과를 파스칼에게 편지로 써서 보냈다.

"지난 토요일에는 날씨가 변덕스러웠네… 하지만 새벽 다섯 시 경… 퓌드돔

이 보이더군… 기압을 재보기로 했지. 클레르몽 시의 주요 인사 여럿이 언제 산을 오르는지 알려달라고 요청하더군… 위대한 연구에 동행하게 돼 무척 기뻤지… 아침 여덟 시, 그 마을 주변에서 가장 낮은 지대인, 가장 작은 형제회 수도원Minim Fathers monastery 정원에서 모였다네… 나는 16파운드의 수은을 수조에 부은 다음 각각 4피트 길이에 한쪽 끝은 밀봉하고 다른 쪽 끝은 열어둔 여러 개의 유리 대롱을 가져다… 통에 거꾸로 세웠지… 통 속에 있던 수은은 위쪽 26과 3과 2분의 1라인line(영국의 길이 단위. 약 12분의 1인치 정도_옮긴이)에서 멈췄네… 같은 지대에 서서 두 번 더 같은 실험을 반복했지… 결과는 매번 같았다네… 대롱 중 하나를 수조에 붙인 다음 수은의 높이를 표시하고… 가장 작은 형제회 소속 샤스탕Chastin 신부님께 하루 종일 변화가 조금이라도 있는지 지켜봐달라고 부탁드렸네… 나는 다른 대롱과 수은을 가지고… 퓌드돔 정상으로 갔지. 수도원보다 약 500패덤fathom(길이의 측정단위. 1패덤은 약 6피트_옮긴이) 높은 곳이었다네… 그곳에서 실험해보니 수은주 높이가 23과 2라인이더군… 여기서도 다섯 차례 주의 깊게 실험을 되풀이했어… 정상의 각기 다른 지점에서 말이지… 수은주 높이는 역시 같았다네… 매번 말이지….”[5]

흥미롭게도 퓌드돔 산 가장 아래쪽에 있던 신부 또한 그날 내내 그곳에 설치한 기압계 수치가 변하지 않았다고 보고했다. 기압은 산 아래쪽보다 정상에서 더 낮았던 것이다. 결국 이 실험은 고도가 높아질수록 대기가 희박해진다는 것을 입증했고, 이는 고도가 더욱 높아지면 대기가 완전히 없어진다는 것을 암시한다. 다시 말해 높은 곳에는 토리첼리의 대롱에 생겨났던 수은 위 진공 같은 진공이 존재한다는 뜻이다. 그 후 파스칼은 이 실험을 소규모로 다시 실행했다. 약 50미터 높이의, 생 자크 드 라 부셰리Saint-Jacques-de-la-Boucherie 교회의 종탑으로 기압계를 가져간 것이다. 수은은 2라인만큼 떨어져 멈췄다. 데카르트를 비롯한 많은 사람은 이 증거에 대한 파스칼의 해석을 받아들이려하지 않았고, 대롱 속 ‘빈’ 공간에 뭔가 보이지 않는 물질이 가득 차 있고 대기 위쪽 공간도 그렇다고 계속 고집을 부렸다. 그러나 이후의 실험들은 결국 파스칼이 옳았음을 입증했다(실험 9를 보라).

009 진공에 매료된 과학자들

· 보일의 법칙

토리첼리 그리고 파스칼과 처남 페리에의 실험 이후 진공 관련 연구는 과학에서 가장 큰 관심을 불러일으키는 주제 중 하나가 됐다. 과학자들은 진공 현상을 연구하기 위해 유리병이나 다른 용기에서 공기를 뽑아낼 수 있는 효율적인 펌프가 필요했다. 17세기의 시대적 한계로 볼 때 이러한 펌프는 상당한 기술을 요하는 첨단기술 장비였다. 요즘의 대형 강입자 충돌기 같은 초현대식 입자 가속기쯤으로 볼 수도 있겠다. 1660년대 과학자들이 손에 넣을 수 있는 최고의 펌프는 영국의 과학자 로버트 훅이 만든 것이었다. 당시 훅은 로버트 보일Robert Boyle의 조수로 일하고 있었다. 보일은 갈릴레오의 연구에 영감을 받은 선구적 과학자였고(왕립학회Royal Society의 창립을 돕기도 했다), 세계를 탐구할 때 "설사 거기서 얻은 정보가 기존 생각과 모순되는 것처럼 보일 때도 실제로 얻게 된 경험을 따라야 한다"는 말을 남긴 인물이다.

훅의 진공펌프는 한쪽 끝을 막아놓은 실린더에 피스톤이 달린 구조를 기본으로 한 것이었다. 실린더 입구에 달아놓은 피스톤의 한쪽 면에 톱니를 내어 손잡이가 달린 톱니바퀴와 맞물리게 하고, 손잡이로 톱니바퀴를 움직여 실린더 속 피스톤을 밀어올림으로써 그 안에 든 밸브를 통해 공기를 밀어낸 다음 다시 피스톤을 당겨 실린더 속을 진공으로 만든다(런던 과학박물관에는 훅의 펌프를 원안대로 만들어놓은 모형이 있다). 실린더에 또 하나의 밸브를 장착해 펌프에 부착하면 피스톤이 상하운동을 반복할 수 있어 더 많은 공기를 뽑아낼 수 있었다.

로버트 훅이 진공펌프를 개발하던 무렵인 1650년대 말, 또 하나의 영국인 리처드 타우넬리Richard Towneley는 토리첼리 기압계를 이용해 랭커셔의 펜들

힐에서 플로랭 페리에가 실행했던 실험을 되풀이하고 있었다. 그는 고도가 높은 곳의 저기압 현상의 원인을 공기의 밀도 저하로 추론했고, 훗날 '타우넬리의 가설Towneley's Hypothesis'이라 알려지게 될 자신의 생각을 보일에게 말했다. 보일은 이에 흥미를 느껴 조수였던 훅에게 그 가설을 시험해볼 실험의 임무를 줬다.

이 실험 중 가장 간단한 것에는 공기 펌프가 쓰이지 않았다. 훅은 J자로 생긴 유리관의 아래쪽만 밀봉했다. 꼭대기 쪽은 열어뒀다. 그런 다음 수은을 유리관에 부어 U자 모양이 될 때까지(부엌 하수도의 U자 배수관처럼) 채웠다. 그러면 J자형 유리관의 짧은 쪽(J 모양의 왼쪽)에 공기가 갇히게 된다. 유리관 양쪽에서 수은이 같은 높이에 오면 왼쪽에 갇힌 공기가 대기압을 나타낸다는 뜻이었다. 그러나 유리관에 수은을 더 부으면, 더해진 무게 때문에 압력이 증가해, 짧은 쪽에 갇힌 공기는 더 작은 공간으로 밀려났다. 보일은 계산에 능하지 않았지만 훅은 달랐다. 그는 추가된 수은의 양과 갇힌 공기가 눌린 양을 주의 깊게 측정했다. 갇힌 공기가 눌렸다는 것은 갇힌 공기의 부피가 압력에 반비례한다는 것을 보여주는 것이었다. 다시 말해 압력이 2배가 되면 부피는 반으로 줄어든다. 만일 압력이 3배로 늘면 공기는 원래 부피의 3분의 1로 줄어든다.

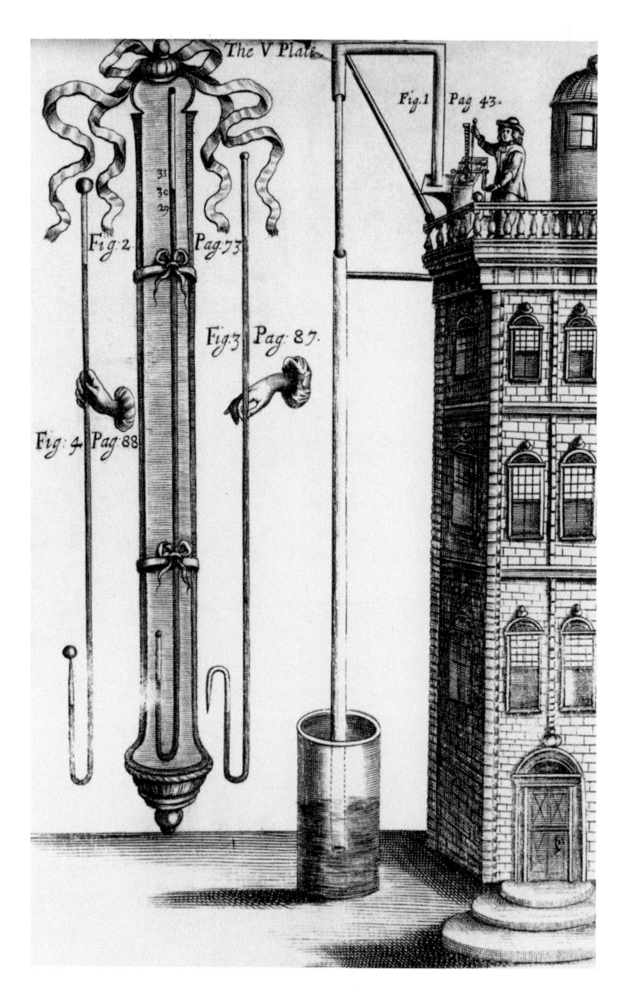

펌프질을 통해 물을 끌어올릴 수 있는 가장 높은 높이를 입증하기 위한 로버트 보일의 실험. 보일은 대형 물통 위쪽 약 10미터 높이의 지붕 위에서 펌프를 이용해 파이프 위쪽으로 수조에서 물을 빨아올렸다. 로버트 보일의 《공기의 탄성과 무게, 그리고 그 효과에 관한 물리역학적인 새로운 실험 속편A continuation of new experiments physico-mechanical, touching the spring and weight of the air, and their effects》(1669년)에서 발췌한 삽화.

위의 실험과 달리 보일과 훅이 실행했던 또 다른 실험들에는 공기 펌프가 쓰였다. 기압이 낮아지면 물이 더 낮은 온도에서 끓는다는 것을 보여준 실험이 그 중 하나였다(이는 왜 산꼭대기에서 끓인 차가 맛이 없는지 설명해준다). 이것은 매우 난해한 실험이었다. 물을 끓이고 있는 봉인된 유리통 안에 수은 기압계를 넣고, 펌프질로 공기를 뺄 때 압력을 모니터해야 했기 때문이다.

실험 결과는 1660년 출간된 보일의《공기의 탄성에 관한 물리역학적인 새로운 실험New Experiments Physico-Mechanical Touching the Spring of the Air》이라는 저서를 통해 세상에 처음 공표됐다. 그러나 당시 보일은 부피와 압력에 관한 반비례 법칙을 명시적으로 상술하지는 않았다. 본격적인 설명은 1662년에 출간된《공기의 탄성에 관한 물리역학적인 새로운 실험》제2판에 등장했고, 그 결과 보일의 법칙이 등장하게 된다. 그러나 보일의 법칙의 기반이 되는 실험과 계산을 실제로 해낸 인물은 훅이었다.

훅의 실험과 보일의 법칙은 과학적 사고에 매우 큰 함의를 띠고 있었다. 공기는 원자와 분자로 이뤄져 있으며 주변을 돌아다니며 서로 충돌한다는 생각을 뒷받침해줬기 때문이다. 실용적 측면에서도 이들의 발견은 중요했다. 공기에 무게가 있다는 인식, 그리고 피스톤을 사용해 공기를 빼냄으로써 진공 상태를 만들 수 있다는 인식은 증기기관 관련 착상에 직접 반영됐기 때문이다(실험 16을 보라).

010 현미경으로 보는 세상

· 미시세계를 소개한 로버트 훅

로버트 훅은 '보일의 법칙'에 자신의 이름을 넣을 기회는 놓쳤지만 곧 이어 현미경 사용의 선구자로서 훨씬 더 큰 실험적 성공을 일궈냈다. 17세기 후반 아주 작은 물체를 확대하는 렌즈를 이용해 미시세계를 연구한 과학자가 없던 것은 아니었지만, 가장 철두철미한 연구를 바탕으로 성과를 내고 1665년《마이크로그라피아Micrographia》를 출간함으로써 자신이 발견한 바를 설명한 인물은 훅이었다. 당시로서는 이례적으로 영어로 쓰인《마이크로그라피아》는 교육을 조금이라도 받은 사람이라면 누구나 이해할 수 있었다(당시 해박한 지식을 담은 대부분의 학술서는 라틴어로 쓰였다). 새뮤얼 핍스Samuel Pepys(17세기 영국의 작가이자 행정가_옮긴이)는 이 책을 가리켜 "내 평생 읽은 책 중 가장 독창적인 책"이라고 칭송했다.

현미경 관찰을 가치 있을 만한 것으로 만들 만큼 충분히 대상을 확대하는 방법은 두 가지였다. 하나는 훅의 동시대인인 네덜란드의 포목상이자 아마추어 과학자 안톤 판 레이우엔훅Antoni van Leeuwenhoek이 개발한 것이다. 그의 '현미경'은 아주 작은 크기의 단일 렌즈였다. 어떤 것은 심지어 깨알 같이 작았다. 그는 이 렌즈를 가느다란 금속 조각에 붙여 사용했다. 이렇게 만든 현미경은 눈에 바짝 붙인 채 봐야 했고, 매우 강력한 확대경 역할을 했다. 확대비율이 200배나 300배 가까이 될 만큼 강력했다. 그의 현미경은 조작하기가 몹시 까다로웠다. 그럼에도 불구하고 판 레이우엔훅은 물방울 속에 들어 있는 미세한 생물체를 발견하는 등 수많은 중요한 발견을 해냈다. 훅의 경우에도 가장 미세한 것을 알아낼 필요가 있을 때는 이런 종류의 렌즈를 사용했지만, 그가 사용

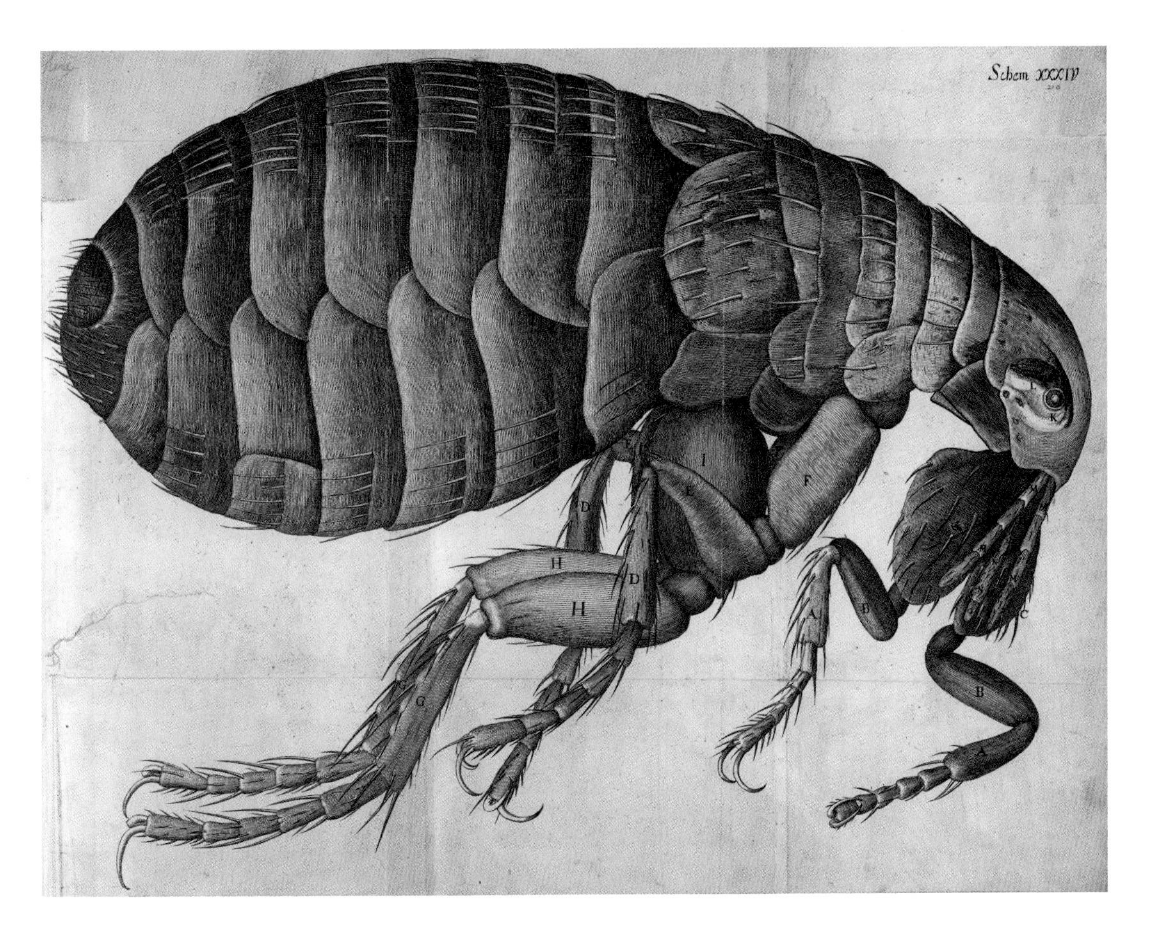

•
로버트 훅(1635년~1703년)이 현미경으로 관찰한 벼룩을 그린 17세기 세밀화.

했던 현미경 장비는 좀 달랐다. 이 두 번째 현미경이 바로 근대 현미경의 시초다. 이 현미경은 망원경처럼 여러 개의 렌즈를 6이나 7인치(약 15~18센티미터)짜리 통 모양의 관에 고정시켜놓은 것이다. 이 현미경은 조작하기가 더 쉬웠지만 아주 작은 단일 렌즈만큼 강력한 확대능력을 갖고 있지는 못했다.

그러나 '조작이 더 쉽다'고 해서 연구가 '쉬워진다'는 뜻은 아니다. 현미경을 사용해본 사람이라면 현미경 조작에서 중요한 일은 관찰 대상에 초점을 맞춰 대상이 밝은 빛을 받도록 하는 것이라는 점을 알고 있다. 그러나 1660년대에는 전기 조명(심지어 가스등 불빛조차)이 없었다. 촛불의 불빛은 물체를 밝혀줄 만큼 밝지 못했다. 결국 훅은 유리 렌즈들과 물을 채운 플라스크를 기막히게 배열해 이것들이 태양빛(때로는 촛불)을 물체에 초점을 맞춰주는 구면 렌즈 역할을 하게 만들었다. 움직이지 않는 물체에는 이러한 방법이 잘 통했다. 그러

《마이크로그라피아》에서 발췌한 세밀화. 파리의 머리 부분을 그린 것이다.

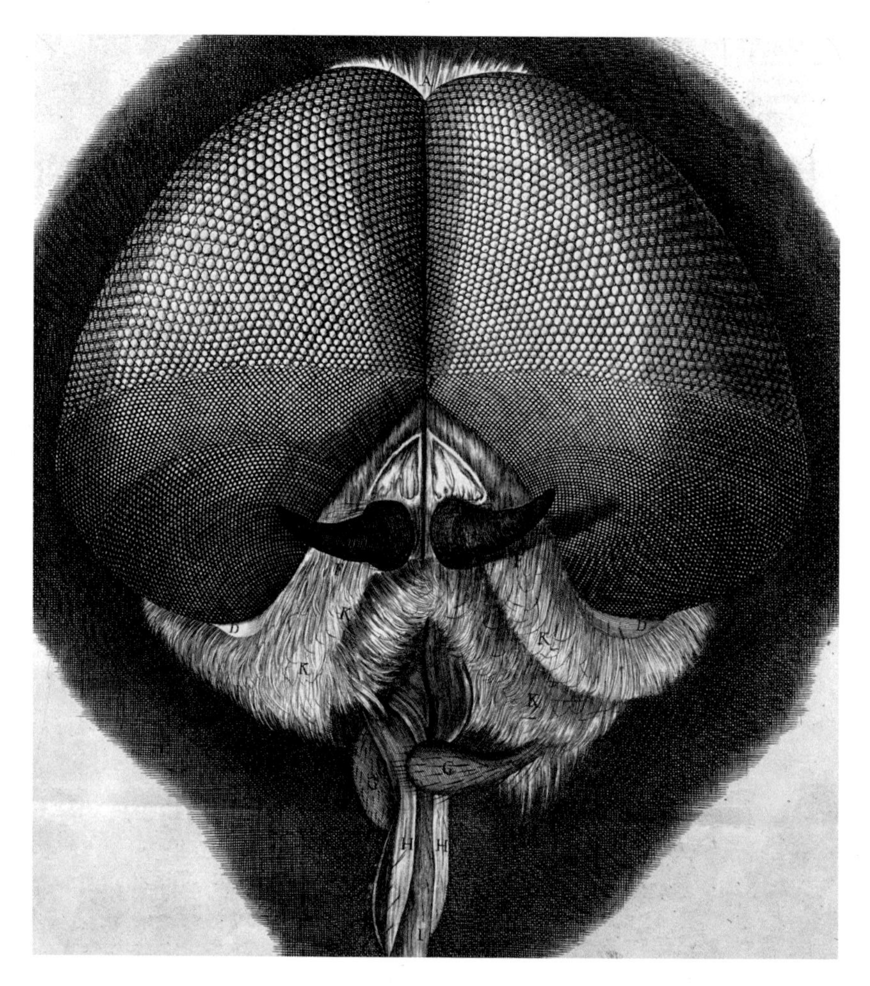

나 혹은 개미 같은 생명체도 현미경을 통해 보고 싶었다. 하지만 생명체는 현미경으로 초점을 맞춰 놓은 시야에서 꼬물꼬물 벗어날 게 틀림없었다. 그렇다고 생물을 죽이면 사체가 쪼그라든다. 작은 생물들을 밀랍이나 풀로 붙여두려고도 해봤지만 녀석들은 여전히 꿈틀거렸다. 그 다음 훅에게 떠오른 기발한 착상은 녀석들에게 브랜디를 먹여 취하게 만드는 것이었다. 그의 말에 따르면 개미는 곧 "곤드레만드레 취해버렸고" 결국 꼼짝없이 뻗었다.

물론 당시에는 현미경 아래에 보이는 물체를 촬영할 방법이 없었기 때문에 훅은 자신이 본 것을 그림으로 남겼다. 그의 책은 현미경으로 본 것들을 정밀하면서도 아름답게 그려놓은 세밀화로 가득하다. 17세기의 실험과학자는 과학자 역할뿐 아니라 화가까지 겸해야 했던 셈이다. 훅은 독자들에게 바늘 끝이나 면도칼의 날처럼 완벽해 보이는 것에 얼마나 많은 불규칙성이 있는지, 그리고 수정에 얼마나 많은 규칙성이 있는지도 보여줬다. 그의 설명에 따르면 수정이 보이는 규칙성은 그 물질을 이루는 입자의 규칙적 배열에서 비롯된 것이다. 이는 원자가 존재한다는 것을 암시하는 단초였다.

하지만 훅의 가장 탁월한 깨달음은 화석이 과거에 살았던 생명체가 남긴 유물이라는 사실이었다. 17세기 중반에는 생명체를 닮은 이 특이한 암석들이 뭔가 미지의 과정으로 뒤틀린 암석 조각이 생명체처럼 보이도록 변형된 것에 불과하다는 생각이 널리 퍼져 있었다. 그러나 훅은 현미경으로 연구한 증거를 통해 화석이 변형된 암석조각에 불과한 것이 아니라고 주장했다. 변형된 암석조각이라고 하기에는 화석의 세부구조가 생명체의 모양과 지나치게 흡사했기 때문이다. 그는 현재 암모나이트라 불리는 화석이 "특정 갑각류의 껍질로, 대홍수나 범람 또는 지진이나 다른 유사한 수단에 의해 해당 지역으로 옮겨진 후 그곳에서 진흙이나 점토 또는 석화를 일으키는 물로 가득 차게 된 것임에 틀림없다"라고 설명했다.

그뿐 아니라 훅은 이러한 유물들이 바다에서 멀리 떨어진 곳에서 발견되기 때문에 먼 과거에 지구가 큰 변화를 겪었음에 틀림없다는 것을 깨달았다. '대홍수'에 대한 언급은 성경의 홍수 이야기가 진실이라 믿었던 사람들의 눈에 들기 위한 작은 선물이었던 듯하다. 훅은 런던 그래셤대학의 강의에서 자신의 견해를 밝혔다.

"바다였던 지역이 지금은 육지고 산이 평야가 됐고 평야는 산이 되는 등의 일이 일어났다."

이러한 설명은 현미경을 통한 미시세계 관찰에서 끌어낸 심오한 추론이다.

011 어떤 말이건 의심하라

· 아이작 뉴턴과 무지개

아이작 뉴턴은 역사상 최고의 과학 사상가라고 널리 인정받고 있다. 이러한 평가에서 강조점은 대개 이론가로서의 그의 역량에 집중돼 있다. 운동 법칙을 제시하고 무엇보다 가장 유명한 중력의 법칙을 확립했기 때문이다. 그러나 동시대인들과 마찬가지로 뉴턴 역시 '실험을 중시하는' 과학자였다. 자신이 직접 설계하고 제작한 도구를 사용해 고유한 실험에 천착했던 인물이라는 뜻이다. 이러한 접근법은 1660년대의 과학을 뒤바꿔놓았다. 1660년대 초 설립된 왕립학회의 영향력이 컸다. 왕립학회의 모토는 예나 지금이나 라틴어 문구 "눌리우스 인 베르바Nullius in Verba"다. "어떤 말이건 의심하라" 정도로 번역할 수 있다. 처음부터 왕립학회의 과학자들은 과학적 발견에 대한 풍문을 맹목적으로 받아들이지 않고 이를 검증하기 위해 실험을 수행했다(혹은 학회 초창기 이런 실험을 행했던 인물이었다).

1671년 뉴턴은 실용적 기술을 개발한 덕분에 왕립학회의 주목을 받게 된다. 천문학 연구에 유용한 새로운 종류의 망원경을 설계·제작한 것이다. 이 망원경은 렌즈가 아니라 포물면의 오목거울curved mirror을 사용해 빛을 모았다. 이 망원경은 아이작 배로우Isaac Barrow라는 케임브리지대학교의 수학자에 의해 왕립학회에 처음 소개됐다. 배로우는 뉴턴의 능력을 알아본 최초의 인물 중 한 사람이었다. 그 무렵 뉴턴은 케임브리지대학교의 루카스 수학 석좌교수Lucasian Professor of Mathematics였지만 눈에 띄지 않게 살고 있었고 자신이 발견한 것을 아직 발표하지 않은 상태였다.

왕립학회는 그의 발명에 깊은 인상을 받아 1672년 1월 11일 뉴턴을 회원으로 받아들였고, 연구한 다른 내용이 있는지 물었다. 이 물음에 대한 뉴턴의 대답은 긴 편지의 형식을 띠고 있었다(우리는 지금 이러한 형식의 글을 과학 논문이라고 부른다). 이 편지에서 뉴턴은 빛에 대한 자신의 생각과 그 생각의 기반이 되는 실험에 관해 설명했다. 뉴턴이 통찰한 중요한 내용은 '순수한' 흰 빛이 실제로는 무지개의 모든 색깔을 합쳐놓은 것이라는 점이었다. 고대인에게 하얀 빛은 순수한 실체를 상징하는 것이었다. 구를 완벽한 것으로 간주했던 것과 마찬가지였다. 그들에게 흰 빛이 다양한 색깔의 혼합물이라는 말은 행성이 완전한 원 궤도로 순환하지 않는다는 생각만큼이나 터무니없어 보였을 것이다.

물론 태양빛이 삼각 프리즘이나 다른 유리조각을 통과하면 무지개색의 무늬를 내놓는다는 사실은 당시에도 널리 알려져 있었다. 그러나 뉴턴 이전의 사람들은 유리를 통과하는 하얀 빛이 유리에서 불완전한 물질과 섞이면서 불순물 때문에 성질이 바뀌는 것이라고 생각했다. 뉴턴의 천재성은 이러한 생각이 틀렸다는 것을 입증하는 간단한 실험을 고안해낸 데 있다.

실험의 첫 단계는 햇빛을 차단하기 위해 두꺼운 커튼을 쳐 방을 어둡게 하는 것이었다. 커튼에 뚫어 놓은 작은 구멍으로 한줄기 빛이 통과해 삼각 프리즘으

스펙트럼을 이용한 햇빛의 분산을 증명하는 뉴턴의 그림(색깔은 나중에 덧붙인 것이다). 그림 앞에 뉴턴의 초상이 있다. 이 삽화는 또 다른 프리즘이 분산된 무지개 색깔, 그림에서는 빨간색을 더 이상의 변화 없이 굴절시킨다는 것도 보여준다.

뉴턴의 반사망원경을 복원한 모형.

로 떨어졌다. 프리즘을 통과한 빛은 방의 다른 쪽 흰 벽을 비췄고 거기서 빛은 무지개무늬를 만들면서 흩어졌다. 그 무늬를 빨강, 주황, 노랑, 초록, 파랑, 남색, 보라라는 일곱 가지 색깔로 규정한 것도 뉴턴이었다.

아직까지는 빛이 유리를 통과하는 바람에 무지개색이 생겨난 것이라고 설명해도 무방한 단계였다. 기존의 설명과 큰 차이가 없는 단계였던 것이다. 그러나 실험의 두 번째 단계에서 뉴턴은 또 하나의 프리즘을 흰 벽과 첫 번째 프리즘 사이에 뒤집어 놓았다. 첫 번째 프리즘은 흰 빛을 일곱 가지 색으로 분산시켰다. 두 번째 프리즘은 (불순물을 더하기는커녕) 그 색깔들을 훨씬 더 환한 흰 빛으로 바꿔놓았다. '무지개'를 하얀 빛으로 되돌려놓은 것이다. 그 원인은 흰 빛이 실제로는 무지개 색깔의 혼합물이며, 프리즘(또는 빗방울)을 통과하면서 굴절되기 때문이었다. 일부 색깔은 다른 색깔보다 굴절률이 더 크기 때문에 프리즘을 어떤 방향으로 놓는가에 따라 분산되기도 하고 다시 합쳐지기도 한다. 여러 색깔을 하나의 광선으로 굴절시키는 일은 하나의 광선을 여러 색깔로 굴절시키는 것만큼 쉽다. 이것은 분광법spectroscopy(실험 43을 보라)을 향한 첫걸음이었다. 분광법은 반사망원경을 이용해 별들의 구조를 밝혀주게 된다. 반사망원경 중 일부는 뉴턴의 설계를 발전시킨 것이다.

빛이 무지개 색으로 이뤄져 있다는 통찰은 빛의 성질에 대한 뉴턴의 수많은 통찰 중 하나에 불과했다. 뉴턴의 수많은 통찰은 그가 왕립학회장이 되고 1년 후인 1704년에 출간된 《광학Opticks》이라는 위대한 저서에 집약돼 있다. 그는 이 책에 과학적 방법론에 대한 견해를 요약해놓았다.

"분석이란 실험과 관찰을 시행하고, 귀납법을 통해 일반적 결론을 이끌어내는 것이며, 실험이나 다른 확실한 진리가 아닌 그 어떤 이의도 받아들이지 않는 것이다."

012 월식 주기의 차이는 왜 생기나

· 광속을 계산한 올레 뢰머

실험뿐 아니라 '관찰'에 대해 뉴턴이 한 말은 매우 중요하다. 때로 자연은 인간을 위해 직접 '실험'을 시행해준다. 이때 과학자의 역할은 '그저' 진행 중인 사건을 관찰하고 왜 그 일이 발생했는지 알아내는 것뿐이다. 그러나 매우 총명한 과학자만이 그것을 알아낼 수 있다. 빛의 속도가 유한하다는 것을 알아낸 올레 뢰머Ole Rømer가 좋은 사례다.

17세기의 과학자들은 (갈릴레오가 발견해낸) 목성 주위 위성들의 월식 연구를, 경도를 측정하는 일종의 '시계'로 이용하는 데 지대한 관심이 있었다. 이 월식 현상은 지구가 태양 둘레를 돌 때와 마찬가지로 위성들이 목성의 둘레를 돌 때 일정한 시간차를 두고 돌기 때문에 발생한다. 목성의 위성 중 하나가 목성 뒤로 사라지는 순간은 지구상의 여러 곳에서 관측이 가능했고, 그 월식이 발생한 시간을 정오에 측정한 현지 시간과 비교할 수 있었다. 이러한 작업을 통해 관측자는 특정한 기준점으로부터 자신이 동쪽이나 서쪽으로 얼마나 멀리 있는지 알 수 있었다. 이 기법의 개척자는 이탈리아에서 태어난 천문학자 조반니 카시니Giovanni Cassini였다. 카시니는 1671년 파리 천문대Paris Observatory로 옮겨갔다. 그는 프랑스인 천문학자 장 피카르Jean Picard를 덴마크로 보냈다. 목성의 위성들을 관측한 내용을 이용해 덴마크에 위치한, 티코 브라헤Tycho Brahe(귀족 출신의 천문학자이자 요하네스 케플러Johannes Kepler의 스승_옮긴이)의 유서 깊은 관측소의 정확한 경도를 확정지음으로써 티코가 기록한 내용을 파리에서 관측한 내용과 연계시키기 위함이었다. 이때 피카르는 조수로 일했던 젊은 덴마크인 올레 뢰머의 도움을 받았다. 당시 뢰머는 카시니와 일하기 위해 파리로 옮겨간

●
덴마크 천문학자 올레 뢰머(1644년~1710년)가 관측 도구를 쓰는 모습.

상태였다(그는 프랑스 황태자의 가정교사로 잠시 일하기도 했다).

그 후 여러 해에 걸쳐 뢰머는 목성의 위성들의 월식을 계속해서 점검했고, 월식 현상이 늘 예측한 시간대에 정확히 발생하는 것이 아니라는 점에 주목했다. 그는 이오Io라는 위성의 월식 현상에 특히 주목했다. 이오의 첫 번째 월식과 다음번 월식 간의 시간은 지구가 목성 쪽으로 가까워질수록(지구가 목성과 태양과 같은 선상에 위치할 때를 의미한다) 더 짧아졌고, 지구가 목성에서 멀어질수록 길어졌다. 카시니도 이러한 차이가 빛의 속도가 유한하기 때문일 수 있다는 것을 생각하지 않은 것은 아니었다. 지구가 목성 쪽으로 다가갈 때 월식 사이의 시간이 짧아지는 것은 그동안 지구가 목성 쪽으로 더 가까이 움직여 두 번째 월식에서 나오는 빛이 더 멀리까지 이동할 필요가 없어져서 지구의 관측자에게 더 빨리 도달하기 때문이다. 마찬가지로 지구가 목성에서부터 멀어질 경우에는 월식의 빛이 더 멀리까지 이동해야 한다. 지구가 궤도를 따라 더 멀리 이동한 바람에 지구상의 관측자에게 도달하는 시간이 길어지기 때문이다. 이것이 카시니의 추론이었다.

하지만 희한하게도 카시니는 이러한 생각을 더 발전시키지 않고 포기했다. 그러나 뢰머는 더 상세한 관측과 계산을 통해 이러한 가설을 발전시켰다. 1676년 8월 아직 그 생각을 버리지 않았던 카시니는 프랑스 과학아카데미French Academy of Sciences에 경도를 추산할 때 쓰는 이오 월식의 공식 일정표를 수정해야 한다는 사실을 알렸다. "빛이 이오에서 지구의 관측자에게 도달하는 데 시간이 걸리기 때문에, 즉 빛이 지구 궤도의 절반 격인 거리를 오는 데 약 10분에서 11분이 걸리는 듯 보이기 때문"이라는 것이었다. 카시니는 또한 1676년 11월 16일 이오가 월식에서 벗어난 시각이 예전의 방법으로 추산한 것보다 10분가량 늦으리라는 사실도 예측했다. 사실 11월 9일 이오가 월식에서 벗어난 모습이 관측됐고 새로운 계산과도 잘 맞았기 때문에, 이는 뢰머가 아카데미에 더 상세한 내용을 발표하도록 하는 자극제 역할을 했다.

불행히도 뢰머의 논문들은 대부분 1728년의 한 화재로 유실되는 바람에 그의 발표에 관해 우리가 얻을 수 있는 유일한 설명은 다소 왜곡된 보도 기사 정도다. 그 기사는 1677년 영어로 번역돼 영국 왕립학회 회보인 〈철학회보Philosophical Transactions〉에 실렸다. 그러나 그 후 살아남은 것으로 밝혀진 문서 하나는 뢰머가 발표했던 계산의 수치와 그로 인한 극적 발견을 상세하게 전해준다. 뢰머는 지구의 크기에 대해 당시 얻을 수 있었던 최상의 추정치를 통해 빛의 속도가 (현대의 단위로) 초속 22만 5,000킬로미터라고 추산했다. 우리가 뢰머의 관측을 이용해 동일한 계산을 할 경우, 그리고 현대 지구 궤도의 값을 끼워 넣을 경우 얻게 되는 빛의 속도는 초속 29만 8,000킬로미터다. 이것은 오늘날 측정한 최상의 빛의 속도치인 초속 29만 9,792킬로미터와 놀라울 만큼 가까운 수치다.

당시 모든 사람이 뢰머의 결과를 확신했던 것은 아니지만 이 발견은 뢰머에게 큰 명성을 가져다줬다. 그는 영국을 방문해 따뜻한 환대를 받았으며 아이작 뉴턴과 에드먼드 핼리Edmond Halley와 왕실 천문관이던 존 플램스티드John Flamsteed 같은 저명한 과학자들과 함께 자신이 관측한 내용과 그 함의를 놓고 토론을 벌였다. 뢰머는 이들을 성공적으로 설득해냈다. 뉴턴은《광학》에서 빛이 태양에서 지구까지 당도하는 데 '7~8분가량' 걸린다고 언급했다. 뢰머는 1681년 덴마크로 돌아와 왕실 천문관이자 코펜하겐에 있는 왕립 천문대Royal Observatory의 소장이 됐다. 티코 브라헤의 사상적 후계자가 된 셈이다.

013 뱃사람의 비타민

· 임상실험의 역사를 쓴 제임스 린드

일상생활에 요긴한 종류의 실험이 있다. 하지만 그런 실험은 대개 '실험'이라 부르지는 않는다. 아마 실험에 참여하는 사람들이 불안해할 일을 염려해서일 것이다. 이런 실험을 '임상실험' 즉 대조군 실험이라고 한다. 임상실험 중 최고의 사례는 가장 초창기 실험 중 하나로서, 영국 왕립 해군의 외과의사였던 제임스 린드James Lind가 괴혈병 치료법을 알아내기 위해 실행했던 1740년대의 실험이다. 괴혈병 이야기는 주의 깊은 실험과 관찰이 얼마나 중요한지 또한 새삼 일깨워준다. 관찰한 내용을 설명하는 데 오랜 시간이 걸린다 해도 실험과 관찰의 중요성은 변하지 않는다.

괴혈병은 전신 무력감에서 출발해 차차 피부에 반점이 생기고 잇몸이 물러지다 출혈을 일으키고 치아가 빠지며 피부의 개방창으로 발전해 결국 죽음에 이르는 병이다. 지금은 괴혈병의 원인이 비타민 C의 결핍 때문이라는 것을 알고 있지만 18세기 사람들은 비타민에 관해 아는 바가 전혀 없었다. 이들이 알고 있던 것은 괴혈병이 말린 고기와 곡물만으로 식사를 해야 하는 선원들과 병사들 사이에 널리 퍼져 있다는 사실뿐이었다. 문제가 크게 부각된 것은 1740년에서 1744년 사이, 조지 앤슨George Anson이 지휘하던 함대가 영국 최초로 세계 일주를 하면서 맞이했던 운명 때문이었다. 약 2,000명으로 구성된 초기 함대 선원 중 절반 이상이 항해 중에 괴혈병으로 사망했다. 영국처럼 날로 성장을 거듭하던 해군 강국에게 괴혈병 치료제나 예방약을 찾아내는 일은 그야말로 시급한 문제였다.

린드는 괴혈병 치료에 감귤류 과일을 이용할 수 있다고 제안한 최초의 인물

제임스 린드(1716년~1794년).

은 아니었지만, 이 생각을 시험할 과학적 실험만큼은 최초로 시행했다. 괴혈병의 원인에 대한 린드의 생각은 완전히 잘못된 것이었다. 그는 괴혈병이 몸의 '부패'로 인해 생긴다고 여겼고 치료법을 산acid이라고 생각했던 것이다. 1747년 항해 때 린드는 괴혈병을 앓는 사람들을 여러 실험군으로 나눠 이들의 식사에 서로 다른 산을 추가함으로써 자신의 생각을 시험했다. 모든 선원들에게 동일한 음식을 제공하되, 다양한 실험군의 선원들은 매일 1쿼트의 사과술을 마시거나, 25방울의 황산을 식사에 섞어 먹거나, 식초 6스푼씩 1파인트의 바닷물, 하루 오렌지 두 개와 레몬 한 개 또는 보리차나 맛이 강한 향신료를 각각 식사와 함께 먹었다. 바닷물을 먹은 실험군이 '대조'군이었다. 이들은 다른 어떤 산도 먹지 않았기 때문이었다. '대조군 실험(또는 통제군 실험)'이라는 말은 여기서 나온 것이다. 실험이 끝날 무렵(배에 과일이 다 떨어졌기 때문이다) 오렌지와 레몬을 먹은 선원들의 상태가 급격히 호전됐다. 다른 실험군 중에서는 사과주를 먹은 집단에만 약간의 효과가 나타났다.

왕립 해군은 이 발견에 주목했고, 일부 선장들은 함대 선박에 오렌지로 만든 시럽과 사우어크라우트(소금에 절인 양배추를 발효시킨 음식_옮긴이)를 공급하는 정책을 집행하기 시작했다. 사우어크라우트 역시 괴혈병 완화antiscorbutic(괴혈병scurvy을 뜻하는 라틴어scorbutus에서 유래한 낱말이다)에 효과가 있다는 것이 검증됐기 때문이다. 린드는 이 항해 직후 해군을 떠났고, 1753년《괴혈병에 관한 논문A Treatise on the Scurvy》이라는 책을 출간했지만 큰 관심을 끌지는 못했다. 하지만 1768년 두 번째 '실험'이 제임스 쿡James Cook 선장에 의해 그의 첫 세계 일주에서 실행됐다. 그의 배는 3톤의 사우어크라우트를 싣고 떠났다. 사우어크라우트는 지독하게 맛이 없었지만 쿡은 '뱃사람들에게 한 번도 실패한 적이 없다'며 부하들을 설득해 그것을 먹게 했다. 그는 먼저 장교들에게만 사우어크라우트를 공급했고 장교들은 싫은 내색을 하지 않고 그것을 먹었다. 곧이어 일반 사병들도 사우어크라우트 배급을 요청했고 결국 괴혈병은 거의 자취를 감췄다.

괴혈병을 앓는 사람의 입. 부어 있는 잇몸에 피가 괴어 있는 모습이 보인다.

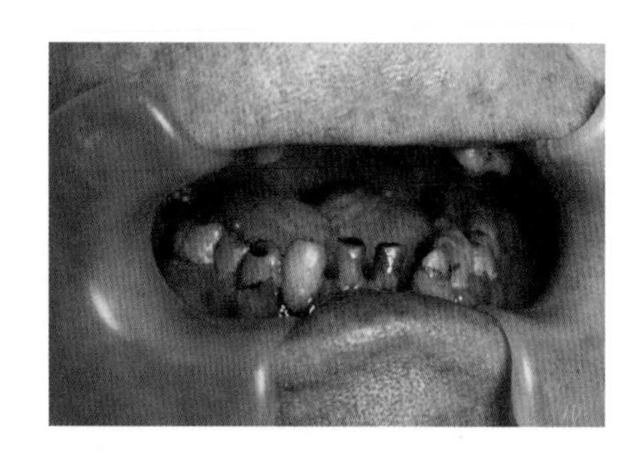

육지의 의사들은 이러한 증거를 계속 묵살했지만 해군은 경험을 통해 무엇이 효력이 있는지를 알게 됐다. 효력을 발생시키는 원인은 밝혀지지 않았다. 1794년, 23주간의 항해 일정으로 인도로 가는 서포크Suffolk호에 탑승한 선원들에게 레몬주스가 공급됐고, 이 항해 동안 괴혈병으로 사망한 사람은 단 한 명도 없었다. 1년 후, 모든 배에 레몬주스가 공급되기 시작했다. 이 주스는 럼주를 물에 섞은 '그로그grog' 주와 섞어 마셨기 때문에 맛도 꽤 좋은 편이었다. 나중에는 라임주스가 이 주스를 대신했다. 라임주스의 효과는 훨씬 더 좋았다. 19세기 중반 무렵 미국 선원들은 영국 해군의 수병을 가리켜 '라임 주서lime juicer'라고 부르기 시작했다. 이 별명은 훗날 '라이미limey'라는 낱말로 영국인을 지칭하는 말로 쓰이게 된다.

괴혈병을 치료한 효과를 낸 성분은 1930년대에 이르러서야 아스코르브산 또는 비타민 C라는 이름을 얻게 됐다. 대부분의 동물은 비타민 C를 자체 합성할 수 있지만 원숭이와 (인간을 포함한) 유인원, 기니피그, 박쥐는 비타민 C를 스스로 합성하지 못하는 소수의 동물에 속하기 때문에 음식을 통해 비타민 C를 섭취해야 한다.

014 번개로 라이덴병을 충전하다

· 벤저민 프랭클린의 피뢰침

18세기 중반에는 전류를 발생시키는 방법이 전혀 없었지만(실험 20을 보라) 당시 과학자들도 유리 막대를 비단천에 문지르는 등의 마찰로 만들어지는 '정전기static electricity' 정도는 알고 있었다. 정전기는 날씨가 건조할 때 합성섬유로 만든 스웨터를 벗다 보면 탁탁 소리를 내는 전기 비슷한 현상이며, 막대기를 이런 식으로 충전해 다른 물체를 건드리면 불꽃이 일어난다. 이 불꽃은 초소형 번개와 같아 보였고, 사람들은 그 때문에 번개가 전기의 한 형태일지도 모른다는 추론을 하게 됐다. 이를 증명하는 난제에 도전한 인물은 미국의 석학 벤저민 프랭클린Benjamin Franklin이다. 1746년 프랭클린은 과학에 관심이 많던 상인이자 왕립학회 회원이었던 피터 콜린슨Peter Collinson에게서 유리막대를 구했다. 프랭클린은 유리막대로 일련의 실험에 착수했다.

이 실험들을 통해 프랭클린은 폭풍우 때 생기는 먹구름이 비단천에 비벼댄 유리막대처럼 전기로 충전돼 있으며, 번개는 비단천에 충전된 유리막대를 다른 물체에 가까이 댔을 때 흐르는 불꽃처럼 이 정전기가 땅으로 방출되면서 일어나는 현상이라는 확신을 얻었다. 하지만 어떻게 이러한 생각을 검증할 수 있을까? 프랭클린은 영국에 있는 콜린슨에게 보낸 편지에 자신의 실험에 관한 내용을 적으면서, 긴 금속 막대나 못을 뇌우가 발생하는 동안 땅에 세워 구름에서 전기를 끌어내는 방법을 제안했다. 번개를 자극해 금속 막대를 치게 만들지 않고, 대신 부드럽게 전기를 끌어들여 라이덴Leyden 또는 Leiden 병이라는 특수 유리병에 붙잡아두자는 것이었다. 콜린슨을 제외하고 왕립학회 멤버 중 그

피터 콜린슨(1694년~1768년).

누구도 프랭클린의 생각에 큰 열의를 보이지 않았다. 그러나 콜린슨은 1750년대 초반 이러한 생각들을 발표했고, 유럽의 과학자들도 그 내용을 알게 되었다.

•
프랑스의 과학자 토머스 프랑수아 달리바르(1709년~1799년)가 1752년 5월 10일 프랑스의 말리 라 빌에서 번개 실험을 하는 장면.

콜린슨의 생각을 알게 된 과학자 중 한 명이었던 토머스 프랑수아 달리바르Thomas-François d'Alibard는 프랭클린의 생각을 실험해보기로 했다. 1752년 5월 그는 40피트(12미터)짜리 쇠막대를 프랑스 북부에 있는 말리 라 빌의 정원에 세웠고, 폭풍우 때 뇌우에서 불꽃을 빼냈다. 프랭클린의 이론대로 쇠막대는 번개에 맞지 않았다. 그랬다면 달리바르는 죽음을 면치 못했을 것이다. 달리바르의 실험이 성공했다는 소식이 미국에 당도하기 전인 1752년 6월 프랭클린은 이미 필라델피아에서 뇌우가 치는 동안 연을 날려 자신만의 실험을 수행해놓은 터였다.

달리바르와 마찬가지로 프랭클린 역시 번개에 맞으면 위험하리라는 것을 알고 있었기 때문에 젖은 연줄에 붙여 놓은 (구리) 열쇠를 통해 구름에서 전하電荷를 뽑아내고자 했다. 연 몸체에 날카로운 쇠 철사를 붙여 전하 유출을 촉진시키려 하긴 했지만 안전을 위한 방책으로 연줄에 붙여 놓은 비단 리본에만 손을 댔다. 리본이 절연체 역할을 한 것이다. 과연 전기는 열쇠 쪽으로 끌려 내려왔고, 물체를 열쇠 가까이 대자 그 틈새로 불꽃이 흘렀다. 프랭클린은 불꽃이 손가락으로 튀어 아팠지만 개의치 않았다.

프랭클린은 이 실험 직후 달리바르가 프랑스에서 유사한 실험에 성공했다는 소식을 듣게 됐다. 1752년 10월, 프랭클린은 자신의 실험을 되풀이하는 방법에 대한 지침을 쓴 편지를 콜린슨에게 보냈다. 내용은 다음과 같았다.

"비가 연줄을 적셔 전깃불을 자유롭게 전달할 수 있게 되면, 열쇠에서 풍부한 전기가 흘러나오는 것을 손가락으로 알 수 있게 될 것이고, 이 열쇠를 통해 라이덴병은 충전될 것입니다. 사람들은 이렇게 얻은 전깃불에 고무돼 다른 전기 실험들을 실행하게 될 것입니다. 그때는 대개 고무 유리 공이나 관을 사용하겠지요. 결국 번개가 전기현상이라는 사실이 완전히 입증될 것입니다."[6]

다른 실험들은 프랭클린의 실험만큼 주도면밀하지 못했거나 아니면 별로 운이 좋지 못했기 때문에 프랭클린의 실험을 따라해보려던 사람들 중 여럿이 번개에 맞아 사망했다. 프랭클린은 구름에서 전기를 점진적으로 끌어내리는 데 성공했지만, 번개가 연을 통하면 타격을 입힐 수 없다는 그의 생각은 틀린 것이었다. 이와 동일한 오류에 바탕을 둔 생각이 그의 피뢰침 발명의 기반이었다. 프랭클린이 고안한 피뢰침은 건물의 가장 높은 곳에 금속 막대를 붙여 땅까지 이어지도록 만든 것이다.

그는 이런 쇠막대가 전기를 천천히 끌어내려 번개를 막아줄 수 있다고 생각했다. 하지만 이러한 피뢰침은 번개를 더욱 자극할 뿐이다. 건물이 해를 입지 않는 것은 피뢰침이 번개를 땅으로 직접 통하게 하는 통로 역할을 해주기 때문이다. 이 통로 역할은 번개가 건물이 아니라 쇠막대를 치기 때문에 가능해진다. 그러나 메카니즘은 어찌 됐건 그의 피뢰침은 번개의 피해를 막아준다. 결국 이러한 실험들을 통해 번개가 실제로 정전기와 동일하되 규모만 큰 현상이라는 사실이 입증됐다.

015 증기엔진의 출발점이 된 '얼음의 열'

· 조지프 블랙의 비열과 잠열

얼음이 지닌 흥미로운 성질은 '열'의 성질을 연구하던 18세기의 과학자들을 매료시켰다. 이들의 연구는 이론적으로도 흥미롭지만 실용성도 내포하고 있었다. 그 당시 증기의 동력이 산업혁명의 추진력으로 이용되기 시작했기 때문이다. 얼음의 신기한 성질이란 어는 점(섭씨 0도 또는 당시 영국에서 쓰이던 단위로 화씨 32도) 상태의 얼음을 가열하면 얼음이 모조리 물로 녹을 때까지 그 온도가 그대로 유지된다는 것이다. 얼음이 모두 녹을 때가 됐을 때 비로소 열을 더 가하면 물의 온도가 올라간다. 물론 동일한 종류의 현상은 금속 같은 다른 물질이 녹을 때도 발생하지만 얼음은 연구가 훨씬 용이하다.

당시 다른 사람들은 녹는점의 얼음덩어리를 조금만 가열해도 전부 녹는다고 생각했다. 그러나 1760년대 주의 깊은 일련의 실험을 통해 얼음이 녹을 때 실제 일어나는 현상을 연구한 인물은 글래스고대학교의 교수였던 조지프 블랙Joseph Black이었다. 블랙은 실험을 할 때마다 측정할 수 있는 모든 것을 가능한 한 정확하게 측정했다. 그가 유명해진 것은 화학 반응에서 산출되거나 흡수되는 기체의 양에 주목했기 때문이었다.

조지프 블랙(1728년~1799년).

그의 실험 중 한 가지를 살펴보자. 석회석의 무게를 세심하게 측정한 다음 가열해 생석회를 얻었다. 그런 다음 생석회의 무게를 측정했는데, 생석회의 무게가 줄어들어 있었다. 그 이유는 오늘날 '이산화탄소'라 알려져 있는 기체가 날아갔기 때문이었다. 일정량의 물을 생석회에 추가해 소석회를 만들고 소석회의 무게도 쟀다. 그런 다음 자극성이 적은 온화 알칼리mild alkali 일정량을 추가해 소석회를 다시 처음 재료로 썼던 동일한 양의 석회석으로 바꿨다(온화 알

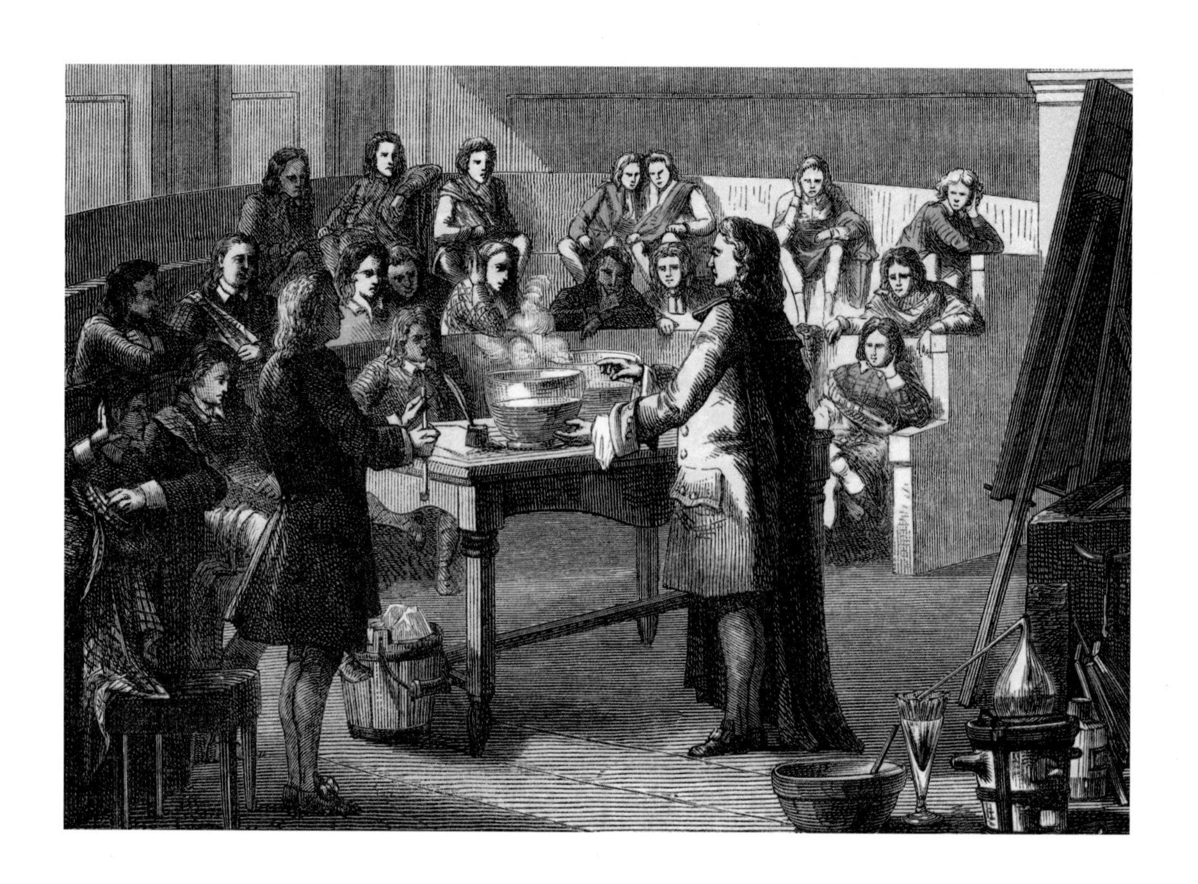

조지프 블랙이 1760년대 글래스고 대학교의 학생들에게 잠열을 실험으로 입증하는 장면.

칼리를 추가한 다음의 석회석 무게는 정말로 처음에 썼던 석회석의 무게와 똑같다). 이러한 과정에서 무게의 차이는 얼마나 많은 기체가 각 단계에서 손실되거나 흡수되는지 알려줬다. 이것이 바로 '정량과학quantitative science'이다. 정량과학이란 물질의 성질의 변화에는 주목하지만 양적 변화는 측정하지 않았던 '정성과학qualitative science'과 반대되는 개념이다.

블랙은 이 정량적 접근(근대 실험과학의 초석)을 자신의 열 연구에 적용시켰다. 그는 화씨 32도(섭씨 0도)의 일정량의 얼음을 같은 온도의 물로 녹이는 네 필요한 열의 양이 물을 화씨 32도에서 화씨 140도(섭씨 60도)까지 올릴 만큼의 양이라는 것을 발견했다. 그는 또한 물이 어떻게 증기로 바뀌는지를 연구했고, 끓는점(화씨 212도 또는 섭씨 100도)의 물과 수증기의 혼합물을 가열하는 경우 물이 모두 증기로 바뀔 때까지 온도가 오르지 않는다는 것도 입증했다. 그리고 화씨 32도의 일정량의 물(가령 1파운드의 물)에 화씨 212도의 동량의 물을 추가하면 그 결과로 나오는 액체의 온도는 화씨 122도(섭씨 50도), 즉 끓는점과 어는 점 중간이 된다. 블랙은 이 실험을 통해 '비열(比熱)specific heat'이라는 개념을 생각해냈다. 비열이란 일정량의 물질의 온도를 1도만큼 올리는 데 드는 열량(오늘날의 단위로 1그램의 물질을 섭씨 1도만큼 올리는 데 필요한 열량)이다. 블랙은 '비열'이라는 용어를 처음 만들었을 뿐만 아니라 얼었다 녹는 물질이 흡수하는 열에 '잠열潛熱, atent heat(숨은 열, 물체가 온도의 변화 없이 고체에서 액체 또는 액체에서 기체로 상태가 변할 때 방출되거나 흡수되는 열을 말함_옮긴이)'이라는 이름을 붙였다. 물 같은 액체가 고체가 될 때 그만큼의 잠열이 방출된다. 마찬가지로 수증기가 액체로 응결될 때도 잠열이 방출된다. 블랙은 이를 다음과 같이 기술했다.

"나는 액체가 끓는 현상을 보면서 품어왔던 의심을 풀 실험을 본격적으로 시작한다… 나는 끓는 현상이 일어나는 동안 열이 물에 의해 흡수되고, 거기서 생산되는 수증기로 들어가리라 생각했다. 얼음이 물로 녹는 동안 얼음이 흡수한 열이 물속으로 들어가는 것과 마찬가지 방식으로 말이다. 따라서 얼음이 녹을 때 흡수된 열은 온도를 높이는 것이 아니라 얼음을 물로 만드는 역할을 하며, 물이 끓을 때 흡수된 열은 온도를 높이는 것이 아니라 물을 수증기로 만드는 역할을 수행한다. 두 경우 모두에서 열은 온도를 올리는 역할을 한다고 생각했지만 실제로 온도 상승은 감지되지 않는다. 그 열은 감춰져 있거나 잠복해 있다. 나는 이러한 열에 잠열이라는 이름을 붙이는 바다."[7]

이 발견들을 주목한 인물은 제임스 와트James Watt였다. 글래스고대학교의 도구제작자였던 와트는 블랙을 위해 실험 장치를 만들었고 훗날 '증기기관'을 발명했다.

016 실험과 발명의 시너지, 증기기관

· 산업혁명의 동력을 제공한 제임스 와트

실험과 발명 사이에는 뚜렷한 차이가 없다. 발명가는 작동원리를 알아내기 위해 실험을 해야 하고, 실험과학자는 실험을 위해 발명가가 돼야 하기 때문이다. 과학 연구에 쓰려고 진공펌프를 개발한 사례를 보면 잘 알 수 있다(실험 9를 보라). 이 책은 분명 실험과 발명의 사례 중 실험에 주로 초점을 맞추고 있긴 하지만, 실험과 발명 사이의 동반상승 효과를 보여주는 아름다운 사례는 간과하기엔 역사적 중요성이 매우 크다. 열과 온도 사이의 관계에 대한 연구가 '증기기관'의 발명으로 이어진 사례가 바로 그것이다. 증기기관은 산업혁명에도 큰 동력을 제공했다.

1763년 제임스 와트는 글래스고대학교에서 도구제작자로 일하고 있었다. 그는 그곳에서 블랙의 연구에 대해 알게 됐지만 처음에는 잠열과 비열에 대한 블랙의 발견 전부에 관해 알고 있던 것은 아니었다. 와트는 토머스 뉴커먼Thomas Newcomen이 개발한 증기기관의 축소모형을 수리해달라는 요청을 받았다. 이 증기기관은 당시 '대기압atmospheric' 기관으로 통했다. 증기만큼 기압이 기관을 작동시키는 데 중요했기 때문이다. 기관에는 금속으로 만든 수직 실린더가 달려 있었고 실린더 꼭대기에는 금속 피스톤을 지렛대에 달아 균형추에 연결시켜놓았다. 피스톤 아래 공간이 증기로 가득 차면 압력이 증가해 피스톤이 올라간다. 그 다음 찬 물을 실린더 안으로 뿌리면 증기가 응결돼 압력이 낮아지고 대기압이 피스톤을 아래로 밀어내린다. 이 과정이 되풀이되도록 해서 지렛대가 움직이게 만들고 지렛대의 움직임을 이용해 광산 내부의 물을 퍼내는 펌프로 사용했다.

제임스 와트가 토머스 뉴커먼의 증기기관을 개선한 기관을 컴퓨터로 그린 것.

와트는 뉴커먼 기관의 축소모형으로 실험하고 블랙의 발견에 대한 지식을 적용시키는 과정에서 이런 종류의 기관이 별로 효율적이지 않다는 생각을 갖게 됐다. 기관의 피스톤이 오르락내리락 움직일 때마다 실린더를 증기로 가득 채우기 위해 실린더와 피스톤 전체를 물의 끓는점 이상으로 가열시켜야 했고, 그런 다음에는 실린더 전체를 충분히 냉각시켜야만 증기가 응결됐다. 그러나 (와트가 나중에 알아낸 바대로) 증기 자체가 응결되면서 생기는 잠열은 그냥 버려진다. 실린더와 피스톤의 온도를 올리기 위해 필요한 열이 실린더의 피스톤이 움직일 때마다 낭비되는 셈이었다.

와트는 실린더 두 개를 따로 사용하는 기관을 만들면 훨씬 더 효율적이리라 생각했다. 실린더 두 개 중 하나는 늘 고온으로 유지하면서 피스톤을 움직이게 하고 피스톤이 없는 다른 실린더는 항상 차게 유지하는 것이었다(그는 자신의 일기에 이 착상이 떠오른 것은 1765년 5월의 어느 일요일 오후, 글래스고 그린 공원을 거닐 때였다고 썼다). 와트의 초기 모델에서 피스톤이 없는 차가운 실린더(응축기)는 물탱크에 담가놓았다. 두 개의 실린더는 서로 연결돼 있었지만, 처음엔 피스톤을 밀어내리는 데 외부의 공기를 계속 사용했다. 증기는 전과 마찬가지로 피스톤을 밀어올렸지만 피스톤이 실린더의 꼭대기에 도달하면 밸브가 자동으로 열려 증기가 차가운 방(응축기)으로 흘러들어가게 했다. 그러면 그곳에서 증기가 응결돼 다시 압력을 낮춰 피스톤이 떨어지게 했다. 실린더 바닥에서는 또 다른 자동 밸브가 열려 새로운 증기가 실린더 안으로 들어가도록 설계돼 있었다. 머지않아 이러한 구조는 피스톤이 있는 실린더에 외부 공기가 들어가지 못하도록 아예 봉쇄하고, 피스톤을 밀어올리고 내리기 위해 공기 대신 증기만 사용하는 식으로 개량됐다. 대기압이 아니라 증기만으로 피스톤의 운동을 유발해 연

영국 버밍햄 근처 소호에 있던 볼턴과 와트의 소호 공장에서 증기기관을 제작하는 모습.

료의 효율을 기한 것이다. 무엇보다 와트 증기기관의 핵심적 특징은 기관의 실린더와 증기를 응축시키는 곳을 분리하는 '분리 응축기'였다. 와트의 증기기관은 1769년 특허를 받았다.

블랙이 자신의 발견 내용을 모두 출판한 것도 아니었고 와트 또한 글래스고 대학교 내에서 높은 지위를 갖고 있지 않았기 때문에, 처음에 와트는 잠열에 관한 블랙의 연구를 몰라서 단독으로 잠열을 발견했다. 그는 일련의 실험에서 일정량의 끓는 물을 30배 되는 찬물에 추가해도 찬물의 온도 상승이 거의 없다는 사실을 알아차렸다. 그러나 끓는 물과 같은 온도에 같은 양의 증기에 찬물을 끼얹어 거품이 나게 하면 찬물의 온도는 끓는점까지 올라간다. 와트는 이 발견에 관해 블랙과 의논했고, 블랙의 열 관련 지식을 통해 자신의 증기기관을 개량할 수 있었다. 심지어 블랙은 와트의 아이디어를 기계로 만드는 자금을 얻도록 도움까지 제공했다. 그러나 와트가 산업혁명의 동력이 됐던 증기기관을 개발한 것은 투자가 매튜 볼턴Matthew Boulton과의 동업을 통해서였다.

와트는 여기서 멈추지 않고 다른 많은 실용 분야에 과학을 적용시켰다. 직물 표백 과정을 개발한 일, 손으로 쓴 편지의 복사본을 만드는 복사기의 원형을 만든 일 등이 그 예다. 이러한 작업을 통해 와트는 '순수'과학과 '실용'과학 사이의 구분을 무의미하게 만드는 실험과학자이자 발명가의 원형을 제공했다. 영국의 화학자였던 험프리 데이비Humphry Davy가 와트에 대해 기술한 내용을 살펴보자.

"제임스 와트를 위대한 기계공으로만 간주하는 사람은 그의 본질을 완전히 잘못 알고 있는 것이다. 와트는 기계를 발명하고 제작하는 능력뿐 아니라 자연철학자이자 화학자로서도 탁월한 능력을 갖고 있었다. 그리고 그의 발명품들은 그가 화학과 자연철학에 관한 심오한 지식의 소유자라는 것, 독창적이고 특별한 천재성으로 과학 지식을 융합해 실용적으로 응용하는 출중한 능력의 소유자라는 것을 생생하게 증명한다."[8]

017 식물의 호흡과 '순수한 공기'

· 프리스틀리와 잉엔하우스

1770년대 초, 비국교도 성직자이자 철학자 그리고 과학자였던 조지프 프리스틀리 Joseph Priestley는 호흡하기 좋은 공기를 만들 때 식물의 존재가 중요하다는 것을 시사하는 실험들을 수행했다. 1771년 영국 리즈 지방의 목사로 재직하는 동안 프리스틀리는 화분에 심은 박하를 촛불과 함께 밀봉한 유리통 속에 넣어뒀다. 촛불은 곧 꺼졌지만 박하는 계속해서 무성하게 자랐다. 27일 후, 용기를 열지 않은 채 프리스틀리는 포물면의 오목거울로 햇빛을 모아 밀폐 용기의 유리를 통해 다시 촛불을 켰다. 이를 통해 프리스틀리는 박하가 밀폐된 유리 용기 내에서 공기를 다시 살려냈다는 것을 입증했다.

이듬해 그는 생쥐로 유사한 실험을 수행했다. 먼저 비슷한 밀폐 용기에 아무런 식물 넣지 않은 채 쥐를 넣어두고, 얼마 만에 쥐가 죽는지 알아봤다. 그런 다음 살아있는 식물을 용기에 넣고 다시 쥐를 넣은 다음 같은 실험을 했다. 이번에는 쥐가 죽지 않았다. 프리스틀리는 살아있는 식물이 동물이 사는 데 필요한 무엇과 양초가 타오르는 데 필요한 무엇인가를 공기 중으로 제공했기 때문에 이러한 결과가 나왔다는 것을 깨달았다. 그러나 그는 그 '무엇'의 실체는 밝히지 못했다.

1774년 프리스틀리는 리즈를 떠났고, 셸번Shelburne 경의 후원을 받아 윌트셔의 칸에 있는 셸번 경의 영지에서 살게 됐다. 프리스틀리는 그곳에서 실험을 계속했으며, 당시 태양빛을 모아들여 붉은 수은재red calx of mercury(오늘날의 산화수은)라는 물질을 가열할 때 방출되는 기체를 연구했다. 그는 기체가 방출될

영국의 화학자 조지프 프리스틀리(1733년~1804년)의 실험실을 묘사한 판화.

때 수은을 뺀 기체만 따로 모아 그것을 대상으로 오랫동안 실험을 실행했고, 초에 불을 붙여 이 기체 속으로 넣으면 확 하고 불길이 타오른다는 것 그리고 은은히 타는 양초를 그가 '순수한 공기'라고 불렀던 이 기체가 들어 있는 관 속으로 넣어도 다시 환하게 타오른다는 사실을 발견했다.

1775년 프리스틀리는 또 다른 생쥐 실험을 실시했다. 평범한 공기가 가득 찬 용기 속에 다 자란 생쥐를 집어넣었을 때 생존 시간은 15분에 불과했다. 그런데 '순수한 공기'로 가득 찬 동일한 용기에 비슷한 생쥐를 넣자 생존 시간은 30분으로 늘어났고, 그런 다음 죽은 듯 보이는 그 생쥐를 용기에서 꺼내 불 옆에서 온기를 주자 다시 살아났다. 이 실험 소식은 왕립학회를 통해 급속하게 퍼져나갔다. 프리스틀리가 발견한 기체는 바로 '산소'였다. 물론 그 기체가 산소라는 이름을 얻은 것은 한참 후였다. 스웨덴의 화학자인 칼 쉴리Carl Scheele

•
캐나다말Elodea canadensis의 광합성. 식물 주변의 기포에는 광합성의 부산물인 산소가 들어 있다. 광합성은 식물이 햇빛을 화학에너지로 바꾸는 과정이다.

도 프리스틀리와 비슷한 시기에 산소를 발견했지만 그가 발견한 내용은 1777년이나 돼서야 발표됐다.

1779년, 네덜란드의 의사이자 화학자인 얀 잉엔하우스Jan Ingenhousz는 유럽 각국을 여행한 후 영국에 정착했다. 그 무렵 프리스틀리는 새로운 연구에 돌입했고 그의 실험실과 후원을 넘겨 받은 사람이 잉엔하우스였다. 잉엔하우스도 식물이 공기를 '재생'시키는 방식에 관심이 있었기 때문에 1770년대 초에 프리스틀리가 실행했던 유사한 실험들을 단독으로 실행했다. 셸번 경의 칸 영지에서 그는 투명 용기에 물을 담고 녹색 식물을 물속에 잠기게 한 다음 관찰함으로써 연구를 한 단계 더 진척시켰다. 관찰에 따르면 녹색 식물의 잎이 햇빛에 노출될 때는 잎 아래쪽에서 기포가 생성됐지만 햇빛이 없으면 기포생성이 멈췄다.

식물이 생성시키는 기체를 포획해 검사하는 일은 간단했다. 잉엔하우스는 촛불을 이 기체 속으로 넣으면 환하게 타오른다는 것을 발견했고, 이 실험을 비롯한 다른 실험들을 통해서도 이것이 프리스틀리의 '순수한 공기', 오늘날 산소라 불리는 것임에 틀림없다는 것을 보여줬다. 이 실험들의 결과로 잉엔하우스는 광합성, 즉 식물이 태양 에너지와 (특히) 공기 중의 이산화탄소를 이용해 조직을 만들어 성장하고 그 부산물로 산소를 방출하는 화학적 과정을 발견했다는 공을 인정받게 된다. 동물은 공기 중의 산소를 이용해 세포에 에너지를 공급하고 그 과정에서 이산화탄소라는 폐기물을 방출한다. 이로써 식물과 동물 사이에 상호의존성이 생겨난다. 세부적인 내용은 나중에 밝혀졌지만 1779년 큰 그림을 명료하게 그려낸 인물은 잉엔하우스였다.

잉엔하우스는 자신이 발견한 내용들을《식물에 관한 실험-햇빛 아래서는 공기를 정화시키고 그늘과 밤에는 공기를 훼손하는 식물의 놀라운 힘을 발견하다Experiment upon Vegetables-Discovering Their Great Power of Purifying the Common Air in the Sunshine and of Injuring it in the Shade and at Night》라는 책에 개괄해 넣었다. 그는 식물과 동물이 상호 의존관계에 있다는 사실에 매료돼 책의 끝머리에 다음과 같은 말을 남겼다.

"근거만 충분하다면 나의 추론은 지구를 이루는 다양한 부분들의 질서를 전혀 새로운 방식으로 밝혀줄 것이고 이로써 그 부분들 사이의 조화는 더 명확해질 것이다."

그의 추론은 지구를 살아있는 하나의 유기체로 보는 가이아Gaia개념에 근접한 것이다. 가이아 이론이 나오기 200년 전에 벌써 이러한 관념이 싹을 틔운 것이다.

018 여섯 번째 행성을 발견하다

· 천왕성을 발견한 허셜

1780년대의 과학계에 일대 돌풍을 불러일으킨 사건은 태양계에서 '새로운' 행성을 발견한 것이었다. 이로써 고대 이후 지속됐던 하늘에 대한 견해가 바뀌었고, 천문학자들이 태양계와 우주 전체에 대한 상을 새롭게 정립하는 단서가 마련됐다.

고대인은 하늘에서 다섯 개의 행성을 관측했다. 이 행성들의 이름은 로마 신의 이름을 따라 수성Mercury, 금성Venus, 화성Mars, 목성Jupiter, 토성Saturn이라 불렸다. 그러나 1780년 무렵에는 이 행성들이 태양 주변을 공전하고 있으며 수성이 태양에서 가장 가깝고 토성이 가장 멀다는 사실과, 지구도 행성으로서 금성과 수성 사이에서 태양 주위를 돌고 있다는 사실이 널리 알려져 있었다. 1781년 발견된 행성, 오늘날 천왕성Uranus이라 알려진 행성 역시 새로 발견된 천체는 아니었다. 천왕성은 다른 행성들만큼 오랫동안 토성보다 훨씬 더 멀리서 공전하는 천체로 알려져 있었다. 심지어 여러 차례 관측도 됐지만 당시 사람들은 이 천체를 항성이나 혜성으로 오인했을 뿐이다.

기원전 2세기 히파르코스Hipparchos가 자신의 항성 목록에 포함시켰던 '별' 중 하나가 실제로 천왕성이었을 가능성도 있다. 물론 천왕성은 육안으로 찾아내기가 극히 어렵다. 망원경 덕분에 천왕성을 보기가 더 쉬워졌고, 오늘날에는 천왕성이 1690년 존 플램스티드John Flamsteed에 의해 별로 규정됐다는 것이 확실시되고 있다. 프랑스의 천문학자 피에르 르모니에르Pierre Lemonnier는 1750년에서 1769년 사이 천왕성을 여러 차례 관측했지만 그것이 어떤 성질의 천체인지 제대로 알지는 못했다.

망원경이 발명된 이후에도 천왕성을 알 기회를 놓친 이유는 그것이 태양에서 한참 떨어져 있어 지구에서 볼 때는 너무 느린 속도로 움직이기 때문이다. 반면 다른 행성들planets은 더 환하고 보기도 더 쉬울 뿐 아니라 뒤쪽 배경에 있는 별들에 비해 눈에 잘 띄게 움직이기 때문에 그 이름도 '방랑하다'라는 뜻의 그리스어 'planan'에서 유래된 것이다. 이러한 정황을 보면 실험뿐 아니라 관측에도 '실험'이라는 방법을 적용하는 일이 얼마나 중요한지 알 수 있다. 이따금씩 무심코 밤하늘을 쳐다보다 눈에 보이는 것에 관해 생각해봐야 아무런

월리엄 허셜은 1781년 이 망원경으로 천왕성을 발견했다.

To Geo 3 King of great Britain &c
is humbly dedicated, this plate repre
sing the Situation of the Georgium
Sidus in which it was discovered
at Bath March 13. 1781 by his
Majesties most Loyal Subject
& Devoted Servant
Wm Herschel

천왕성을 발견한 정황을 기술한 동판을 영국 왕 조지 3세에게 바친다는 내용을 담은 윌리엄 허셜(1783년~1822년)의 편지.

쓸모가 없다. 오랜 시간에 걸쳐 체계적이고 꼼꼼한 관측을 시행하면서 발견한 내용을 주의 깊게 기록하고, 다른 시기에 관측한 내용과 이를 비교함으로써 무슨 일이 벌어지고 있는지 알아내야 한다.

1780년대 초, 윌리엄 허셜William Herschel이 여동생 캐롤라인Caroline의 도움을 받아가며 했던 일이 바로 그런 것이다. 배스에서 살면서 직업 음악가로 일하던 허셜은 천문학에도 열의가 있어 자신만의 망원경을 제작해 캐롤라인과 함께 살던 집 정원에서 하늘을 관측했다. 사실상 그는 쌍성double stars을 체계적으로 탐색하고 있었고, 1781년 3월 13일에 빛점 모양의 별이 아닌 아주 작은 원반 모양의 천체처럼 보이는 것(원래 별은 행성들보다 훨씬 더 멀리 떨어져 있기 때문에 가장 좋은 망원경을 써도 원반형으로 보이지 않는다) 이 망원경에 나타난 것을 포착했다. 3월 17일, 허셜은 그 원반 모양의 천체를 다시 찾아냈고 그것이 후방의 다른 별들을 배경으로 눈에 띄게 움직이는 모습을 발견했다. 그는 당연히 혜성을 찾았다고 믿었기 때문에 왕립학회에 혜성을 발견했다고 보고했다. 그러나 허셜이 당시 왕실 천문관이었던 네빌 매스켈라인Nevil Maskelyne에게 세부 내용을 보냈을 때 매스켈라인은 다음과 같은 답신을 보냈다.

"그것을 무엇이라 불러야 할지 모르겠소. 매우 기이한 타원형 궤도로 움직이는 혜성일 수도 있으나 태양 주위를 거의 원형으로 공전하는 보통 행성일 수도 있소. 코마coma(혜성의 핵을 둘러싼 큰 구름층_옮긴이)의 꼬리도 아직 보지 못했소."

매스켈라인은 중요한 점을 지적했다. 행성은 대체로 태양 주변을 원형으로 공전하기 때문에 태양에서 어느 정도 동일한 거리를 유지한다. 혜성은 태양계의 바깥쪽에서 뛰어들어 태양을 휙 지나 우주의 깊은 심연 속으로 다시 빠져나간다. 다른 관측들은 매스켈라인의 추론이 맞다는 것을 입증해줬다. 특히 러시아의 천문학자 요한 안데르스 렉셀Johan Anders Lexell은 자신이 관측한 결과를 통해 그 천체의 궤도를 계산해 궤도가 실제로 거의 원형임을 입증했다. 1783년 허셜은 왕립학회에 보내는 서신에서 "유럽에서 가장 저명한 천문학자들의 관측에 따르면, 1781년 3월 제가 발견하는 영광을 누렸던 그 새로운 별은 우리 태양계의 행성인 것 같습니다"라고 썼다. 그 무렵 그는 이미 조지 3세에게 연간 200파운드의 돈을 받는 '국왕 직속 천문학자King's Astronomer(왕실 천문관Astronomer Royal과 다르다)'로 임명받았기 때문에 천문학에 매진할 수 있었다.

허셜은 왕의 후원에 대한 감사의 뜻으로 자신이 발견한 행성에 '조지의 별Georgium Sidus'이라는 이름을 붙였다. 그러나 영국 밖에서는 이 이름이 받아들여지지 않았다. 결국 천문학계는 행성의 이름을 천왕성Uranus으로 정했고, 첫 번째 음절의 강세를 특히 강조했다. 그리스 신화에서 우라노스Ouranos는 크로노스Cronos의 아버지이자 제우스Zeus의 조부였다. 로마의 신전에서 크로노스는 사투르누스Saturnus(토성을 뜻함_옮긴이), 제우스는 주피터Jupiter(목성을 뜻함_옮긴이)였다. 결국 태양계 내의 자기 자리에 어울리는 이름을 찾은 셈이다.

019 동물의 체온은 마법이 아니다

· 산소를 밝혀낸 라부아지에

프리스틀리와 잉엔하우스의 실험 같은 초기 실험들 덕분에 생명을 유지하는 데 공기의 일부 성분이 중요하다는 점이 밝혀졌다. 그렇지만 1780년대 초 그 과정의 세부사항은 아직 분명치 않았다. 프랑스의 화학자이자 프랑스 과학 아카데미 회원이었던 앙투안 라부아지에Antoine Lavoisier는 많은 동료들과 마찬가지로 그 과정이 느린 연소 형식을 닮았다고 추론했다. 공기 속의 생명을 주는 성분이 체내의 연소 작용에 의해 '고정공기(이산화탄소의 옛 명칭)'로 변형됐다고 본 것이다. 그러나 라부아지에는 다른 동료들과 달리 피에르 라플라스Pierre Laplace라는 동료 학자와 함께 이 가설을 검증하기 위해 정량 원칙에 입각해 본격적인 과학적 실험을 수행했다.

이들은 실험에 기니피그를 이용했다. 기니피그를 통에 넣은 다음 그 통을 또 다른 통에 넣어 외부 세계와 차단시켰다. 두 통 사이의 틈새에는 섭씨 0도의 눈을 채워넣었다. 이런 조건 하에서 기니피그는 조용했고 그다지 움직임을 보이지 않았다. 이들은 10시간을 기다린 다음 기니피그의 체온으로 녹은 눈의 물을 모아 그 양을 측정했다. 물의 양은 13온스(369그램)였다. 그런 다음 두 사람은 별개의 다른 실험을 통해 기니피그가 통에 있던 10시간 동안 호흡을 통해 얼마나 많은 고정공기를 내뱉었는지 측정했다. 마지막으로 이들은 기니피그를 통해 측정한 양과 숯을 태워 만든 동량의 고정공기로 녹은 눈의 양을 비교했다. 그 수치는 13온스에 약간 못 미쳤지만 라부아지에와 더 많은 과학자들에게 동물들이 음식에서 얻은, 우리가 지금 탄소라 부르는 물질을 공기 중의 어떤 원소(산소)와 결합해 고정공기(이산화탄소)를 만든다고 확신을 줄 만큼은 충분히 근접했다. 이러한 실험의 결과는 인간을 비롯한 동물이, 타는 양초나 떨어지는 암석과 동일한 법칙을 따르는 하나의 체계라는 깨달음으로 가는 중요한 발걸음이었다.

산소라는 이름을 붙인 것도, 연소가 사실은 연소하는 물질과 결합하는 공기 중의 산소와 관련이 있다는 것을 규명한 것도 라부아지에였다. 라부아지에의 발견으로 인해, 프리스틀리 같은 과학자조차 벗어나지 못했던 낡은 관념, 즉 '플로지스톤phlogiston(산소를 발견하기 전까지 가연물 속에 존재한다고 믿어졌던 물질_옮긴이)'이 연소되는 물질에서 빠져나온다는 관념이 사라졌다. 1786년 라부아지에는 플로지스톤 모델을 확실하게 붕괴시키는 자신의 이론을 프랑스 과학아카데미의 〈논문집Mémoires〉에 발표했다. 그는 우리가 '기체'라고 부르는 것을 '공기'라고 불렀다.

그가 밝힌 내용을 정리하면 다음과 같다.

앙투안 라부아지에(1743년~1794년)가 실험실에서 아내와 조수들과 함께 있는 모습을 그린 그림. 그의 아내(마리 앤 피에레테 폴즈Marie-Anne Pierrette Paulze, 1758년~1836년)가 오른쪽 끝에서 필기를 하고 있다.

1. 연소체가 산소로 둘러싸여 있어서 산소와 접촉할 때만 진정한 연소 작용, 다시 말해 불꽃과 빛의 변화가 일어난다. 연소는 산소를 제외한 다른 어떤 종류의 공기나 진공 속에서 일어날 수 없으며, 산소가 아닌 다른 기체나 상태에 연소체를 넣을 경우 물에 빠뜨린 것처럼 불이 꺼진다.
2. 모든 연소 작용에서는 연소와 관련된 공기의 흡수가 일어난다. 흡수되는 공기가 순수한 산소일 때 신중한 조치를 통해 산소의 누출을 예방한다면 그 산소는 완전히 흡수된다.
3. 모든 연소 작용에서는 연소체의 무게가 증가하며, 증가한 무게는 흡수된 공기의 무게와 정확히 일치한다.
4. 모든 연소 작용에서는 열과 빛의 변화가 일어난다.

라부아지에는 또한 다른 많은 물질에 근대적 이름을 붙였고, 33개 화학 원소를 담은 최초의 목록을 만들어 이들을 나타내는 상징체계를 도입했다. 물론 그가 정리한 원소 전부가 오늘날 알려진 바대로의 원소로 판명된 것은 아니다. 그러나 무엇보다 중요한 것은 라부아지에가 신비주의 요소가 다분했던 '4가지 원소(흙과 공기와 불과 물)'라는 낡은 관념을 폐기해버리고, 화학적 과정을 통해 더 단순한 물질로 분해할 수 없는 성질을 지닌 물질이 원소라는 근대적 관념, 즉 복잡한 물질은 이러한 원소를 결합해 만들어진다는 새로운 관념을 도입했다는 사실이다. 실제로 라부아지에의 정의는 여전히 건재하다.

"우리는 어떤 (화학적) 수단으로든 분해를 통해 무게를 줄여 그 결과로 얻은 모든 물질을 원소로 인식해야 한다."

그의 명명체계는 이러한 관념을 바탕으로 한 논리적 규칙의 결정체다. 라부아지에의 새로운 체계를 통해 이제 '비너스의 유황vitriol of Venus'은 '황산구리copper sulphate'라는 새 이름을 얻게 됐다.

1789년 출간된 라부아지에의 저서 《화학원론Traité Élémentaire de Chimie》은 화학을 본격 과학으로 정립하는 기초를 놓았다. 화학자들은 이 책을 뉴턴의 《프린키피아Principia》와 동급의 저작으로 평가한다. 라부아지에는 오늘날 질량 보존의 법칙이라 불리는 원리를 명확하게 밝혀내기도 했다. 물질은 화학 반응을 통해 새로 만들어지거나 파괴되지 않으며 단지 한 형태에서 다른 형태로 바껄 뿐이라는 법칙이다. 같은 해 그는 화학이라는 신흥 과학 분야에 대한 연구 논문을 싣는 학술지 〈화학연보Annales de Chimie〉를 창간하기도 했다.

화학이 연금술이라는 마법의 마지막 흔적을 떨쳐내고 본격 과학이 시작됐던 원년을 잡는다면 바로 라부아지에의 《화학원론》이 출간됐던 1789년이라고 할 수 있을 것이다.

프랑스의 과학자 앙투안 라부아지에(1743년~1794년)와 피에르 시몽 라플라스(1749년~1827년)가 1782년에서 1784년 사이에 고안한 빙열량계ice calorimeter를 그린 19세기의 그림. 가운데 통(그림 중간에서 오른쪽)에는 타는 기름(그림 오른쪽 위)이나 기니피그 같은 동물을 넣고, 그것을 둘러싼 통에는 얼음을, 가장 바깥쪽 공간에는 눈을 담는다. 뚜껑을 덮은 다음, 발생한 열의 양을 얼음에서 녹은 물의 부피로 측정한다(그림 왼쪽 아래).

020 경련을 일으키는 개구리와 전지의 탄생

· 갈바니의 실험과 볼타의 발명품

1790년대 중요한 두 가지 발견이 일련의 실험들을 통해 이뤄졌다. 전기는 한 곳에서 다른 곳으로 흐른다는 것, 그리고 전기는 살아있는 동물의 근육을 움직이는 데 중요한 역할을 한다는 것이었다. 두 번째 발견이 첫 번째보다 앞섰다. 이탈리아의 의사 루이지 갈바니Luigi Galvani가 개구리를 해부했을 때였다. 갈바니는 전기의 성질에 관심이 있었기 때문에 두 표면을 마찰시켜 전기불꽃을 일으킬 수 있는 수동 기계를 실험실에 갖추고 있었다. 이런 종류의 '정전기'는 고대 그리스 시대부터 알려져 있던 현상이었다. 갈바니가 개구리의 다리 두 개를 해부하는 동안 기계와 연결해놓아 전기가 통하던 금속 메스가 개구리 다리의 좌골신경을 건드렸다. 다리는 마치 살아있는 것처럼 발길질을 했다.

갈바니는 이 현상을 연구하기 위해 많은 실험을 거쳤다. 그는 죽은 개구리의 다리를 전기 기계와 직접 연결하거나, 뇌우가 일어나는 동안 금속 표면에 놓을 경우 다리가 경련을 일으킨다는 것을 발견했다. 그러나 그의 가장 중요한 발견은 계획적 실험보다는 주의 깊은 관찰의 결과였다.

갈바니는 연구용 개구리 다리를 말리기 위해 놋쇠로 된 고리에 걸어두곤 했다. 그런데 고리가 철제 울타리와 우연히 닿게 되자 개구리 다리가 경련을 일으켰다. 이것이 대기 중에 있는 전기의 영향을 받아서 일어났을 가능성 때문에 갈바니는 (자신의 정전기 발생장치를 포함해) 그 어떤 전기 발생원과도 접촉하지 못하도록 개구리 다리와 고리를 멀리 둔 다음 다시 철제 물건을 고리에 대봤다. 다리는 어김없이 떨었다. 그의 결론은 전기가 개구리의 몸속에서 만들어져 근육에 저장된 것임에 틀림없다는 것이었다. 갈바니는 이 현상에 '동물전기'라는 명칭을 붙였고, 뇌에서 만들어진 액체가 이 전기를 몸의 신경을 통해 근육으로 전달하는 것이라는 설명을 내놓았다. 하지만 그는 동물전기가 번개 같은 자연의 전기나, 마찰을 통해 인위적으로 발생되는 전기와는 종류가 다르다고 생각했다.

갈바니의 동료들은 대부분 이러한 생각에 동조했고, 이로써 생물과 무생물의 세계를 구분했던 특별한 '생명력life force'이나 '영기spirit' 개념이 강화됐다. 그러나 이런 생각에 강하게 반기를 든 인물이 있었다. 또 다른 이탈리아인 의사 알레산드로 볼타Alessandro Volta였다. 볼타 역시 죽은 개구리가 다리에 경련을 일으키는 실제 원인을 전기라고 봤지만, 그 전기는 근육에 저장돼 있지 않으며 동물의 전기와 자연 전기 사이에는 아무런 차이도 없다고 주장했다. 오히려 그는 전기가 놋쇠와 철 두 금속이 접촉하면서 생긴 상호작용 같은 외부 원인으로 인한 것이라는 설명을 제시했다.

루이지 갈바니의 1791년 개구리 다리 실험. 위의 그림은 은막대(왼쪽)와 놋쇠막대(오른쪽)를 각각 개구리의 다리와 척추에 접촉시키는 모습을 보여준다. 두 개의 막대를 연결시키자 근육이 수축하면서 다리가 경련을 일으켰다. 아래 그림은 금속 막대를 얇은 두 개의 다른 금속판과 연결시킨 모습이다. 역시 같은 결과가 도출됐다.

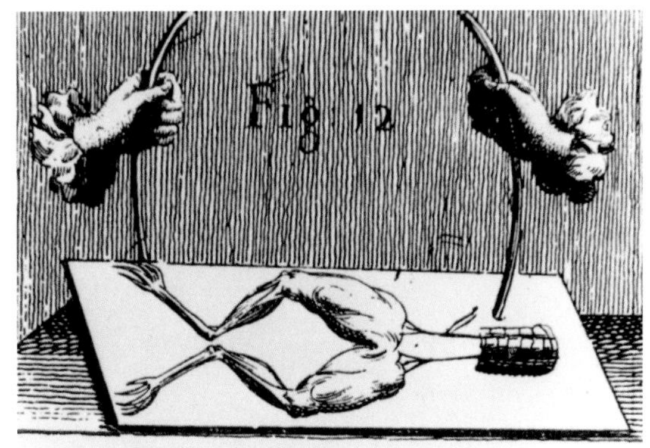

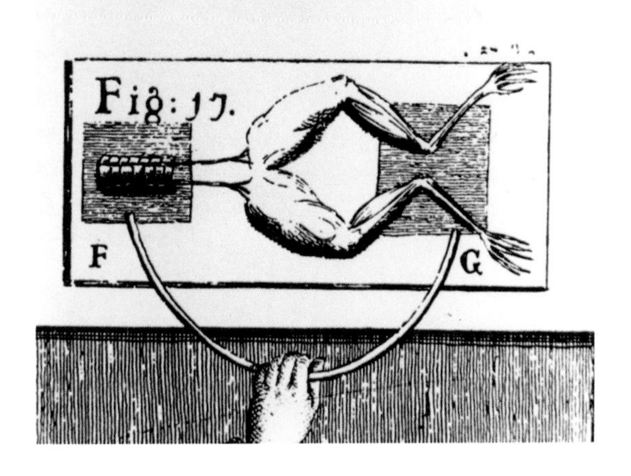

볼타는 전하를 발생시키는 마찰기계를 개량하고 전하를 측정하는 장치를 고안하는 등, 이미 전기와 관련된 연구를 많이 해놓은 상태였다. 먼저 그는 자신의 새로운 생각을 검증해보기 위해 서로 다른 종류의 금속을 서로 접촉시키고 그 연결부위를 혀에 대봤다. 전기가 연결부위를 건너 흐르자 혀기 얼얼해졌다. 그는 자신의 침이 이런 효과와 관련이 있다는 것을 깨달았고, 혀에서 느낀 작은 전류를 더 확대하기 위해 새로운 장치를 고안했다. 볼타는 갈바니가 죽은 지 2년 후인 1800년 왕립학회에 보낸 편지에 이 장치에 관해 기술했다.

볼타의 발명품은 그가 긴 실험 기간 동안 개발한 것으로서 말 그대로 은 원반과 아연 원반을 교대로 쌓아올리고, 소금물에 담갔던 판지를 사이사이에 끼워놓은 장치였다. 쌓아올린 원반 더미 맨 꼭대기에 있는 원반을 철사로 맨 아래에 있는 원반과 연결하면 철사를 타고 전류가 흘렀다. 연결하지 않을 경우에는 전류가 흐르지 않았다. 이 장치가 바로 현대 전지의 전신인 '볼타 전지voltaic pile(금속을 쌓아올린 더미라 해서 전퇴電堆라고도 부른다_옮긴이)'로 알려진 것이다('전지battery'라는 낱말

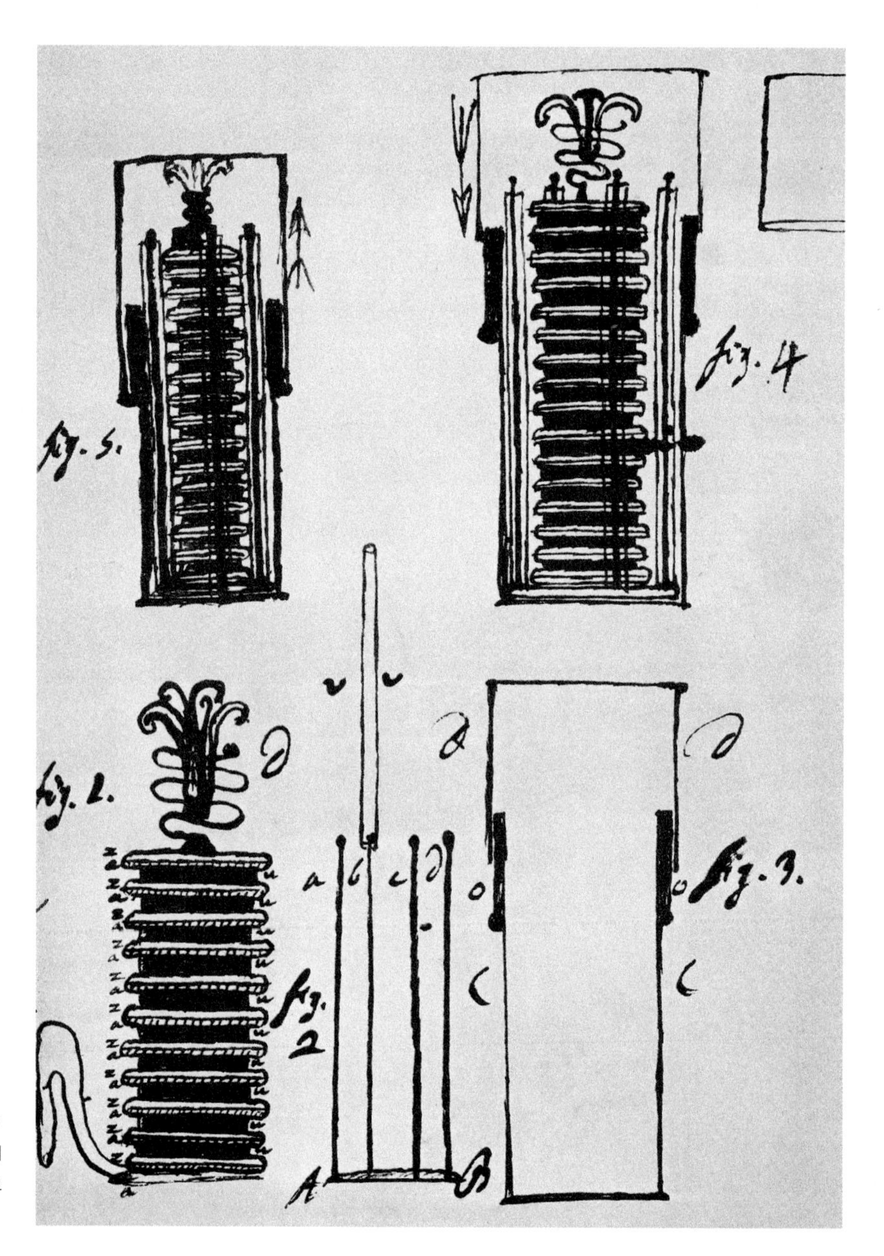

최초의 전지인 '볼타 전지'를 알레산드로 볼타(1745년~1827년)가 그린 그림.

은 이미 벤저민 프랭클린이 전하를 띤 일련의 유리판들을 기술할 때 쓰던 용어이며, 프랭클린은 이 유리판 더미를 일렬로 늘어선 대포에 비유했다). 그리고 이 전지의 개발 목적은 전류가 오직 생명체와 연관된 생명력의 일부라는 갈바니의 사상이 틀렸음을 입증하는 것이었다.

그러나 갈바니와 볼타의 이론은 일부는 맞고 일부는 틀리다. 전기는 갈바니가 생각했던 것처럼 인간의 몸속에서 만들어지지만 뇌뿐만이 아니라 살아있는 세포 내의 화학 작용에 의해 만들어진다. 그러나 이러한 전기는 생명체에만 특별한 현상은 아니다. 몸속에서 만들어지는 전기도 볼타의 전지 같은 무생물 체계에서 발생되는 전기와 똑같다.

1800년 이후 과학자들은 원하는 대로 켜고 끄는 전류로 실험을 할 수 있게 됐고, 원반의 수를 조절함으로써 전류를 강하게 또는 약하게 만들 수 있었다. 곧이어 험프리 데이비(실험 29를 보라) 같은 과학자는 전지라는 발명품을 이용해 화학의 혁명을 일궈냈다. 최초로 발견된 사실 중 하나는 물에 전류를 흐르게 하면 산소와 수소로 분해된다는 것이었다.

021 지구의 무게를 재는 방법

· 캐번디시의 중력 실험

지구의 무게를 재는 실험이 처음 시행된 것은 1790년대 말이었으며, 그 결과는 1798년 왕립학회에 보고됐다. 사실 이 실험은 자연력 중에서 가장 약한 것으로 판명된 중력의 강도를 최초로 측정한 실험이었다. 이 실험을 고안한 사람은 존 미첼John Mitchell로, 케임브리지대학교의 교수였으나 1764년 교수직을 포기하고 교구목사가 됐다. 그러나 미첼은 여가 시간을 이용해 과학 연구를 계속했다.

미첼은 1783년에 '블랙홀'이라는 개념을 최초로 생각해낸 인물이다. 그 무렵 빛의 속도가 유한하다는 사실(실험 12를 보라)은 널리 알려져 있었고, 뉴턴의 중력 법칙은 질량이 큰 물체일수록 그것을 벗어나려면 더 큰 속도가 필요하다는 것(질량이 클수록 움직이는 데 더 큰 힘의 작용이 필요하며, 속도를 변화시키기도 어렵다는 뉴턴의 운동 제2법칙인 가속도 법칙. 다시 말해 가속도는 질량과 반비례한다는 법칙_옮긴이)을 입증했다. 미첼은 태양과 밀도가 같지만 태양보다 지름이 500배 큰 천체는 질량이 너무 커서 '탈출속도escape velocity(물체가 천체 표면에서 탈출할 수 있는 최소한의 속도_옮긴이)'가 빛의 속도를 능가하리라고 추정했다. 그는 이런 물체를 "눈으로 보고 알 수는 없다"라고 썼다. 오늘날의 언어로 풀이하면 바로 이것이 블랙홀이다.

미첼은 중력에 대한 추론뿐 아니라 중력 관련 실험에도 관심이 있어 중력을 측정하는 실험을 고안해냈을 뿐 아니라, 실험에 필요한 대부분의 장치를 직접 만들기까지 했다. 그러나 그는 1793년, 실험을 하기 전에 사망했다. 그의 모든 실험 장비는 그가 재직했던 케임브리지대학교에 남겨졌고, 당시 런던에 있던

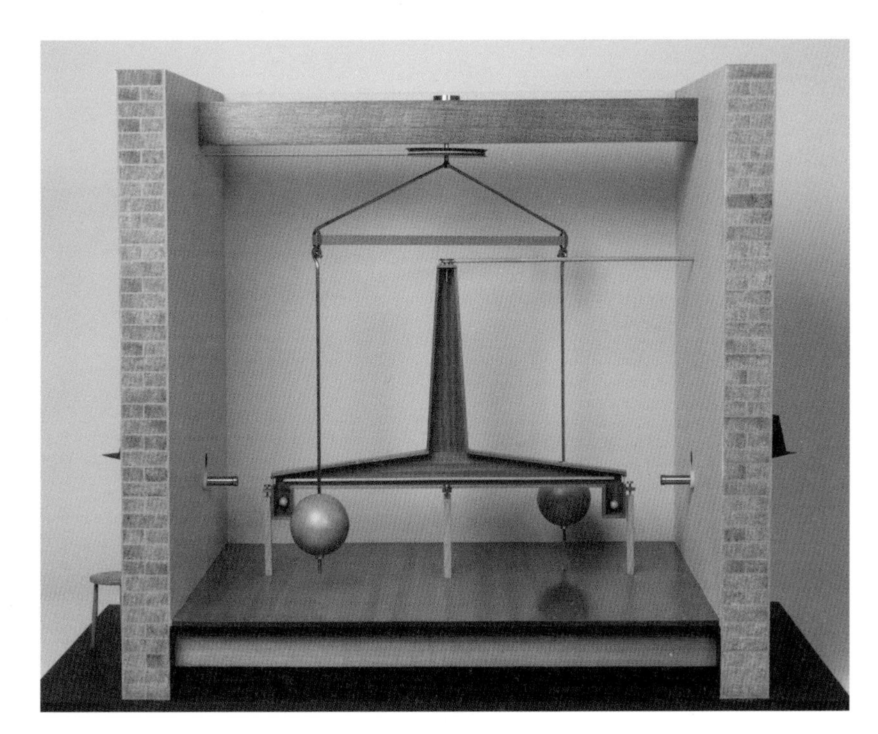

헨리 캐번디시가 사용했던 중력 실험 장치 모형.

헨리 캐번디시Henry Cavendish에게 전달됐다. 캐번디시는 당시 가장 탁월하고 세심한 실험과학자 중 한 명이었다. 캐번디시는 부유한 귀족이면서 은둔적 성격의 소유자로서 모든 시간을 과학 연구에 할애할 경제력과 의지를 갖춘 인물이었다. 이런 이유로, 중력의 세기를 측정하는 실험은 고안자가 미첼이었음에도 불구하고 '캐번디시 실험'이라는 이름을 얻게 됐다.

중력 실험은 이해하기는 쉽지만 실제로 행하기는 매우 어렵다. 실험은 당시 런던의 변두리 마을이었던 클래펌커먼에 있는 캐번디시 저택의 별채에서 이뤄졌다. 실험의 핵심 장치는 6피트(1.8미터) 길이의 나무로 제작한 튼튼하고 가벼운 막대였다. 양끝에는 납으로 된 작은 공을 매단다. 각 공의 무게는 1.61파운드(730그램)였다. 막대는 정중앙에서 볼 때 두 공의 균형이 맞도록 금속 줄로 공중에 매달아놓았다. 그 다음 훨씬 무거운 348파운드(157.85킬로그램)짜리 납공 두 개를 회전 장치에 매달아 이 공들이 작은 공으로부터 매우 정확하게 측정된 거리(9인치, 즉 22.86센티미터)에서 움직이도록 위치시킨다.[9] 작은 공들의 무게도 정확히 달아놓은 상태였다. 그리고 이 모든 장비를 커다란 목재 상자 안에 놓았다. 기류가 실험 장비를 교란시키지 못하도록 할 목적에서였다. 큰 공들과 작은 공들 사이에 작용하는 인력으로 인해 작은 공들을 매달아놓은 가로막대는 막대를 매단 금속 줄이 꼬여 더 이상 비틀어질 수 없을 때까지 비틀어질 것이다(금속 줄을 천장과 연결해 설치하고 양 끝에 매우 작은 질량의 두 물체를 붙인다. 만약 이 물체에 힘이 작용하면 두 물체가 움직이므로 금속 줄이 회전할 것이고, 이 회전 각도를 측정해 힘의 크기를 알아낼 수 있다. 이 저울을 비틀림 저울이라고 한다. 캐번디시는 이 실험으로 지구의 중력상수 값과 밀도 값을 알아낼 수 있었다_옮긴이). 오랜 동안 일련의 실험을 수행하면서 캐번디시는 실제로 작은 납공과 350파운드짜리 큰 납공 간의 인력을 측정할 수 있었다(그 중에는 무거운 공이 없는 상태에서 가로막대가 수평진자처럼 앞뒤로 비틀리는 실험도 있었다). 그 인력은 모래 한 알의 무게와 대략 비슷하다. 그러나 그는 또한 이 작은 공들 각각과 지구 사이에 작용하는 중력이 있다는 것도 알고 있었다. 이 힘이 바로 각 공의 무게이다. 따라서 그는 이 두 힘 사이의 비율로부터 지구의 질량을 알아냈다. 캐번디시가 67세 생일을 맞이하기 바로 얼마 전에 이 모든 실험들을 완성했다는 사실은 더더욱 놀랍다.

사실 캐번디시가 제시한 값은 지구의 질량이 아니라 지구의 밀도 값, 즉 부피를 질량으로 나눈 값이다. 1798년 6월 21일 캐번디시는 1797년 8월과 9월에 이뤄진 여덟 차례의 실험 결과, 그리고 1798년 4월과 5월에 실행한 아홉 차례의 실험 결과를 종합한 내용을 왕립학회에 보고했다. 그가 보고한 지구의 밀도 값은 물의 밀도의 5.48배였다. 그러나 캐번디시는 약간의 계산 실수를 저질렀다. 그의 실험을 바탕으로 한 지구의 실제 밀도는 물 밀도의 5.45배다. 캐번디시의 값은 오늘날의 가장 정확한 값인 5.52배와 매우 근사한 수치다. 오차는 1퍼센트 정도에 불과하다. 그는 더 이상의 계산을 직접 하지는 않았지만, 이러한 실험을 이용하면 지구의 중력 값인 중력상수 G를 알아낼 수 있다.

022 천공 실험으로 열을 만들다

· 벤저민 톰슨의 지루한 실험

18세기 말에는 열이라는 현상이 열소熱素, caloric라는 유동체와 관련이 있고, 젖은 스펀지 속에 물이 담겨 있는 것처럼 열소도 물체 내에 담겨 있다는 생각이 널리 퍼져 있었다. 이러한 생각에 따르면 온도 상승의 원인은 물체에서 흘러나오는 열소였다. 소수의 과학자들은 이러한 관념에 동의하지 않았다. 특히 네덜란드의 의학자였던 헤르만 부르하버Herman Boerhaave는 수십 년 전 "열은 음향처럼 일종의 진동이다"라는 가설을 제시하기도 했다. 그러나 열소 이론이 틀렸다는 것을 입증하는 실험이 이뤄진 것은 1790년대 들어서였다. 주인공은 미국에서 태어나 당시 독일의 바이에른에서 일하고 있던 다채로운 이력의 소유자 벤저민 톰슨Benjamin Thompson이라는 영국인이었다.

과학자이자 공학자였던 톰슨은 미국 독립전쟁에서 잘못된 쪽(영국)을 지지했던 바람에 일자리를 찾아 떠돌아다니는 신세가 됐다. 결국 그는 독일의 바이에른으로 가서 그곳을 다스리던 선제후의 중신으로 성공을 거두고 1792년 럼퍼드 백작Graf von Rumford이라는 칭호를 얻었다. 럼퍼드 백작은 알려진 바대로 화약의 성능을 시험하는 실험을 하던 중 열의 성질에 관심을 갖게 됐다. 그는 화약을 같은 양으로 사용해도, 포탄을 장전하지 않고 발사한 대포의 포신이 장전하고 발사한 포신보다 더 뜨거워진다는 데 주목했다. 열소 이론을 통해서는 이러한 현상을 설명할 수 없었다. 그리고 럼퍼드 백작은 부르하버의 이론에 대해서도 이미 알고 있던 터였다. 바이에른 주 뮌헨의 병기공장에서 그가 맡았던 임무 중 하나가 대포의 포신에 포탄 구멍을 뚫는 일을 감독하고 개선하는 일이

미국 태생의 영국 물리학자 벤저민 톰슨, 일명 럼퍼드 백작(1753년~1814년).

었기 때문에 그는 후속 연구를 할 수 있는 기회가 있었다.

당시 대포의 포신을 만들 때는 긴 원통 모양의 강철을 가로로 놓은 뒤 비회전식 천공 날에 대고 누르는 방식을 사용했다. 천공 날이 움직이는 것이 아니라 원통 모양의 강철이 회전하면서 천공 날이 구멍을 뚫는 방식이었다. 이때 포신의 강철을 회전시키는 힘은 원형을 이뤄 움직이는 여러 마리 말을 기어 장치에 연결해 공급했다. 천공 날은 이 힘에 의해 원통형 포신으로 밀려들어가면서 포신에 구멍을 냈다. 포신은 천공 날과 강철 원통 사이의 마찰로 금방 뜨거워졌다. 열소 이론을 옹호하는 이들은 열소가 강철에서 밀려나왔기 때문에 포신이 뜨거워진 것이라고 주장했다. 그러나 럼퍼드 백작은 열소 이론의 결함을 금방 알아챘다. 열이 무한정으로 공급되는 듯 보였던 것이다. 구멍 뚫기가 계속되는 한 열은 계속해서 발생했다. 만일 열소가 스펀지에서 물이 짜지듯 나온다면 왜 고갈되지 않는 것일까? '스펀지'는 왜 말라붙지 않을까?

럼퍼드 백작은 아주 독창적인 실험을 창안해냈다. 폐기된 포신을 물이 가득 든 나무통에 넣고 마찰을 일으켰을 때 발생한 열의 양을 측정한 것이다. 열량은 포신으로 물을 끓이는 데 걸리는 시간으로 측정했다. 통 속의 물이 끓는 데 소요된 시간은 2시간 30분이었다. 포신을 뚫는 데 쓸 수는 없지만 마찰은 잘되는 천공 날을 포신에 대고 마력을 이용해 구멍을 뚫자 물이 끓어오른 것이다. 마력을 계속해서 제공하는 한, 물을 다시 채워 넣어도 계속해서 물을 끓일 수 있었다. 열소 이론은 이 실험과 맞지 않았기 때문에 결국 틀린 것으로 판명됐다. 1798년 왕립학회는 럼퍼드 백작의 실험 결과를 발표했다.

바이에른에 돌아온 후 럼퍼드 백작의 실험은 일종의 파티용 깜짝쇼가 됐다. 모인 사람들은 불을 쓰지 않고도 상당량의 찬물이 끓어오르는 것을 보고 깜짝 놀랐다. 그러나 럼퍼드 백작의 설명에 따르면 이것은 물을 끓이는 효율적인 방법이 아니었다. 말을 움직이게 하려면 건초를 공급해야 하기 때문이었다. 물을 끓이고 싶다면 말을 쓸 필요 없이 건초를 연료로 이용하는 것이 훨씬 좋은 방법일 터였다. 이 지적을 통해 럼퍼드 백작은 에너지 보존 법칙을 인식하기 직전 단계에 이르렀다. 에너지 보존 법칙은 질량 보존의 법칙과 마찬가지로(실험

벤저민 톰슨(럼퍼드 백작)이 대포에 구멍을 내는 과정을 통해 열이 생긴다는 것을 실험으로 보이는 모습.

19를 보라) 에너지의 형태가 바뀌어도 총량은 보존된다는 법칙이다. 그는 에너지 보존의 법칙을 정립하는 단계까지는 나아가지 못했지만 다음과 같이 썼다.

"이 실험에서 열이 발생해 전달되도록 자극하는 무엇인가가 운동 이외의 다른 개념이라고 말하기란 지극히 어려워 보인다."

럼퍼드 백작은 정확히 어떤 종류의 운동이 열이라는 현상과 관련이 있는지 전혀 알지 못했다. 열 현상이란 그저 종을 울리는 것과 비슷한 게 아닐까 추론했을 뿐이었다. 그러나 오늘날 우리는 열이 원자와 분자의 운동으로 인한 것이라는 사실을 알고 있다. 이런 실험은 원자와 분자의 실재를 확립하는 데 기여했을 뿐 아니라 제임스 줄James Joule(실험 37을 보라) 같은 후대 과학자들의 열 연구에 큰 영향을 끼쳤다.

023 인류 최초의 백신

· 천연두를 물리친 에드워드 제너

백신 접종법 개발은 면밀하게 통제된 실험을 비롯한 올바른 과학적 방법을 자연 현상뿐 아니라 민간에서 전해져오는 지혜에 적용하는 일이 얼마나 중요한지를 잘 드러낸다. 때로는 민간전승도 일리가 있기 때문이다. 윌리엄 길버트는 마늘이 나침반 바늘의 자성을 없앤다는 속설이 틀렸다는 것을 과학적으로 입증했지만(실험 5를 보라), 에드워드 제너Edward Jenner는 천연두를 예방할 때 쓰였던 민간요법이 실제로 효과가 있다는 것을 보여줬다. 이러한 연구를 통해 제너는 백신 접종의 과학적 기초를 확립했다.

효력이 있는 백신이 개발되기 전 천연두는 죽음에 이르는 주요 질병 중 하나였다. 천연두는 실제로 관련이 있는 두 가지 질환, 즉 대두창Variola major과 소두창Variola minor을 가리킨다. 이 질환들은 두 가지 바이러스에 의해 생긴다(variola라는 말은 '반점'을 나타내는 라틴어 varius에서 유래된 것이다. 천연두에 걸린 환자는 피부가 작은 수포로 뒤덮이고 수포가 터지면 곰보자국이 남는다). 소두창은 대두창에 비해 생명을 위협할 정도는 아니지만, 1778년 볼테르Voltaire의 기록에 따르면 유럽인의 약 60퍼센트가 이 두 종류의 천연두 중 하나에 걸렸고 그 중 3분의 1이 사망했다. 세계보건기구World Health Organization는 1967년까지만 해도 1,500만 명이 이 질환에 걸렸고 그 중 200만 명이 사망했다고 발표한 바 있다. 다른 많은 감염질환과 마찬가지로 사망률은 영아 사이에서 더 높았다.

천연두는 예로부터 널리 퍼져 있던 심각한 질환이었기 때문에 백신이 개발되기 전에도 사람들은 예방을 위해 이런 저런 요법을 필사적으로 시도했다. 일부 지방에서는 천연두를 가볍게 앓은 사람의 수포 딱지를 긁어 피부 속에 넣기도 했다. 어떻게 해서든 면역이 되기를 바라는 소망에서였다. 이 방법은 효과가 있어 보였다. 물론 일부 사람들은 이런 식의 자가 치료를 하다 죽기도 했지만 어찌됐건 이 관행은 터키 주재 영국 대사의 부인이었던 레이디 메리 몬태규Lady Mary Montagu에 의해 1721년 영국으로 전해졌다.

민간요법은 그뿐만이 아니었다. 당시 농촌 지방에는 소젖을 짜는 하녀들이 다른 사람들보다 천연두에 걸릴 확률이 낮다는 이야기가 전해져 내려오고 있었다. 이들이 젖을 짜는 일을 하다 보니 천연두와 비슷하지만 증상이 훨씬 더 가벼운 우두cowpox라는 질병에 걸리는 경향이 많다는 사실 때문이라는 것이었다. 18세기 후반 유럽 전역의 여러 연구자들은 일부러 사람들을 우두에 감염시킴으로써 필요에 따라 그때그때 이러한 생각을 시험했다. 그러나 제너가 본격적인 실험에 착수할 때까지 그 누구도 우두와 천연두 사이의 연관성을 입증

영아에게 천연두 백신 접종을 하는 의사. 19세기 풍 회화.

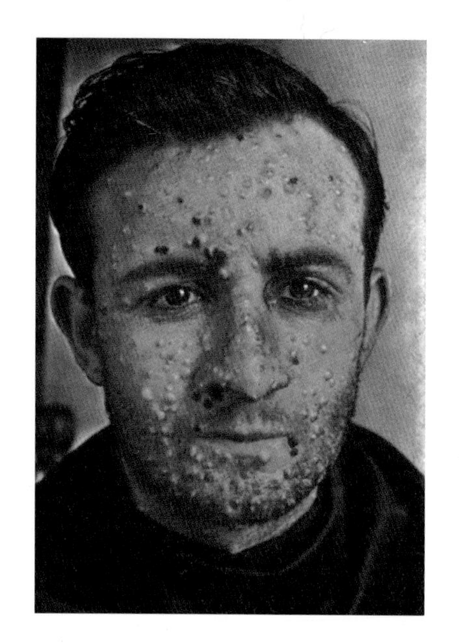

천연두 환자. 1910년 촬영한 사진.

할 과학적 실험을 실행한 적은 없었다.

시골에서 의사로 일하던 제너는 우두에 걸리면 천연두에 대한 면역력이 생긴다는 것을 확실히 믿게 됐다. 1796년 그는 이를 입증하기 위해 오늘날 사람들의 눈으로 보면 객기에 가까운 충격적 실험을 실시했다. 새러 넴스Sarah Nelmes라는 젖 짜는 여성의 물집에서 빼낸 고름을 제임스 핍스James Phipps라는 8세 남아에게 주입한 것이다. 제임스는 당시 제너의 집 정원사의 아들이었다. 아이나 아이의 아버지가 어떤 경로로 이 일에 연루됐는지 지금은 알 길이 없다. 제임스는 우두에 걸렸지만 곧 회복됐다. 그 다음 제너는 아이에게 천연두 균을 주입했다. 아이는 천연두에 걸리지 않았다. 제너는 실험 결과를 담은 편지를 왕립학회로 보냈지만 한 번의 실험만으로는 그의 주장을 입증할 수 없다는 답장을 받았다. 반박할 수 없는 합당한 의견이었다. 결국 수개월에 걸쳐 제너는 23명의 피험자들에게 유사한 실험을 실시했다. 그 중에는 11개월 된 자신의 아들도 포함돼 있었다. 왕립학회를 설득할 만한 증거가 마련됐고, 결국 학회는 1798년 결과로 나온 논문을 발표했다. 제너는 '백신vaccine(소cow를 뜻하는 라틴어 바카vacca에서 유래했다)'이라는 낱말을 새로 만들었고, 그 후 백신은 강한 질병을 막아줄 면역을 제공하기 위해 해로운 유기물의 독성을 약화시키거나 아예 죽여서 몸에 주입하는 조치를 가리키는 용어가 됐다.

제너의 발견에 대한 의료계의 반응은 더뎠다. 결국 제너는 후속 연구와 백신 개량에 심혈을 기울이기 위해 의사 일을 그만뒀다. 그 중에서도 큰 업적은 인간의 우두 농포를 추출해 유리병에 건조시킨 다음 필요할 때 주입하는 방법을 개발한 것이다. 1853년 영국은 천연두 백신 접종을 의무화시켰다. 시간이 흘러 백신 접종 기술이 확산되고 다른 근절 노력과 결합되면서 천연두 발병률은 급감하게 된다. 1801년 제너는 다음의 내용을 담은 소책자를 발간했다.

"인류의 가장 무서운 재앙인 천연두의 근절이야말로 백신 접종의 최종 목표다."

•
천연두 박멸과 홍역 예방 프로그램 Smallpox Eradication and Measles Control Program 실시 기간 동안 마을 사람들이 천연두와 홍역 백신 접종을 받기 위해 줄지어 서 있다. 1969년 아프리카 카메룬의 반소에서 찍은 사진.

그 목표를 달성하는 데 무려 180여 년의 세월이 소요됐지만, 1970년대 말 세계보건기구는 드디어 천연두가 박멸됐다고 공표할 수 있게 됐다. 이제 천연두 바이러스는 미국과 러시아 두 곳의 정부 연구소 내부, 안전하다고 추정되는 상태 속에 보관돼 있다. 대부분의 사람들은 남아 있는 천연두 바이러스 샘플을 아예 없애야 한다고 생각한다.

제너의 이야기가 전하는 중요한 교훈은 그가 천연두 예방을 위해 사람들에게 우두 접종을 해줬다는 것만이 아니다. 그런 일을 실행했던 사람들은 제너 전에도 있었기 때문이다. 이들과 제너의 차이는 제너가 실험을 통해(아연실색할 실험이긴 하다) 사람이 천연두에 대한 면역성을 보인다는 사실을 확인했고, 자신의 주장을 입증하기 위해 충분한 수의 피험자들을 통해 되풀이해서 그 사실을 확증했다는 것이다.

024 보이지 않는 빛을 쫓다

· 적외선을 발견한 윌리엄 허셜

어떤 사람은 발견에 최적화돼 있는 듯 보인다. 참 운도 좋다는 생각이 들 정도다. 그러나 사실 발견은 운의 문제가 아니다. 관찰과 실험이라는 과학적 방법을 면밀하게 적용한 성과가 발견이다. 윌리엄 허셜은 이를 보여주는 좋은 사례다. 1781년 주의 깊은 관측을 통해 천왕성을 발견해(실험 18을 보라) 유명세를 얻은 지 20여 년 후 허셜은 또 면밀한 실험을 통해 그 못지않게 심오한 발견을, 이번에는 하늘이 아니라 지상에서 해냈다. 이 이야기가 그 중대한 함의에 비해 널리 알려지지 않은 이유는 천왕성 발견 이야기에 가려져서다. 그러나 1800년 허셜이 주목했던 것은 그로부터 100년 후 양자역학의 혁명적 발전(실험 68을 보라)으로 이어질 여정의 출발점이었다.

실험의 출발점은 관찰이었다. 허셜은 태양을 관측하면서 일부 강한 빛을 차단하기 위해 다양한 색유리 필터를 사용했다. 그는 어떤 필터를 쓰면 태양 빛은 대부분 차단되지만 열은 여전히 느껴지는 반면, 다른 필터를 쓰면 빛은 대부분 들어오지만 열은 차단된다는 점에 주목했다. 허셜이 남긴 글을 보자.

"(나는) 색깔을 서로 다르게 한 감광유리를 다양하게 섞어 썼다. 놀라운 점은 이 유리 중 일부를 쓰면 열감은 느껴지는데 빛은 거의 보이지 않았던 반면, 또 다른 일부를 쓰면 빛은 보이는데 열감은 거의 느껴지지 않았다는 것이다."[10]

탁월한 과학자였던 허셜은 이러한 효과를 정량적으로 측정하기 위한 실험을 고안했다. 서로 다른 필터가 빛의 서로 다른 색깔을 통과시켰기 때문에 실험은 빛의 색깔과 관련돼 있음이 분명했다. 따라서 허셜은 프리즘(그가 샹들리에에서 빼온 유리조각이었다) 하나를 가져다 태양 광선을 분산시켜 서로 다른 색깔의 스펙트럼이 생기도록 했다. 뉴턴이 했던 것과 같은 방식이었다(실험 11을 보라). 그 다음 온도계 세 개를 가져다 아래쪽의 둥근 부분을 검게 칠해 열의 흡수를 쉽게 만든 다음 두 개를 프리즘 스펙트럼의 양쪽에 하나씩 놓아뒀다. 프리즘을 둔 방안의 온도를 기록할 때 '대조군' 역할을 맡기기 위해서였다. 세 번째 온도계는 스펙트럼을 따라 움직이면서 각기 다른 곳의 온도(다른 색깔의 열)를 측정할 수 있도록 설치했다.

허셜은 관찰에 돌입했다. 움직이게 해놓은 온도계로 스펙트럼 중 빨간색이나 녹색 또는 자주색 부분의 온도를 각각 측정했다. 각각의 관찰시간은 8분 정도였다. 그가 발견한 바에 따르면, 8분이 지난 후 대조군의 온도계와 비교한 빨간색 스펙트럼 쪽 온도의 평균 상승분은 화씨 6.9도, 녹색 쪽은 화씨 3.2도, 자색 쪽은 2도였다. 그는 붉은 빛이 녹색 빛보다, 녹색 빛이 자주색 빛보다 더 강력한 열 효과를 갖고 있다고 결론지었다. 그러나 뭔가 특이한 점이 그의 눈에 띄었다.

윌리엄 허셜의 초상화. 실물보다 낭만적으로 묘사한 그림이다. 뒤쪽에 그의 망원경이 보인다.

스펙트럼을 만드는 햇빛이 프리즘에 도달하기 전에 가리개의 가는 틈새로 들어왔는데, 하늘에서 태양이 움직이면서 광선의 각도가 바뀌어 스펙트럼의 위치 또한 변화시켰다. 그러면서 중심에 있던 온도계의 위치가 스펙트럼의 끝 쪽인 빨간색 바로 바깥으로 바뀌었다. 그런데 온도계의 온도가 급상승한 것이다. 눈에 보이지 않는 형태의 빛이 온도계를 덥히고 있는 것 같았다.

허셜은 후속 실험을 통해 온도계를 스펙트럼의 빨간색 끝 밖으로 계속 더 움직여봤고, 열 효과가 빨간색 바깥 가까운 곳에서는 가장 크지만 그 지점을 더 넘어가면 사라져버린다는 사실을 발견했다. 온도계를 스펙트럼의 자주색 끝 밖에도 놓아봤지만 열 효과는 없었다. 허셜이 발견한 것은 훗날 '적외선'이라 알려지게 된 것이다(당시 그는 그것을 '열선calorific rays'이라 불렀다). 그리고 이후의 연구를 통해 허셜은 적외선이 태양만이 아니라 다른 곳에서도 온다는 것 또한 보여줬다. 불이나 뜨거운 라디에이터에서 느끼는 열 또한 적외선이다. 이후의 연구들은 자주색 너머에도 열 효과가 아닌 복사에너지(자외선)가 있다는 것을 보여줬다.

허셜은 발견한 내용을 여러 편의 논문에 담아 왕립학회에서 발표했고, 복사열과 빛은 둘 다 동일한 스펙트럼의 일부(우리는 이 동일한 스펙트럼의 일부를 보고 느끼는 것이다)라는 것, 따라서 서로 다른 현상이 아니라는 의견을 제시했다. 그의 말에 따르면 그 이유는 "두 개의 특정 효과를 하나의 원인으로 설명할 수 있는데 두 개의 상이한 원인을 상정하는 것은 철학의 원칙에 위배되기 때문"이다. 단순명료한 설명일수록 최상이라는 것, 이것이 바로 과학의 근본 원칙이다. 오컴의 면도날이라고도 알려져 있는 원리다. 14세기 이 원리를 제기했던 철학자이자 수사였던 오컴의 윌리엄William of Ockham의 이름을 딴 개념이다. 허셜의 발견 직후 그가 제기한 이론을 뒷받침하는 강력한 논거들이 빛의 성질에 대한 실험들과 그로 인한 새로운 발견에서 출현하게 된다(실험 27을 보라).

025 우주를 떠다니는 돌무더기

· 피아치가 발견한 가장 큰 소행성

19세기 초 천문학자들은 7개 행성의 존재에 관해 알고 있었다. 그중 4개(수성과 금성과 지구와 화성)는 비교적 작은 암석형 행성으로 태양과 비교적 가까운 거리에 있다고 간주됐다. 오늘날 우리는 이 행성들을 '지구형' 행성이라 부른다. 또 다른 3개의 행성(목성, 토성, 천왕성)은 훨씬 더 크고 태양에서도 훨씬 더 멀리 떨어져 있어 '거대 기체 행성gas giants'이라 불렸다(해왕성은 1846년에서야 발견됐다). 그러나 화성의 궤도와 목성의 궤도 사이에는 놀라울 정도로 크게 비어 있는 간극이 존재한다는 사실이 알려져 있었고, 많은 과학자들은 그 간극을 채울 '빠진' 행성이 존재하리라 추정했다. 헝가리의 천문학자였던 프란츠 자베르 폰 자크Franz Xaver von Zach(그는 당시 독일의 고타에서 일하고 있었다)는 24명의 천문학자에게 초대장을 보내도록 했다. '빠진' 행성을 찾는 공동 연구를 요청하는 내용의 초대장이었다. 그러나 초청 명단에 들어 있던 천문학자 중 한 명으로, 시칠리아의 팔레르모에서 연구 중이던 주세페 피아치Giuseppe Piazzi는 초대장이 당도하기도 전에 무엇인가를 발견했다.

1801년 1월 1일, 피아치는 평상시대로 관측을 시행하던 중 그 무엇인가를 포착했다. 처음에 그것은 목록에 없는 별처럼 보였지만 후속 관측을 통해 움직이는 것으로 판명됐다. 처음에 피아치는 그것이 혜성이라고 생각했고, 1월 24일 두 명의 동료에게 자신의 발견을 알리는 편지를 썼다. 그러나 그것을 혜성이라고 말하면서도 그에게는 또 다른 생각이 떠올랐다. 편지에 "이 천체의 움직임이 꽤 느리면서 다소 균일하기 때문에 혜성이 아닌 다른 종류의 천체일지도 모른다는 생각이 여러 차례 들었습니다"라고 썼던 것이다. 물론 그 '다른 천

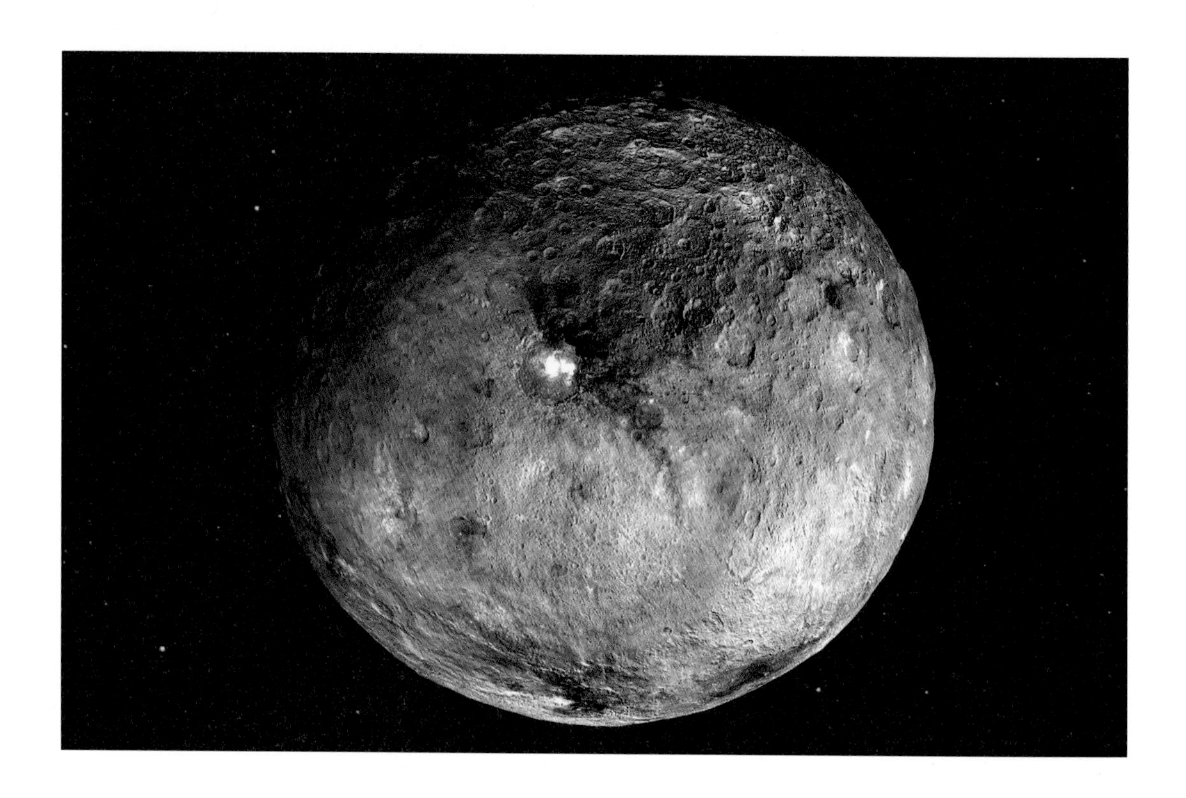

•
왜소행성 세레스를 찍은 적외선 위성 사진. 미 항공우주국NASA의 우주 탐사선 던Dawn의 영상분리형 카메라Framing Camera(우주선에 장착된, 7개의 색 필터를 갖춘 카메라 시스템. 서로 다른 광물이 서로 다른 파장과 각도로 빛을 반사해 내는 것까지 필터가 잡아내어 천체 구성성분의 차이를 밝혀주는 혁신적 촬영기술로 인정받음_옮긴이)로 촬영한 것이다.

체'란 행성이란 뜻이었다.

그해 2월 11일 피아치는 병석에 눕는 바람에 그 미확인 천체 관측을 중단했지만, 4월이 되자 발견 소식을 상세한 내용과 함께 퍼뜨렸다. 지구가 태양 주위를 공전하기 때문에 그 무렵 행성이라고 간주되던 그 천체는 태양빛에 가려 보이지 않았다. 하지만 관련 정보가 없는 것은 아니어서, 독일의 수학자 카를 프리드리히 가우스Carl Friedrich Gauss가 그 천체의 궤도를 계산해 지구가 그 궤도에서 멀리 떨어질 때 문제의 그 천체가 어디쯤에서 발견될지 예견해냈다. 이러한 예측치를 기반으로, 폰 자크와 또 다른 독일인 천문학자 하인리히 올베르스Heinrich Olbers는 12월 31일 각각 단독으로 그 천체를 발견함으로써 그 천체의 궤도를 입증했을 뿐 아니라 그것이 정말 행성이라는 것을 모든 이들에게 납득시켰다. 이것은 가설을 확증하기 위해 이론적 계산과 실험이 협력한 탁월한 사례였다.

피아치는 '새로운' 행성을 발견한 덕에 명명권이 있었다. 그는 고대 로마인이 숭상했던 농업의 여신과 당시 시칠리아 왕의 이름을 따서 세레스 페르디난데아Ceres Ferdinandea라는 이름을 제안했다. 그러나 윌리엄 허셜이 천왕성의 이름을 제안했을 때 받아들여지지 않았던 것처럼(실험 18을 보라) '페르디난데아'라는 이름에 대한 반응은 시들했다. 결국 행성의 이름은 세레스가 됐다. 그러나 이야기는 그걸로 끝난 것이 아니었다. 1802년 3월 28일, 올베르스는 세레스를 찾다가 태양에서 비슷한 거리쯤에서 세레스와 비슷한 천체를 발견했다. 팔라스Pallas라는 이름이 붙게 된 천체다. 곧이어 화성과 목성 사이의 틈바구니에서 태양 주위를 공전하는 많은 천체들이 발견됐고, 허셜은 그 천체들에게 소행성asteroid('별과 같은'이라는 의미다)이라는 이름을 붙였다. 그가 밝힌 명

가장 큰 소행성인 세레스를 발견한 이탈리아의 천문학자 주세페 피아치(1746년~1826년). 1,000번째 소행성은 발견된 후 그의 이름을 기려 피아치라 명명됐다.

명의 이유는 다음과 같다.

"이 천체들이 작은 별들과 너무 많이 닮아 별과 구분이 되지 않기 때문이다. 별을 닮은 천체들의 생김새 때문에 이들을 내가 명명한 대로 소행성으로 부르되, 이름을 바꿀 자유는 남겨두는 바다. 이 천체들의 성질을 더 잘 표현하는 다른 이름이 나올 수 있을 경우를 대비해서다. 생김새를 뺀 모든 측면에서 소행성이라는 이름이 새로 발견된 천체에 전혀 어울리지 않는다는 것만큼은 사실이다."[11]

처음에 이 소행성들은 행성이 붕괴되고 남은 잔해라 여겨졌지만, 수십 년간에 걸친 상세한 연구는 이들이 태양계 형성 시 남겨진 잔해(다시 말해 아마도 오늘날 보이는 것보다 훨씬 더 많은 물질을 배출하는 목성이 발휘하는 중력의 영향 때문에 행성을 만들지 못한 조각들)라고 보는 편이 훨씬 더 타당하다는 점을 시사한다. 이 천체들은 오늘날에도 발견되고 있고 이들이 발견되는 태양계 내 해당 지점은 '소행성대asteroid belt'라고 알려지게 됐다. 소행성대에는 지름이 100킬로미터가 넘는 소행성이 200개 넘게 분포해 있고, 더 작은 소행성은 100만여 개가 넘는다. 그러나 이 소행성의 총질량은 달 질량의 4퍼센트 정도에 불과하다. 가장 큰 소행성 4개인 세레스와 팔라스, 베스타Vesta, 하이기아Hygia를 합친 질량이 그 4퍼센트의 절반을 차지한다.

세레스는 소행성대 전체 질량의 3분의 1을 혼자서 차지하고 있는 둥근 천체다. 직경 950킬로미터의 세레스는 태양 주위를 4.6년마다 한 번씩 공전한다. 더 작은 소행성들은 불규칙한 모양의 암석과 얼음덩어리들이다. 세레스는 자체 중력을 받아 둥근 모양이 될 만큼 크기 때문에 2006년 국제천문연맹International Astronomical Union에 의해 '왜소행성dwarf planet'으로 분류됐다. 하지만 허셜의 정의를 제외하고는 소행성에 대한 정의가 없어서 세레스는 또한 가장 큰 소행성으로도 분류된다.

026 수소를 사용해 하늘을 날다

· 최초의 과학적 목적의 기구 비행

인간이 기구를 타고 최초로 하늘을 난 유명한 실험이 이뤄진 날짜는 몽골피에 형제(조지프 미셸 몽골피에Joseph Michel Montgolfier와 자크 에티엔 몽골피에Jacques-Etienne Montgolfier)가 어안이 벙벙한 파리의 관중에게 비행 기술을 보여줬던 1783년 10월 19일이었다. 당시 이들이 사용했던 기구는 뜨거운 공기를 이용해 공중으로 뜨는 힘을 냈다. 이 기술의 명백한 결함은 기구에 불을 싣고 다니다 불이 꺼지면 공중에 떠 있을 수 없다는 것이었다. 하지만 1787년 당시의 과학자들도 보일의 법칙(실험 9를 보라)과, 헨리 캐번디시와 조지프 블랙 같은 사람이 연구했던 기체를 연구했기 때문에 수소를 가득 채운 기구가 대기를 뚫고 위로 상승한다는 것은 알고 있었다. 이는 또 다른 프랑스인 자크 샤를Jacques Charles의 상상력을 자극했다. 샤를은 비단 천에 고무를 발라 수소 기체가 새어나가지 못하도록 한 수소 기구를 고안했다.

최초의 작은 수소 기구인 샤를리에Charlière는 1783년 8월 27일 (오늘날 에펠탑이 있는 자리인) 샹드마르에서 공중으로 날아올랐다. 이 수소 기구는 용적 35세제곱미터의 구체로 9킬로그램 정도의 무게를 들어올릴 수 있도록 설계돼 있었다. 기구는 북쪽을 향해 21킬로미터 가량의 거리를 45분간 비행한 다음 고네스의 한 마을에 착륙했다. 그곳의 소작농들은 이 기구를 악마의 농간이라 생각한 나머지 칼과 쇠스랑으로 갈기갈기 찢어버렸다.

몽골피에 형제의 첫 비행 후 두 달도 채 되지 않은 1783년 12월 1일, 샤를은 튈르리 정원Jardin de Tuileries에서 수소 기구에 사람을 태워 올렸다. 비단을 고무로 코팅하는 방법을 고안했던 니콜라 루이 로베르Nicolas-Louis Robert와 함

께 직접 기구를 타고 날아오른 것이다. 이 수소 기구의 부피는 380세제곱미터였고, 수많은 관중(당시 파리 인구의 절반인 약 40만 명이 그곳에 있었던 것으로 추산되며, 벤저민 프랭클린과 조지프 몽골피에도 관중 속에 끼어 있었다)이 기구가 떠오르는 모습을 지켜봤다. 기구는 약 1,800피트(약 550미터) 고도에 도달한 다음 2시간 5분을 비행하다 해질 무렵 36킬로미터 떨어진 네슬르 라 발리에 착륙했다. 샤를과 로베르는 해가 진 후 아무 탈 없이 기구에서 내렸다. 그 다음 샤를은 다시 홀로 기구를 타고 날아올라 이번에는 약 1만 피트(약 3,000미터) 상공에 도달했다. 해가 보일 만한 높이였다. 그러나 귀에 통증이 찾아오는 바람에 수소를 빼내고 착륙했다.

샤를과 로베르는 대기의 기압과 온도를 측정하기 위해 기압계와 온도계를 싣고 기구에 올랐지만 기압과 온도의 관측은 부차적인 고려사항에 불과했다. 진정한 의미의 과학적 기구 비행이 최초로 행해진 것은 1804년이었다. 이 비행의 주인공은 조지프 루이 게이뤼삭Joseph-Louis Gay-Lussac과 장 바티스트 비오Jean-Baptiste Biot였다. 이들은 수소를 채운 샤를리에 기구를 이용했다. 게이뤼삭은 기체의 행태를 잘 알고 있었고, 1802년 게이뤼삭의 법칙이라 알려진 이론을 정립했다. 게이뤼삭의 법칙은 기체의 질량과 부피가 일정할 때 기체의 압력은 온도(섭씨 −273.16도에 해당하는 '절대'온도, 즉 켈빈온도Kelvin scale)에 비례한다는 것이다. 온도가 똑같이 상승하는 같은 부피의 기체는 부피도 똑같이 팽창한다는 것 역시 게이뤼삭이 발견한 법칙이다. 오늘날 '샤를의 법칙'으로도 알려져 있다. 자크 샤를이 1780년대 중반 이 법칙을 발견했기 때문에 이러한 이름이 붙었다. 그러나 샤를은 발견한 내용을 발표하지 않았다.

게이뤼삭과 비오는 1804년 8월 24일 기술공예학교Conservatoire des arts et Métiers 정원에서 함께 비행 실험을 했다. 비행의 목적은 서로 다른 고도에서의 자기장 및 공기의 구성 그리고 습도가 어떻게 변화하는지 측정하는 것이었다. 이들은 4,000미터 고도에 도달했고 지구의 자기장이 고도에 따라 눈에 띄게 변하지 않는다는 것만 밝혔을 뿐 그 이외에 중요한 과학적 성과를 내지는 못했다. 게이뤼삭은 몇 주 뒤 더 큰 기구를 구해 혼자 비행 실험을 했다. 9월 16일이

왼쪽 조지프 루이 게이뤼삭(1778년~1850년)과 장 바티스트 비오(1774년~1862년)가 1804년 최초로 과학적 목적의 기구 비행을 하는 모습.

었다. 이번에 기구는 7,016미터 고도까지 올라갔다(2만 3,000피트 높이로, 지구에서 가장 높은 에베레스트 산의 고도는 2만 9,035피트다). 과거의 비행 고도를 훨씬 능가하는 고도를 비행한 것이다. 그곳의 온도는 섭씨 영하 9.5를 기록했지만 게이뤼삭은 습도와 자기력 등을 측정하기 위해 계속 머물렀다. 이 고도에서 측정한 자기력은 당시 그가 갖고 있던 도구의 정밀성의 한계 내에서 자기장이 그 정도 고도에서도 일정하다는 것을 보여줬다.

그러나 그는 호흡이 상당히 어렵다는 것과 공기가 너무 건조해 빵 한 조각도 넘기기 어려울 만큼 입이 말라버린다는 것을 발견했다. 그뿐 아니라 맥박수의 증가도 기록했다. 그러나 비행하는 동안 상이한 고도의 공기 샘플을 모아뒀던 덕에 기구 안에서 추위에 얼어 곱은 손가락으로 측정에 애쓸 필요 없이 파리에 있는 편안한 연구실에서 공기의 성분을 분석할 수 있었다. 그의 분석을 통해 고도가 증가해도 대기의 구성은 변함이 없다는 사실이 밝혀졌다.

027 빛은 파동이라는 가설

· 토머스 영의 이중 슬릿 실험

아이작 뉴턴은 거울에서 반사된 빛이 프리즘에 의해 굴절되는 현상을, 미세한 입자의 흐름이 물체를 맞고 튀어나가거나 물체 경계면 주변에서 방향을 바꾼다는 식으로 설명했다. 네덜란드의 물리학자 크리스티안 하위헌스Christiaan Huygens 그리고 뉴턴과 동시대를 살았던 영국의 물리학자이자 화학자였던 로버트 훅은 각각 뉴턴과 다른 모델을 제시했다.

이들의 모델은 빛이 파동이라는 가설과 관련된 것이었지만, 이를 검증할 수 있는 실험이 전무했기 때문에 100년이 넘는 세월 동안 과학적 사고를 지배한 것은 뉴턴의 입자 모델이었다. 그 후 다방면에 풍부한 지식을 갖고 있던 영국의 물리학자 토머스 영Thomas Young은 빛이 파동으로 움직인다는 것을 입증하는 실험을 고안해냈다.

파동의 간섭 현상을 토머스 영이 직접 그린 그림. 출처는 그의 저서 《자연철학과 기계적 기술에 관한 강의 A Course of Lectures on Natural Philosophy and the Mechanical Arts》다.

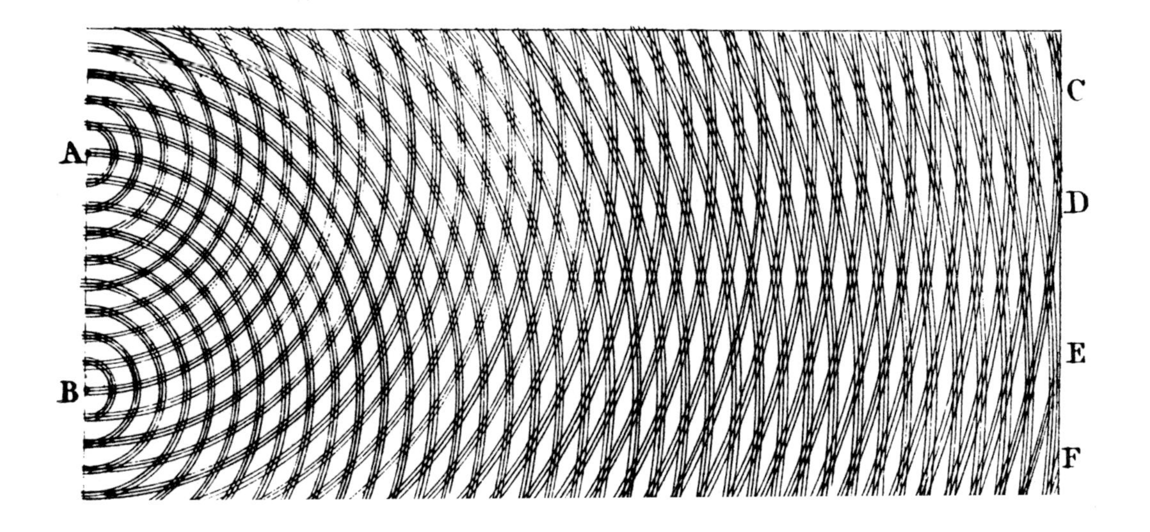

영의 파동 실험은 1790년대 그가 케임브리지대학교에 있던 시절에 했던 음향 실험에서 출발한 것이다. 그는 음향이 공기(또는 다른 매질)를 통해 파동으로 움직인다는 것을 잘 알고 있었기 때문에 간섭 현상에 관심이 있었다. 간섭이란 두 개의 음파가 서로에게 영향을 미쳐 더 큰 소리를 내거나 상쇄시켜 더 작은 소리를 남기는 현상이다. 영은 간섭 현상을 생각하면서 파동 일반의 행태에 관해 생각하게 됐고, 빛의 파동모델을 검증할 실험을 고안하는 단계까지 나아갔다.

먼저 그는 잔물결통ripple tank이라는, 잔물결을 관찰할 수 있는 얕은 물통 장치를 사용해서 물속에서 일어나는 파동의 습성을 연구했다. 영(또는 다른 누군가)이 벽 역할을 해줄 판자에 작은 틈새를 만든 다음 통을 가로지르도록 판을 놓자, 벽 한쪽에서 발생한 잔물결이 틈새 구멍을 통과해 반원 형태로 다른 쪽으로 퍼져나갔다. 그 다음 두 번째 벽에는 틈새 2개를 만들어 퍼지는 잔물결 앞에 놓았다. 그랬더니 물결이 두 구멍으로부터 퍼져나가 서로 간섭을 일으켰고, 각 물결의 마루가 합쳐지는 곳에서는 추가로 더 큰 물결무늬가, 한 물결의 마루와 다른 물결의 골이 중첩되는 곳에서는 훨씬 더 작은 물결무늬가 형성됐다.

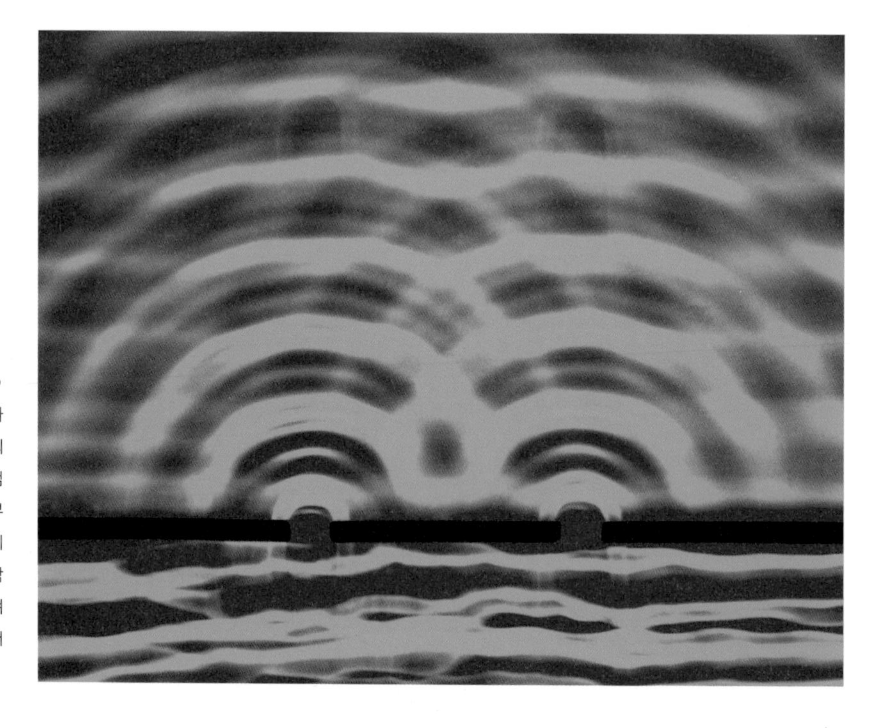

파동이 장애물을 통과하고 있다. 파동의 동심원은 장애물 속 두 개의 구멍에서 출발해 나온다(아래쪽 검은 선). 이 동심원들은 장애물에 부딪쳐 생긴 (바닥의) 나란한 파동에서 비롯된 것이다. 두 개의 구멍 각각에서 파동이 반원을 그리며 퍼져나간다. 간섭무늬는 동심원들이 서로 부딪치며 지나갈 때 나타난다.

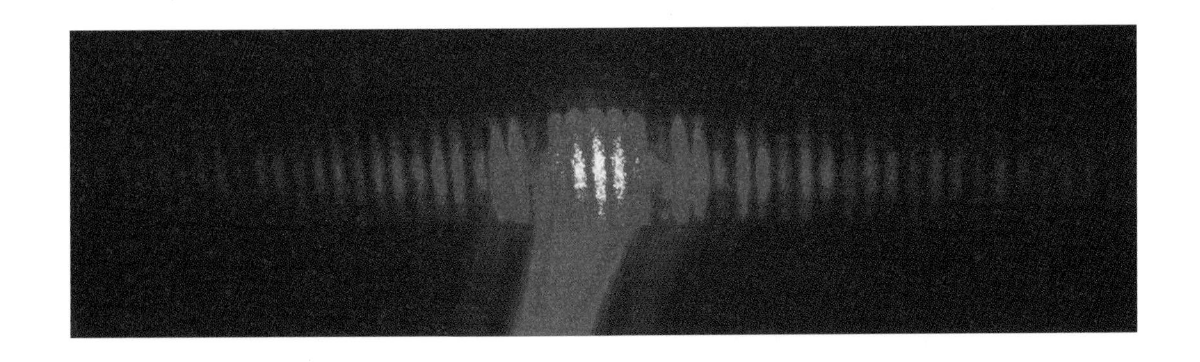

오늘날의 이중 슬릿 실험은 빛이 파동이라는 점을 입증한다.

간섭무늬가 형성된 것이다.

1800년대 초, 영은 이 실험을 빛 연구에 적용했고 결과가 명료해질 때까지 실험을 가다듬었다. 암실에서 간단한 스크린에 작은 핀 구멍을 내거나 면도날로 가느다란 슬릿을 뚫은 다음 광원 앞에 설치했다. 그 옆에는 구멍이나 슬릿이 2개 뚫린 스크린을 또 하나 놓았다. 그런 다음 2개의 스크린을 통과한 빛이 도달하도록 또 하나의 스크린을 그 옆에 설치했다. 이 마지막 스크린에 도달한 빛은 빛과 어둠의 줄무늬를 만들었다. 잔물결통 실험에서 나타났던 물결파와 정확히 동일한 간섭무늬였다. 빛이 파동으로 움직인다는 것이 자명해졌다. 이것이 '영의 이중 슬릿 실험' 또는 일상용어로 '2개의 구멍 실험'이라고 유명해진 실험이다. 이 실험의 강점 중 하나는 지극히 간단하면서도 심오하다는 것이다. 1803년 실험 결과를 왕립학회에 제출하면서 영은 이런 소개말을 달아놓았다.

"내가 설명하려는 실험은… 아주 쉽게 되풀이할 수 있다. 누구나 쉽게 구할 수 있는 장치를 이용해 태양이 비치는 곳이면 어디서나 할 수 있는 실험이다."

그러나 영의 이론을 의심의 눈초리로 바라보는 사람들은 여전히 존재했다. 뉴턴은 누구에게나 경외의 대상이었기 때문에 과학자 중에는 뉴턴이 틀릴 수도 있다는 것을 받아들이려 하지 않는 사람들이 있었다. 이들은 단지 두 광선을 합침으로써 검은 줄무늬를 만들 수 있다는 관념을 믿을 수 없어 했다. 그러나 불과 몇 년 후 프랑스의 물리학자 오귀스탱 프레넬Augustin Fresnel은 영의 이론이 진실이라는 것을 입증해냈다.

프레넬이 영의 이론을 입증한 것은 나폴레옹 전쟁이 벌어지던 시기였다. 당시 프랑스에 있던 프레넬은 영의 실험에 관해 몰랐던 것 같다. 그는 단독으로 빛의 파동 모델을 발전시켰고, 1817년 프랑스 과학 아카데미가 마련한 현상공모에 논문을 보냈다. 당시 아카데미는 프레넬에게 경계면 주변에서 빛을 (아주 약간) 휘게 만드는 회절diffraction 현상(빛이 진행 도중에 슬릿이나 장애물을 만나면 일부분이 슬릿이나 장애물 뒤로 돌아 들어가는 현상으로 파동의 특징을 보여준다_옮긴이)을 설명해달라고 요청했다. 공모전의 심사위원 중 한 명이었던 시메옹 드니 푸아송Siméon-Denis Poisson은 자신이 생각하는 바가 프레넬의 모델에서는 치명적인 결함으로 드러난다는 점을 지적했다. 프레넬의 파동 모델에 따르면, 산탄霰彈 조각 따위 아주 작고 둥근 물체가 광선 앞에 놓이면 빛의 파동은 그 물체 주변에서 구부러져 바로 뒤에 있는 스크린에 하얀 빛점을 만들 것이다. 반면 당시의 '상식'과 입자 모델은 스크린에 가장 어두운 그림자가 생기리라 예측했다. 따라서 심사위원들은 실험을 통해 프레넬이 틀렸음을 입증할 수 있으리라 예상했다. 그러나 실험에서 발견된 것은 오히려 흰점이었다.

오늘날 이 흰점은 '푸아송 광점Poisson's spot'이라 불린다. 파동 가설의 예측이 맞은 것이다. 이 실험은 특정 이론의 오류를 입증할 목적으로 실행한 실험이 오히려 그 정당성을 입증해낸 최고의 사례 중 하나다. 프레넬은 공모전에서 상을 탔고 빛의 파동 이론도 확립됐다. 일부 사람들에게는 충격적인 결과였을 것이다. 하지만 어쩔 수 없다. 뉴턴조차도 항상 옳지만은 않았던 것이다.

028 같은 공간에 섞여 있는 수증기와 공기

· 원자를 발견한 돌턴

원자의 '발견'은 19세기 초반의 수년 간 이뤄졌던 상이한 노선의 실험과 관찰에서 나온 증거가 축적된 성과물이다. 이 실험과 관찰을 종합해 공식화한 사람은 영국의 과학자 존 돌턴John Dalton이었다. 돌턴은 평생 기상학에 관심이 있었고, 원자론을 향한 그의 첫 발걸음 역시 대기에 대한 그의 인식에서 나온 것이다. 즉, 대기가 상이한 화학적 성질을 지닌 기체들의 혼합물이며, 이 기체들이 독립된 층을 이루고 있는 것이 아니라 함께 섞여 있다는 인식이 원자론의 출발점인 것이다. 특히 기상학자들의 관심사는 증발한 물이 만든 수증기가 대기 중에 존재하는 공기와 섞여 같은 공간에 분포하게 된다는 점이었다. 물이 공기를 밀어낸 다음 그 위나 아래쪽에 고유한 수증기 층을 만드는 것이 아니었다.

돌턴이 보기에 이것은 수증기와 공기(그리고 다른 기체)가 별개의 입자들로 만들어진 것이며 그 입자들 사이에 공간이 있음을 의미했다. 자갈이 가득 들어 있는 상자를 떠올려보자. 상자 속 자갈 사이에 빈 공간이 있긴 하지만 그 사이로 자갈을 더 넣을 수는 없다. 그러나 입자가 더 작은 모래는 자갈 사이의 공간으로 쏟아 넣을 수 있다. 모래와 자갈은 상자 속 같은 자리(다시 말해 같은 부피)를 차지하는 것이다. 돌턴은 일련의 실험을 통해 특정 온도에서 특정 부피를 지닌 혼합 기체의 총 압력이 언제나 각 기체가 지닌 압력의 합과 같다는 것을 입증했다. 가령 어떤 용기 속에 1기압에 부피 1리터의 이산화탄소가 들어 있고 다른 용기 속에는 1기압에 부피 1리터의 질소가 들어 있다면 두 기체를 1리터의 부피 속으로 밀어넣는 경우 그 결과로 나오는 압력은 1기압의 2배가 된다.

이것이 돌턴이 1801년에 내놓은 돌턴의 '부분압력의 법칙Dalton's law of partial pressures'이다.

그 무렵 돌턴은 또 하나의 법칙을 발견했다. 이 법칙은 그의 이름을 따라 명명되지는 않았지만 원자 개념을 훨씬 더 명료하게 보여준다. 그는 서로 다른 기체를 가열하고 압력을 측정해, "같은 압력에서 모든 유동체는 열에 의해 똑같이 팽창한다"는 사실을 발견했다. 이를 측정하는 정량적 방법은 수직으로 세운 실린더에 피스톤으로 기체를 가둔 다음 피스톤의 무게를 이용해 아래쪽으로 꾸준히 압력을 가하는 것이다. 이때 실린더를 가열하면 압력이 같아도 기체가 팽창해 실린더 속 피스톤을 밀어올린다.

그러나 아이들이 가지고 노는 풍선을 사용해 간단한 관찰을 해봐도 이와 동일한 효과를 정성적으로 입증할 수 있다. 방안 온도에서 풍선을 불어 최대한 팽창시키면 풍선의 거죽이 북 껍질처럼 조여져 팽팽해진다. 그러나 풍선을 얼음물에 넣어 차게 만들면 안쪽 기체의 압력이 내려가 풍선 거죽이 축 늘어져 주름이 진다. 풍선 속 기체가 수축했기 때문이다. 풍선을 다시 덥히면 거죽은 또 다시 팽팽해진다. 이 효과를 훨씬 더 극적으로 보려면 액화질소를 이용해 풍선의 온도를 내리면 된다. 동일한 압력에서 동일한 기체는 온도가 올라가면 부피가 커진다.

열을 받은 풍선이 팽창하는 모습. 맨 왼쪽의 풍선은 액화질소를 통해 섭씨 -198도까지 온도를 낮춘 결과물이다. 풍선 속 공기 분자들은 온도가 내려가면 에너지가 줄어들어 운동량이 적어지므로 풍선 안쪽의 압력이 줄어 풍선이 작은 크기로 찌그러진다. 맨 오른쪽 풍선은 방안의 온도를 다시 올려 원래의 부피를 되찾았다. 온도를 올릴 경우 공기 분자들은 더 많은 에너지를 받아 운동 속도가 빨라지기 때문에 풍선 안쪽에 더 많은 압력이 가해져 풍선이 크게 팽창한다.

프랑스의 과학자 게이뤼삭 또한 1년 쯤 후에 이와 동일한 현상을 알아차렸다. 그러나 그는 같은 프랑스인 자크 샤를이 1787년에 이 현상을 이미 관찰했

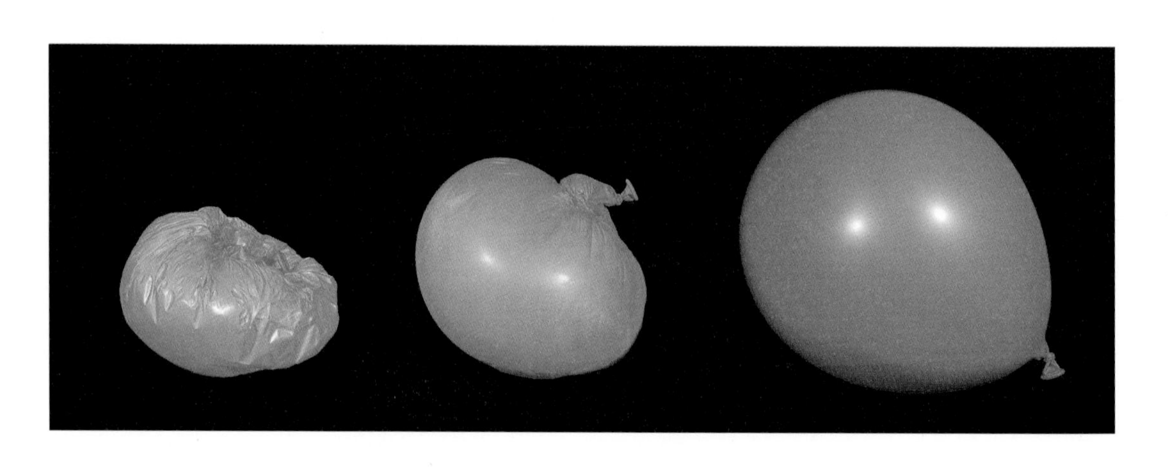

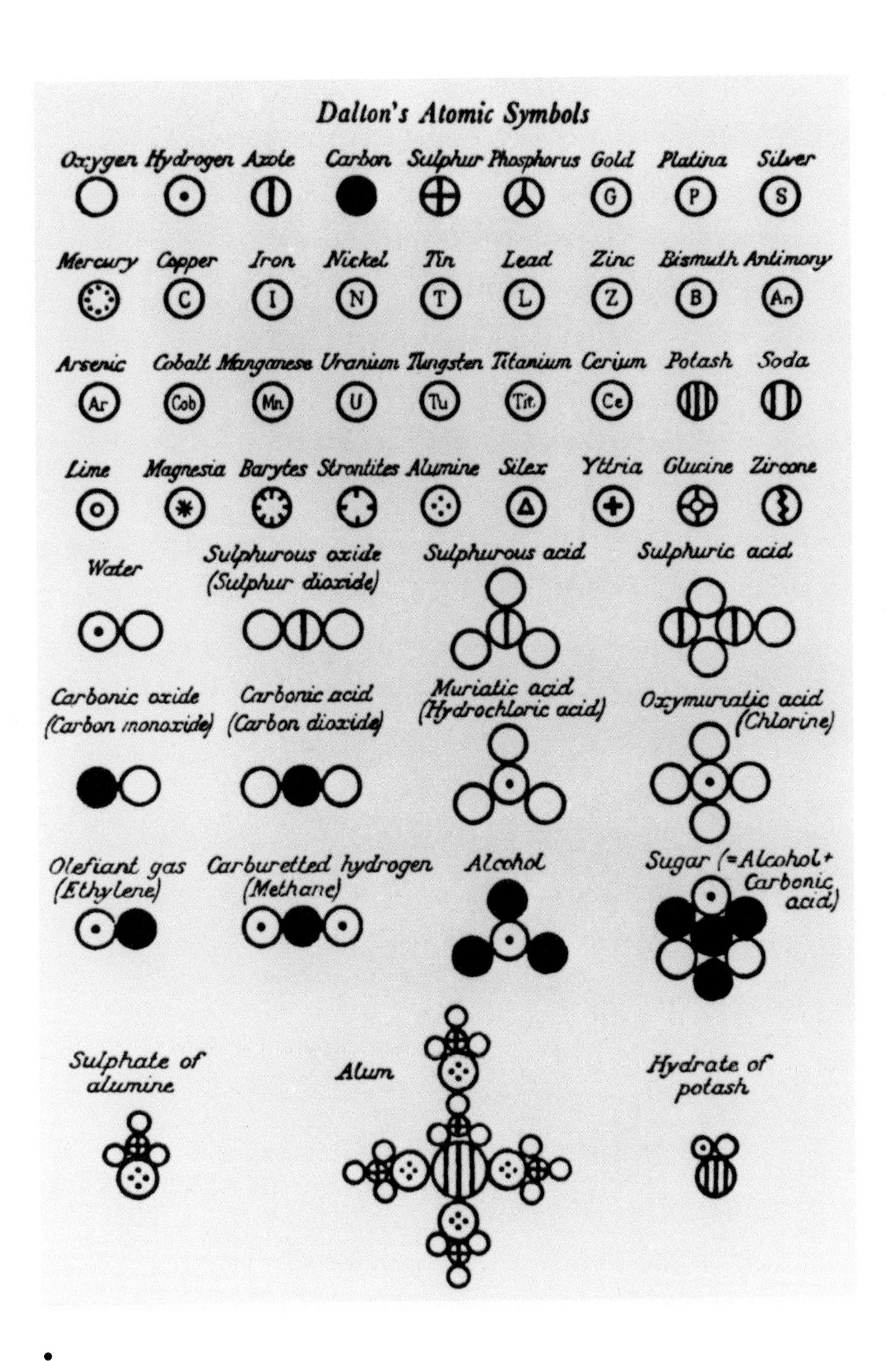

●
존 돌턴(1766년~1844년)의 원소기호표. 돌턴은 원자론과 화학 반응에 대한 탁월한 이론을 정립했지만, 원소와 화합물에 대한 그의 설명 중 일부는 틀린 것으로 밝혀졌다. 가령 석회lime는 원소가 아니라 칼슘 화합물이며 물은 HO가 아니다.

다는 것을 알게 됐다. 샤를이 자신이 발견한 바를 발표하지 않았기 때문에 알려질 기회가 없었던 것이다. 게이뤼삭은 '샤를의 법칙'이라는 이름으로 이 이론을 더욱 발전시켰다(실험 26을 보라). 이로써 기체는 실제로 원자로 이뤄져 있다는 것 그리고 온도가 높아질수록 기체 원자는 서로에게서 더 멀어진다는, 다시 말해 부피가 커진다는 이론이 명료하게 정립됐다.

이 모든 연구를 통해 돌턴은 상이한 기체가 무게와 크기가 다른 여러 종류의 원자로 만들어진다는 이론을 발전시키게 된다. 이 이론에 맞춰 그는 다양한 반응에 관계된 여러 가지 원소들의 양을 비교하는 화학 실험을 실행했다. 그 중 한 실험에서 돌턴은 에틸렌olefiant gas과 메탄carburetted hydrogen이라 알려진 기체가 둘 다 탄소와 수소로만 이뤄져 있고 메탄이 에틸렌보다 탄소에 대해 정확히 2배의 수소를 갖고 있다는 것을 발견했다. 이러한 연구를 통해 그는 더 정교한 원자론을 정립하기에 이른다. 그가 1808년에 발표한 원자론의 내용을 요약하면 다음과 같다. 원자가 분해할 수 없는 입자라는 생각을 제외한 모든 내용은 물질 구조에 대한 근대적 지식의 기초다(실험 50을 보라).

» 물질은 분해할 수 없는 원자라는 입자로 이뤄져 있다.

» 각 원소는 특정한 종류의 동일한 원자로 이뤄져 있다. 따라서 원소의 개수는 원자의 개수와 같다. 특정 원소를 이루는 원자는 모두 동일하다.

» 원자는 변하지 않는다.

» 원소들이 결합해 화합물을 형성할 때 그 화합물의 가장 작은 단위에는 화합물을 이루는 각 원소의 원자가 일정한 수로 들어 있다.

» 화학 반응이 일어날 때 원자는 새로 만들어지거나 파괴되지 않고 배열만 바뀐다.

029 과학의 도약을 일군 전기 실험

· 기사 작위를 받은 험프리 데이비

알레산드로 볼타가 전지를 발명한 직후 영국의 화학자 험프리 데이비는 전기와 화학 사이의 관계를 연구했다. 과학과 기술 간의 상호작용을 잘 보여주는 고전적 사례를 여기서 볼 수 있다. 과학적 탐구를 통해 전지가 발명됐고, 전지는 당시 더 발전된 과학 탐구에서 사용하는 전류의 원천을 제공했으며, 이는 다시 새로운 기술로 이어졌다(실험 33을 보라). 새로운 도구를 사용할 수 있게 됐다는 것은 물질계의 성질을 탐구하는 목적의 유사한 실험이 상당수 실행될 기반이 마련됐다는 뜻이었다.

데이비는 볼타 전지가 만드는 전기가 전지 내에서 진행되는 화학적 상호작용의 결과라는 추론에서 출발했다. 따라서 그는 전류가 상이한 물질을 통과할 때 생기는 화학 반응에 초점을 맞추는 쪽으로 실험의 방향을 바꿨다. 실험을 통해 그가 발견한 중요한 사실은 전류의 효과란 많은 경우 화합물을 그 구성성분으로 쪼개는 것, 다시 말해 오늘날 '전기분해electrolysis'라 알려진 과정을 일으키게 만든다는 점이었다. '새로운' 원소들의 발견, 특히 다양한 금속의 발견은 이러한 전류의 성질을 활용한 성과물이다.

데이비는 1800년 '전기 작용voltaic action'을 연구하기 시작했다. 당시 브리스톨Bristol에서 연구 중이던 데이비는 물에 전류를 통과시킴으로써 화학과 전기 사이의 연관성을 입증했다. 전지의 양극(훗날 애노드anode라 불린다)에 연결된 도선을 물탱크의 한쪽 끝에 담그고, 음극(훗날 캐소드cathode라 불린다)에 연결된 도선은 반대쪽 끝에 담가 전류가 물을 통해 흐르도록 했다. 전류는 양극에서는 산소 기포를, 음극에서는 수소 기포를 방출했다. 물론 데이비는 산소와 수소가 결합해 물이 된다는 사실을 이미 알고 있었다. 이 실험으로 물이 전기를 통해 구성성분으로 분해된 것이다.

그러나 데이비는 전기분해 현상에 대한 실험을 일단 보류해야 했다. 1801년 런던의 왕립연구소Royal Institute라는 새 기관으로 옮겨간 후 1802년 그곳의 화학 교수가 됐기 때문이다. 데이비는 다른 연구 업무로 계속 분주한 가운데서도 1806년 전기분해에 관한 108개의 실험을 실행했다. 분해 대상 물질에 담근 금속판이나 막대에 2개의 도선(애노드와 캐소드)을 부착해 초창기에 만들었던 기본적 실험 장치를 개량했다. 데이비는 그해 말 왕립연구소의 강의에서 실험 결과를 발표했고, 1807년에는 용융염(상온에서 고체인 소금을 고온에서 녹인 것_옮긴이)을 전기로 분해했다. 그는 (오늘날 수산화칼륨이라고 알려진) 가성칼리caustic potash(잿물)로부터 포타슘(칼륨)을 분리해냈고, 가성소다(수산화나트륨)로부터 나트륨을 추출해냈다. 데이비는 식물을 태운 재에서 나온 가성칼리를 쇳물을 녹이는 작은 도가니에 모았다. 물을 전기분해할 때와 같은 방식으로 전류를 재로 통과시키자 가성칼리는 녹을 만큼 뜨거워졌고 음극 근처에서 순수 포타슘이 검출됐다.

수소 전기 아크등.

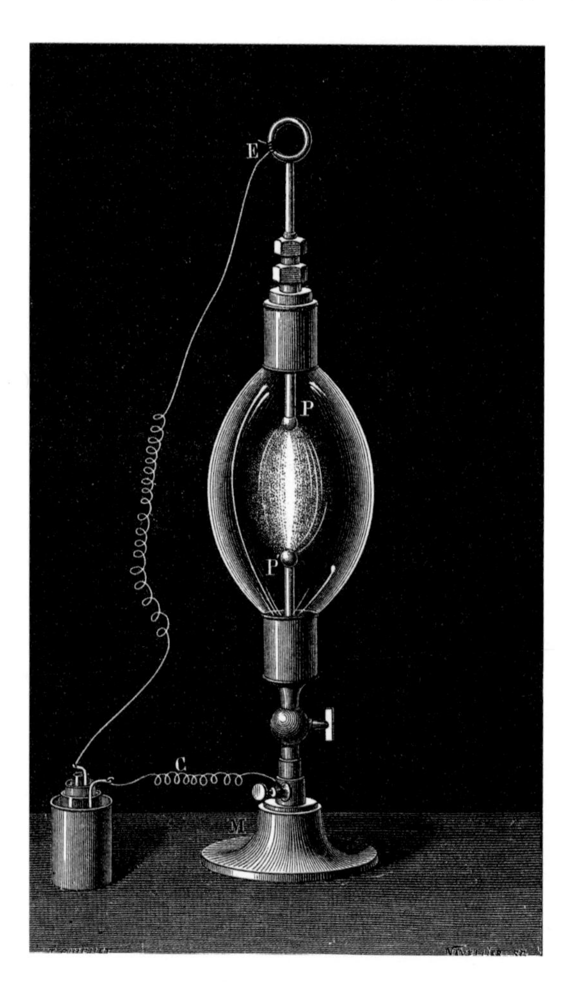

기존의 화학자들은 이 2개의 금속 원소(가성칼리와 칼륨)를 구별하지 못했던 반면 데이비는 두 원소가 비슷해 보이지만 사실은 다른 원소라는 사실을 입증해낸 것이다. 이 모든 연구의 중요성이 얼마나 컸던지 데이비는 당시 프랑스와 영국이 전쟁을 벌이고 있었음에도 불구하고, 그해 최고의 유전기流電氣, galvanic electricity 연구자로 선정돼 프랑스로부터 상금 3,000프랑을 받았다.

데이비는 후속 실험(실제로는 재료로 쓸 물질만 바꾼 동일한 실험이다)을 통해 마그네슘과 칼슘, 스트

험프리 데이비(오른쪽)가 전기분해를 이용해 알칼리 및 알칼리토에서 금속 원소를 분리시키는 모습을 나타낸 19세기 판화.

론튬, 바륨을 분리해냈다. 1809년에는 전기분해를 잠시 멈추고 전기의 다른 용도를 발견하거나 고안해내기도 했다. 전지의 두 도선을 숯 조각의 양 끝에 연결하자 숯을 통과한 전류에 숯이 가열되면서 밝은 불빛이 나타났다. 전등을 발명한 것이다. 아크등arc lamp(기체 중에 설치한 2개의 전극 사이에 전압을 건 경우 발생하는 강한 빛을 아크라고 한다_옮긴이) 형태의 전등이었다. 전기에 대한 데이비의 실험 연구는 이것이 끝이었다. 물론 데이비는 다른 많은 업적을 남겼다(염소가스chlorine gas를 분리해 염소라는 이름을 붙인 것도 데이비다). 1812년 그는 과학 발전에 공헌한 업적을 인정받아 기사 작위까지 받았다. 이는 개인사적 중요성을 넘어서는, 과학사의 획기적 사건이다. 데이비는 영국에서 과학적 업적으로 기사 작위를 받은 최초의 인물이 된 것이다(아이작 뉴턴이 받은 기사 작위는 과학이 아니라 정치적 이유로 수여된 것이다). 그의 기사 작위는 19세기 초의 사회에서 과학의 위상이 높아지고 있었음을 상징하는 것이었다.

030 화학을 정량화하다

· 원소 표시를 체계화한 베르셀리우스

존 돌턴과 험프리 데이비의 연구 업적을 기반으로 원자와 분자와 화학 일반에 대한 근대적 지식을 향한 획기적 발걸음을 내디딘 인물은 스웨덴의 과학자 옌스 야코브 베르셀리우스Jöns Jacob Berzelius였다. 그는 반대 성질의 전하가 서로 당기는 성질이 있기 때문에, 가령 물의 전기분해로 물이 (음전하를 띤 음극으로 끌리는) 수소와 (양전하를 띤 양극으로 끌리는) 산소로 분해될 수 있다면, 물 자체도 일종의 전기적 인력에 의해 수소 원자와 산소 원자가 결합돼 있는 게 분명하다는 생각에 도달했다. 물은 전체적으로 음전하를 띤 산소 원자와 전체적으로 양전하를 띤 수소 원자(지금은 전하를 띤 원자를 이온ion이라 부른다)로 이뤄져 있다는 가설을 세운 것이다.

베르셀리우스는 자신의 가설을 진전시키기 위해 다양한 화합물에 존재하는 여러 원소의 비율을 측정하는 실험을 실시했다. 그가 밝힌 실험 목적은 '무기 화합물의 성분이 어느 정도의 비율로 결합돼 있는지 간단명료하게 밝히는 것'이었다. 대표적인 사례는 수소기체를 이용해 철산화물을 가열함으로써 산소를 모두 추출한 다음 다시 수소와 결합시켜 물을 만든 것이다. 그는 다른 금속 산화물로도 유사한 실험을 했다. 실험을 시작할 때 산화철의 총 질량을 측정하고 실험이 끝날 무렵 철의 최종 질량과 비교함으로써 화합물 속에 얼마만큼의 산소가 철과 결합돼 있는지 알아냈다. 다른 금속 산화물뿐 아니라 두 가지 황화물, 현재는 이산화황과 삼산화황이라 알려진 물질 속의 산소와 황의 비율도 실험을 통해 알아냈다. 그뿐 아니라 베르셀리우스는 자신의 연구 결과를 쉽고 명확하게 이해할 수 있도록 표현하기 위해 각 원소의 영어 이름이나 라틴어 이름

성분	베르셀리우스	현재	성분	베르셀리우스	현재	성분	베르셀리우스	현재
알루미늄	Al		수은	Hg(Hy)	Hg	칼륨(포타슘)	Po	K
은	Ag		수소	H		로듐	Rh(R)	Rh
비소	As		이리듐	I	Ir	규소	Si	
금	Au		마그네슘	Ms	Mg	나트륨	So	Na
바륨	Ba		망간	Ma(Mn)	Mn	안티모니	Sb(St)	Sb
비스무트	Bi		몰리브덴	Mo		스트론튬	Sr	
붕소	B		염소	M	Cl	황	S	
칼슘	Ca		니켈	Ni		텔루륨	Te	
탄소	C		질소	N		주석	Sn(St)	Sn
세륨	Ce		오스뮴	Os		티타늄	Ti	
크롬	Ch	Cr	산소	O		텅스텐	Tn(W)	W
코발트	Co		팔라듐	Pa	Pd	우라늄	U	
콜룸븀	Cl(Cb)	Nb	인	P		이트륨	Y	
구리	Cu		백금	Pt		아연	Zn	
철	Fe		납	Pb(P)	Pb	지르코늄	Zr	
플루오린	F							
글루시늄(베릴륨)	Gl	Be						

베르셀리우스가 고안한 화학기호표와 변경된 현재 표기.

의 첫 글자를 따서 해당 원소를 표시하는 체계를 고안했다. 두 원소의 첫 글자가 같아서 혼동이 생기면 다음 글자까지 추가하는 방식을 썼다(가령 탄소carbon의 원소기호가 C인 경우 칼슘calcium의 기호는 Ca가 되는 식이다. 황sulphur는 S가 됐고 규소silicon은 Si가 된다).

원소를 표시하는 체계를, 분자 구조를 표시하는 체계로 바꾸려면 다양한 여러 원소를 구성하는 원자의 상대적 질량을 알아야 했다. 베르셀리우스는 수소가 가장 가벼운 원소라는 이유로 수소의 질량을 기준 단위(1)로 정한 다음 다른 원소의 원자 질량을 수소의 질량에 준하여 산출했다. 처음에는 약간의 혼란이 있었다. 당시 화학자들은 물이 동수의 수소 원자와 산소 원자로 이뤄져 있다고 가정했기 때문에 새로운 표기법을 쓸 때 물 원소를 HO라고 표기했던 것이다. 그러나 물의 각 분자 속에 수소 원자 2개가 있다고 가정해야 모든 것이 잘 맞아떨어진다는 사실이 명확해지면서, 수소 원자의 질량은 이전에 가정한 것의 절반이 됐다. 베르셀리우스는 물의 화학식을 수정해 H^2O라고 썼을 것이다. 그러나 이러한 관행은 곧 현대 표기 형태인 H_2O로 바뀌었다. 이 표기체계를 통해 베르셀리우스가 연구했던 황화물도 각기 다른 분자에서 발견되는 산소의 비율을 표기한 이름으로 바뀌었다. 이산화황은 SO_2, 삼산화황은 SO_3로 표기했다.

현대 화학의 기준체계와 베르셀리우스가 만든 체계 사이에는 중요한 또 한 가지 차이가 있다. 원소의 무게나 질량(원자 질량 단위)의 기본단위를 수소 원자 한 개의 질량으로 규정했던 베르셀리우스의 시대와 달리 오늘날에는 탄소의 가장 흔한 형태인 '탄소12'라는 동위원소의 원자 질량의 12분의 1을 기본단위로 정해 쓴다. 그러나 이는 화학자와 물리학자나 중시할 만한 미묘한 구분일 뿐 함의는 유사하다.

•
옌스 야코브 베르셀리우스(1779년~1848년).

1818년, 베르셀리우스는 2,000여 개 화합물의 화학 구조를 밝혀놓은 목록을 발표했고, 당시에 알려져 있던 49개 원소 중 45개 원자의 질량(이 경우에는 산소 원자 질량을 기준으로 측정된 질량)을 정리했다. 45개 중 39개의 질량은 그가 직접 확정지은 것이고 나머지 6개는 그의 학생들이 확정한 것이다. 목록에 넣을 원소가 많았던 이유는 실험 과정에서 베르셀리우스와 제자들이 새로운 원소를 여럿 밝혀냈기 때문이다. 세륨, 셀레늄, 토륨, 리튬, 바나듐, 그리고 희토류라 알려진 여러 원소가 여기에 포함된다. 1819년 그는 "모든 화학적 결합은 전적으로 오직 2개의 반대되는 힘, 즉 양전기와 음전기에만 의존하며, 모든 화합물은 틀림없이 이 두 부분이 전기화학적 반응으로 결합돼 생성된 것이다"라고 썼다.[12]

그러나 베르셀리우스조차도 생물을 다루는 화학은 무생물을 다루는 화학과 다르다는 생각, 생물과 관련된 화학은 뭔가 독립적인 '생기生氣, vital force'와 연관된 것이라는 생각을 버리지 못했다. 그가 '유기화합물'이라는 용어를 고안한 것은 생화학과 고유한 연관성이 있다고 생각했던 탄소 관련 분자들을 지칭하기 위해서였다. 나머지 분자에는 '무기화합물'이라는 용어를 썼다. 이러한 오해가 끝나기 시작한 것은 베르셀리우스가 원자 질량 표(앞의 표를 보라)를 만들어 발표한 지 불과 10여 년 후였다.

031 불의 힘을 밝힌 사고실험

· 이상적 기관의 작용, 카르노사이클

제임스 와트의 실험에 뒤이은 증기기관의 급속한 발전(실험 16을 보라)은 전적으로 시행착오의 소산이었다. 기술자들은 기관의 작동을 일으키는 것이 무엇인지는 알아냈지만, 이러한 기관이 어떻게 작동하는가를 알려주는 본격적인 이론은 전무한 상황이었다. 이러한 상황을 바로잡은 인물은 1820년대 기술자들과 정반대의 접근을 시도했던 사디 카르노Sadi Carnot라는 프랑스인이었다. 당시 기술자들은 기계류를 직접 작동시켜가며 연구했던 반면 카르노는 온전히 머릿속에서 '실험'을 시행하고 종이에 계산을 해가며 기계의 작동 원리를 알아냈다. 이러한 '사고실험'은 그 후 수십 년 동안 과학 발전에 매우 긴요한 실험임이 입증된다.

사고실험이 중요한 것은 그것이 추상적이기 때문만이 아니다. 카르노가 대답하고자 했던 문제 중 하나는 증기기관의 효율에 한계가 있는가의 여부, 그리고 만일 한계가 있다면 그것이 무엇인가에 관한 것이었다. 이는 매우 중대한 실용적 이해관계가 걸려 있는 문제였다. 완벽한 기관, 또는 완벽에 가까운 '이상적' 기관이 얼마나 많은 양의 연료(그 당시엔 석탄)를 소모할 것인가가 그 답에 지대한 영향을 받기 때문이었다.

카르노는 실린더 안에서 피스톤을 작동시키는 완벽한 증기기관을 상상했다. 기관의 작동원리는 고온의 '열원(실제로는 증기기관의 불)'과 저온의 '열원' 사이의 온도 차이에서 힘을 끌어들이는 것이다. 저온의 열원은 가령 찬물이 들어 있는 수조나 심지어 대기일 수도 있다. 그가 상상했던 이상적 기관의 작용을 오늘날에는 카르노사이클Carnot cycle이라 한다. 그는 카르노사이클 과정

퀸즈 방직공장Queens Mill의 보일러에서 연료를 연소시키고 있다. 100년도 더 전에 세워진 이 공장은 증기기관으로 동력을 얻었다. 퀸즈 방직공장은 세계에서 가동 중인 유일한 증기기관 방직 공장이라 알려져 있다. 전성기 때 이곳의 보일러는 하루 6톤의 석탄을 소비했다.

을 4단계로 나누고 각각의 과정에서 일어나는 일을 기술했다. 첫째, 실린더 내의 기체는 고온의 열원의 일정한 온도에서 팽창해 피스톤을 밀어낸다(등온팽창isothermal expansion). 두 번째 단계에서 기체는 저온의 열원의 온도까지 차가워지지만 그동안에도, 다시 말해 열이 가해지지 않는 동안에도 계속해서 팽창한다(단열팽창adiabatic expansion). 세 번째 단계에서 기체는 저온에서 등온으로 압축된다. 압축에 의해 발생된 열은 기체에서 저온의 열원으로 흘러간다(등온압축 isothermal compression). 마지막 단계에서는 기체가 더욱 압축되면서 온도가 올라가 다시 고온의 열원 상태로 되돌아간다. 이 마지막 단계는 현재 '등엔트로피 압축isentropic compression(또는 단열압축)'이라 알려져 있다. 물론 이 용어는 훗날 만들어진 것이다. 마지막 단계에서 모든 것이 출발점으로 되돌아가면서 카르노사이클이 완성된다. 하지만 이 체계가 가능하려면 불이 열원의 고온을 일정하게 유지하기 위해 에너지를 제공해야만 한다. 그 결과 실린더는 열을 고온의 열원에서 저온의 열원으로 이동시킨다.

카르노는 이 과정의 각 단계에서 이뤄지는 일의 양을 계산함으로써, 일정하게 유지되는 두 열원 사이에서 이상적으로 작동하는 모든 가역 열기관reversible heat engine은 열효율이 같다는 것(즉 이러한 기관은 동량의 연료로 동량의 일을 한다는 것이다), 그리고 이러한 카르노사이클의 작동방식이 두 열원의 온도차를 이용하는 가장 효율적인 방법이라는 것을 입증해냈다. 물론 현실의 증기기관은 그 정도로 효율적일 수 없다. 작동 과정에서 열을 잃고 마찰에도 영향을 받기 때문이다. 그러나 카르노는 사고실험을 통해 공학자들이 현실의 장애를 극복하는 능력이 아무리 뛰어나다 해도, 열원으로 얻을 수 있는 일에는 명확한 한계가 존재한다는 것, 그리고 동력기관을 작동시키기 위해 연료를 무엇으로 바꾸든 이 한계는 극복되지 않는다는 것을 입증해보였다. 증기기관보다 효율이 좋은 기관을 만든다 해도 그 기관은 카르노사이클로 가동되는 이상적 기계보다 더 효율적일 수 없다. 카르노는 손에 물 한 방울 묻히지 않고 순전히 사유를 통해서만 이 모든 것을 알아낸 것이다.

카르노가 계산해낸 바의 가장 중요한 특징은, 고온인 열원의 온도를 올릴 수 있다면 열기관의 효율성을 증가시킬 수 있다는 것을 알아냈다는 점이다. 수십 년 후 루돌프 디젤Rudolf Diesel은 이를 자신의 엔진 설계에 이용했다. 훗날 이 엔진은 그의 이름을 따라 디젤기관이라 불리게 된다. 디젤기관은 '열원'을 증기기관의 고온 열원보다 훨씬 높은 온도가 되도록 개량한 것이다.

카르노사이클은 압력, 부피와 온도, 엔트로피가 기관 작동 과정에서 어떻게 변화하는지를 보여준다.

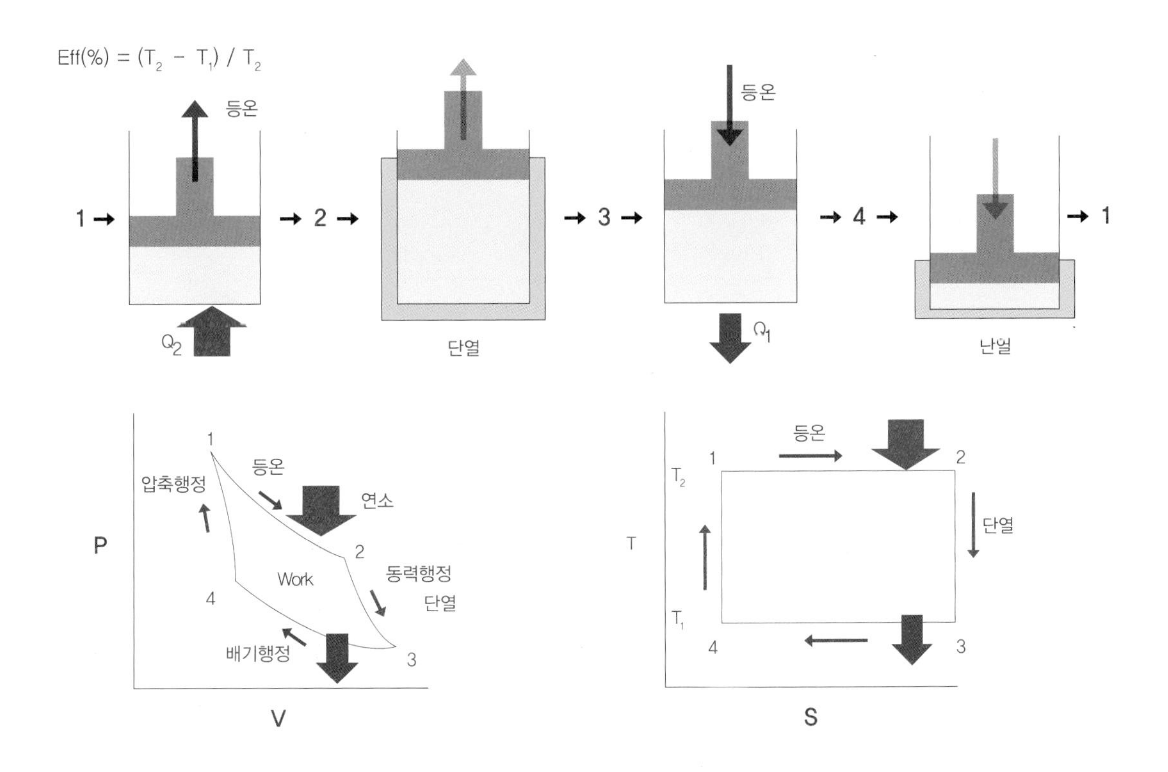

카르노는 1824년 자신의 발견을 〈불의 동력에 대한 고찰Réflexions sur la Puissance Motrice du Feu〉이라는 논문으로 발표했다. 여기서 그는 "열의 동력은 동력원으로 사용되는 물질과 무관하며, 열의 동력 양은 오직 열을 전달하는 물체의 온도에 의해서만 결정된다"라고 썼다. 이것이 바로 과학에서 가장 중요한 법칙 중 하나인 열역학 제2법칙의 전신이었다. 사물이 닳아 없어진다는 사실을 수량화하고, 우리가 시간의 화살을 측정할 수 있도록 해준 두 번째 법칙인 것이다. 그러나 카르노의 연구가 지닌 중요성은 당시에는 크게 평가받지 못했다. 카르노는 젊어서 사망했고(1832년에 콜레라로 사망), 결국 이 이론을 재발견해 열역학 연구와 엔트로피(우주의 무질서도) 개념을 정식화하는 일은 루돌프 클라우지우스Rudolf Clausius와 윌리엄 톰슨William Thomson에게 남겨졌다. 그 다음 단계를 밟은 것은 율리우스 마이어Julius Mayer, 그리고 단독으로 연구를 수행했던 제임스 줄이었다(실험 37을 보라).

032 입자들이 추는 춤, 랜덤워크

· 브라운 운동

실험과 관찰을 오가면서 원자의 존재를 입증한 여러 연구를 통해 실험과 관찰이 통합됐다. 원자에 대한 핵심적 실험이 이뤄진 시기는 1827년이었고 관찰은 로마 시대까지 거슬러 올라가지만, 원자의 행태에 대한 이론은 20세기에 와서야 정립됐다.

누구나 작은 먼지입자들이 햇빛 속에서 춤추는 것을 본 적이 있을 것이다. 입자들의 운동은 대개 공기의 대류 작용과 그 밖에 다른 기류에 좌우된다. 그러나 고대 로마의 루크레티우스Lucretius는 그 외에 다른 작용이 있다는 것을 발견했다. 기원전 60년 경 그는《만물의 본성에 대하여De Rerum Natura》라는 책에 다음과 같이 남겼다.

"한 가닥의 일광이 건물 안으로 들어가 어두운 공간을 밝힐 때 벌어지는 일을 잘 관찰해보라. 수많은 미세 입자들이 수만 가지 방식으로 섞이는 모습을 보게 될 것이다… 이 입자들이 춤추는 모습을 보다보면 눈에 보이지 않게 감춰진 물질의 근원적 움직임이 실제로 존재한다는 것을 알 수 있다… 이러한 움직임은 저절로 움직이는 원자들에게서 유래한다. 그 다음에는 원자들이 제공하는 힘과 가장 가까이 있는 작은 집합체들이 눈에 보이지 않는 타격을 받아 움직이고, 그러면서 좀 더 큰 집합체들과 부딪친다. 이런 식으로 움직임은 원자에서 출발해 점차 눈에 보이는 단계에 이르며, 결국 보이지 않는 타격으로 움직이는 집합체의 운동이 햇빛을 받아 드러나게 된다."[13]

루크레티우스의 생각에 크게 주목한 사람은 아무도 없었고, 1785년 네덜란드의 화학자 얀 잉엔하우스는 석탄 가루 입자들이 알코올 표면 위에서 '춤추는' 것을 보고 놀랐지만, 자신이 관찰한 바를 더 이상 추적하지는 않았다. 결국 브라운 운동Brownian motion이라 명명된 이 운동에 대한 중요한 실험은 영국의 식물학자 로버트 브라운Robert Brown의 몫으로 남겨졌다.

1827년 브라운은 현미경으로 꽃가루를 연구하고 있었다. 그는 꽃가루에서 튀어나온 미세한 입자들(세포소기관organelles)이 물속에 떠다니는 모습을 보다가 이들이 갈지자 형태로 불규칙하게 움직인다는 데 주목했다. 처음 그는 입자들이 살아있어 물속에서 헤엄치고 있는 것이라 생각했다. 그러나 세심한 과학자였던 브라운은 시멘트 같은 무기물에서 얻은 동일한 크기의 작은 입자들을 사용해 자신의 생각을 검증해봤고, 액체를 떠다니는 모든 작은 입자들(또는 공중에 떠다니는 연기 입자까지도)이 동일한 방식으로 움직인다는 것을 발견했다.

1860년대 이후 원자라는 개념이 과학자들 사이에서 힘을 얻게 되면서, 입자의 운동은 그것이 떠 있는 액체의 원자나 분자가 가하는 힘 때문이라는 가설이 생겨났다. 그러나 단일 원자가 이러한 운동을 가능하게 할 만큼 큰 타격을 주려면 해당 원자는 타격을 입는 입자들만큼은 커야 하고 그렇다면 현미경에 보여야 한다. 하지만 19세기 후반 프랑스의 루이 조르주 구이Louis-Georges Gouy와 영국의 윌리엄 램지William Ramsay는 각각 원자 운동 현상의 통계적 메커니즘을 제시했다.

공기 중에 분포하고 있는 가루입자들의 브라운 운동.

이들이 지적한 바에 따르면, 액체 속의 입자가 작은 원자나 분자에 의해 사방에서 타격을 받고 있다면 그 입자가 여기저기서 받는 힘이 평균적으로 동일하다 하더라도 순전히 우연적으로 더 많은 원자가 그 입자의 어떤 쪽을 다른 쪽보다 때리는 순간이 있을 것이고, 그렇게 맞은 입자는 한쪽으로 휙 밀려날 것이다.

마찬가지로 또 다른 통계적 변동statistical fluctuation 때문에 해당 입자는 또 다른 방향을 향해 임의적으로 움직일 것이다. 그러나 구이나 램지 중 누구도 이 효과가 어떻게 작동하는지 수학적으로 계산하지는 못했다. 숫자를 끌어들여 브라운 운동의 원리를 정확한 수학적 원리로 규명한 인물은 알베르트 아인슈타인이었다.

알베르트 아인슈타인(1879년~1955년).

1905년의 일이다(아인슈타인은 구이나 램지의 논문을 읽지 않고 혼자 힘으로 브라운 운동의 원리와 관련된 모든 문제를 해결했다). 그는 '랜덤워크'라 일컬어지는 이 갈지자 운동이 타격을 가할 때마다 무작위 방향으로 입자를 움직이게 하는 것은 맞지만, 시간이 흐를수록 그 입자가 출발점으로부터 움직이는 거리는 직선거리로 측정했을 때 첫 번째 타격 이후 흘러간 시간의 제곱근에 비례한다는 계산을 내놓았다. 아인슈타인은 꽃가루 입자들이 움직이는 평균 거리가 시간의 제곱근에 정비례한다는 성질도 밝혀냈다. 가령 입자가 1분에 움직인 거리의 2배를 움직이려면 4분이 소요되고, 4배를 움직이려면 16분이 소요된다는 것이다. 이러한 예측은 1908년 장 바티스트 페랭Jean Baptiste Perrin이 수행한 실험의 검증을 거쳐 옳은 것으로 입증됐다. 아인슈타인은 페랭에게 보내는 감사 편지에 이런 말을 남겼다.

"선생이 아니었다면 내가 브라운 운동을 이토록 정확히 밝히는 일은 불가능했을 겁니다. 브라운 운동 입장에서는 선생의 연구 주제가 된 게 정말 행운이지요."

1926년 페랭은 물질의 불연속 구조를 밝힌 공로로 노벨상을 수상했다.

20세기 말이 되면서, 브라운이 봤다고 주장한 것을 그가 실제로는 보지 못했을 것이라는 주장이 제기됐다. 당시 그가 사용하던 현미경의 성능이 그다지 좋지 않았을 것이라는 이유에서였다. 그러나 현미경 전문가인 브라이언 포드Brian J. Ford는 1820년대 브라운의 실험을 재현했다. 그는 브라운이 사용했던 현미경 중 하나를 사용해 브라운이 실제로 브라운 운동을 관찰했다는 것을 밝혀냈다.

033 전기의 자성을 알아내다

· 외르스테드와 앙페르

19세기 초반 수십 년 동안 화학과 물리학의 발전을 꾸준히 촉진시킨 주인공은 전기였다. 덴마크의 물리학자이자 화학자였던 한스 크리스티안 외르스테드Hans Christian Ørsted는 이미 전기와 자기에 관심이 지대했다. 1820년 4월 21일, 그는 전에 포착하지 못했던 현상을 보게 됐다. 그의 설명을 빌자면, 당시 외르스테드는 강의에서 다양한 자기 및 전기 현상을 설명하던 중이었다. 앞의 탁자에는 설명에 필요한 실험 장치를 펼쳐 놓은 상태였다. 도선을 전지에 연결하자 철사 가까이 있던 평범한 나침반 바늘의 방향이 바뀌는 모습이 보였다. 외르스테드는 전기와 자기가 연결돼 있다는 것을 발견한 것이다. 그러나 그는 자신이 발견한 바를 청중에게 알리지 않았다. 공개하기 전에 본격적인 실험이 필요하다고 생각했기 때문이다.

1820년 말 외르스테드는 전지에 연결한 도선 주변으로 나침반 자침을 이리저리 움직여봄으로써 도선의 전기가 주위에 원형의 자기장을 만들어낸다는 것을 밝혔다. 외르스테드는 자신이 발견한 현상을 보고 깜짝 놀랐다. 나침반 바늘은 도선 쪽이나 반대쪽을 가리키지 않고 철사와 수직 방향을 가리키는 것처럼 보였던 것이다. 바늘은 도선 위쪽에 있을 때는 도선과 직각을 이루는 방향을 가리켰고, 도선 아래쪽에 있을 때는 또 그 반대 방향을 가리켰다. 그뿐만 아니라 전지와 도선의 연결을 바꾸면 그 효과도 반대로 나타났다.

이 현상을 설명할 수 없었던 외르스테드는 자신이 발견한 바를 기술한 논문을 발표하면서 다른 과학자들에게 설명을 요청했다. 이 난제는 신속히 받아들여졌으며, 새로운 설명이 제공되면서 이론의 발전으로 이어졌다. 발전을 촉진시킨 것은 실험뿐만이 아니라 프랑스의 물리학자 앙드레 마리 앙페르André-Marie Ampère가 정립한 전자기 이론이었다. 앙페르의 이론은 완전하지는 않았지만 전자기 현상을 설명한 최초의 본격 이론이었다.

앙페르가 외르스테드의 발견에 대해 알게 된 것은 1820년 9월이었다. 당시 이 발견은 도미니크 프랑수아 아라고Dominique François Arago의 실험을 통해 파리에 소개됐다. 앙페르는 이 실험에 고무돼 직접 실험을 실행했다. 실험에서 그가 증명한 가장 중요한 점은 서로 나란한 2개의 도선에 전류가 흐를 경우, 전류가 서로 반대 방향으로 흐르면 서로 밀어내고 같은 방향으로 흐를 때는 서로 끌어당긴다는 사실이었다. 그는 이 힘의 세기가 도선에 흐르는 전류의 세기와 도선의 길이에 비례한다는 것, 그리고 그것이 역 제곱 법칙을 따른다는 것을 발견했다. 가령 다른 조건이 동일할 경우, 힘은 도선 사이의 거리가 2배로 멀어지면 4배만큼 줄어든다(원래 힘의 4분의 1로 줄어든다). 앙페르 자신이 즐겨 지적했던 바, 이 발견은 아이작 뉴턴이 중력의 역 제곱 법칙을 '발견'한 사건을 연상시킨다. 앙페르는 어떻게 전류의 세기를 알게 됐을까?

전류를 운반하는 도선이 주변에 자기장을 발생시키고 있다. 수직으로 길게 세운 도선 주위에서 자력선이 원을 형성하고 있다. 작은 자기 나침반들을 철사 주변에 배치함으로써 도선 주위에 흐르는 자력선의 방향을 볼 수 있다.

한스 크리스티안 외르스테드(1777년~1851년). 조수와 함께 전류가 자기 나침반 바늘에 미치는 영향을 알아보는 실험 결과를 지켜보고 있다.

그는 전류를 측정하는 기구를 발명했다. 이 기구는 자유롭게 움직이는 나침반 바늘 방향의 변화량으로 전류의 세기를 측정했다. 이것은 훗날 발전을 거듭해 검류계galvanometer가 된다. 루이지 갈바니를 기려서 붙은 이름이다. 물론 전류의 단위는 앙페르를 기리는 뜻으로 '암페어Ampere'라고 불리게 됐다.

전자기의 실용적 함의와 관련된 가장 중대한 발견 중 한 가지 또한 앙페르가 이룬 업적이다. 다른 과학자들도 앙페르와 별도로 동일한 내용을 발견하긴 했다. 나선형으로 감아 만든 도선(앙페르는 이것을 솔레노이드solenoid라 불렀다)을 통해 흐르는 전류는 막대자석이 발생시키는 자기장과 정확히 똑같은 자기장을 발생시킨다. 솔레노이드의 한쪽 끝이 N극, 다른 쪽 끝이 S극이 되는 것이다. 이것이 전자스위치electromagnetic switch의 기초다. 전자스위치는 전류가 흐를 때는 금속편을 도선쪽으로 끌어당기고, 전류가 차단되면 풀어주는 식으로 작동한다. 이것은 또한 '전동기electric motor'의 기초가 되기도 했다(실험 35를 보라).

앙페르는 자기와 전기 관련 기술을 더 완전히 통합하기 위해 '전기역학 분자electrodynamic molecule'라는 개념을 도입했다. 전기역학 분자란 도선을 따라 전류를 운반하는 역할을 수행했다. 이름은 다르지만 이것이 바로 '전자electron' 개념이었던 셈이다. 1827년 앙페르는 자신의 모든 생각과 실험 증거를 위대한 저서 《고유한 경험 추론을 통한 전기역학 현상에 대한 수학 이론Mémoire sur la Théorie Mathématique des Phénomènes Electrodynamiques Uniquement Déduite de l'Experience》에 집대성했다. 그가 전기역학electrodynamic이라는 용어를 도입한 것도 이 책에서다. 훗날 19세기에 이르면 스코틀랜드의 과학자 제임스 클러크 맥스웰James Clerk Maxwell이 전자기 수학 이론을 완성시키게 된다. 맥스웰은 1873년, "앙페르의 실험연구는 전류 간의 역학 작용을 확립하는 수단을 제공했다는 점에서 가장 눈부신 과학의 업적 중 하나다"라고 썼다.

034 시험관에서 유기화합물을 만들다

· 초자연주의의 퇴장

생물체에서는 화학적 작용을 일으키지만 무생물에서는 일으키지 않는 특별한 '생명력'이라는 생기론生氣論적 관념이 사라지기까지는 오랜 시간이 걸렸다. 그러나 그 여정에 필요한 중요한 발걸음을 내디딘 것은 1828년의 우연한 발견을 통해서였다. 독일의 화학자 프리드리히 뵐러Friedrich Wöhler가 일부 '유기'화합물을 시험관에서 만들 수 있다는 것을 발견한 것이다. 그 전에는 유기화합물이란 생명체에서만 만들어진다고 생각했다.

1773년 프랑스의 과학자 일레르 루엘Hilaire Rouelle은 인간을 비롯한 다양한 동물의 소변에서 훗날 요소尿素라는 이름이 붙은 물질의 결정을 분리해냈다. 요소는 벌써부터 생기론의 옹호자들이 수수께끼로 여겨왔던 물질이었다. 요소는 비교적 간단한 화합물(현대 화학식으로 표현하면 $H_2N\text{-}CO\text{-}NH_2$이다)로 밝혀져 있었기 때문에 만드는 데 굳이 생명력이 필요해 보이지 않았던 것이다. 그럼에도 불구하고 뵐러는 대부분의 동시대인들과 마찬가지로 확고부동한 생기론자였다. 염화암모늄과 시안산은을 반응시켜 시안산 암모늄ammonium cyanate을 만들려는 실험에 착수했을 때도 그 생각은 변하지 않았다. 그러나 놀랍게도 이 반응에서 산출된 결정들은 루엘이 발견했던 것과 같은 물질인 요소였다(사실 시안산 암모늄의 분자는 요소 분자와 같은 숫자의 원자를 포함하고 있으나 배열이 다르다).

뵐러는 베르셀리우스에게 자신이 "인간이나 개의 신장을 사용하지 않고도 요소를 만들 수 있었다"는 소식을 편지로 알렸다. 그러나 그는 자신의 발견이 못마땅해 "과학의 큰 비극은 추악한 사실로 아름다운 가설을 죽이는 것"이라는 말도 남겼다. 하지만 앞에서도 여러 번 강조했듯, 실험과 맞지 않는 가설은 틀린 것일 뿐이다.

그러나 생기론은 쉽게 폐기되지 않았다. 요소는 비교적 단순한 '유기'물질이므로 특별한 예외적인 사례일 수도 있다고 생각했던 것이다. 더 복잡한 구조의 다른 많은 화합물은 여전히 생명체가 아니면 만들 수 없었던 데다, 1840년대까지는 생명력이 필요하지 않다는 혁신적 관념에 대한 반감이 널리 퍼져 있었다. 그러나 1845년 또 다른 독일의 화학자 아돌프 콜베Adolf Kolbe는 이황화탄소carbon disulphide를 아세트산acetic acid으로 변화시킴으로써 무기물질로 유기물을 만들 수 있다는 이론을 정립하는 일에 착수했다. 이황화탄소 자체는 그것을 구성하는 물질로 쉽게 만들 수 있기 때문에, 이 물질을 합성하는 전 과정은 '전합성total synthesis'이라는 일련의 화학적 단계가 필요했다. 전합성이란 생물이 수반되는 과정을 관여시키지 않고 단순한 물질로 복잡한 유기화합물을 합성하는 과정을 가리킨다.

19세기 중반 전합성의 위대한 승자는 마셀린 베르틀로Marcelline Berthelot였다. 1855년 베르틀로는 에틸렌으로부터 에틸알코올을 합성해냈다. 과거에 에틸알코올을 만드는 방법은 설탕을 효모로 발효시키는 것이었다(생물체를 관여시키는 과정이다). 그러나 에틸렌은 무기물 분자다. 베르틀로는 정교한 전합성 과정을 통해 모든 무기물로 유기화합물을 만들 수 있다고 확신했다. 결국 그는 간단한 무기물에서 시작해 점점 더 복잡한 화합물을 단계적으로 만들어나감으로써 알려진 모든 유기물을 합성하는 야심찬 실험에 착수했다. 그는 단순한 유

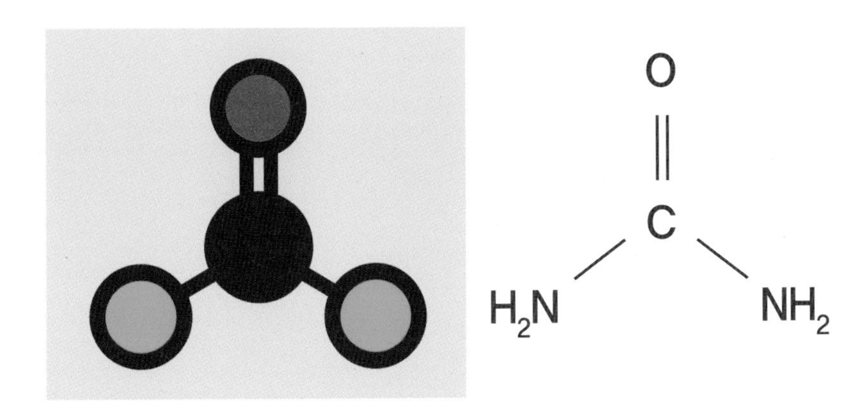

요소 분자.

프리드리히 뵐러(1800년~1882년).

기물인 탄화수소(메탄과 비슷한 물질)에서 출발해 알코올(OH기를 갖고 있다), 에스테르(더 복잡한 '알콕시alkoxy'기가 OH기를 대체한다), 유기산(훨씬 더 복잡한 기를 함유하고 있다) 등까지 합성할 계획을 세웠다. 그는 포름산(개미가 독으로 쏘는 화학물질)과 아세틸렌(험프리 데이비가 발명한 것과 같은 전기 불꽃을, 수소가 있는 공기 중에서 탄소 전극 사이에 통과시키는 방법으로 합성한다), 그리고 벤젠(유리관에서 아세틸렌을 가열한다)을 합성해냈다. 특히 중요한 성과는 각 분자에 고리 모양으로 연결된 6개의 탄소 원자가 함유된 벤젠을 합성해낸 것이다(실험 48을 보라). 벤젠은 (생명체의 사체인) 원유에서 자연적으로 발생하지만 베르틀로는 이 물질을 합성해냄으로써 방향족aromatics이라 알려진 고리 분자의 반응을 연구하는 새 화학 분과의 개척자가 됐다.

베르틀로는 뵐러와 달리 어떤 화학적 과정이건 기계적인 과정과 관련된 힘처럼 실험하고 측정할 수 있는 물리적 힘의 작용을 바탕으로 한다는 생각을 열렬히 지지했다. 전합성에 대한 그의 방대한 실험 프로젝트는 한 사람이 완성하기에는 무리였다. 하지만 그는 모든 생명체에서 발견되는 탄소, 수소, 산소, 질소의 4가지 원소(이를 합쳐서 CHON이라 부른다)로 유기물질을 만드는 것이 실제로 가능하다는 것을 보여주는 확실한 성과를 냈다. 1860년 유기물질의 합성에 대한 그의 결정적 저작인 《합성에 기초한 유기화학Chimie Organique Fondée sur la Synthèse》이 출간되면서 생기론의 종말을 알리는 종이 울려퍼지게 된다.

035 발전기에 모터를 달다

· 패러데이의 전동기

테크놀로지의 혁명을 추진한 것은 두 가지 중요한 발명이었다. 하나는 증기기관이었고(실험 16을 보라) 훨씬 더 중요한 또 하나는 발전기와 모터(전동기)의 결합이었다. 이 발전에 기여한 사람은 많았지만 중요한 실험을 수행했던 인물은 런던의 왕립연구소에서 일했던 마이클 패러데이였다.

전기에 대한 패러데이의 관심을 자극한 것은 외르스테드가 전류와 관련된 자기 효과를 발견했다는 소식이었다. 그는 전류를 전달하는 도선이 고정된 자석 주변에서 원으로 움직일 수밖에 없다는 것을 알게 됐고, 1821년 이 효과를 입증할 실험을 고안했다. 유리 용기에 수소를 넣고 그 속에 수직으로 자석을 고정시킨 다음, 통 위의 지지대에 도선을 매달고 그 끝 부분을 수은 속에 넣었다(자석은 고정시키고 도선은 움직이게 해뒀다는 뜻_옮긴이). 수은은 액체 도체이기 때문에 전류가 흐를 때 도선이 수은 속에서 이리저리 움직여도 전기 회로가 끊어지지 않도록 할 수 있었다. 수은을 통해 도선을 전지에 붙이자, 수은 속에 있던 노선의 끝이 실제로 자석 주변을 둥글게 회전하듯 움직였다. 패러데이가 예상했던 그대로였다. 약간 변형을 가한 또 다른 실험에서는 도선을 수직으로 고정시키되 자석은 자유롭게 회전하게 뒀더니 이번에는 전류가 흐를 때 자석이 도선 주변으로 회전했다. 이것이 전기를 기계 운동으로 변화시키는 전동기 개념의 출발점이었다.

그러나 패러데이는 다른 분야, 특히 주로 화학에 한눈을 팔았으며 1825년 왕립학회의 실험실 주임이 됐다. 그곳에서 패러데이는 과학에 대한 대중 강연을 기획했다. 이런 업무 때문에 그는 전기 연구를 할 틈이 거의 없었고, 결국 영국의 물리학자 마이클 패러데이(1791년~1867년)의 실험실 일부를 복원한 것. 지금은 런던의 왕립학회 박물관에 보존돼 있다. 실험실은 그가 작업했던 지하층에 있다.

1830년대 초가 돼서야 골몰하던 수수께끼로 돌아오게 된다. 그가 답을 구하던 문제는 "전류가 근처에서 자기력을 유도할 수 있다면 자기도 주변의 도선에서 전류를 유도할 수 있는가" 하는 문제였다.

그 무렵 자기 나침반의 바늘을 수평의 금속 원반 위쪽에 매달면 바늘의 방향이 바뀐다는 사실이 알려져 있긴 했지만 이 현상을 제대로 이해하는 사람은 없었다. 패러데이의 실험은 답을 제공했지만 그가 발견한 것은 그가 찾고 있던 것이 아니었다.

1831년, 패러데이는 솔레노이드를 변형시킨 도구를 만들어 실험에 쓰고 있었다. 약 2센티미터 두께의 철사를 원 모양으로 구부려 직경 15센티미터 되는 고리를 만든 다음, 고리의 양편에 종래의 솔레노이드를 만들 때처럼 도선용 철사를 나선형으로 각각 감았다. 감은 코일 중 하나는 전지에 연결하고 또 하나는 성능 좋은 검류계에 연결했다. 패러데이가 찾고 있던 것은 검류계의 방향 변화였다. 검류계를 보면 전류가 첫 번째 코일을 통해 흐를 때 두 번째 코일 속 전류의 흐름을 알 수 있을 것이었다. 그는 첫 번째 코일의 전류가 철제 고리의 자기를 유도하고 그 자기가 다시 두 번째 코일의 전류를 유도하리라 예상했다.

패러데이가 발견한 것은 첫 번째 코일에 전류가 일정하게 흐르고 있을 때는 검류계에 아무런 변화도 일어나지 않는다는 것이었다. 그러나 1831년 8월 29일, 놀랍게도 패러데이는 첫 번째 코일로 가는 전류가 켜지는 순간 바늘이 움직였다가 다시 0으로 돌아가는 것을 발견했다. 전류를 끄면 바늘은 다시 움직였다. 이 실험과 후속 실험들을 통해 패러데이는 고리 속에 자기장을 일정하게 산출하는 전류는 그 어떤 유도 전류도 만들어내지 않는다는 사실을 증명했다. 반면 첫 번째 선류가 바뀌는 경우, 다시 말해 고리의 자기장이 변하는 경우 전류 유도가 발생했다. 곧이어 그는 솔레노이드 안팎으로 평범한 막대자석을 움직이기만 해도 코일에 전류가 발생한다는 것을 발견했다. 움직이는 전기가 자기를 유도하듯, 움직이는 자기도 전기를 유도한 것이다.

회전하는 원판 실험에서는 원판이 나침반

1831년 8월 29일 작성된 마이클 패러데이의 노트의 일부. 전자기 유도 고리 그림과 메모를 작성한 것이다.

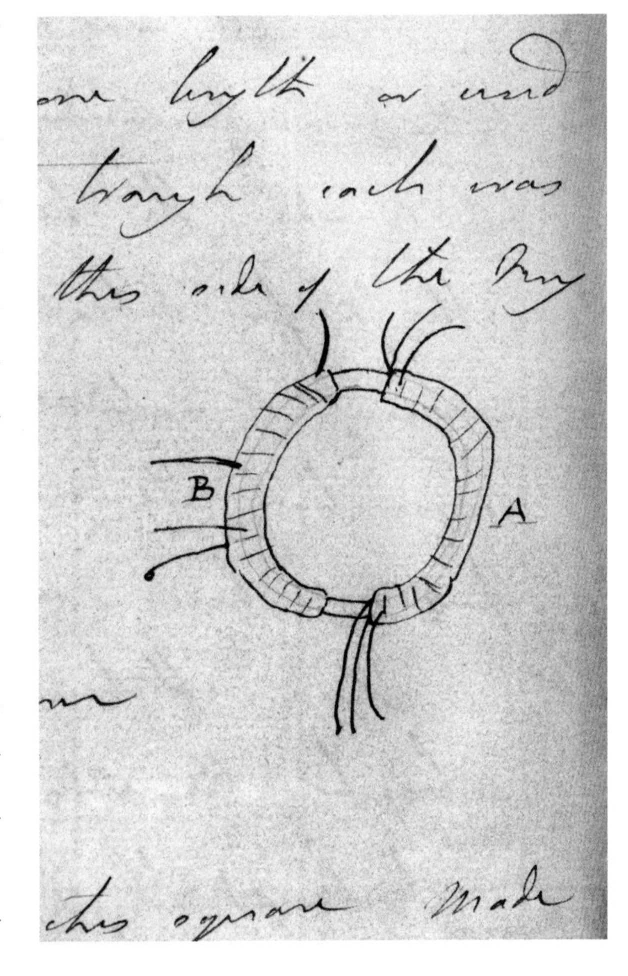

바늘의 자석과 연동해 움직이기 때문에 전류가 원판 속을 흐른다. 이 전류는 자기장을 유도하고 바늘에 영향을 미친다. 패러데이의 실험은 코일을 감은 도선 주변에서 자석을 회전시키는 기계를 통해서, 또는 도선이 자석 근처에서 움직이게 만드는 방법을 통해서(중요한 것은 상대적 움직임이지 자석과 도선의 위치는 아무래도 상관없다) 필요에 따라 전기를 발생시키는 방안을 개발하기 위한 관문을 열었다. 전기가 기계적 운동으로 바뀔 수 있는 것처럼 기계적 운동도 전기로 바뀔 수 있게 된 것이다. 한 곳에서 전기를 발생시킨 다음 도선을 통해 다른 곳으로 운반해 그곳의 전동기를 움직이도록 하는 일도 가능해졌다. 1881년 5월, 패러데이가 자신의 실험실에서 검류계의 바늘이 움직이는 것을 알아챈 지 불과 반세기 만에 세계 최초의 전차가 베를린 근처의 리히터펠데에서 시험 운행됐다.

036 얇은 얼음판에서 스케이트 타기

· 대륙이 움직인다고 주장한 다윈

찰스 다윈은 진화의 작동방식을 설명한 '자연선택설'로 널리 알려진 과학자다. 그러나 다윈은 진화에 관심을 기울이기 전부터 이미 지질학자였고, 그 유명한 비글호 항해 동안 남미에서 관찰했던 지질학 관련 지식을 알린 업적으로 과학계에서 명망을 얻고 있었다. 그가 관찰한 많은 것 중 가장 극적인 것은 중요한 지진을 겪은 체험이었고, 그는 이를 관찰함으로써 안데스 산맥과 다른 산맥의 기원에 대한 합당한 설명을 도출해냈다.

1835년 2월 20일, 지진을 겪던 당시 다윈은 칠레 해안에 있었다. 발디비아라는 도시 인근이었다. 그는 다음과 같이 썼다.

"(나는) 지진이 일어나던 당시 숲속에 누워 쉬고 있었다. 갑자기 들이닥친 진동은 2분 동안 계속됐다. 그러나 훨씬 더 긴 시간이 지난 것만 같았다. 땅의 흔들림이 생생히 느껴졌다… 그것은 어떤 움직임 같은 것… 스케이트를 타고 얇은 얼음판을 지치는 사람이 느끼는 움직임 같은 것이었다. 얇은 얼음이 몸무게에 눌려 구부러진다. 고약한 지진은 우리의 가장 오래된 생각을 여지없이 무너뜨렸다. 견고함의 상징이던 땅이 발아래서 액체 위에 덮인 얇은 껍질처럼 움직인 것이다."[14]

찰스 다윈(1809년~1882년).

비글호의 선장이었던 로버트 피츠로이Robert FitzRoy는 가능한 한 서둘러 배를 출항시켰고 해안을 따라 북쪽으로 뱃머리를 돌려 콘셉시온이라는 도시로 갔다. 지진을 당한 곳에 도움을 주기 위해서였다. 3월 4일 이들은 폐허가 된 도시에 도착했다.

다윈은 그 근방에서 해안가를 따라 암석층이 만조 높이 이상으로 융기된 모습, 홍합과 삿갓조개를 비롯해 죽어가는 갑각류의 잔해와 해초가 암석에 들러붙은 모습을 목격했다. 지진으로 땅이 융기된 것이 분명했다. 피츠로이는 이것이 일시적 현상이며 땅이 곧 제자리로 돌아가리라 생각했다. 그러나 다윈은 융기의 장기적 함의를 깨달았다. 그 전에 이미 선구적 지질학자인 찰스 라이엘Charles Lyell이 쓴《지질학의 원리Principles of Geology》를 읽었던 터였다.

이 위대한 저작에서 라이엘은 지구의 외관을 설명하기 위해 필요한 것은 성경에 묘사된 종류의 재앙이 아니라 점진적 변화의 축적, 다시 말해 우리가 현재 주변에서 보는 과정과 같은 변화 과정이 엄청나게 긴 시간 동안 축적된 결과물일 뿐이라는 주장을 펼쳤다. 그는 1780년대 스코틀랜드의 지질학자 제임스 허턴James Hutton의 저작에 영향을 받아 자신의 생각을 발전시켰다. 허턴에 따르면 지구의 기원은 시간이라는 자욱한 안개 속에서 행방불명이 됐고, 지질에 나타난 기록을 관측해봐도 그 어떤 시작의 흔적이나 종말의 가능성도 발견할 수 없었다. 허턴의 이러한 생각은 당시 정설로 인정받던 이론, 즉 지구의 나이가 6,000년 정도라는 견해에 위배되는 것이었다. 비교적 새로운 이 이론은 동일과정설uniformitarianism이라 알려진 가설로서 더 오래전에 확립된 '격변설catastrophist'과 대조를 이루는 이론이다. 격변설은 오늘날 지구상에서 보이는 그 어떤 변화와도 다른 갑작스럽고 극적인 변화 때문에 산맥과 해저와 지구 표면의 형태가 달라지는 결과가 초래됐다고 주장했던 이론이다. 라이엘은 동일과정설 편에 섰던 대표적 지질학자였다.

성경의 대홍수에 비하면 1835년 다윈이 경험했던 지진은 규모가 컸음에도 불구하고 점진적인 변화에 불과했다. 게다가 그런 지진은 칠레에서는 평범한 사건이었다. 만일 지진 한 번에 지각이 눈에 띄게 융기되는 일이 가능하다면, 라이엘이 말한 장구한 시간에 걸쳐 안데스 산맥이 바다에서 융기되는 것 역시 불가능하지 않다. 결정적 증거가 나타난 것은 다윈이 바다에서 융기한 암석 높은 곳에서 갑각류 층을 발견했을 때였다. 이것은 당시의 지진과 유사한 지진들이 과거에 실제로 발생해서 비슷한 융기를 일으켰다는 증거였다.

아르헨티나 파타고니아의 융기된 해변. 《비글 호 항해: 찰스 다윈의 연구일지Voyage of the Beagle: Charles Darwin's Journal of Researches》(1890년) 초판본 삽화.

다윈은 내륙 지대를 탐험하면서 산맥 높은 지점에서 화석이 된 조가비들을 발견했다. 이 모든 증거들을 통해 그는 오랜 시간에 걸쳐 미세한 변화가 축적되면서 작용하는 진화 과정에 필요한 시간관념을 얻을 수 있었다. 그는 "이 엄청난 융기가 연속적인 소규모의 융기에 의해 영향을 받았다는 것은 의심의 여지가 거의 없다… 이러한 변화는 지각 불가능할 만큼 느린 융기 과정에 의한 것이다"라는 결론을 내렸다. 그리고 다윈은 자연선택설을 발전시킬 무렵 라이엘에게 '시간이라는 선물', 즉 자연선택이 진화의 메커니즘으로 작용할 만큼 충분히 긴 시간이라는 개념을 마련해준 점에 대해 감사를 표했다.

"얇은 얼음판에서 스케이트를 타는 것"에 대한 비유가 제공한 것은 진화에 대한 통찰만이 아니었다. 이 비유를 통해 다윈은 외견상 단단해 보이는 지각 아래 무엇이 놓여 있는가에 관해 고민했고 놀라울 만큼 세련된 결론에 도달했다.

"개연성이 아주 높은 가설은, 지하에 용암 호수가 펼쳐져 있다는 것이다… 우리는 대륙을 느릿느릿 조금씩 융기시키는 힘과, 열린 구멍으로 꾸준히 화산물질을 분출해내는 힘이 동일하다는 확실한 결론에 도달하게 될 것이다. 많은 이유로 자신하건대, 이 해안선 지각의 빈번한 흔들림은, 땅이 융기될 때 반드시 발생하는 긴장으로 인한 지질 단층의 해체, 그리고 액화된 암석에 의한 단층의 유입으로 인한 것이다."[15]

037 체온에서 에너지 보존 법칙으로

· 제대로 인정받지 못했던 연구

물리학에서 가장 중요한 법칙 중 하나는 에너지 보존 법칙이다. 에너지는 만들어지거나 파괴되지 않고 단지 한 형태에서 다른 형태로 옮겨진다는 것(다시 말해 거저 얻을 수 있는 것은 없다는 것)이다. 일상에서 이 법칙이 나타나는 사례에는 자동차의 제동 현상이 있다. 자동차가 움직일 때의 에너지(운동 에너지)가 제동장치의 마찰에 의해 열에너지로 변형된다. 이 에너지는 제동장치가 식으면서 천천히 밖으로 흩어져 나가지만 절대로 손실되지는 않는다. 에너지 보존의 의의를 인식한 최초의 인물은 독일의 의사 율리우스 로베르트 폰 마이어Julius Robert von Mayer였다. 그는 1840년대 초 동인도 제도를 향해하던 네덜란드 선박에서 일하는 의사였다.

율리우스 로베르트 폰 마이어(1814년~1878년).

마이어가 실행했던 '실험'이란 선원들의 정맥을 잘라 약간의 피를 내보내는 '방혈防血, bloodletting'이었다. 방혈은 당시 다양한 질병을 치료하는 방안으로 흔히 쓰였지만 열대 지방에서도 늘 이뤄지던 관행이었다. 의사들은 약간의 방혈이 더위를 견디는 데 도움이 된다고 생각했다. 방혈을 할 때는 동맥이 아니라 정맥을 건드리는 것이 중요했다. 동맥혈은 정맥혈보다 압력이 높아, 동맥의 출혈을 통제하기가 더 어렵기 때문이다. 동맥혈은 폐에서 산소를 공급받기 때문에 붉은색을 띠는 반면 정맥혈은 폐로 돌아가는 중이기 때문에 짙은 보라색을 띤다. 물론 정맥혈도 공기 중의 산소에 노출되면 급속도로 붉어진다. 마이어는 자바에서 한 선원의 정맥을 절개하다가 정맥혈이 동맥혈만큼 선명하게 붉은 것을 보고 깜짝 놀랐다. 처음에 마이어는 자신이 실수로 동맥을 건드린 것이라고 생각했다. 하지만 나머지 선원들을 검사하면서 세심하게 동맥을 피해 정맥만 절개를 했어도 결과는 마찬가지였다.

이 일화는 탐구를 포기하지 않는 과학적인 태도가 과학에서 얼마나 중요한지 잘 보여준다. 마이어가 그곳에 가기 전에 그곳에서 일하던 수십 명의 의사들도 열대 지방에서 정맥혈이 선명한 붉은색을 띤다는 것을 분명히 알아차렸을 것이다. 그러나 이 현상을 연구할 만한 가치가 있다고 판단하고 실험을 통해 원리를 알아낸 인물은 마이어가 최초였다.

마이어는 라부아지에의 연구에 관해 알고 있었다(실험 29를 보라). 라부아지에는 실험을 통해 온혈동물이 온혈 상태를 유지하는 것은 대기 중의 산소가 이들이 섭취하는 음식 성분과 결합하는 느린 연소 때문이라는 이론을 정립해놓았다. 이것은 불이 열을 유지하는 것이 대기 중의 산소가 나무나 석탄과 결합하기 때문인 것과 같은 이치다. 그는 열대 지방에서 정맥혈이 붉은 이유가 산소가 덜 소모됐기 때문이라고 추론했다. 옳은 추론이었다. 외부 세계가 더울 때는 몸이 체온 유지를 위해 많은 연료를 '태울' 필요가 없기 때문이다. 그리고 그는 이것이 태양열, 근筋 에너지muscle energy, 연소하는 석탄 또는 다른 모든 형태의 에너지가 상호 교환 가능하다는 것을 깨달음으로써, 인식의 엄청난 도약을 이뤘다. 열 또는 에너지는 절대로 새로 생겨나지 않으며 단지 하나의 형태에서 다른 형태로 바뀔 뿐이라는 것을 알아낸 것이다.

물을 휘저어 근 에너지를 운동 에너지로, 이를 다시 열로 변환시키는 방법을 보여주는 장치.

유럽으로 돌아온 마이어는 자신의 생각을 과학 논문으로 발표해 주목을 끌려 했다. 그러나 불행히도 물리학 교육을 전혀 받지 못한 그의 논문은 이해하기가 어려웠고 오류도 없지 않았다. 처음에는 어떤 글이건 출간에 큰 어려움을 겪었다. 물리학을 공부해서 열이 팽창하는 기체에 미치는 영향에 대한 연구를 발표하긴 했지만 당시 그의 연구에 주목하는 사람은 거의 없었다. 일련의 실험을 통해 일과 열의 관계를 발견하는 연구는 영국의 물리학자 제임스 줄의 몫으로 남겨졌다.

줄의 실험 중 가장 유명한 것은 끈과 도르래에 연결된 추를 절연 처리된 물통 속에 넣은 바퀴로 떨어뜨리는 것이다. 바퀴에는 홈을 파놓았다. 중력에 의해 떨어지는 추는 중력의 에너지를 바퀴의 회전 에너지로 바꾸고, 회전 에너지는 다시 물의 온도를 높인다. 마이어처럼 독일인이었던 헤르만 폰 헬름홀츠Herman von Helmholtz는 줄의 연구를 통해 에너지 보존 관련 가설들에 대해 알게 됐고, 1847년 에너지 보존 법칙에 대한 확정적 이론을 발표했다. 에너지 보존이라는 개념이 널리 주목을 받게 된 것이 바로 이때였고, 헬름홀츠가 이 개념의 단초를 알게 된 것은 줄의 저작을 통해서였지만 결국 마이어 또한 자기 몫의 공적을 인정받게 됐다.

에너지 보존 법칙이 얼마나 중요한가는 오늘날 이 법칙을 '열역학 제1법칙'이라 부르는 것을 보면 알 수 있다. 에너지 보존 법칙은 고립계의 총 에너지가 변하지 않는다는 것을 의미하지만, 유념해야 할 중요한 사실은 우리가 살고 있는 지구가 열역학적 의미에서 볼 때 고립계가 아니라는 점이다. 지구는 태양으로부터 에너지를 받기 때문이다. 그러나 마이어는 19세기의 최고 물리학 지식의 한계 내에서 태양 자체도 몇 천 년 후면 에너지가 고갈되리라는 것을 지적한 인물 중 한 사람이었다. 태양 에너지 고갈의 수수께끼는 방사능의 발견으로 풀리게 된다(실험 58을 보라).

038 기차 위의 나팔수

· 도플러 효과

때로 실험은 '새로운 발견'으로 이어진다. 갈바니의 개구리 다리 경련 실험이 그러한 경우다(실험 20을 보라). 때로는 새로운 생각이나 가설이 실험을 통해 입증돼 이론의 지위로 격상되기도 한다. 과학 지식의 진보로 두 과정 사이에는 대체로 시너지 효과가 일어난다. 천문학자들이 사용하는 두 가지 가장 중요한 개념 중 하나에 바로 이런 시너지 효과가 발생했다. 오늘날 '도플러 효과Doppler effect'라고 알려진 개념이다.

크리스티안 도플러Christian Doppler는 1840년대 체코공과대학교의 전신인 프라하과학기술학교에서 연구하고 있었기 때문에 빛의 파동성 이론을 정립한 토머스 영과 오귀스탱 프레넬의 연구에 관해 비교적 잘 알고 있었다(실험 27을 보라). 도플러는 광원이 관찰자 쪽으로 움직이는 경우 더 짧은 파장 쪽으로(스펙트럼의 청색 끝을 향해) 파동이 찌부러지는 반면, 광원이 관찰자로부터 멀어지면 더 긴 파장 쪽으로(스펙트럼의 청색 끝을 향해) 파동이 늘어난다는 것을 알게 됐다. 그는 이것이 관측되는 별의 색에 영향을 미치리라 생각했고, 1842년 이 내용을 다룬 흥미로운 논문 〈우주의 쌍성과 다른 항성들의 색광에 관하여On the Coloured Light of the Binary Stars and some other Stars of the Heavens〉를 발표했다. 그는 다음과 같이 썼다.

"관찰자의 관점에서 볼 때, 두 파동 사이의 거리와 시간이 관찰자가 파동에서 가까워질수록 더 짧아지고 멀어질수록 더 길어진다는 것은 쉽게 이해할 수 있다."

그의 생각은 옳았지만 이것이 별의 색깔에 영향을 미친다는 생각은 잘못된 것으로 판명됐다. 별들은 움직임으로 색깔에 영향을 미칠 만큼 빨리 움직이지 않는다. 물론 100여 년 뒤 도플러 효과는 퀘이사quasars라 알려진, 훨씬 멀리 떨어진 천체들을 연구하는 데 중요한 역할을 한다고 밝혀진다. 도플러 효과는 공기를 통과하는 음파에도 적용된다. 도플러도 이 점을 알고 있었다. 음원이 청자를 향해 움직이면 음파는 파장이 짧아져 더 높은 소리가 나고, 음원이 청자에게서 멀어지면 파장이 길어져 더 낮고 깊은 소리가 난다. 이 효과는 오늘날 매우 익숙하다. 응급차량이 쌩 하니 지나갈 때 사이렌 소리가 낮아지는 것처럼 들리는 것은 바로 도플러 효과 때문이다(이것이 '다운 도플러down Doppler'다). 그러나 1840년대에 어떻게 이러한 생각을 검증할 수 있었을까?

1845년, 네덜란드의 기상학자 크리스토프 바위스 발롯Christoph Buys Ballot은 아주 간단하지만 뛰어난 실험을 고안해 도플러 효과를 측정했다. 당시에 구할 수 있던 가장 빠른 차량은 증기기관차였고, 그는 기관차가 네덜란드의 위트레흐트와 암스테르담 사이의 철로를 따라 달리는 동안 일군의 호른 연주자들로 하여금 지붕이 없는 차량 위에서 특정 음을 연주하고 그 소리를 또 한 집단의 음악가들이 지나가면서 듣도록 했다. 이들의 연주를 듣는 음악가들은 음의 높낮이를 정확히 알고 있었기 때문에 기관차가 옆을 지나칠 때 음표가 어떻게 변했는지 정확히 기술할 수 있었다. 이렇게 해서 실험은 도플러가 제시한 주요 가설을 입증했다. 바위스 발롯은 도플러 효과가 별의 색깔이 보이는 방식에 영향을 미치리라는 가설이 틀렸다는 것을 최초로 지적한 인물 중 한 사람이기도 했다.

그러나 다하지 못한 이야기가 더 있다. 1848년, 프랑스의 물리학자 이폴리트 피조Hippolyte Fizeau는 요제프 폰 프라운호퍼Joseph von Fraunhofer가 탐구했던, 빛 스펙트럼 내의 검은 띠들이 도플러 효과에 의해 변하리라는 것을 깨달았다. 당시 이 검은 띠의 기원은 알려져 있지 않았지만(실험 43을 보라) 검은 띠가 태양 빛의 스펙트럼 속 정확한 파장에서 발생한다는 것은 알려져 있었다. 만일 이 검은 띠들이 적색 쪽으로 이동하면(적색편이redshift), 그것들이 이동하는 양을 이용해 별이 측정자에게서 얼마나 빠르게 멀어지는지를 알아낼 수 있

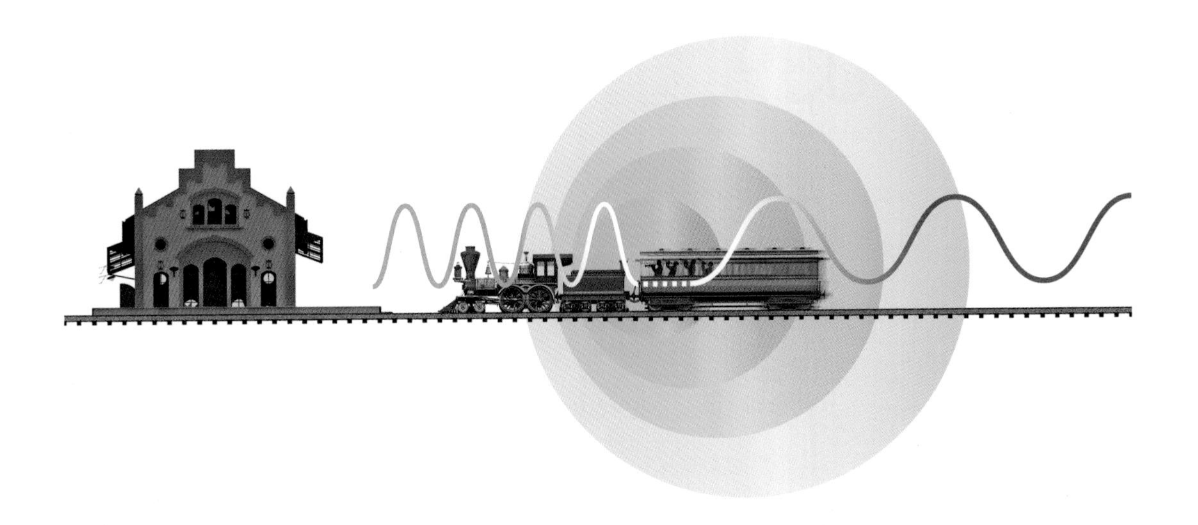

고, 이 띠들이 청색 쪽으로 이동하면(청색편이blueshift) 이를 이용해 별이 얼마나 빨리 측정자를 향해 다가오는지 알아낼 수 있다. 이 측정을 실행한 것은 1868년 영국의 천문학자 윌리엄 히긴스William Higgins였다. 당시 그는 지구와 여러 별들의 상대 속도를 최초로 측정했다. 하나의 별이 다른 별을 공전하는 '쌍성계binary system'의 경우 도플러 효과로 인해 검은 띠들이 앞뒤로 이동하기 때문에 이를 이용해 별의 이동 속도를 측정할 수 있다. 다른 관측들과 결합할 경우 쌍성계 항성들의 질량을 측정할 수도 있다. 물론 이것은 기관차에 탄 나팔수들의 나팔 소리에 귀를 기울이는 것과는 많이 다르다.

도플러 효과가 작동하는 모습. 기차를 타고 있는 나팔수들에게서 나오는 음파는 기차 앞쪽에서는 압축돼 음을 더 높이고, 기차 뒤에서는 확장돼 음을 낮춘다.

그러나 우주의 적색편이라는 유명한 현상이 도플러 효과와 좀 다르다는 점만큼은 지적해둬야 할 것 같다. 대중을 대상으로 한 많은 텍스트는 (심지어 일부 교과서조차) 여전히 틀린 설명을 제공하고 있는 실정이다. 우주의 적색편이를 보고 별들의 거리를 측정하는 것은 도플러 효과를 이용한 방식이긴 하다. 먼 천체에서 오는 빛 스펙트럼 내의 특징들이 스펙트럼의 적색 끝 쪽(파장이 더 긴 쪽)으로 이동한 것을 보고 별의 거리를 측정한다는 뜻이다. 하지만 적색편이는 천체들(먼 은하들과 퀘이사들)이 우주 속에서 움직이기 때문이 아니라 우주 자체가 팽창하면서 광파도 같이 확장되기 때문에 나타난다는 점에서 일반적인 도플러 효과와 다르다.

039 빙하기가 있었다는 증거

· 대홍수를 믿었던 아가시의 실험

철사 고리로 유도 전류를 만들려 했던 패러데이의 시도처럼 예기치 못한 결과를 산출하는 실험도 있지만 그러한 실험 덕분에 혁신적이고 영향력 큰 통찰이 탄생하기도 한다. 실험자가 예상한 결과를 정확히 제시함으로써, 새로운 이론의 타당성을 의심하는 이들을 납득시킬 강력한 증거를 제공하는 실험도 있다. 바로 1830년대 스위스의 지질학자 루이 아가시Louis Agassiz가 실행했던 실험이 바로 그런 종류에 속한다. 아가시는 지구가 한때 얼음으로 덮여 있었다는 자신의 가설을 실험으로 입증해냈다.

1830년대 당시, 유럽의 다양한 지역에서 발견되는 암석이 모암母岩층과 멀리 떨어진 곳에 위치해 있는 문제를 놓고 이 표석漂石, erratic의 기원에 대한 논쟁이 벌어지고 있었다. 종래의 설명은 이 표석들이 성경에 나오는 대홍수에 의해 지금의 위치까지 운반됐다는 것이었다. 그러나 소수의 과학자들은 표석을 현재의 위치까지 운반한 것이 거대한 빙하의 형성기 동안 북쪽에서 퍼져나가면서 산에서 내려온 얼음덩어리ice sheet라는 견해를 갖고 있었다. 아가시는 대홍수 이야기가 진실이라는 굳은 확신에서 출발했고, 1836년 빙하 관련 가설이 거짓임을 입증할 증거를 찾을 생각으로 산맥을 답사했다. 그러나 그는 곧 이 표석의 분포, 빙하의 작용으로 반들반들해진 암석 표면, 빙하에 의해 끌려온 암석들이 다른 암석을 긁어 놓은 자국, 그 밖의 다른 증거들이 빙하설을 뒷받침한다고 확신하기에 이르렀다. 그는 빙하설을 발전시켰고 1837년 빙하

루이 아가시(1807년~1873년).

기Ice Age라는 용어를 만들었다(독일어로는 Eizeit). 같은 해 아가시는 스위스자연과학회Swiss Society of Natural Sciences 회장의 자격으로 연설했을 때 이 용어를 도입했다. 회장 연설을 빙하설의 증거를 제시하는 장으로 삼았던 것이다. 연설에서 아가시는 동료들에게 다음과 같은 과제를 던졌다.

"방금 기술한 상이한 사실 사이의 밀접한 연관성을 고려해볼 때, 반들반들한 암석 표면, 조약돌들이 포개져 있는 모습과 둥근 모양, 반들반들해진 표면 바로 위에 있는 모래, 표면에 있는 거대 암석들의 각진 형태 등 서로 모순된 현상들을 한꺼번에 설명하지 못하는 이론이라면 무엇이건 쥐라 산맥의 표석에 대한 설명으로 인정할 수 없다는 점은 명백합니다. 분명히 이러한 이의 제기는 제가 알고 있는 암석들의 이동에 대한 (다른) 모든 가설들에도 마찬가지로 적용됩니다."[16]

그러나 스위스자연과학회의 동료들은 아가시의 생각을 비웃었다. 결국 그는 암석을 옮기는 얼음의 힘을 검증하는 실험을 고안해냈다.

실험은 놀라울 만큼 간단했다. 아가시는 관측소로 쓸 소박한 임시 가옥을 스위스 산맥의 아르Aar 빙하의 노두露頭(암석이나 지층이 흙이나 식물 등으로 덮여 있지 않고 지표에 직접 드러나 있는 곳_옮긴이) 위에 세웠다(실제로는 작은 오두막에 불과했다). 그는 인근의 얼음 속에 말뚝을 박은 다음, 비탈 아래로 흐르는 빙하가 얼마나 멀리 말뚝을 옮겼는지 측정했고, 여름마다 그곳으로 돌아와 더 많은 말뚝을 박아 넣었다. 그 후 3년 동안 아가시는 얼음의 이동이 자신의 예상보다 훨씬 더 빠르다는 것을 발견했고, 커다란 암석들이 얼음을 따라 옮겨지고 있음을 관찰했다.

그의 추론에 따르면, 비교적 가까운 과거에 스위스는 알프스 고지대에 있던 소수의 빙하로 덮여 있던 땅이 아니라, 거대한 하나의 빙상으로 덮여 있었고 이 빙상이 알프스 산맥 고지로부터 퍼져나가 스위스 북서부 전체를 뒤덮게 된 것이었다. 이동하던 빙상은 필시 쥐라 산맥에 의해 막혀 산맥 뒤쪽에 쌓여 산맥만한 높이에 도달했을 것이다. 그리고 이와 동일한 종류의 현상이 유럽 전역과 그 너머 지역에서도 일어났을 것이다. 이것이 바로 '대빙하기'다.

스위스에 있는 아르 빙하의 움직임을 연구하기 위해 루이 아가시가 지은 관측소(오두막).

1840년, 아가시는 빙하기의 증거들을 상세히 설명하고 빙하기에 관해 상술하는 책을 발간했다. 《빙하 연구Études sur les glaciers》라는 제목의 책은 일대 파란을 일으켰다. 다름 아니라 아가시의 다소 과장된 극적 표현 때문이었다.

"지구는 시베리아 매머드를 묻어버린 거대한 대륙 빙하로 뒤덮여 있었고, 이 빙하는 표석이 보여주는 바대로 남쪽까지 내려갔다. 거대한 얼음덩어리는 알프스 산맥이 융기하기 전 유럽 지각의 불규칙한 틈새들, 발트 해와 북부 독일과 스위스의 모든 호수를 채웠을 뿐 아니라 지중해와 대서양의 해안선 너머까지 뻗어갔고 심지어 북아메리카와 북아시아까지 완전히 뒤덮었다. 알프스 산맥이 융기하면서 빙상은 다른 암석과 마찬가지로 위쪽으로 밀려 올라갔고, 남은 잔여물들이 융기로 발생한 틈새로부터 풀려나와 땅으로 떨어져 (아무런 마찰도 겪지 않아) 모서리도 깎이지 않은 채 빙상의 비탈을 따라 이동했다."[17]

1840년 아가시는 영국도 방문했다. 그는 거기서 당시 지질학계를 주름잡던 지질학자들을 만나 스코틀랜드로 답사를 떠났다. 이들에게 빙하기 이론을 뒷받침하는 증거를 직접 보여주기 위해서였다. 최고참 지질학자 두 사람인 윌리엄 버클랜드William Buckland와 찰스 라이엘Charles Lyell은 빙하론을 확신하게 됐고, 아가시와 지질학자들은 그해 말 런던지질학회에서 열리는 두 차례의 회의에서 빙하기 이론에 대한 논문들을 발표하기로 했다. 1840년 11월 18일과 12월 2일은 발표가 이뤄진 날이다. 이 발표 덕에 이날은 빙하기 이론이 학계에서 수용된 시기로 자리매김되고 있다. 하지만 과거의 지구가 빙하기를 겪은 원인에 관한 설명은 아직 없었다(실험 93을 보라).

040 기후변화를 설명하다

· 적외선 흡수력을 측정한 틴들

1850년대 말, 아일랜드의 물리학자 존 틴들John Tyndall은 왕립연구소에서 연구에 몰두하고 있었다. 그곳에서 그가 일하던 시기는 마이클 패러데이가 노령에 접어들던 시기와 겹친다. 당시 틴들은 윌리엄 허셜이 발견했던 '복사열(적외선)'에 관심을 갖게 됐다(실험 24를 보라). 그 이전의 과학자들, 특히 프랑스의 물리학자 조지프 푸리에Joseph Fourier는 지구의 대기가 마치 담요처럼 작용해 열을 가둬 지구 표면을 덥게 유지하는 것이라고 추정했다. 틴들은 대기 속 여러 기체의 적외선 흡수 용량을 측정하는 실험을 통해 푸리에의 추론을 더욱 탄탄한 기반 위에 올려놓았다.

틴들의 실험에서는 연구할 기체가 긴 놋쇠 관에 들어 있었고 관의 양쪽 끝은 적외선을 흡수하지 않는 성질을 가진 투명한 수정으로 막아놓았다. 관의 한쪽 끝은 열원과 접촉시켜놓았다. 관의 기체를 통해 들어와 있던 적외선은 다른 쪽 끝에서 나와 열전퇴thermopile라는 민감한 감지기로 들어가고, 열전퇴는 온도차를 전기로 바꾼다. 열전퇴의 다른 쪽 끝부분은 또 다른 열원과 닿아 있었다. 이 열전퇴에 의해 생산된 전기량은 양쪽 끝 사이의 온도 차이에 달려 있었고, 검류계로 측정돼, 얼마나 많은(또는 적은) 적외선이 관 속 기체에 의해 흡수됐는지 보여줬다. 이 장치가 바로 '분광광도계ratiospectrophotometer'다. 분광광도계는 민감성이 커서 인간 몸의 온기만으로도 실험에 영향을 미치기 때문에, 이 기기의 바늘의 방향 변환을 관찰할 때도 멀리 떨어져 망원경으로 눈금을 읽어야 했다. 틴들이 왕립학회에 보냈던 편지에 기술해놓은 내용을 살펴보자.

존 틴들(1820년~1893년).

"내 조수는 분광광도계에서 몇 피트 가량 멀찌감치 떨어져 서 있었다. 내가

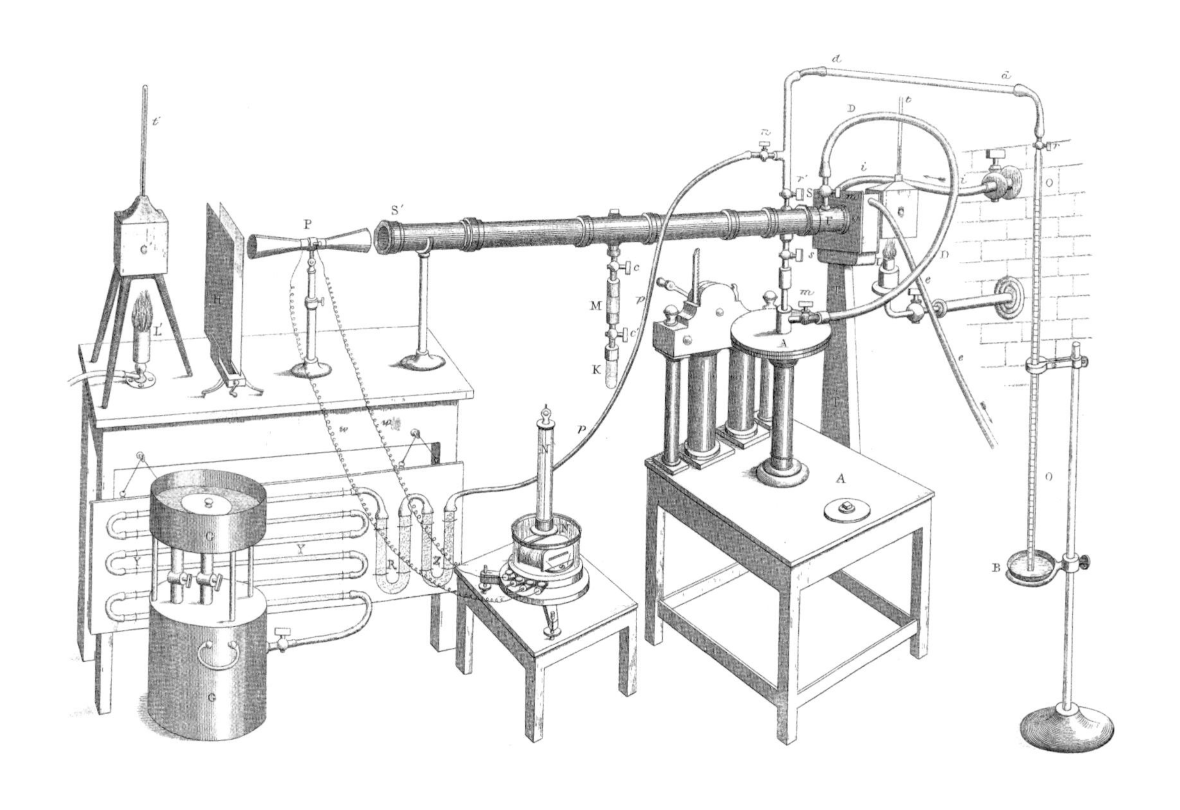

다양한 기체의 적외선 흡수력을 측정하기 위한 틴들의 실험 장치.

열전퇴를 조수 쪽으로 돌린다. 조수의 얼굴에서 나오는 열은 그렇게 먼 거리에서도 바늘을 90도나 돌아가게 한다. 나는 기기를 다시 먼 벽 쪽으로 돌린다. 벽은 방의 평균 온도보다 약간 낮은 것 같았다. 다시 바늘이 내려가 영을 지나 마이너스를 가리켰다. 기기의 열전퇴가 벽의 냉기를 느낀다는 것을 알 수 있다."[18]

틴들은 질소와 산소와 수증기와 이산화탄소(당시엔 탄산carbonic acid)와 오존과 메탄, 그리고 다른 탄화수소들의 적외선 흡수력을 측정했다. 그는 적외선을 가장 잘 흡수하는 기체가 수증기와 이산화탄소와 메탄 같은 탄화수소라는 것을 발견했다. 지구 대기의 주요 성분인 질소는 적외선을 크게 흡수하지 않는다. 우리가 마시는 산소도 마찬가지다. 하지만 산소 원자 세 개로 이뤄진 오존은 적외선을 많이 흡수한다. 틴들의 측정 결과는 1861년 베이커 강연(왕립학회 회원들을 대상으로 하는 강연_옮긴이)을 통해 왕립학회에 알려졌고, 훗날 그의 저서들과 다른 강연을 거치면서 더욱 가다듬어졌다.

틴들은 이러한 작업을 통해 빙하기의 발생에 대한 최초의 과학적 이론을 발전시켰다. 틴들의 이론에 따르면 수증기는 적외선을 가장 강력히 흡수하지만 대기 중의 수증기량은 이산화탄소량에 영향을 받는다. 이산화탄소가 더 많을 경우 더 많은 열이 갇혀 지구는 더 더워지고 따라서 더 많은 수증기가 바다에서 증발하게 돼 온난화가 강화된다. 그의 말을 빌리면 대기 중에 이러한 기체들이 존재하지 않을 경우 지구는 "철옹성 같은 혹한의 손아귀에 단단히 붙잡혀 있게" 될 것이다. 그의 생각에 이러한 이론은 루이 아가시가 기술했던 빙하기의 원인을 설명해줄 수 있었다(실험 39를 보라). 옛날에는 대기 중에 이산화탄소와 수증기가 더 적었기 때문에 지구의 온도는 훨씬 더 낮았다. 빙하기의 주기에 대한 오늘날의 지식은 이러한 추론에 일정 정도 기반을 둔 것이라고 봐야 한다(실험 93을 보라). 빙하기의 주기에서는 작은 온도 변화도 이러한 '되먹임feedback' 과정에 의해 증폭된다.

틴들은 그 밖에도 밤의 기온 하락, 그리고 열로 인해 형성된 이슬이나 서리가 복사에 의해 손실되는 현상에 대한 합당한 설명을 제시했고, 인간이 호흡을 통해 내뱉은 이산화탄소의 양을 측정하는 기법도 개발했다. 이 기법은 오늘날에도 마취된 환자를 모니터하는 용도로 병원에서 사용되고 있다.

철옹성 같은 혹한의 손아귀에 대한 틴들의 언급이 얼마나 과학적 합리성이 있는지 알려면 지구의 온도를 달의 온도와 비교해보면 금방 알 수 있다. 대기권이 없는 달이 표면 1제곱미터당 받는 태양빛과 열의 양은 지구 표면이 받는 양과 같다. 하지만 달의 평균 기온(달 전체의 밤과 낮 기온의 평균치)은 섭씨 영하 18도인 반면 지구의 평균 기온은 섭씨 15도다. 지구 내부에서 새어나오는 열이 약간 있긴 하지만 두 천체 간의 온도 차이가 33도에 달하는 것은 거의 전적으로 적외선을 가두는 대기의 온난화 효과, 오늘날의 '온실효과greenhouse effect'라 불리는 과정 때문이다.

041 세계에서 가장 큰 망원경

· 파슨스타운의 괴물

관측 천문학의 현대화는 1840년대 들어 시작됐다. 당시 제3대 로스 백작(윌리엄 파슨스William Parsons)은 세계에서 가장 큰 망원경을 제작해 은하수Milky Way 너머 현재 다른 은하라 알려진 천체들을 연구했다.

로스 백작은 1822년부터 1834년까지 국회의원으로 재직했지만 34세 때 정계를 은퇴했다. 천문학에 전념하기 위해서였다. 그는 아일랜드에 있는 버 캐슬

파슨스타운의 괴물. 1908년에 해체됐지만 1990년대 복제품이 만들어졌고 원래 부지에는 박물관이 건립돼 있다.

의 영지에 거대한 망원경을 제작할 자금을 댈 만큼 부유했다. 그 절정은 '파슨스타운의 괴물'이라 불리는 직경 72인치(6피트 또는 180센티미터)짜리 반사망원경이었다(이 망원경에는 윤을 낸 금속제 거울, 약 3분의 2의 구리와 3분의 1의 주석을 섞어 만든 '금속경speculum'이 부착돼 있었다). 거대한 원통형으로 생긴 망원경은, 15미터 높이의 돌탑 두 개를 7미터 간격으로 세운 다음 그 사이에 세워놓았다. 망원경 높이는 밧줄과 도르래 시스템으로 조절해가며 하늘을 바라볼 수 있게 해 놓긴 했지만, 하늘을 가로질러 망원경을 움직일 수는 없었기 때문에 지구가 자전하면서 망원경의 시야에 들어오는 부분만 관측할 수 있었다.

백작은 이 괴물을 만들기 위해 사용할 기술을 처음부터 아예 혼자 힘으로 개발해야 했다. 워낙 규모가 크고 설계가 독특했던 탓도 있었지만, 당시의 망원경 제작자들이 대부분 자신의 망원경 제작 기술을 업무상 기밀로 유지했던 탓도 있었다. 이들과 달리 로스 백작은 자신의 실험에 대해 개방적이었기 때문

제3대 로스 백작인 윌리엄 파슨스(1800년~1867년)가 그린 소용돌이 은하(M51 또는 NGC5194라고도 한다). 1850년에 발표됐다.

에 3톤짜리 거울을 만드는 데 사용된 금속에 대한 세부사항인 주물 작업, 금속을 가는 일 그리고 광택을 내는 일을 1844년 벨파스트자연사학회Belfast Natural History Society에 발표했다. 망원경을 제작한 지 2년 후의 일이었다. 이듬해인 1845년 마침내 망원경으로 관측을 시작했지만 백작은 아일랜드 기근으로 그 후 2년 동안 지주의 직무에 묶여 1847년이 돼서야 비로소 온전히 관측을 시작할 수 있었다.

로스 백작은 성운nebula(라틴어로 '구름'을 뜻한다)이라는 하늘의 흐릿한 빛 뭉텅이에 특히 관심이 있었다. 그는 36인치(90센티미터)짜리 반사경을 이용해 게 모양으로 생겼다고 생각해 게 성운Crab Nebula이라 스스로 이름 붙였던 성운을 비롯해 여러 개의 성운 그림을 그려뒀다(당시는 천체 사진술이 등장하기 전이었다). 72인치(180센티미터) 망원경 덕에 그는 성운 속을 더 자세히 볼 수 있었고, 특히 M51이라 알려진 성운 하나가 커피 컵에 휘저어 놓은 크림 무늬를 닮은 나선형 구조를 갖고 있다는 것을 최초로 발견했다. 이 성운은 소용돌이 성운Whirlpool Nebula(또는 소용돌이 은하)이라 불리게 됐다.

당시에는 이 성운의 성질을 놓고 두 가지 학설이 존재했다. 하나는 성운이 중력의 영향을 받아 붕괴하는 과정에서 새 별과 행성을 만들고 있는 기체 구름이라는 것이었다. 또 하나는 이 구름이 수많은 별무리로서, 지극히 멀리 떨어져 있어 개개의 별로 보이지 않고 희미하게 덩어리로 보일 뿐이라는 것이었다. 로스 백작은 두 번째 학설의 신봉자였던 반면 존 허셜John Herschel(윌리엄 허셜의 아들이자 천문학자, 실험 18을 보라)은 첫 번째 학설을 주도하는 학자였다. 두 학자 모두 옳았다는 것을 (파슨스 타운의 괴물보다 훨씬 더 크고 성능 좋은 망원경과 촬영 기술의 도움을 받아) 입증할 만큼 세세한 관측이 가능해진 것은 20세기였다. 일부 성운은 우리 은하수 내에 있으면서 별을 형성하는 기체 구름인 반면(게 성운 같은 일부 성운은 별이 폭발하고 남은 잔여물이다), 소용돌이 성운을 비롯한 다른 성운은 은하수와 유사한 거대한 별무리지만 은하수보다 훨씬 멀리 떨어져 있어 흐릿하게 보인다.

물론 파슨스타운의 괴물은 지구와 가까운 행성을 연구하는 데에도 사용됐다. 천문학자가 아닌 사람들도 이러한 연구에 깊은 인상을 받았다. 아일랜드의 국회의원이었던 토머스 리프로이Thomas Lefroy가 남긴 말을 보자.

"보통 망원경으로 보면 그저 조금 큰 별 정도에 불과한 목성이 이 괴물 같은 망원경을 통하면 육안으로 보는 달보다 두 배는 더 커 보인다… 하지만 그뿐만이 아니다. 이 괴물로 천체를 관측하도록 마련해놓은 조작 장치 마디마디에도 망원경 자체의 정교한 설계와 성능을 능가하는 천재성이 엿보인다. 무게가 16톤에 달하는 망원경의 조작 장치는 로스 경이 망원경을 한 손으로 가뿐히 움직이도록, 그리고 두 사람 정도면 어떤 높이로건 망원경을 쉽게 들어 올릴 수 있도록 돼 있었다."[19]

제3대 로스 백작은 1867년 사망했지만 그의 아들이자 제4대 백작 로렌스Lawrence는 1890년까지 이 망원경을 사용했다. 또 다른 아들 찰스Charles는 증기 터빈을 발명한 것으로 유명한 인물이다. 결국 괴물은 망가졌고 1908년 부분 해체됐지만 1990년대 알루미늄으로 만든 거울로 다시 복원돼(원래 쓰이던 거울은 런던과학박물관에 보존돼 있다) 지금은 관광명소 역할을 톡톡히 해내고 있다. 이 괴물보다 더 큰 100인치(2.5미터)짜리 거울이 달린 최초의 망원경인 후커 망원경Hooker telescope은 캘리포니아 윌슨 산에 설치돼 1918년이나 돼서야 가동을 시작했다. 로스 백작이 선구적 관측을 시작한 지 63년 후였다.

042 누가 최초로 마취제를 개발했나

· 환자의 고통을 줄이다

과학계의 업적이라고 해도 인정과 칭송을 늘 받는 것은 아니다. 특히 발견이 '완전하지 않고', 비슷비슷한 시기에 여러 과학자가 비슷한 발견을 할 때는 더욱 그러하다. 외과 수술에서 사용하는 최초의 마취제가 좋은 실례다. 마취제를 최초로 사용한 공은 대개 미국인 치과의사 윌리엄 모턴William Morton에게 돌아간다. 모턴은 1846년 10월 16일 보스턴에 있는 매사추세츠 병원에서 마취제를 사용했다. 그는 분명 이 기술을 통해 유명세를 톡톡히 치렀다. 하지만 그보다 앞서 마취제를 사용한 것은 1842년 조지아 잭슨 카운티의 농촌에서 개업의를 하던 온순한 치과의사 크로포드 롱Crawford Long이었다. 크로포드 롱은 와이어트 어프Wyatt Earp(미국 서부개척시대의 마지막 시기를 상징하는 전설적 총잡이_옮긴이)의 친구이자 총잡이로 유명한 존 헨리 '독' 홀리데이John Henry 'Doc' Holliday의 사촌이었다.(그는 원래 '의사'였다) 모턴과 달리 롱은 대조군 실험을 비롯해, 마취 기술에 대해 훨씬 더 치밀하고 과학적인 연구를 실행했다.

1840년대 무렵, 에테르ether 흡입이 극도의 희열감과 무의식 상태까지 유발한다는 사실은 널리 알려져 있었다. 당시 일부 사람들은 '에테르 유희ether frolics'라는 파티에서 '합법적인 도취상태legal high'라는 것을 느끼기 위해 에테르를 사용하고 있었다. 치과에서 이를 뽑을 때 통증을 줄이기 위해서도 에테르를 간헐적으로 쓰고 있었지만, 어떤 작용으로 통증이 완화되는지에 관한 체계적 연구는 전혀 없는 실정이었다. 이 모든 것을 바꿔놓은 인물이 롱이다. 1840년 3월 30일, 에테르를 사용한 첫 수술에서 롱의 환자는 에테르를 흠뻑 적신 모턴이 고안한 에테르 흡입기 모형. 1846년 매사추세츠 병원에서 쓰던 것과 유사하다. 유리통 안에 에테르를 적신 스펀지가 들어 있고 환자는 입에 대는 부분을 통해 증기를 흡입했다.

수건을 덮고 무의식 상태가 됐고 롱은 여러 의대생들 앞에서 환자의 목에 난 두 개의 종양을 제거했다. 환자는 아무것도 느끼지 못했고, 롱이 내미는 종양을 보고 나서야 자신이 정말 수술을 받았다는 사실을 받아들였다. 6월 6일 롱은 에테르를 이용한 두 번째 종양 제거 수술을 시행했다.

그 후 여러 해에 걸쳐 롱은 많은 수술을 집도했다. 에테르를 사용한 수술도 있었고 사용하지 않은 수술도 있었다. 에테르가 통증 완화의 핵심 요인이라는 것을 확인하기 위한 일종의 실험이었다. 그는 다음과 같은 글을 남겼다.

"나는 운이 좋았다. 에테르의 마취 효과를 흡족하게 검증할 수 있는 환자 둘을 만났기 때문이다. 나는 그 중 한 명인 메리 빈슨Mary Vinson의 종양 3개를 한 날한시에 제거했다. 두 번째 수술 동안에만 환자에게 에테르를 흡입시켰다. 통증은 효과적으로 예방됐다. 반면 다른 종양을 제거할 때는 에테르를 쓰지 않았다. 환자는 엄청난 통증을 감내해야 했다. 두 번째 환자는 흑인 남자아이였다(아이샘Isam). 나는 이 아이의 손가락 2개를 절단했다. 하나는 마취를 한 후, 다른 하나는 마취 없이 잘랐다. 아이는 마취를 했을 땐 아무것도 느끼지 못했지만 마취를 하지 않았을 땐 크게 아파했다."[20]

롱은 자신의 연구에 대해 개방적이었다. 지역민들이 그의 연구 소식을 알게 되고 일부 동료들은 그의 연구를 모방도 했지만, 롱은 1849년까지 자신의 연구를 정리해 출간하거나 연구한 내용을 널리 알리려 하지 않았다. 1846년에는 자신의 아내에게 에테르를 사용해 둘째 아기를 통증 없이 출산하도록 하기도 했다. 제임스 심슨James Simpson이라는 산부인과 의사가 영국에서 따로 산부인과 마취제를 개발하기 바로 전 해였다. 그러나 윌리엄 모턴은 1846년 에테르 마취를 대중 앞에서 실연했을 당시 이런 일이 벌어지고 있다는 것을 알지 못했다.

모턴은 치의대와 의대 둘 다 중도에 그만뒀지만 하버드대학교의 의대생이었던 시절에 화학 강의를 들으며 에테르의 마취 효과에 대해 배웠다. 당시에는 의사 자격이 없어도 치과의사 노릇을 하는 데 아무 지장도 없었기 때문에, 1846년 9월 30일 모턴은 에테르를 이용해 무통 발치를 성공적으로 시행했다. 매사추세츠 병원 외과 과장이었던 존 워런John Warren 덕에 모턴의 성공 소식이 신문에 보도되기에 이르렀다. 모턴은 워런의 초빙으로 한 환자(52세 인쇄업자였던 에드워드 길버트 애벗Edward Gilbert Abbott)를 마취하는 일을 맡았고, 그동안 워런은 환자의 종양을 제거하게 됐다. 1846년 10월 16일에 있었던 이 수술은 많은 학생과 외과의 앞에서 행해졌고 널리 알려지게 된다. 목격자의 증언에 따르면 수술 후 환자는 어떤 느낌이 들었느냐는 질문에 "목이 긁히는 정도의 느낌만 있었다"라고 대답했다. 수술 소식은 몇 주 이내에 유럽으로 퍼져나갔고, 유럽에서 로버트 리스턴Robert Liston이라는 영국인 외과의사는 12월 21일 런던의 유니버시티 칼리지 병원에서 에테르를 사용해 수술을 집도했다. 그는 "양키의 기술로 최면술이 한방에 날아갔다"라고 평했다.

이 사건을 통해 통증 완화 이외에 마취제가 지닌 두 번째 중요한 특징을 알 수 있다. 원래 리스턴은 2분 30초 만에 다리를 절단해낼 만큼 손이 빨라 '웨스트엔드 지역의 날아다니는 칼'로 통했다. 상상할 수 없을 만큼 극심한 수술의 고통에서 환자를 살아남게 하려면 꼭 필요한 기술이었다. 그러나 마취제 덕에 환자가 통증을 느끼지 않게 되자 외과의사들은 수술 시간에 여유가 생겨 실수를 줄이게 됐고, 목에서 종양을 떼어내거나 다리를 절단하는 것 이상의 복잡한 문제를 해결할 수 있도록 더욱 정교한 기술을 개발할 수 있게 됐다.

043 천체물리학의 탄생

· 불꽃에서 찾아낸 빛의 비밀

1802년 영국의 윌리엄 하이드 울러스턴William Hyde Wollaston은 유리 프리즘에 통과시킨 햇빛의 스펙트럼을 연구하던 중 스펙트럼에 나타난 검은 띠들이 색깔 무늬들을 갈라놓는다는 것을 알아차렸다. 그는 이 띠들이 단지 색깔 사이의 틈새라고 생각해서 더 이상 알아보지 않았다. 그러나 그가 자신의 발견을 알린 덕에 독일의 물리학자 요제프 폰 프라운호퍼가 이 현상에 관심을 갖게 됐다.

프라운호퍼는 1820년대 검은 띠 현상을 파고들면서 태양의 스펙트럼을 훨씬 더 면밀히 연구했다. 프라운호퍼는 스펙트럼을 가로지르는 검은 띠들이 몇 개의 띠에 불과한 것이 아니라 수많은 얇은 선들이라는 것을 발견했다. 결국 그는 분리된 검은 띠, 즉 흑선을 574개나 찾아냈다. 사실 오늘날에는 이보다 훨씬 더 많은 흑선이 존재하는 것으로 밝혀져 있고, 태양의 스펙트럼 속 모든 흑선들은 '프라운호퍼선Fraunhofer Lines'이라고 한다. 스펙트럼 중 어떤 부분에는 좁은 흑선들이 한데 뭉쳐 있어, 바코드선 같은 모양이 나타나기도 한다. 흑선은 왜 생기는 것일까?

이 질문에 대한 답은 결국 태양과 다른 별들의 성분이 무엇인가를 밝혀줄 것이었고, 이를 밝혀낸 연구의 주인공은 1850~1960년대 독일의 과학자 로베르트 분젠Robert Bunsen과 구스타프 키르히호프Gustav Kirchoff였다. 로베르트 분젠은 그 유명한 분젠버너의 '분젠'이다. 분젠버너는 분젠이 키르히호프와 실행했던 실험의 중요한 도구였다.

당시 버너의 연료는 하이델베르크의 가정에서 쓰던 가스와 같은 것이었다.

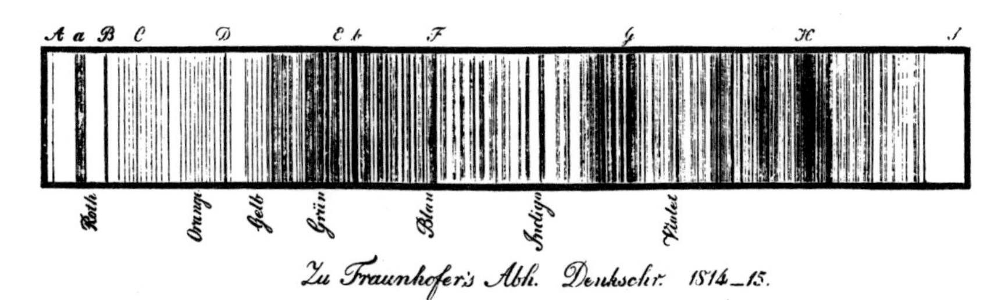

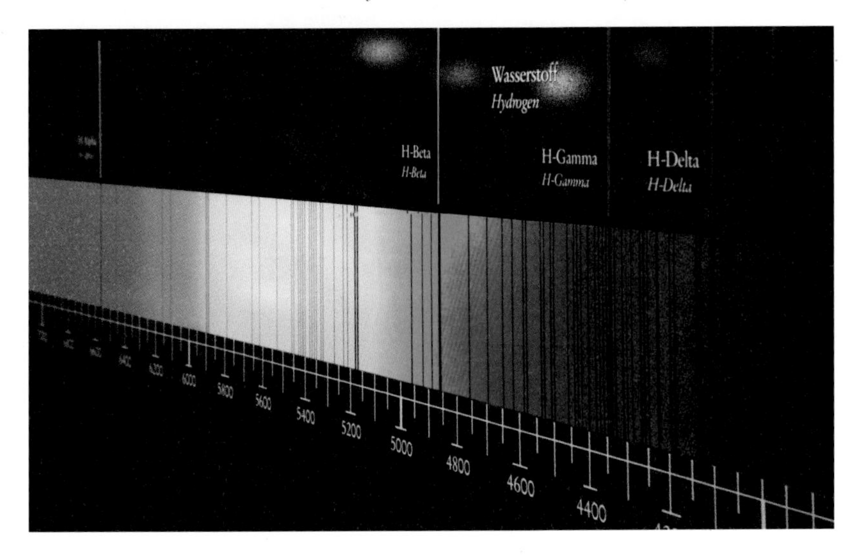

위 요제프 폰 프라운호퍼가 1814년과 1815년 사이에 그린 태양 흡수 스펙트럼. 검은 띠(빛의 부재)가 생기는 이유는 태양의 바깥층에 존재하는 원소들이 빛의 특정 파장을 흡수하기 때문이다.
아래 태양 스펙트럼의 일부에 프라운호퍼선들이 나타나 있다. 꼭대기에 표시한 것들은 수소Wasserstoff의 발머계열Balmer series의 선들 중 알파, 베타, 감마, 델타선을 나타내며, 태양 스펙트럼 내 이들의 위치를 알려준다.

이 가스는 석탄에서 추출한 것으로 분젠 버너의 산소와 결합해 선명한 불꽃을 만들었다. 그런 다음 이 불꽃에 이런저런 물질을 소량만 더하면 색깔이 나타났다. 화학자들은 이 '불꽃 테스트'를 이용해 불꽃에 나타나는 색깔로 물질의 정체를 확인했다. 가령 나트륨에 통과시킨 불꽃은 노란색을 내고 구리에 통과시킨 불꽃은 파란색을 낸다. 따라서 흔히 쓰이는 소금을 불꽃에 뿌려 소금이 노란색으로 변하면 소금에 나트륨이 들어 있다는 것을 알 수 있다. 키르히호프는 분광법spectroscopy(물질에 의한 빛의 흡수나 복사를 분광계나 분광광도계 등을 써서 스펙트럼으로 나눠 측정 및 해석하는 것_옮긴이)을 이용해 더 세밀한 분석이 가능하다는 것을 깨달았다. 분젠과 키르히호프는 빛이 통과할 수 있는 좁은 슬릿, 광선을 좁힐 수 있는 시준기collimator(정밀한 대물렌즈로 평행 광선을 만드는 장치_옮긴이), 빛을 무지개무늬로 분산시킬 수 있는 프리즘, 그리고 망원경에 달린 접안렌즈를 닮은 접안렌즈를 합쳐 하나의 장치로 만들었다. 스펙트럼을 볼 수 있는 초창기의 분광계.

장치, 최초의 분광계였다.

분젠과 키르히호프는 분광법을 통해 불꽃에서 나오는 빛을 분석하다가, 각 원소가 뜨거울 때 정확한 파장에서 스펙트럼에 밝은 선들이 발생한다는 것을 발견했다. 나트륨에 대해서는 스펙트럼의 노란색 부분에서, 구리에 대해서는 녹색·파란색 부분에서 밝은 선이 나타난 것이다. 어느 날 저녁 이들은 10마일쯤 떨어진 만하임에서 불길이 타오르는 광경을 보고, 하이델베르크의 실험실에서 분광기를 사용해 불길에서 나오는 빛을 분석한 다음, 불길에 들어 있는 스트론튬과 바륨이 만드는 선들을 확인했다.

며칠 후 분젠과 키르히호프는 휴식 삼아 네카어 강변Neckar River을 산책하며 며칠 전 불길 속에서 본 것에 관해 토론했다. 훗날 키르히호프는 분젠이 "만하임에서 타고 있던 물질의 성질을 알아낼 수 있다면 태양을 구성하는 물질의 성질도 알아낼 수 있을 것"이라는 이야기를 했다고 회상했다.

분젠은 다음과 같이 덧붙였다.

"하지만 그런 일을 꿈꾼다고 하면 사람들은 우리가 미쳤다고 생각하겠지."

강변에서 대화를 나눈 이후 이들은 정말 태양의 스펙트럼을 분석해냈고, 프라운호퍼가 알아낸 흑선 중 많은 것들이 실험실에서 가열했던 다양한 원소들이 만들어냈던 밝은 선들과 스펙트럼 상의 같은 부분(정확히 동일한 파장)에 위치해 있다는 사실을 발견했다. 머지않아 키르히호프는 이러한 현상의 원인을 설명해냈다. 스펙트럼의 선들이 검은색이었던 이유는 태양의 바깥층에 존재하는 원소들의 온도가 안층에 있는 원소들보다 낮기 때문이었다. 더 뜨거운 내부에서 나오는 빛이 온도가 낮은 층을 통과하면서 이 원소들이 빛을 흡수했기 때문에 특정 파장에서 밝은 선을 추가하는 대신 빛을 제거해버려 흑선이 나타난 것이다. 그러나 여기서 중요한 점은 이 흑선들이 가열한 원소가 만드는 밝은 선들과 동일한 지점에 있기 때문에 원소들의 정체를 확인할 수 있다는 것이다.

키르히호프의 발견은 1859년 10월 27일 베를린의 프러시아 과학아카데미Prussian Academy of Sciences의 회의 때 발표됐다. 이날은 천체물리학이라는 학문이 탄생한 역사적인 날로 남았다. 천체물리학이라는 이름이 처음 만들어진 것은 그 후인 1890년이다. 당시 이 검은 띠가 어떻게 생성되는지 아는 사람은 전혀 없었다. 그러나 원인은 별로 중요하지 않았다. 검은 띠가 생성되는 원인을 몰랐다 해도 1860년 무렵에는 태양의 구성 성분을 알아낼 수 있게 됐고, 동일한 기술을 이용해 다른 별들의 구성 성분 역시 곧이어 밝혀졌기 때문이다.

044 치료보다 예방이 우선이다

· 역학疫學의 창시자, 존 스노우

의학의 발전이 급속도로 진행된 것은 19세기 중반이었다. 중요한 발전 중 하나는 런던에서 활동하던 의사 존 스노우John Snow가 관찰과 실험을 결합하면서 이뤄졌다. 영국 북부에서 태어난 스노우는 1831년 고향에 콜레라가 발발했던 시기에 18세의 나이로 큰 도움을 제공했다. 1854년 발발했던 또 한 차례의 콜레라를 통해 그는 어떻게 이 병이 확산되는지 알게 됐다. 런던으로 이주해 의사 자격을 갖게 된 후였다.

스노우가 콜레라 확산 방식을 알게 된 것은 루이 파스퇴르Louis Pasteur가 세균의 작용을 이해하기(실험 46을 보라) 몇 년 전이었다. 당시에는 콜레라 같은 질병이 퍼지는 원인이 '나쁜 공기' 또는 미아즈마miasma(공기 중의 독기라는 뜻_옮긴이) 때문이라는 인식이 널리 퍼져 있었다. 1854년 발발한 콜레라는 런던의 소호 지역을 중심으로 확산되고 있었다. 이 지역은 브로드스트리트(이후 브로드윅스트리트라고 개명됐다) 주변 지역이다. 8월 31일 시작된 콜레라로 3일 만에 127명이 사망했다. 대부분의 지역민들은 그곳을 탈출했으나 9월 10일 무렵 사망자는 500명으로 늘어났고, 최종적으로 총 616명의 주민이 콜레라로 사망했다.

미아즈마 이론에 의구심을 품고 있던 스노우는 지역 주민들에게 정보를 얻어 지도에 희생자들이 살던 가구를 표시하는 방식으로 콜레라 발병의 원인을 추적했다. 그 결과 콜레라가 브로드스트리트 주변 지역에 집중돼 있다는 것을 알게 됐다. 이곳에는 주민들이 물을 끌어다 쓰는 펌프가 있었다. 스노우는 현미경으로 펌프의 물을 관찰하고 화학 분석을 시행했지만 콜레라를 일으킬 만한 것은 찾아내지 못했다. 그럼에도 불구하고 스노우는 펌프의 물이 어쨌건 콜레라의 원인이라 확신했고 지역 당국을 설득해 펌프의 손잡이를 제거해버렸다. 주민들이 펌프의 물을 더 이상 쓸 수 없도록 하기 위함이었다.

그는 나중에 의학 저널에 보낸 글에 다음과 같은 이야기를 남겼다.

"펌프를 쓰는 지역에 발생한 사망자들을 조사해보니, 브로드스트리트의 펌프 물을 지속적으로나 간헐적으로 마셨다는 주민이 사망한 사례가 61건이었다… 앞에서 언급한 펌프의 물을 습관적으로 마시던 사람들의 구역을 제외하고 런던 내 이 지구에서 콜레라가 발발하거나 창궐한 사례는 없었다.

7일 저녁 세인트제임스 교구의 후원회 사람들과 이야기를 나누면서 앞에서 기술한 정황을 보고했고 결국 그 다음날 펌프 손잡이를 제거했다."[21]

콜레라는 잦아들었다. 하지만 스노우 스스로도 인정했듯, 정점은 손잡이를 제거하지 않았어도 지나갔을 것이었다. 그는 또 이런 내용도 남겼다.

"전에 언급했던 바대로 콜레라 발발 직후 주민들이 그 지역을 떠나면서 사망자가 훨씬 줄어든 것만은 분명하다. 하지만 그 펌프 물의 사용을 중단시키기 전에도 콜레라가 주춤해졌기 때문에, 주민들이 펌프로 쓰던 우물에 콜레라 독소가 여전히 활성화 상태로 들어 있는지, 아니면 어떤 원인으로건 물에서 콜레라 독소가 없어졌는지 확정하기는 불가능하다."[22]

스노우의 가설을 뒷받침할 증거는 다른 관찰에서 나왔다. 콜레라 발발 지역 인근의 구빈원救貧院, workhouse(스스로를 부양할 수 없는 자들에게 거처와 일자리를 마련해준 시설_옮긴이)에는 500명 이상의 극빈자들이 수용돼 있었는데 그들 중 누구도 콜레라에 걸리지 않았다. 구빈원 전용 우물이 따로 있었던 것이다. 그리고 인근의 맥주 양조장 일꾼들도 공짜로 맥주를 마실 수 있어 펌프의 물을 먹을 필요가 없었기 때문에 콜레라에 걸리지 않았다(오늘날에는 콜레라 간균이 발효로 죽는다는 사실이 알려져 있다). 훗날 스노우는 하수에 오염된 템스 강의 물을 끌어다 식수로 공급하던 사우스워크앤드복스홀 상수도 회사Southwark and Vauxhall Waterworks Company의 물을 먹은 사람들 사이에 콜레라 발병이 늘었다는 사실을 입증했다. 그러나 브로드스트리트에서 쓰던 펌프는 1미터 지하에 있는 오래된 오물통에서 나오는 하수로 오염된 우물과 연결돼 있던 것이었다.

존 스노우(1813년~1858년).

이로써 스노우는 역학疫學의 창시자가 됐지만, 콜레라의 원인을 찾기 위해 콜레라 창궐 지점을 지도로 표시한다는 그의 아이디어는 분명 서부에서 의사로 일하던 토머스 셉터Thomas Shapter의 책에서 비롯된 것 같다. 셉터는 책에 1831년 영국 남서부에 위치한 엑세터의 콜레라 창궐에 관한 내용을 남겼다. 다만 셉터는 콜레라 지도의 잠재적 의의를 논하지 않고 지도를 작성했던 반면 스노우는 유사한 지도를 본격적인 콜레라 지도로 이용했다.

스노우는 또한 과학적 토대를 기반으로 마취제를 발전시킨 선구자이기도

존 스노우가 런던의 콜레라 발발의 원인을 오염된 펌프 탓으로 돌린 후 그려진 만화. 죽음을 상징하는 인물이 콜레라에 감염된 물을 주민들에게 주고 있다.

했다. 그는 에테르와 클로로포름chloroform을 사용하면서 추측을 하거나, 최상의 결과를 바라는 데 그치지 않고 약물의 정량을 계산한 최초의 의사였다. 이러한 작업을 통해 외과 수술과 출산에서 사용되는 마취제의 안전성과 신뢰성이 커졌다. 그는 빅토리아 여왕이 아홉 명의 자녀 중 여덟 번째와 아홉 번째 아이를 출산할 때 통증을 제거하기 위해 클로로포름을 사용했다. 1853년에는 레오폴드Leopold가, 1857년에는 베아트리스Beatrice가 태어났다. 여왕은 일기에 다음과 같은 내용을 남겨놓았다.

"스노우는 신성한 클로로포름을 내게 줬다. 그 효과는 측정할 수 없을 만큼 편안하고 고요하며 기쁨에 가득 찬 것이었다."

스노우가 남긴 유일한 평가는 "여왕은 모범적인 환자다"라는 것뿐이다.

045 빛의 정확한 속도를 측정하다

· 푸코의 실험과 맥스웰 방정식

빛의 속도가 '유한'하다는 것은 올레 뢰머의 연구(실험 12를 보라) 이후 널리 알려져 있었지만, 빛의 정확한 속도 값을 측정한 것은 19세기 후반이었다. 이 기술을 개척한 사람은 프랑스의 물리학자 이폴리트 피조Hippolyte Fizeau였고, 이를 정교하게 다듬은 인물은 프랑스인 레옹 푸코Léon Foucault였다. 1862년 푸코가 계산한 빛의 속도 값은 오늘날의 값과 오차가 1퍼센트 미만에 불과하다.

피조는 1840년대 말, 천체 관측이 아니라 지상에서의 측정 작업을 통해 빛의 정확한 속도 값을 최초로 추정해냈다. 그는 금속제 톱니바퀴를 회전시켜 빛의 속도를 측정하기 위한 도구로 활용했다. 톱니바퀴의 톱니 틈새로 빛을 쏘아 몽마르트르와 쉬렌의 언덕 사이 8킬로미터를 따라 보낸 다음 거울에 반사된 빛이 톱니바퀴의 바로 옆 틈새로 들어오도록 장치한 것이다. 반사된 빛이 이렇게 바로 옆 틈새로 다시 돌아오려면 톱니바퀴가 적확한 속도로 회전해야 한다. 피조는 바퀴의 회전 속도를 조절함으로써 빛이 이동하는 데 걸리는 시간을 측정한 후 계산을 거쳐 초속 31만 3,300킬로미터라는 빛의 속도 값을 얻어낼 수 있었다. 오늘날 측정값과의 오차가 5퍼센트 이내에 불과할 만큼 정확한 값이었다. 그는 빛의 속도가 공기 중에서보다 물속에서 더 느리다는 것도 보여줬다. 이는 빛의 파동 모델을 예고하는 핵심적 특징이다. 반면 파동 모델과 경합을 벌이는 입자 모델은 빛이 물속에서 더 빨리 움직인다고 예측한다.

푸코 또한 빛의 반사 현상을 이용한 실험 방법을 썼지만, 그의 방법은 도미니크 프랑수아 아라고가 고안한 회전 거울을 바탕으로 한 것이었다. 이 기술은

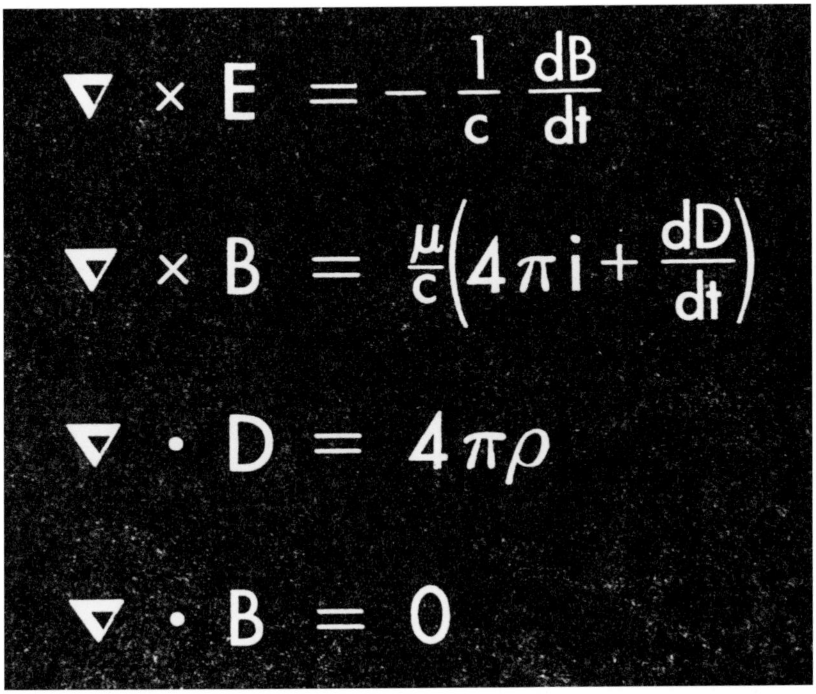

$$\nabla \times E = -\frac{1}{c}\frac{dB}{dt}$$

$$\nabla \times B = \frac{\mu}{c}\left(4\pi i + \frac{dD}{dt}\right)$$

$$\nabla \cdot D = 4\pi\rho$$

$$\nabla \cdot B = 0$$

맥스웰의 방정식. 상수 c가 들어 있다. c는 빛, 그리고 빛과 같은 다른 모든 전자기복사의 속도 값이다.

빛을 회전하는 거울에서 정지해 있는 거울로 갔다 회전하는 거울로 되돌아오도록 하는 방법이다. 빛이 이동하는 동안 회전하는 거울은 약간만 움직였기 때문에 광선은 특정 각도로 방향을 바꾸며, 이때 각도는 거울 사이의 거리, 빛의 속도, 거울이 회전하는 속도에 따라 달라진다. 푸코는 빛이 방향을 바꾸는 각도를 측정함으로써 빛이 공기보다 물속에서 더 천천히 움직인다는 것을 입증할 수 있었고, 그 후인 1862년 빛의 속도 값을 초속 29만 8,005킬로미터라고 추정했다. 오늘날의 값은 초속 29만 9,792.458킬로미터다.

푸코의 실험은 엄청난 파장을 몰고 올 함의를 갖고 있었다. 푸코가 실험을 하던 바로 그 당시, 스코틀랜드의 과학자 제임스 클러크 맥스웰은 패러데이의 연구(실험 35를 보라)를 바탕으로 전자기에 관한 수학적 이론을 발전시키고 있었다. 그는 전기와 자기 사이의 모든 상호작용을 기술하는 일군의 방정식을 찾아냈다. 이 방정식은 전자기파를 수학적으로 기술해낸 것이다. 방정식에는 자동으로 하나의 상수(오늘날에는 c라고 쓴다)가 포함돼 있었는데, 그것은 전자기파가 대기를 통과해 움직이는 속도다(이것은 맥스웰이 방정식에 집어넣은 것이 아니라,

영국 과학자들이 간섭비교측정기 interference comparator를 이용해서 1미터의 정확한 길이를 확정하고 있다. 1963년 영국 국립물리학연구소 National Physical Laboratory에서 촬영한 사진.

측정 시도 없이 계산을 통해 나온 값이었다). 이 속도 값은 푸코가 측정했던 빛의 속도 값과 동일했다. 맥스웰은 다음과 같이 썼다.

"이 속도는 빛의 속도와 너무도 비슷하다. 따라서 이는 (복사열과 존재할지도 모르는 다른 복사를 비롯한) 빛 자체가 전자기 법칙에 따라 전자기장을 통해 전해지는 파동의 형태를 띤 하나의 전자기교환이라는 결론을 도출할 강력한 근거로 보인다."

그가 '복사열'이라고 불렀던 것은 물론 적외선이며(실험 40을 보라) "존재할지도 모르는 다른 복사"는 '전파radio wave'로 밝혀지게 된다(실험 53을 보라).

그러나 맥스웰 방정식에는 파동원의 속도나 파동을 측정하는 관찰자의 속도에 대한 언급이 전혀 포함돼 있지 않았다. 이 방정식들은 관찰자가 어떤 속도로 움직이건 광원에 상관없이 빛의 파동은 동일한 속도라는 것을 암시하는 듯했다. 많은 사람들은 여기에 당혹해했고 움직이는 지구에 대해 서로 다른 방향에서 움직이는 빛의 속도 차이를 찾아내려는 끊임없는 시도가 이뤄졌다(실험 52를 보라). 그러나 이러한 시도는 모두 실패로 돌아갔고, 결국 맥스웰의 방정식이 옳다는 것이 입증됐다. 이 방정식을 통해 엄청난 도약을 일궈낸 인물이 바로 알베르트 아인슈타인이다. 아인슈타인은 맥스웰 방정식이 발견한 바를 액면 그대로 받아들였고 이것을 1905년 발표한 특수 상대성 이론의 초석으로 삼았다. 아인슈타인은 그 당시 벌어지던 실험들을 별로 개의치 않았다(필시 그 실험들에 대해 알지도 못했을 것이다).

이 모든 실험의 중요성이 얼마나 큰지는 미터법의 정의를 보면 알 수 있다. 1983년 국제도량형총회Conférence Générale des Poids et Mesures는 빛의 속도를 1초에 이동한 미터수로 정의하는 대신, 1미터를 '빛이 진공 속에서 2억 9,979만 2,458분의 1초 동안 이동한 길이'라고 정의했다. 이로써 빛의 속도 값은 초속 29만 9,792.458킬로미터로 확정됐다.

046 박테리아에 사망선고를 내리다

· 저온살균을 개발한 파스퇴르

질병이 외부에서 신체로 침입하는 세균에 의해 생긴다는 증거, 그리고 복잡한 생명체가 무생물의 '자연발생'으로 생겨날 수 있다는 관념에 대한 논박은 19세기 후반 프랑스의 과학자 루이 파스퇴르의 연구에서 비롯됐다. 1854년 파스퇴르는 릴대학교의 화학 교수가 됐다. 그의 직무 중 하나는 지역의 산업체가 당면한 문제를 극복하도록 조언하는 일이었다. 그를 유명하게 만든 실험은 양조산업을 위한 연구, 즉 제품이 상하는 것을 예방할 방법을 찾는 연구에서 유래된 것이다.

파스퇴르는 시큼하게 상한 맥주를 현미경으로 들여다보다가 수많은 미생물이 가득 들어 있는 모습을 발견했다. 전에는 상해가는 맥주가 이런 오염을 일으킨다고 생각했지만 파스퇴르는 반대로 이 오염인자가 맥주를 상하게 만드는 원인이라고 확신했다. 그는 발효가 자연적으로 발생하는 효모에 의해 생긴다는 것, 그리고 포도에 피하 주사기 바늘을 꽂아 뽑아낸 포도즙이 살균한 용기에서는 결코 발효되지 않는다는 것을 입증했다. 발효의 원인이 되는 효모는 포도 껍질에만 존재하기 때문이었다. 와인과 맥주가 '상하는' 원인은 외부에서 들어온 오염원 때문이라는 사실이 밝혀졌고, 이를 통해 양조맥주에서 젖산을 생산할 수도 있게 됐다. 같은 문제는 우유에서도 발생했다. 파스퇴르는 우유를 섭씨 60도에서 100도 사이로 가열한 다음 식히면 해로운 유기물(박테리아)을 제거해 우유가 상하는 것을 예방할 수 있다는 것을 알아냈다. 이 과정은 1862년 검증을 거쳐 '저온살균Pasteurisation'이라 불리게 됐다.

그러나 이는 단지 시작에 불과했다. 질병에 대한 세균 이론을 제기한 최초의 인물은 파스퇴르가 아니었지만, 어쨌거나 세균 이론은 1850년대 극히 소수 학자의 의견으로서 기성 의료계의 격렬한 반발에 직면해 있었다. 파스퇴르는 세균 이론을 발전시켜 미생물을 체내로 들어오지 못하게 하면 질병을 예방할 수 있다는 견해를 제시했다. 이러한 견해가 계기가 돼 외과 수술에서 소독제를 사용하고 청결을 강화하는 방법이 발전을 거듭하게 됐고 병원의 사망률이 극적으로 떨어졌다. 파스퇴르는 또 다른 일련의 실험에서 걸쭉한 즙을 유리 플라스크에 넣고 끓여 '저온살균'을 실시한 다음 오염원이 들어오지 못하도록 필터가 아주 좁은 시험관에 공기가 통하도록 놓아뒀다. 즙에서는 아무것도 자라지 않았다. 그는 이렇게 썼다.

"이 간단한 실험은 자연발생 이론에 죽음의 일격을 날렸다. 이 일격에서 살아남는 자연발생 이론은 결코 없을 것이다. 미생물이 세균, 다시 말해 자신과 비슷한 부모 없이 나타났다는 것을 입증할 수 있는 환경은 전혀 없다."

파스퇴르는 더 나아가 질병을 연구했고, 질병인자를 약화된 형태로 만들어 백신으로 사용하는 기술을 개발했다. 이 기술은 에드워드 제너의 선구적 연구(실험 23을 보라)와는 달랐다. 제너의 연구는 치명적 질환(천연두)에 대한 면역을 제공하기 위해 자연적으로 발생하되 독성이 더 약한 다른 질병(우두)을 이용한 것이었다.

1879년 파스퇴르는 우연히 한 달 동안 방치해뒀던 닭 콜레라 배양액을 주입한 닭들이 병에 걸려도 회복된다는 것을 발견했다. 그의 조수는 '결함이 있는' 배양액을 버리려 했지만 파스퇴르는 버리지 못하게 했다. 그는 닭들이 이 배양액을 통해 면역력이 생겼던 것이라는 점을 깨달았던 것이다. 결국 그의 이론이 맞았다는 것이 입증됐다. 파스퇴르는 여기서 멈추지 않고, 이와 비슷하지만 더 다

우유의 저온살균. 내부를 볼 수 있도록 그린 19세기 삽화. 우유병을 통에 채워 넣은 다음 밀봉해 살균하도록 설계돼 있다.

양한 방법을 통해 박테리아를 약화시켜(또는 죽여서) 탄저병과 광견병 백신을 개발했고, 제너의 '백신'이라는 용어를 인위적으로 독성을 약화시킨 질병 유기체에 확대 적용시켜야 한다고 주장했다.

파스퇴르는 광견병 연구로 인해 자신의 전문적 식견을 맹신하는 오류에 빠지게 됐다. 그에게 치명적 결과를 가져올 뻔했던 사건이 일어난 것이다. 광견병 백신을 개발한 사람은 파스퇴르의 동료였던 에밀 루Emile Roux였다. 이 백신은 50마리의 개를 대상으로 성공적인 검증을 마친 상태였다. 1885년 7월 6일, 조지프 메스테르Joseph Meister라는 아홉 살짜리 아이가 광견병 걸린 개에게 물려 파스퇴르에게 실려 왔다. 연구팀과 상황을 의논하고 시간을 들여 백신 진액을 만든 다음 파스퇴르는 백신을 직접 아이에게 주사했다. 파스퇴르가 남긴 글을 보자.

"아이의 죽음은 불가피해 보였기 때문에, 나는 개에게서 어느 정도 성공한 방법을 아이에게도 시도해보자고 결심했다. 당연히 불안이 엄습했고 고통스러웠다. 결국 메스테르는 개에게 물린지 60시간 후 광견병에 걸려 죽은 토끼의 척수액을 1회 분량만큼 피하주사로 접종받았다. 플라스크에 넣어 15일 동안 건조시킨 척수액이었다. 의사 불피앙Vulpian과 그랑셰르Grancher가 지켜보는 앞에서였다. 다음날 다시 접종을 했고 그 이후로도 13회 더 접종했다. 마지막 날 나는 아이에게 독성이 가장 센 광견병균을 주사했다."[23]

파스퇴르는 의사자격이 없었기 때문에 만일 일이 잘못됐다면 큰 곤경에 빠졌을 것이다. 그러나 다행히 아이는 회복했고 결국 이 사실이 알려지면서 백신 접종이 널리 받아들여지는 데 큰 기여를 하게 된다.

047 진화론의 꽃이 피다

· 다윈의 난초

찰스 다윈은 생명계를 관찰함으로써 자연선택 이론을 발전시켰다. 그러나 관찰뿐 아니라 실험을 이용해 자신의 이론을 검증했다. 가장 중요한 실험 중 일부는 《종의 기원On the Origin of Species》이 출간되고 3년 후인 1862년에 출간된 《곤충 수분을 하는 영국과 외국 난의 다양한 장치, 그리고 잡종교배의 효과에 관하여On the Various Contrivances by which British and Foreign Orchids are Fertilised by Insects, and on the Good Effects of Intercrossing》, 간단히 《난초의 수정Fertilisation of Orchids》이라고 하는 저서에 상세히 기술돼 있다.

《난초의 수정》에는 자연선택이 어떤 방식으로 난초와 곤충의 공진화共進化에 영향을 미치는지에 관한 최초의 상술이 담겨있다. 이 책은 《종의 기원》만큼 일반 대중에게 팔리진 않았지만, 생물학자들의 고전이 됐고 현재까지도 이들의 사유에 큰 영향력을 발휘했다. 이 저작에는 식물 내에서 발생하는 작용을 알아보기 위한 관찰, 식물의 내부를 보기 위한 절개, 그리고 식물을 손으로 수성시켜 꽃가루를 한 꽃에서 다른 꽃으로 이동시키는 실험이 기술돼 있다. 다윈은 매우 정밀한 절개를 통해 예전에는 알려지지 않았던 식물의 특성을 밝혀냈다. 그 중에는 완전히 다른 종으로 알려져 왔던 카타세툼Catasetum 속의 난초들이 실은 같은 식물의 암수 형태라는 것을 발견한 내용도 있다.

1850년대 들어 다윈은 식물의 수정을 곤충이 담당한다는 생각을 입증하기 위한 증거를 수집했다. 곤충들이 먹이를 찾을 때 한 꽃에서 다른 꽃으로 꽃가루를 옮겨주는 타가수분cross-pollination을 해주기 때문에 식물은 자가수분을 하지 않는다는 것이다. 이는 자연선택론의 중요한 요소다. 타가수분은 진화가

다윈의 난초라고도 불리는 '베들레헴의 별' 난초 Angraecum sesquipedale. 이 난초 종은 다윈이 비글호를 타고 항해를 하던 동안 발견됐다. 이 꽃의 꿀주머니는 길이가 30센티미터에 달하며 박각시나방 Xanthopan morganii praedicta을 끌어들인다. 30센티미터에 달하는 이 나방의 주둥이는 꿀 섭취와 타가수분에 쓰인다.

작용하는 토대인 다양성을 제공하기 때문이다. 새끼는 부모 둘의 특징을 모두 물려받기 때문에 부모와 조금이라도 다를 가능성이 생긴다. 이로운 차이는 확산돼 흔해지고 해로운 차이는 자취를 감춘다.

다윈은 켄트에 있는 집 근처에서 곤충이 난초에게 수분하는 모습을 직접 본 적이 거의 없었음에도 불구하고, 규칙적으로 꽃을 관찰함으로써 꽃가루가 옮겨지는 시기를 알아낼 수 있었다. 이는 꽃에 곤충이 날아들었다는 증거였다. 다윈은《종의 기원》에서 곤충과 식물이 세대를 거듭하면서 서로에게 적응하는 현상인 공진화 개념을 도입했고, "꽃과 벌은 동시에 또는 차례로 가장 완벽한 방식으로 서로에게 적응하면서 변화된다. 완벽한 방식이란, 개체들이 호혜적이면서도 조금이나마 자신에게 유리한 구조적 차이를 나타내는 방식이다"라고 밝혔다. 곤충은 꽃에서 꿀을 더 잘 뽑아낼 수 있는 쪽으로 진화하고 꽃은 곤충이 꿀을 먹을 때 더 효율적으로 꽃가루를 곤충의 몸에 붙이는 쪽으로 진화하는 것이다.

다윈은 영국제도와 그 밖의 지역에 통신원들과 네트워크를 구축해놓았고, 그들에게서 다양한 종류의 난초를 입수했다. 극적인 발견과 검증 가능한 과학적 예측이 가능했던 것은 이러한 작업이 있었기 때문이다. 난초의 활짝 펼쳐진 아래쪽 꽃잎에 내려앉는 곤충은 꿀을 얻기 위해 머리와 혀(주둥이)를 꽃의 중심부 안쪽으로 밀어내리고, 식물은 이 과정을 통해 꽃가루 덩어리를 곤충에게 붙일 기회를 얻는다(꿀을 먹을 때를 제외하면 곤충의 주둥이는 둥글게 말려 올라가 있다. 그러나 필요할 때는 주둥이를 잽싸게 뻗는다). 곤충이 너무 쉽게 꿀에 접근할 수 있다면 꽃가루가 곤충에게 들러붙을 기회가 줄어든다. 반면 너무 어렵다면 곤충은 그 꽃으로 꿀을 먹으러 오지 않는다. 따라서 식물은 곤충의 주둥이가 꿀에 접근하기 어렵지만 불가능하지는 않도록 하는 방향으로 진화한다. '변이variation'란 각 세대의 식물 중 곤충의 접근을 불가능하게 만드는 것들은 도태되는 반면 꿀 채집을 너무 쉽게 허용하는 식물은 그렇지 않은 식물만큼 자손을 생산하지 못하는 현상을 뜻한다. 마찬가지로 혀(주둥이)가 더 긴 곤충들은 꿀을 더 잘 채집해 번성할 것이고 자손도 더 많이 남긴다.

곤충의 혀가 길어지면 꽃은 접근이 더 어려운 꿀을 선호하는 쪽으로 진화하게 된다. 꿀이 구하기 어려워지면 곤충의 진화는 더 긴 주둥이를 선호하는 쪽으로 이뤄진다. 이런 식으로 일종의 군비경쟁이 발생한다. 식물은 점차 꿀에 접근이 어렵게 진화하고 곤충은 점차 더 긴 혀를 진화시킨다. 이것이 바로 공진화共進化다. 종국에 가서는 한 종류의 식물과 한 종류의 곤충은 서로에게 적

다윈의 박각시나방. 마다가스카르에서 발견됐다.

웅을 너무 잘한 나머지 혼자서는 살아남을 수 없는 지경에 이른다. 곤충은 오직 한 종의 식물한테서만 먹이를 구하고 식물은 오직 그 종의 곤충을 통해서만 수정한다. 다윈의 실험과 해부 작업은 '베들레헴의 별(마다가스카르에서 온 난초다)'의 꿀을 얻으려면 (다윈의 표현으로) '놀라운' 11.5인치(29센치미터) 길이의 관을 통과해야만 한다는 것을 보여줬다. 처음 이 꽃의 샘플을 검토했을 때 다윈은 친구에게 이 소식을 편지로 알리면서 "세상에 맙소사, 어떤 곤충이 이걸 빨아들일 수 있겠소!"라며 놀라워했다. 이 꽃의 수분을 담당하려면 주둥이 길이가 10~11인치나 되는 나방이 존재해야 하는 것이다. 하지만 당시 이런 나방은 알려져 있지 않았다. 그는《난초의 수정》에 이렇게 썼다.

"앙그레쿰Angraecum 속의 꿀과 특정 나방의 주둥이 사이에 길이 확보를 위한 경쟁이 존재했다."

박각시나방의 종에 속하는 이 곤충은 다윈이 사망한 지 21년 후인 1903년에서야 발견됐다. 이 나방에는 크산토판 모르가니 프레딕타Xanthopan morgani praedicta라는 학명이 붙여졌다. 다윈이 이 곤충의 존재를 예측했기 때문이다(praedicta가 '예언하다'라는 뜻이므로 다윈이 이 곤충을 예언했다는 의미_옮긴이).

048 벤젠의 구조는 자기 꼬리를 문 뱀 모양

· 계시를 받은 케쿨레

벤젠 분자가 마치 손을 맞잡은 듯 연결된 탄소 원자 고리 중심의 구조라는 발견은 새로운 화학 분야를 개척하는 계기뿐 아니라, 생체분자의 성질에 대한 핵심적 통찰을 제공했다. 벤젠고리에 대한 이미지를 만든 공은 독일의 화학자 아우구스트 케쿨레August Kekulé의 것이다. 케쿨레는 1865년 벤젠고리에 대한 자신의 생각을 발표했다. 그러나 이 발견의 바탕이 된 실험을 실행했던 인물은 1850년대 파리에서 연구생활을 하던 스코틀랜드의 화학자 아치볼드 스콧 쿠퍼Archibald Scott Couper, 그리고 오스트리아 빈에서 연구생활을 하던 독일의 과학자 요제프 로슈미트Joseph Loschmidt였다. 케쿨레도 직접 실험을 실행했지만 그의 실험은 다른 연구자들의 실험과 유사했고, 최초의 실험을 행한 인물은 쿠퍼이므로 여기서는 쿠퍼의 실험을 소개하겠다.

이 실험에 중요한 화합물들은 냄새가 좋아 '방향족 화합물aromatics'로 알려져 있었다. 방향족 화합물은 벤젠에서 추출되며 이들의 분자는 오늘날 알려진 바대로 벤젠고리를 중심으로 한 구조를 갖고 있다. 따라서 오늘날 벤젠고리, 또는 다른 평평한 고리가 포함된 모든 화합물은 냄새에 상관없이 방향족 화합물이라 한다.

벤젠은 C_6H_6라는 매우 특이한 화학식을 갖고 있다. 이는 각 분자가 6개의 탄소 원자와 6개의 수소 원자가 특정한 방식으로 연결돼 있는 구조라는 뜻이다. 1865년 이전에는 이 원자들이 어떻게 연결돼 있는지에 관한 수수께끼가 풀리지 않은 채 남아 있었다. 그러나 쿠퍼는 이 구조를 풀어내기 위한 조치로 벤젠을 히드록시기인 OH(히드록시기는 산소와 수소를 가진 작용기다_옮긴이)로 바꾸는

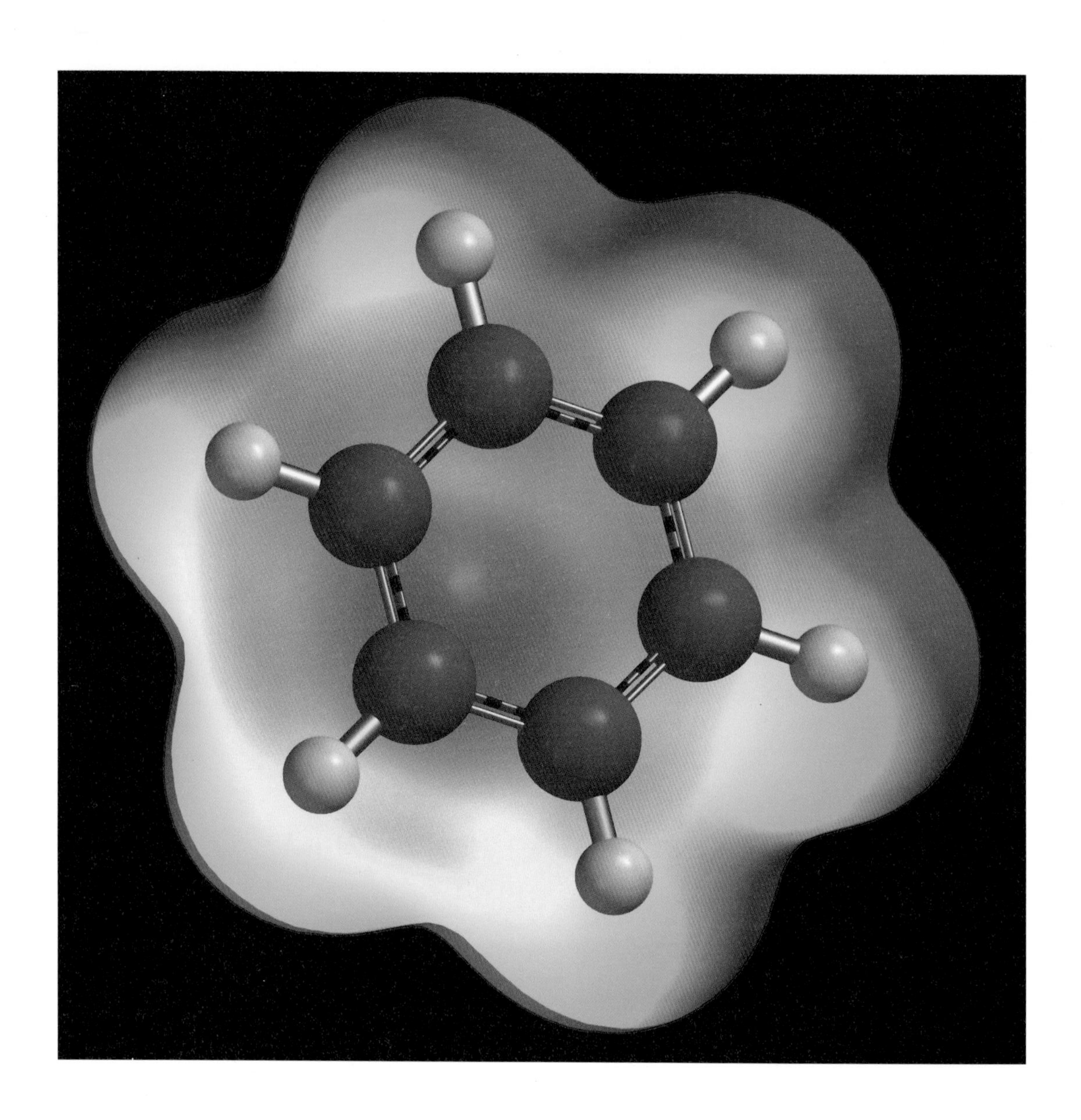

•
벤젠 분자를 재현한 그림. 탄소 원자는 검은색, 수소는 회색이다. 탄소 원자 사이의 고리는 '1.5'중 결합으로 돼 있다. 이중 고리와 단일 고리가 교대로 나타나는 구조이기 때문이다.

방법을 실험했다. 히드록시기 화합물에는 C_6H_7OH와 $C_6H_6(OH)_2$가 있다. 그는 또한 살리실산salicylic acid인 $C_6H_4(OH)COOH$도 연구 대상으로 삼았다. 이 화합물들의 성질을 설명할 수 있는 이론적 구조를 찾아내려 한 것이다. 그러는 와중에 그는 탄소 원자가 서로 결합해 사슬을 형성할 수 있다는 것을 최초로 깨달았을 뿐 아니라, 벤젠 분자 내 탄소 원자들의 물리적 배열을 최초로 기술하고자 했다. 1858년 초, 쿠퍼는 연구결과를 담은 논문을 작성해 연구실장인 샤를 아돌프 뷔르츠Charles Adolphe Wurtz에게 줬다. 프랑스 과학 아카데미로 보내기 위해서였다. 뷔르츠가 여러 주 동안 붙잡고 있던 탓에 논문은 6월이 돼서야 아카데미에 제출됐다. 케쿨레가 비슷한 결과를 담은 논문을 발표한 지 한 달 후였다. 결국 쿠퍼가 자신의 것이라 여겼던 공적이 케쿨레의 것이 되는 사태가 벌어졌다. 이 사건으로 잔뜩 화가 난 쿠퍼는 뷔르츠와 큰 다툼을 일으켰고, 뷔르츠는 쿠퍼를 연구실에서 내쫓았다. 쿠퍼는 자신의 연구를 더 발전시키지 못했고 벤젠 연구는 케쿨레에게 남겨졌다.

프리드리히 아우구스트 케쿨레 슈트라도니츠Friderich August Kekulé Stradonizt. 대개 아우구스트 케쿨레라는 이름으로 알려져 있다(1829년~1896년).

그 무렵에는 원자에 '원자가原子價, valence'가 있다는 관념이 확립돼 있었다. 원자가란 특정 원자가 다른 원자들과 어느 정도로 공유결합을 이루는가를 나타내는 척도다. 수소는 원자가가 1이므로 한 개의 결합을 만들 수 있고, 산소는 원자가가 2이므로 두 개의 결합을 만든다. 물 분자 H_2O의 경우 한 개의 산소 원자가 두 개의 수소 원자와 결합돼 있다. 물 분자 하나는 O-H-O로 표상된다. 탄소의 원자가는 4이므로 메탄인 CH_4의 구조는 이해하기 쉽다. 그러나 쿠퍼가 했던 연구의 중요한 함의는 그가 탄소 원자들이 때때로 원자가가 2인 듯 굴 때도 있을 가능성을 고려했다는 점이다. 그러려면 이산화탄소 CO_2에서처럼 탄소가 다른 원자들과 이중결합을 이뤄야 한다. 이를 그림으로 나타내면 O=C=O가 된다. 케쿨레는 처음에는 이런 생각이 마음에 들지 않았지만, 결국 이 이미지는 벤젠고리에 대해 그가 받은 계시의 핵심적 특징이 됐다.

'계시revelation'라는 단어는 결코 과장이 아니다. 케쿨레의 말을 따르자면 벤젠 구조의 수수께끼에 대한 해결책이 꿈에 나타났기 때문이다. 1861년 로슈미트Loschmidt는 여러 분자의 구조를 그림으로 그려 발표했다. 거기에는 일부 방향족 화합물도 포함돼 있었다. 당시 그는 벤젠 구조가 있어야 할 자리에 원을 그려놓았다. 벤젠 분자의 구조를 아직 모른다는 것을 표시한 것이었다. 따라서 로슈미트가 벤젠 구조를 원형으로 그렸다는 이야기는 와전된 것이다. 그러나 이 그림이 케쿨레의 무의식에 작용했을 가능성마저 없는 것은 아니다. 케쿨레가 벤젠 분자를 고리 모양의 구조로 형상화한 자신의 이론을 발표한 것은 1865년이었다. 훗날 그는 자신의 아이디어를 낮잠을 자다 꾼 꿈에서 봤다고 말했다. 뱀이 마치 신화에 나오는 우로보로스Ouroboros(자기 꼬리를 입에 문 모습으로 우주를 휘감고 있다는 고대 신화속의 뱀_옮긴이)처럼 자신의 꼬리를 물고 있는 그림을 꿈에서 자신이 직접 그렸다는 것이다.

이 구조가 말이 되는 이유는 여섯 개의 탄소가 고리를 이룬 구조여야만 탄소 원자가 한쪽 옆에 있는 탄소 원자와는 단일결합을, 다른 쪽 옆에 있는 탄소 원자와는 이중결합을 이뤄, 네 번째 결합을 수소나 다른 원자 또는 또 다른 고리들과 이룰 수 있기 때문이다. 유기화학이라는 새로운 화학 분야의 발판을 마련한 벤젠고리의 발견은 생체분자인 DNA, RNA가 방향족 고리 중심으로 이뤄져 있다는 사실이 밝혀지면서 정점에 이르게 된다(실험 83을 보라).

049 수도사와 완두콩

· 멘델의 유전법칙

어떤 실험의 의의는 처음엔 널리 평가받지 못한다. 주목을 받지 못하기 때문이거나 실험이 행해지던 당시에 팽배해 있는 사유의 틀과 잘 맞지 않기 때문이거나 또는 둘 다이기 때문이다. 그레고어 멘델Gregor Mendel이 실시했던 완두콩 유전 연구가 바로 그런 경우다.

멘델은 수도사였다. 그가 속한 수도원은 (당시 오스트리아-헝가리 제국의 일부였으나 지금은 체코공화국에 속하는) 브르노에 있었다. 그는 빈대학교를 다녔던 과학자이기도 했다. 수도사가 과학자라는 것은 당시로서는 별로 이례적인 일이 아니었다. 같은 수도원에는 천문학자와 식물학자도 있었다. 당시의 수도원은 종교뿐 아니라 지식의 중심지 역할도 맡고 있었기 때문이다. 멘델이 수도원에서 맡았던 직책은 해당 지역 학교의 교사였지만 시간적 여유가 있었기 때문에 1856년부터 쭉 완두콩에서 유전이 작동하는 방식에 대한 일련의 실험을 진행할 수 있었다.

그가 완두콩을 선택했던 이유는 완두콩이 일정한 표현형질을 후세대에게 물려주는 특징이 있어 통계분석이 가능했기 때문이다. 그가 연구 대상으로 삼은 완두콩의 표현형질은 둥근 모양과 주름진 모양, 노란색과 녹색 등의 형질이었다. 멘델의 연구가 지닌, 시대를 뛰어넘는 탁월함은 그의 생물학 연구 접근법이 마치 물리학자의 접근법과 같았다는 데서 유래한다. 동일한 실험을 되풀이하고 실험 내용을 늘 상세히 기록해두며, 관찰한 바를 분석하기 위해 본격적인 통계적 검증 방법을 적용하는 접근법을 쓴 것이다. 그는 2만 8,000그루의 완두콩 식물에서 출발해 세밀한 연구를 위해 1만 2,835그루의 식물을 골랐다. 완두콩 식물 각각을 개체로 정하고, 후손에 대한 가계도 비슷한 기록을 만들어 지속적으로 관리했다. 각 개체의 부모와 조부모를 비롯해 연속되는 세대의 식물에 관한 정보를 얻어야 했기 때문에 손으로 직접 수천 송이의 꽃을 수정시켜야 했다. 단일 식물의 꽃가루를 다른 식물의 꽃으로 직접 뿌려준 것이다. 그런 다음 결과로 나온 완두콩의 형질을 분석하고, 또 콩을 심어 다음 세대 콩의 성장을 돌보는 등 전 과정을 반복해야만 했다. 그가 연구하고 있던 특징이 한 세대에서 다음 세대로 전달되는 방식을 확정짓는 데 7년의 세월이 소요됐다.

멘델은 총 일곱 가지 특징을 연구했지만 우리가 이해할 수 있는 수준의 특징은 앞에서 언급한 둥근 콩과 주름진 콩의 사례를 통해 발견된 것 정도다. 그는

둥근 완두콩(오른쪽)과 주름진 완두콩(왼쪽). 이런 완두콩의 형질들은 그레고어 멘델이 연구한 것이다.

한 세대에서 다른 세대로 전달되면서 후손의 형질을 결정하는 무엇인가가 식물에 존재한다는 것을 발견했다. 그 무엇이 바로 오늘날 알려진 '유전자 꾸러미'다. 멘델이 유전자라는 말을 사용한 적은 없지만 그가 발견한 내용을 설명하기 위해 여기서는 유전자라는 용어를 쓰기로 한다(멘델은 이를 '유전 요소'라 칭했다).

•
오스트리아의 식물학자 그레고어 요한 멘델(1822년~1884년).

멘델의 통계치는 그가 연구했던 형질이 한 쌍의 유전자와 관련이 있다는 것을 보여줬다. 주름진 완두콩의 형질 유전자를 R이라 하고 둥근 완두콩의 형질 유전자를 S라고 하자. 완두콩 하나는 각 부모에게서 각 형질을 하나씩 물려받으므로 RR, RS 또는 SS 조합 중 어떤 것도 갖고 있을 수 있다. 완두콩은 이 조합 중 하나를 다음 세대에게 물려준다. RR이나 SS 식물은 각각 R이나 S를 물려줄 수밖에 다른 선택의 여지가 없다. 그러나 RS 식물은 자손의 절반에게는 R을, 나머지 절반에게는 S 유전자를 물려준다. RR 완두콩에게서는 항상 주름진 완두콩이 나오고 SS 완두콩에게서는 항상 둥근 완두콩이 나온다. 그러나 RS 완두콩의 형질은 어떻게 발현될까? 통계에 따르면 주름진 완두콩의 R 유전자가 무시되고 모든 콩이 둥글게(S 유전자가 발현되는 식으로) 나온다.

실험 결과는 항상 주름진 완두콩이 나오는 RR 식물과 항상 둥근 콩이 나오는 SS 식물을 교배시켜서 얻었다. RR 식물과 SS 식물을 교배시킨 결과 자손의 25퍼센트만 주름진 콩이었던 반면 75퍼센트는 둥근 콩이었다. 자손 중 25퍼센트가 RR이고 25퍼센트가 SS, 그리고 50퍼센트에 해당하는 나머지 새끼는 RS거나 SR이라 둘 다 둥근 콩이 나온 것이다.

멘델의 실험 결과가 발표된 해는 1866년이지만 당시 그 의의는 제대로 인정받지 못했다. 다른 연구자들이 동일한 유전법칙을 따로 발견했던 19세기 말에 이르러서야 멘델의 논문들이 재조명됐고, 그에 따라 합당한 인정도 받게 됐다. 멘델이 발견한 유전법칙들은 자연선택에 의한 진화론을 이해할 때 매우 중요하다.

첫째, 멘델의 유전법칙은 왜 자손이 부모의 특징들을 섞어놓은 중간 형질을 나타내지 않는가를 설명해준다. R 식물과 S 식물 간의 교배에서 나온 자손은 항상 주름진 것 또는 둥근 것 둘 중 하나의 형태로 나타날 뿐 약간 주름지거나 약간 둥글거나 한 어중간한 형태로는 나타나지 않는다. 이러한 현상은 1859년 다윈의 《종의 기원》이 출간된 이후 커다란 수수께끼였다. 중간 형질이 나타나지 않는 경우 자연선택의 기반이 되는 변이variability의 가능성이 제거되기(최소한 감소되기) 때문이다.

둘째, 멘델은 각각의 형질이 독립적으로 유전된다는 것을 보여줬다. 콩이 녹색이냐 노란색이냐는 그것이 주름지거나 둥근 모양에 영향을 미치지 않는 것이다. 진화의 메커니즘에 대한 이해를 심화할 다음 발걸음을 내디딘 인물은 20세기 초반 토머스 헌트 모건Thomas Hunt Morgan이었다(실험 65를 보라).

050 진공관 속에서 벌어지는 일들

· 장식용으로 판매된 가이슬러관

19세기의 가장 중요한 발명품 중 하나, 원자가 쪼개질 수 없는 것이 아니라는 발견을 낳은 이 발명품은 진공 속 전기의 행태를 관찰하는 실험을 통해 세상에 등장했다. 바로 진공관이다. 1850년대 본에서 연구하고 있던 독일의 물리학자 율리우스 플뤼커Julius Plücker는 진공 속에서 전기를 연구하고 싶었기 때문에 능숙한 유리 세공 기술자였던 동료 하인리히 가이슬러Heinrich Geissler에게 실험에 쓸 수 있는 알맞은 유리관과, 유리관에서 공기를 빼낼 수 있는 펌프를 제작해달라고 요청했다(이것이 가이슬러관 또는 플뤼커관이다. 진공을 만든다는 것은 최대한 압력을 낮춘다는 뜻이다_옮긴이).

가이슬러관의 방전.

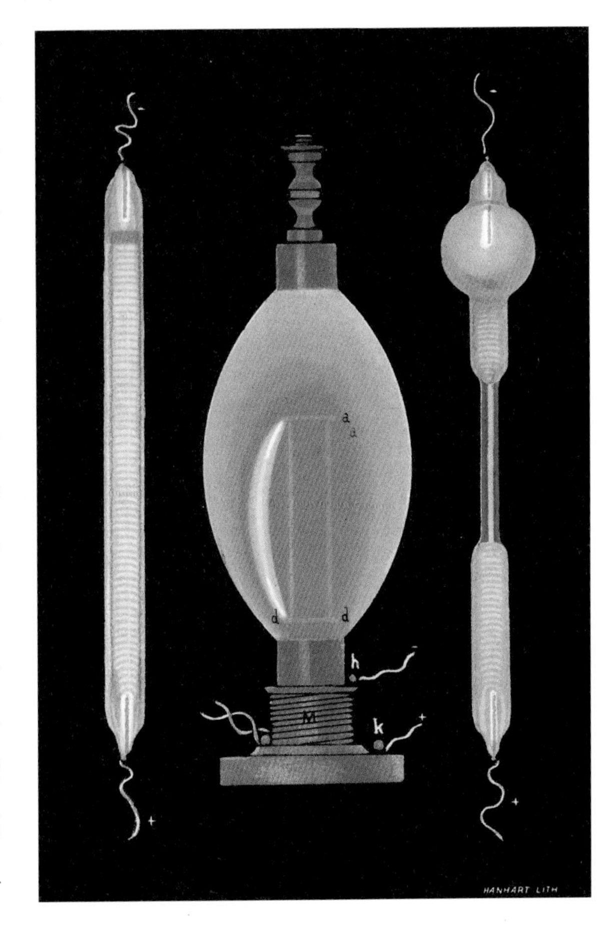

도선을 관의 양쪽 끝으로 봉입해 각각 금속판에 연결시키되 양쪽에 있는 2개의 금속판 사이는 띄어둔다. 마이클 패러데이의 연구를 통해 개발한 유도전지(실험 35를 보라) 전원에 금속판을 연결시키자, 전기가 진공관 속 텅 빈 공간을 통과해 음극에서 양극 쪽으로 흘렀다. 전기가 액체를 통과해 흐르도록 했던 험프리 데이비의 실험(실험 29를 보라)과 마찬가지 원리였다. 물론 이 진공관 속에는 미량의 기체가 남아 있었다(완전히 공기를 뺀 진공관은 더 나중에 만들어진다_옮긴이).

플뤼커는 음극에서 나오는 것이 무엇이건 그것이 양극 근처를 때릴 때 '가이슬러관'의 유리를 빛나게 만든다는 것, 그리고 자석을 이용해 그 빛을 이리저리 움직일 수 있다는 것을 알아차렸다. 그는 또한 네온이나 아르곤 같은, 관 속 미량의 기체들이 관 안쪽 전체를 서로 다른 색깔로 빛나게 한다는 것도 발견했다. 이로써 플뤼커는 빛의 스펙트럼 속 선들이 빛을 만드는 원소와 관련이 있다는 것을 최초로 알아차렸다. 물론 플뤼커는 이러한 이론을 로버트 분젠과 구스타프 키르히호프처럼 본격적으로 발전시키지는 못했다(실험 43을 보라).

1880년 무렵 가이슬러관은 재미를 위한 장식용 도구로 제조돼 판매되고 있었다. 오늘날의 라바 램프lava lamp(병 안에 투명한 액체와 왁스가 담겨 있어 전구를 켜면 전구의 열을 받은 왁스가 녹아 병의 위쪽으로 상승했다가 냉각돼 다시 내려오기를 반복하도록 만든 램프로, 마치 용암의 움직임과 비슷하기 때문에 라바 램프라는 이름이 붙었다_옮긴이)와 비슷하다. 가이슬러관은 나선형 모양, (양파가 주렁주렁 매달린 끈처럼) 전구가 줄지어 늘어선 모양, 그리고 예쁜 색깔을 내기 위해 다양한 기체를 조금씩 담아 놓은 화려한 디자인을 비롯해 다양한 형태로 등장했다. 20세기 초 가이슬러관에 상업적 용도가 크다는 인식이 생겨났고, 1910년 무렵이 되면 색깔을 넣은 다양한 관들이 광고판에 사용되기에 이른다. 이것이 바로 네온관 또는 네온사인이다. 물론 관 안에는 네온 이외에 다른 기체들도 사용됐다.

그동안 가이슬러관은 과학의 다른 목적을 위해 발전하고 있었다. 1870년대 초 영국의 물리학자 윌리엄 크룩스William Crookes는 런던에서 가이슬러관의 성능을 개선한 진공관을 개발했다. 바로 크룩스관Crookes tube이다. 크룩스관의 중요한 개량 사항은 가이슬러관보다 더 낮은 압력의 진공관을 만든 것이다. 찰스 기밍엄Charles Gimingham이 만든 펌프를 사용해서 가능했던 성과였다. 가이슬러관의 압력은 대기압의 약 1,000분의 1 정도였지만 크룩스관의 압력은 대기압의 수억 분의 1에 달했다. 가이슬러관에 들어 있는 기체 량보다 10만 배 가까이 기체 량을 줄임으로써 한층 더 완벽한 진공관에 다가간 것이다. 이로써 크룩스를 비롯한 여러 과학자들은 진공관 속에서 벌어지는 일을 한층 더 깊이

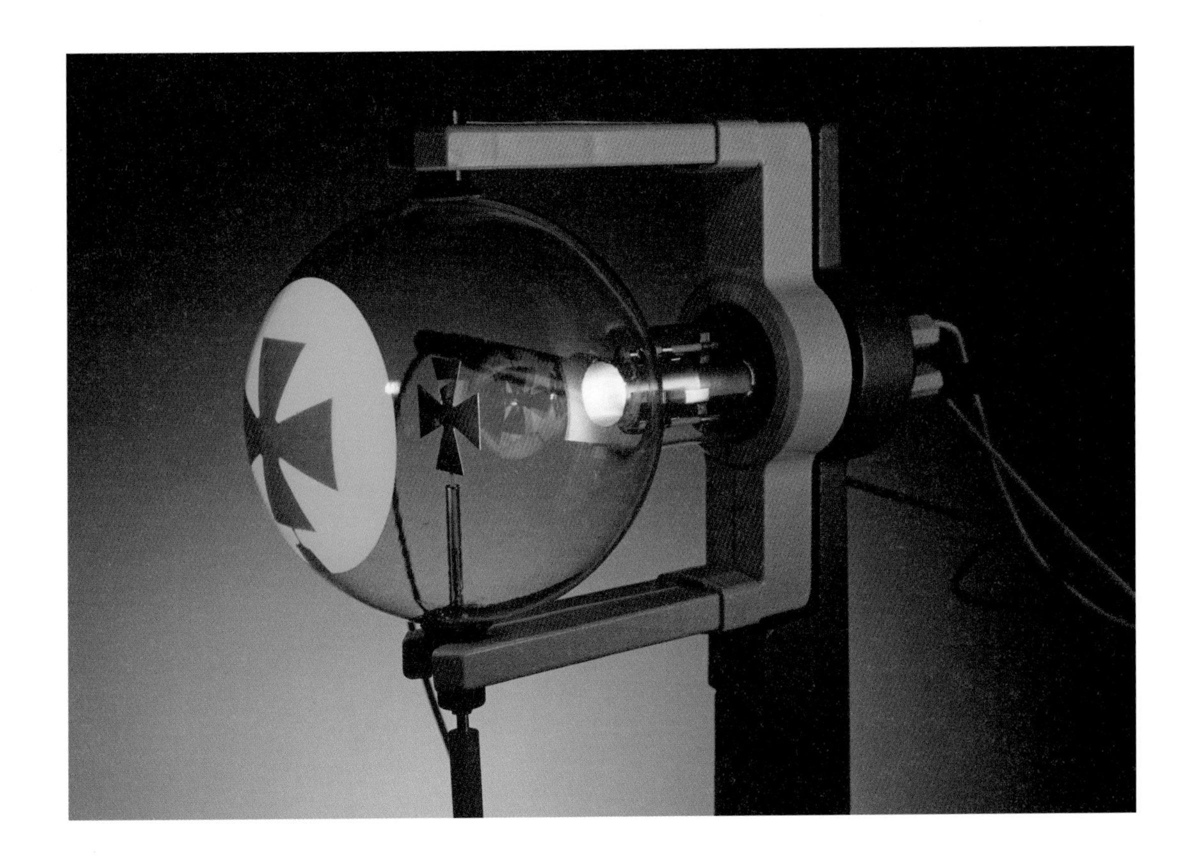

• 현대 버전의 '크룩스관' 실험. 전자 흐름(광선)의 경로에 놓인 금속 십자가가 만든 그림자가 보인다. 이 그림자는 음극선이 직선으로 이동하고 있음을 나타낸다.

있게 연구할 수 있었다. 크룩스관에서 공기를 더 빼내자, 기체가 빛나는 가운데 크룩스 암부Crookes dark space라는 검은 영역이 음극 근처에 생겨났다. 압력이 더 내려가자 검은 부분이 관 아래로 퍼졌지만 음극 뒤쪽의 유리는 빛나기 시작했다. 음극 자체는 이 빛 속에 윤곽이 뚜렷한 그림자를 남겼다.

음극에서 뭔가 방출되고 있다는 것, 그리고 그것이 직선으로 이동해 그림자를 남기는 것이 분명했다. 그 '무엇'은 '음극선'이라는 이름을 얻었다. 1876년 독일의 물리학자 오이겐 골트슈타인Eugen Goldstein이 붙인 이름이다. 관에서 공기를 더 빼낼수록 음극선을 방해할 기체 분자 숫자가 더 적어져 음극선이 더 멀리 날아가 분자에 부딪쳐 빛을 냈다. 마침내 (압력을 더욱 낮추자) 음극선은 음극에서 양극으로 직선 이동을 했지만, 많은 선들은 양극을 지나 유리를 때렸다. 플뤼커는 이러한 결과의 명료한 사례를 보여준다. 그는 몰타 십자가(아래, 위, 옆 길이가 같고 끝이 굵은 V자 형으로 된 십자가_옮긴이)처럼 생긴 양극을 만들었고 그 양극은 뒤쪽에 있는 형광체에 십자가 모양의 그림자를 남겼다.

20세기 들어 이 진공관을 발전시켜 실생활에 적용시키면서 1906년 진공관(전자밸브electronic valve)이 발명됐고, 라디오와 TV와 다른 증폭기의 트랜지스터, 그리고 훗날 초기 텔레비전의 화면을 구성하는 음극선관(일명 브라운관_옮긴이)이 탄생했다. 과학 분야에서 진공관은 X선의 발견(실험 56을 보라)과 전자 발견(실험 57을 보라)에 중요한 역할을 했다. 음극선은 사실 전자들의 흐름으로서, 크룩스관에서 빛의 속도의 약 5분의 1인 초당 6만 킬로미터 정도의 높은 속도로 가속된다.

051 다양한 음향기기를 만들어낸 압전효과

· 초음파, 마이크와 전축

18세기 중반에 이르러 칼 린네Carl Linnaeus와 다른 과학자들은 초전효과pyroelectric effect를 발견하고 연구했다. 초전효과란 특정한 종류의 결정에 열을 가할 때 결정의 전위차(전압)가 발생하는 현상이다. 초전효과의 원인은 열이 결정을 잡아 늘려 결정 내부의 음전하와 양전하 사이의 균형이 깨지기 때문이라는 설명이 제시됐다. 이 때문에 여러 과학자들은 결정에 물리적 압력을 가하면 유사한 전기 효과를 만들어낼 수 있다는 생각을 떠올리게 됐다. 그러나 프랑스의 자크 퀴리Jacques Curie와 피에르 퀴리Pierre Curie 형제가 이것이 사실이라는 것을 입증하는 실험을 실행한 것은 1880년대 들어서였다. 이들은 석영, 전기석, 토파즈, 사탕수수로 만든 설탕, 그리고 로셸염(타르타르산 나트륨 칼륨)의 일부에 압력을 가한 후 그 결정에서 생성되는 미세한 전압을 측정했다. 이들은 이 현상에 압전기piezoelectricity('압착'을 뜻하는 그리스어 piezen에서 유래했다)라는 이름을 붙였다.

이듬해인 1881년 룩셈부르크 출신의 가브리엘 리프만Gabriel Lippmann은 그 반대 효과도 예측했다. 다시 말해 결정에 전기적 신호(전위)를 가하면 결정이 압축되거나 늘어나리라는 것이었다. 그 직후 퀴리 형제는 일련의 후속 실험을 실행했고, 이 실험들은 리프만의 예측이 사실이라는 것을 입증했다. 결정에 가하는 전압이 달라지면 결정은 그에 상응해 늘어나거나 압축된다.

이 효과는 '결정'이라는 낱말을 생각하면 대부분의 사람들이 떠올리는 종류의 (석영 같은) 결정뿐 아니라, 일부 도기류와 심지어 뼈(뼈는 과학자들에게는 '결정'이다. 같은 무늬가 반복되는 벽지처럼 구조 속 원자들의 무늬가 반복되기 때문이다)와

•
피에르 퀴리 밑에서 연구했던 프랑스의 물리학자 폴 랑주뱅(1872년~1946년). 사진 오른쪽.

같은 생체 물질을 비롯한 다른 물질에서도 발생한다. 결정의 무늬는 각각 양전하나 음전하를 갖고 있는 단위들(전기를 띤 원자인 이온들)로 이뤄져 있고, 이것들은 전하들이 서로 상쇄돼 전체적으로 중성을 띠도록 배열돼 있다. 압전기를 생성하는 물질들은 원자가 되풀이되는 특정 패턴을 갖고 있으며 그 때문에 압축이 가해지면 원자들의 일부가 밀려 서로 모이게 되거나 서로 멀어져 전하의 균형이 바뀌고, 결정의 한쪽은 양전하, 다른 쪽은 음전하를 띠게 된다. 이것은 매우 작은 효과에 불과하다. 대개 일반적인 결정의 경우 이러한 변형은 해당 결정 원래 크기의 약 0.1퍼센트에서 일어나는 정도에 불과하다.

뼈의 압전성은 생명체에서 중요한 역할을 담당한다. 뼈가 압력을 받게 되면 압력을 받는 부위에 국부적으로 압전기 효과가 발생한다. 그 결과로 전하가 나오고 이 전하는 조골세포라는 뼈 형성 세포들을 끌어당기고, 이 세포들은 압력을 받는 뼈의 부위에 칼슘과 다른 무기물 침전을 증가시켜, 가장 필요한 곳의 골 밀도를 증가시킨다.

제1차 대전 무렵까지 압전기는 호기심의 대상에 불과했다. 그러나 전기를 이용해 결정을 진동시킬 때 생기는 역압전효과는 돌연 중요성이 커졌다. 프랑스의 물리학자 폴 랑주뱅Paul Langevin(피에르 퀴리의 제자 중 한 사람이다)과 동료들이 이를 이용해 초음파를 발생시켰기 때문이다. 이 초음파는 (독일의) 잠수함을 감지할 때 사용됐다. 이것이 바로 오늘날의 '소나SONAR' 장치의 전신이었다. 거의 비슷한 시기, 프랑스 과학자들이 알지 못하는 사이에, 맨체스터에 있던 어니스트 러더퍼드Ernest Rutherford와 동료들은 잠수함을 찾아내는 탐지기를 개발해냈다. 랑주뱅이 개발한 초음파 감지기와 비슷한 장치였다. 결정이 진동하면서 초음파를 발생시켰고, 배에서 발사된 초음파는 물속을 지나 잠수함을 맞고 튕겨 나와 수중청음기로 다시 탐지됐다. 이러한 초음파 발생기를 초음파 변환기ultrasound transducer라 한다. 이 장치는 제1차 대전에 영향을 미치기에는 너무 늦게 개발됐다. 그러나 랑주뱅의 팀은 1918년 수심 1,500미터에 있는 잠수함에 닿았다 튀어나온 초음파를 감지해냈다. 하지만 이 초음파 변환기는 제2차 대전의 독일 잠수함 유보트U-boat와의 전투에서는 중요한 역할을 수행하게 된다.

랑주뱅의 연구는 초음파와 이를 응용한 발명품 연구에 발동을 건 시도로 널리 인정받고 있다. 그러나 1918년 이후 압전기를 응용한 사례가 늘어났다. 마이크의 경우, 진동하는 음파를 이용해 결정을 밀어내면 전기가 발생되고 이 전기는 앰프(증폭기)나 녹음장치로 간다. 구식 전축에서도 마찬가지 작용이 일어난다. 전축의 바늘이 레코드판의 홈을 따라 움직이면서 진동되면 가변전류가 발생한다. 석영시계에서는 이와 반대되는 효과가 발생한다(이를 변환기라고 한다). 전지에서 나온 전기로 인해 결정은 정확하고 빠른 속도로 진동한다. 이 진동의 속도를 늦춰 일정한 똑딱임이 되면 시계 문자판의 시침과 분침이 움직이게 되는 원리를 이용한 것이 석영시계다. 압전기를 이용한 가장 기본적 장치는 원반형 가스 가열판에 불을 붙일 때 사용하는 전기 라이터다. 손으로 점화 장치를 누르면 라이터 내부의 작은 망치가 압전소자를 때리게 되고 결정이 압축돼 전위차이(전압)가 발생해 그것이 전기 회로 내 좁은 간극에 불꽃을 일으켜 가스를 점화시키는 원리를 이용한 것이다.

1920년대 초의 전축.

052 빛의 속도는 일정하다

· 마이컬슨-몰리 실험

빛이 파동으로 움직인다는 이론이 정립되고(실험 27을 보라), 빛의 속도가 맥스웰의 전자기 파동 방정식을 따른다는 것을 입증할 정도로 정확히 측정된 이후(실험 45를 보라), 당연히 도출되는 가정은 파동의 매개 물질이 분명히 존재한다는 것이었다. 음파가 물이나 공기 또는 고체까지도 통과해 움직이듯 빛의 파동이 통과하는 매질 또한 존재하는 게 틀림없었다. 이 신비의 물질은 '에테르'라 불렸다. 당시 과학자들이 가정한 바에 따르면, 맥스웰 방정식은 에테르를 통과하는 빛의 속도를 알려주는 것이었다. 그러나 에테르라는 물질은 아주 이상한 성질을 갖고 있음이 분명했다. 모든 물질을 통과하는 파동의 속도는 그 물질의 강도stiffness에 달려 있다(가령 음파는 공기보다 강철 속을 더 빨리 통과한다). 빛의 속도는 워낙 빠르기 때문에 에테르는 매우 강도가 센 물질, 강철보다 더 강도가 센 물질임에 틀림없었다. 하지만 행성과 다른 물체들은 방해받지 않고 에테르를 통과해 움직이기 때문에 에테르의 강도는 매우 약해야 했다. 모순이 발생하는 것이다.

1880년대 미국의 물리학자 앨버트 마이컬슨Albert Michelson은 이 문제를 염두에 두고 지구가 에테르를 통과해 어떻게 움직이는가를 측정하는 실험에 착수했다. 1881년에는 베를린에서 연구생활을 하는 동안 최초의 실험들을 실행했지만, 그 다음에는 오하이오에 있던 에드워드 몰리Edward Morley와 함께 '마이컬슨-몰리 실험'으로 유명해진 결정적 실험을 실행했다. 실험이 완성된 해는 1887년이었다.

마이컬슨-몰리 실험을 뒷받침하는 아이디어는 광선 사이의 간섭현상을 이용하는 것이었다. 이는 토머스 영과 오귀스탱 프레넬이 빛의 파동성을 확립했던 방식을 그대로 따른 것이다. 프리즘과 거울을 이용해 광선을 둘로 쪼갠다. 둘로 쪼개진 광선은 각각 설치된 거울 사이에서 반사돼 다시 검출기로 돌아가므로, 각 광선은 정확히 똑같은 거리를 다른 경로로 이동한 꼴이 된다. 마이컬슨은 에테르를 통과하는 지구의 움직임(지구의 공전과 에테르 바람_옮긴이) 때문에 광선이 각기 다른 방향으로 움직이는 데 걸리는 시간에 차이가 나고, 이러한 시간차로 인해 이중 슬릿 실험(실험 27을 보라)에서 나타났던 것처럼 간섭현상이 일어나 검고 흰 간섭무늬가 나타나리라고 추론했다. 이러한 시간차로 인한 가장 극적인 효과는 둘로 쪼개진 광선이 서로 수직 방향으로 움직일 때, 즉 한 광선은 지구의 공전과 수직 방향으로 움직이고 또 하나는 지구의 공전과 같은 방향으로 움직일 때 나타날 것이다. 첫 번째 광선은 지구와 에테르의 상대적 움직임에 영향을 받지 않는 반면, 두 번째 광선은 온전히 영향을 받을 터이기 때문이다. 그러나 이 마이컬슨 간섭계라는 이름의 장치를 만들어 관측을 시행하는 데는 극도로 세밀한 주의가 필요했다.

실험장치 전체를 수은으로 채운 욕조에 띄운 사암 덩어리 위에 올려놓는다. 마찰을 가능한 한 없애기 위함이다. 사암 덩어리는 힘을 받아 천천히 회전하

분광기를 들여다보고 있는 앨버트 마이컬슨(1852년~1931년).

앨버트 마이컬슨과 에드워드 몰리가 에테르의 흐름을 탐지하기 위해 사용했던 장치를 그린 그림. 이 장치는 수은을 채운 둥근 강철 통과 그 위에 얹은 암석 블록을 기반으로 한 것이다. 블록 위에 다양한 실험 장치가 놓여 있다. 광원(그림에서는 보이지 않는다)은 하나의 광선을 블록 중심 근처의 반투명 거울을 통과하도록 쏘아보낸다. 이 거울은 광선을 둘로 쪼개어 서로 수직 방향으로 이동하게 만들어져 있다. 두 개의 광선은 각각 블록의 구석에 도달하고, 거울에 의해 다시 중심부로 반사된다. 반사된 광선들은 중앙의 거울을 통과해 망원렌즈(역시 그림에 보이지 않는다)에 도달하고 그곳에서 간섭무늬를 만든다.

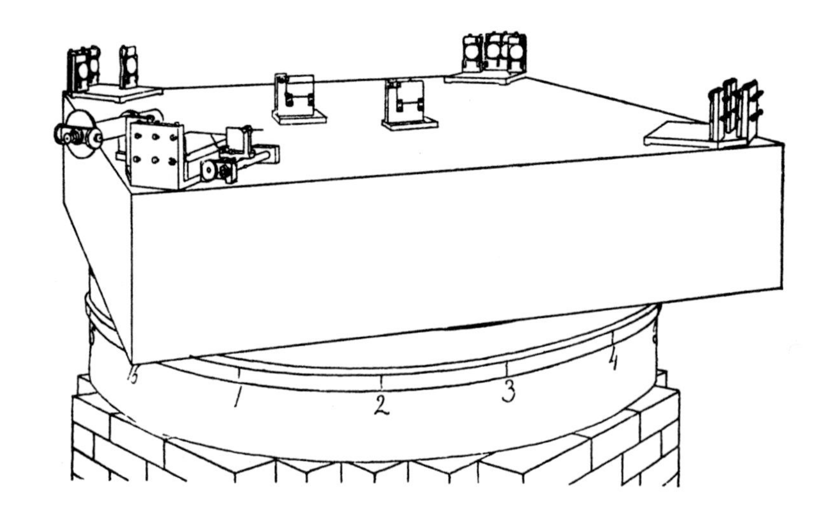

고, 그동안 마이컬슨과 몰리는 자그마한 변화라도 일어나는지 보기 위해 간섭무늬를 관찰했다. 이제 몇 분 후면 에테르에 대한 빛의 이동 범위를 될 수 있는 한 전부 모니터할 수 있을 터였다. 그러나 두 사람은 아무것도 발견하지 못했다. 첫 실험 장비를 개량한 후 이들은 하루 중 다른 시간대와 1년 중 다른 시간대를 골라 또 관측을 시행했다. 지구의 자전이나 공전으로 인해 조금이라도 관찰 가능한 효과가 발생하는지 보기 위해서였다. 하지만 아무것도 발견하지 못하기는 마찬가지였다.

마이컬슨은 영국의 물리학자 레일리 경Lord Rayleigh에게 쓴 편지에서 다음과 같이 말했다.

"지구와 에테르의 상대적 움직임에 대한 실험들이 끝났습니다. 결과는 분명 비관적입니다. 간섭무늬의 변화 값 예상치는 0.40이었는데, 최대로 얻은 변화 값은 0.02에 불과했고 평균은 그보다 훨씬 낮은 0.01이었습니다. 그것도 올바른 장소에서 얻은 값이 아니었어요. 변위displacement는 상대속도의 제곱에 비례하므로, 에테르 바람이라는 게 있다면 상대속도는 지구의 속도의 6분의 1 미만입니다."[24]

마이컬슨-몰리 실험과 '아무것도 나타나지 않은 결과'는 과학을 두 가지 측면에서 근본적으로 뒤바꿔놓았다.

첫째, 이 실험은 빛의 속도가 (맥스웰 방정식이 예상했던 바대로) 절대 상수라는 개념, 다시 말해 빛의 속도는 관측자가 어떻게 움직이건 상관없이 모든 관측자에게 동일하다는 관념을 확립시키기 위한 핵심 단계였다. 광속이 일정하다는 관념은 1905년 알베르트 아인슈타인이 자신의 특수 상대성 이론의 기초를 닦을 기본 가정 중 하나였다. 물론 아인슈타인은 맥스웰 방정식에서 도약해 자신의 이론을 정립했기 때문에 마이컬슨-몰리 실험에 별 영향을 받진 않았다.

둘째, 이 실험은 에테르라는 관념을 없앰으로써, 전자기가 진공을 통과해 퍼져나간다는 장이론이 도입되는 데 중요한 역할을 담당했다. 1907년 마이컬슨은 '광학 정밀 기기와, 이 기기를 통해 실행한 분광 및 계량 연구의 공헌'으로 노벨물리학상을 받았다.

053 전자파의 신비를 밝히다

· 전파 실험의 가치를 몰랐던 헤르츠

전자기와 맥스웰 방정식과 빛은 모두 19세기 후반 이뤄진 모든 과학실험과 연구의 주춧돌이었다. 마이컬슨과 몰리가 에테르의 증거를 찾으려다 실패한 실험을 하고 있던 무렵, 독일의 물리학자 하인리히 헤르츠Heinrich Hertz는 맥스웰의 이론이 정확하다는 증거를 보완했을 뿐 아니라 현대 통신기기 발명의 초석을 다지고 있었다.

맥스웰은 전자기 파동을 기술하는 방정식을 통해 전자기파가 빛의 속도로 이동하는 것이 틀림없다는 사실을 발견함으로써 빛도 일종의 전자기파에 틀림없다는 결론을 내렸을 뿐 아니라, 다른 복사도 전자기 법칙에 따라 전자기장을 통해 전달되리라고 예측했다(실험 45를 보라). 1880년대 중반 헤르츠가 발견한 것이 바로 이 '다른 복사'는 오늘날 전파(전자기파)라 불리는 복사였다.

헤르츠는 마이클 패러데이의 발자국을 따라(실험 35를 보라) 2개의 라이스 나선Reiss spirals(솔레노이드처럼 코일 2개에 도선을 감은 다음 두 코일의 한쪽 끝에 금속 공을 달아 금속 공 2개가 약간의 틈을 두고 떨어져 있도록 만든 전도체)을 이용한 유도전지로 실험을 실행했다. 그는 라이덴병(축전지)에서 나오는 전기가 (금속 공들을 경유해) 이 코일 중 하나로 들어갈 때 일어난 불꽃방전이 두 공 사이의 틈새를 건너뛰는 현상을 발견했다. 2개의 코일을 연결해놓지도 않았고(패러데이의 코일과 달리), 심지어 철 막대를 세워 간접적으로 전기를 통하게 하지 않았는데도 불꽃방전이 일어난 것이다. 어떤 힘이 코일 사이의 틈새를 이동했고, 그 결과 두 번째 코일이 첫 번째 코일의 활동에 반응해 불꽃방전을 일으킨 것이다. 전파(전자기파)가 검출된 것이다.

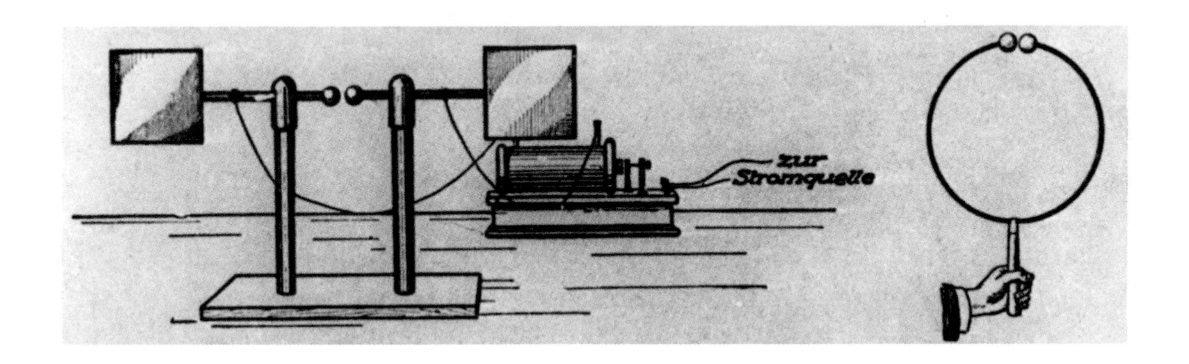

하인리히 루돌프 헤르츠(1857년~1894년)가 전파를 발견하기 위해 사용했던 장치를 그린 삽화.

헤르츠는 이 현상을 연구하기 위해 실험 규모를 더 크게 키웠다. 발전기와 유도전지를 이용해 불꽃방전을 일으킨 것이다. 단 이번에는 먼젓번 실험에서 사용했던 라이스 나선 유도전지 대신 2미터 길이의 도선을 사용했다. 이 도선의 양끝에는 지름 4밀리미터짜리 작은 금속구가 붙어 있었고, 이 2개의 금속구 사이를 떼어 놓아 틈새를 만든 다음 그 틈새에서 불꽃방전을 일으킨 것이다. 2미터짜리 도선은 전자기 에너지의 방출기radiator(현대 언어로 바꾸면 송신 안테나) 역할을 했다. 불꽃방전을 일으키는 전류는 도선을 따라 이리저리 산란했다. 안테나가 방출하는 전파를 감지하기 위해 다양한 장비가 사용됐는데, 그 중 가장 간단한 장비는 1밀리미터 두께의 구리선을 지름 7.5센티미터 정도의 원으로 구부린 것이었다. 선의 한쪽 끝에는 작은 놋쇠 공을 달아놓았고, 뾰족한 다른 쪽 끝은 쇠공을 건드릴 만큼 가까이 놓았다.

구리선의 뾰족한 끝부분과 쇠공 사이의 조절 가능한 틈새는 대개 몇 백 분의 1밀리미터였다. 송신기(2미터짜리 도선)의 간격을 긴너뛰는 불꽃방전은 수신기(구리선 장비)에서도 비슷한 방전현상을 일으켰다. 헤르츠는 수신기와 송신기 사이의 거리를 몇 미터 단위로 다양하게 조정하면서 그 반응으로 나오는 불꽃방전의 강도를 측정함으로써 방출되는 전파의 성질을 알아냈다. 그뿐 아니라 그는 연구용 정재파standing wave(파동이 한정된 공간 안에 갇혀 제자리에서 진동하는 형태를 나타내는 것. 정상파라고도 한다. 진행파의 반대_옮긴이)를 만들기 위해 아연판을 반사체reflector로 쓰는 실험도 실행했다.

1886년과 1889년 사이에 실행한 일련의 실험을 통해 헤르츠는 전자파의 길이가 4미터로서 전송하는 안테나 길이의 2배라는 것, 그리고 이 파가 빛의 속도로 움직인다는 것을 발견했다. 또한 전자파가 빛처럼 반사될 수도 있고 굴절될 수도 있다는 것, 그리고 반사거울로 모을 수도 있다는 것을 입증해냈다. 맥스웰의 전자기 이론을 실험으로 확증한 것이다. 가시광선은 400나노미터에서 700나노미터 사이의 범위의 파장을 갖고 있다. 1나노미터는 10억 분의 1미터다. 헤르츠파(전자파)는 빛의 파동보다 약 1,000만 배 더 컸지만 동일한 규칙을 따랐다.

이 발견들은 〈물리학 연보Annalen der Physik〉에 여러 편의 논문으로 발표됐고, 1892년에는 헤르츠의 《전기 에너지의 전파에 관한 연구Untersuchungen Ueber Die Ausbreitung Der Elektrischen Kraft》에도 실렸다.

《전기 에너지의 전파에 관한 연구》는 오늘날 고전으로 평가받고 있지만, 당시 헤르츠는 자신이 발견한 바가 지닌 실용적 함의를 전혀 알지 못했다. 그는 한 학생에게 다음과 같이 말했다.

"전파 실험은 아무짝에도 쓸모없어요. 거장 맥스웰이 옳았다는 것을 입증하는 실험일 뿐입니다. 육안으로 보이지 않는 신비로운 전자기파가 그냥 존재한다는 걸 보여준 거죠. 보이지 않는다고 없는 건 아니니까요."

학생이 질문했다.

"그 다음은요?"

헤르츠는 대답했다.

"그걸로 끝입니다. 다음이란 없겠죠."[25]

헤르츠의 생각은 틀렸다. 그가 발견한 파동(전파)은 라디오, 레이더, 텔레비전뿐 아니라 우리가 살고 있는 무선 시대의 초석을 닦음으로써 20세기 통신문화를 혁신적으로 바꿔놓았다. 주파수(초당 반복된 진동수)의 단위를 헤르츠(Hz)라 명명한 것은 헤르츠의 공적을 기리는 가장 대표적인 헌사다. 헤르츠 단위로 환산하자면, 헤르츠가 연구했던 파동의 주파수는 몇 백 메가헤르츠(MHz)로서, 반파장 다이폴 안테나에 의해 발생된 정도의 주파수에 해당했다.

054 '귀족기체'를 발견하다

· 레일리 남작과 윌리엄 램지

때로 실험의 결실은 오랜 시간 숙성기간을 거친 후에야 맺어진다. 실험에서 얻은 결과를 온전히 이해하기 위해서는 후속 실험을 할 수 있는 기술 개발이 선행돼야 하기 때문이다. 1780년대 중반 헨리 캐번디시의 신비한 발견 후에 벌어진 일이 바로 그러한 사례다.

당시 캐번디시는 자신이 '탈플로지스톤 공기dephlogisticated air(산소)'라 명명한 것과 '플로지스톤 공기phlogisticated air(질소)'라 명명한 기체의 성질을 연구하고 있었다. 그는 두 기체의 혼합물에 불꽃을 통과시켜 오늘날 산화질소라 알려진 다양한 물질을 만들 수 있었다. 그러나 실험 동안 캐번디시는 뭔가 이상한 점이 있다는 것을 알아차렸다. 그가 대기 중에서 수집한 공기(이는 대개 질소와 산소의 혼합물이다) 샘플로 실험을 시작할 경우 산소와 질소 두 기체의 모든 흔적을 제거하고 모든 화학 작용이 멈추고 난 다음에도 소량의 기체가 자꾸 남는 것이었다. 그의 말대로 이것은 "분명 플로지스톤 공기량의 125분의 1정도에 불과"했다. 이것만 보아도 캐번디시가 얼마나 정교한 실험 기술을 보유한 과학자인가를 알 수 있다. 하지만 캐번디시는 그 소량의 기체가 무엇인지는 전혀 알지 못했다.

100년이 넘는 세월 동안 캐번디시의 실험 결과는 아무런 진전을 보지 못했다. 캐번디시가 실험을 한 지 100년이 지난 후, 존 윌리엄 스트럿John William Strutt(제3대 레일리 남작)은 서로 다른 기체의 밀도를 측정하는 정밀한 실험을 수행했다. 원자 질량 측정 프로젝트의 일환이었다. 레일리 경은 당시 케임브리지 대학교의 교수였지만 에섹스에 있는 털링의 개인 실험실을 쓰고 있었다. 1892

헨리 캐번디시(1731년~1810년).

년 그는 공기 중에서 추출한 질소의 밀도가 인위적으로 암모니아(NH_3)를 쪼개 이를 구성하는 원소로 분해해서 얻은 질소의 밀도보다 약간 크다는 사실을 발견했다. 당연히 공기 중에서 얻은 질소에 불순물이 존재하기 때문이라고 밖에는 설명할 수 없는 상황이었다. 레일리 남작은 동료들에게 이를 더 알아보라고 권유했다.

남작의 동료 중 한 사람인 윌리엄 램지는 당시 유니버시티칼리지런던UCL에 있었는데, 1894년 4월 19일 레일리 남작의 강연을 들었다. 남작은 그 강연에서 자신이 기체 밀도 실험에서 발견한 수수께끼를 부각시켰다. 램지는 남작에

실험실에 있는 윌리엄 램지(1852년~1916년).

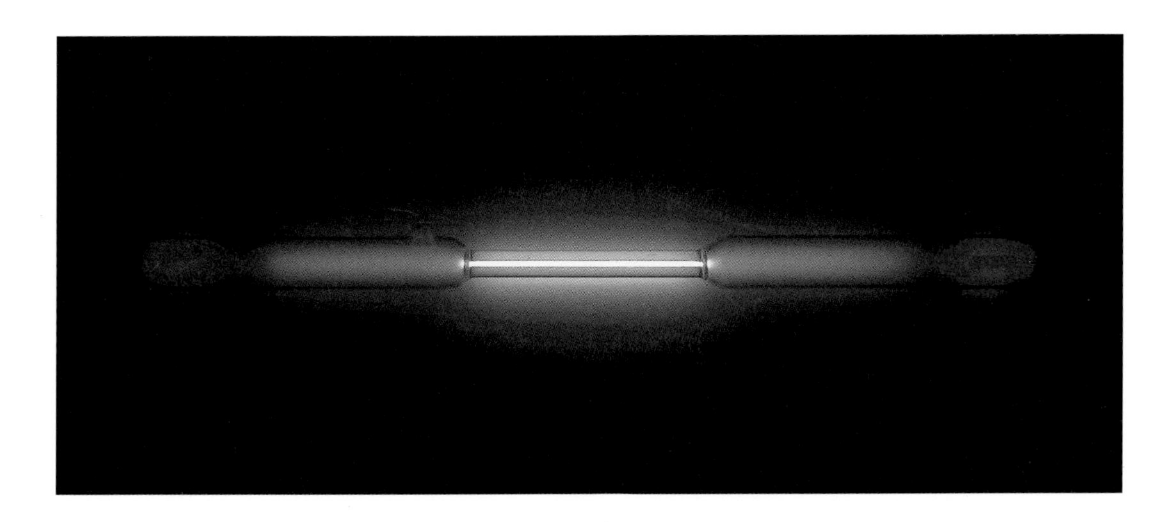

•
아르곤 기체가 들어 있는 전기 방전관. 아르곤 스펙트럼에서 고유하게 나타나는 색깔로 빛나고 있다.

게 후속 실험을 하겠다고 말한 다음 실험에 돌입했고, 그해 8월 무렵 그 불순물이 무거운 기체라는 것을 확인했다. 다른 어떤 물질과도 화학 반응을 일으키지 않는 이 기체에 그는 ('게으르다'라는 뜻의 그리스어 낱말 argos를 따라) '아르곤'이라는 이름을 붙였다. 지구 대기의 0.93퍼센트를 차지하고 있는 아르곤은 최초로 밝혀진 비활성 기체였다. 때로 비활성 기체에 '귀족기체noble gases' 라는 별칭이 붙은 것은 이 기체들이 화학 작용을 멀리한다는 이유에서였다. 그러나 훗날 레일리 남작이 지적한 바대로 "아르곤은 귀한 기체가 아니다. 큰 방안에는 한 사람이 운반할 수 있는 질량보다 더 많은 질량의 아르곤이 함유돼 있을 수 있기 때문"이다.[26]

1895년 초, 켈빈 남작(윌리엄 톰슨_옮긴이)은 왕립학회 회장 연설에서 아르곤의 발견을 1894년 최고의 과학적 발견이라고 칭송했다. 램지와 레일리 남작은 1895년 후반 이 발견을 다루는 공동 논문을 출간했고, 램지는 여기서 더 나아가 다른 비활성 기체들을 발견했다. 현재 헬륨, 네온, 크립톤, 크세논, 라돈이라고 알려진 것들이다.

램지가 레일리 남작의 강의에서 큰 자극을 받았던 이유를 깨달은 것은 그로부터 세월이 한참 지난 후였다. 1904년의 노벨화학상 수상 강연에서 램지는 다음과 같이 말했다.

"당시 저는 공기 중의 질소와 산소 화합물에 대한 캐번디시의 유명한 실험에 관한 글을 분명히 읽었습니다. 1849년 캐번디시 학회에서 발간한 캐번디시 전기에는 전기불꽃을 질소와 산소가 결합된 기체에 통과시키자 전체 기체의 125분의 1밖에 안 되는 찌꺼기가 남았다는 그의 실험에 대한 내용이 나오거든요. 그런데 그 바로 반대편 페이지에 제가 '더 알아볼 것'이라는 문구를 써놓았더군요. 아마 이런 기억이 잠재돼 있었기 때문에 1894년 레일리 경에게 '공기 중의 질소' 밀도가 더 높았던 이유를 설명할 수 있게 됐던 것 같습니다."[27]

램지가 노벨화학상을 받은 해 레일리 경은 노벨물리학상을 수상했다. 본질적으로 두 사람의 연구는 같았다. 레일리 경의 수상 이유는 "가장 중요한 기체들의 밀도에 관한 연구 그리고 그와 관련된 아르곤 발견의 공로"였고, 램지의 화학상 수상 이유는 "공기 중의 비활성 기체 원소의 발견에 기여한 공로와 주기율 체계에서 이 원소들의 위치를 결정한 공로"였다. 하지만 램지의 수상 이유는 발견 자체보다는 아르곤의 발견이 지니는 의의, 그리고 왜 그 발견이 그토록 큰 인정을 받을 가치가 있는가에 대한 이유를 강조한 것이다.

비활성 기체 발견의 근원적 중요성은 원자 구조에 대한 지식의 발전에 그것이 기여한 바에 있다. 비활성 기체들은 결국 드미트리 멘델레예프Dmitri Mendeleyev가 개발한 원소 주기율표에서 고유한 범주를 형성하게 된다. 20세기 들어 닐스 보어Niels Bohr가 원자 구조의 관점으로 화학을 설명하는 이론을 개발했을 때, 그는 비활성 기체 원자 속 전자의 분포로 비활성의 원인을 설명할 수 있었다. 비활성 기체의 전자껍질은 안정적 배열을 이루고 있어, 전자들이 다른 원자들과 반응하지 못하게 만든다는 설명을 내놓은 것이다.

055 발효연구에서 탄생한 생화학

· 부흐너의 효모 세포 실험

19세기 말에도 여전히 생명체의 화학작용에 뭔가 고유하고 특별한 측면이 있다고 주장을 굽히지 않는 훌륭한 과학자들이 건재했고(루이 파스퇴르도 그런 과학자 중 한 명이었다), '생명력'은 생기론적 과정vitalistic process에 수반되는 개념으로 남아 있었다. 생기론에 대한 최후의 반격은 1897년에 이뤄졌다. 독일의 화학자 에두아르트 부흐너Eduard Buchner가 그 반격을 위한 실험의 주인공이다.

부흐너는 발효 문제를 다루기로 했다. 당시 발효 문제에 관한 견해는 둘로 나뉘어져 있었다. 발효란 살아있는 세포가 산소를 쓰지 않고 당 등의 양분을 알코올과 이산화탄소 같은 더 단순한 화합물로 변형시키고, 세포에 동력을 공급하는 에너지를 방출하는 과정이다. 발효는 생명체에서 흔히 발생하는 과정이지만, 부흐너의 연구 대상은 효모균의 알코올 생산이라는 다소 단순한 과정이었다. 그 당시 많은 사람들은 발효를 효모의 생명 과정과 불가분의 생리 작용이라고 생각했나. 물론 프리드리히 뵐러(실험 34를 보라)는 1839년에 이미 이러한 생기론적 편견을 다음과 같이 풍자했다.

"한마디로 말해서 효모라는 원생동물은 게걸스레 당분을 먹은 다음 창자에다가는 에틸알코올을, 비뇨기에다가는 이산화탄소를 싸놓는다."

효모는 실로 살아있는 유기체이고 발효 과정에 꼭 필요했다. 발효가 이뤄지는 것은 효모 세포가 살아있었기 때문일까, 아니면 효모 세포에 어떤 화학물질이 함유돼 있어, 생기론적 과정에 기대지 않고도 당분을 알코올과 이산화탄소로 바꾸도록 독려하기(촉매작용을 하기) 때문일까?

에두아르트 부흐너(1860년~1917년).

답을 알아내는 유일한 방법은 '실험'이었다. 오랫동안 이 문제에 관심을 가진 부흐너는 1896년 튀빙겐대학교의 분석 및 약화학 객원교수로 임명되면서 온전한 장비를 갖춘 실험실에서 대규모 실험을 할 수 있게 됐다. 1897년 1월 9일 무렵 그는 〈효모세포 없는 알코올 발효에 관하여Alkoholische Gärung ohne Hefezellen〉라는 중요한 논문을 〈독일 화학 학회보Berichte der Deutschen Chemischen Gesellschaft〉로 보낼 채비를 했다.

효모 세포는 원형질이라는 반유동체로 가득 찬 작은 거품과 같으며, 비교적 단단한 세포막에 둘러싸여 있다. 세포 내용물의 화학적 구조를 탐구하려면 세포막을 제거할 때 물리적으로 으스러뜨리는 방법을 써야 했다. 화학 반응을 일으키는 용매나 고온을 이용해 세포막을 제거할 경우 연구 대상의 화학적 성질이 바뀔 수 있기 때문이었다. 그리고 가능한 한 제거 과정은 신속히 끝내야 했다. 실험이 진행되는 동안 일어날 수 있는 변화 가능성을 최소화하기 위해서였다.

부흐너는 살아있는 효모 세포로 실험을 시작했지만, 차차 물리적 수단을 통해 효모 세포를 죽인 다음 이 세포를 구성하는 화학 성분으로 환원시키는 과정을 도입했다. 건조 효모와 규사와 규조토diatomite라는, 부드럽고 잘 바스러지는 돌을 섞은 다음 막자사발에 혼합물을 넣고 잘게 갈았다. 혼합물을 갈아버리자 속에 들어 있던 효모세포가 파열돼 안의 내용물이 나와 혼합물이 축축해졌다. 그런 다음 반죽처럼 눅눅한 혼합물을 으깨어 실험용 '추출액'을 뽑아냈다.

이 과정은 매우 효율적이어서, 1,000그램의 효모에서 0.5리터 가량의 추출액을 얻어냈다. 실험에 쓸 수 있을 만큼 충분한 양의 재료를 얻은 것이다. 설탕 용액에 갓 추출한 효모액을 섞자 기체가 강력하게 뿜어져나오는 현상이 발생했다. 효모 추출액을 농축시킨 설탕 용액과 함께 섞어 넣은 용기를 여러 시간 동안 방치해두자 용기 속에서는 이산화탄소 거품이 격렬하게 피어올랐고, 거품 층이 두텁게 생겨났다. 발효가 일어나고 있다는 뜻이었다. 체온 정도의 온도에서 설탕을 추출액에 녹이자 15분 이내로 동일한 효과가 나타났다. 부흐너와 동료들의 세심한 연구 결과, 죽은 효모가 발생시킨 이산화탄소와 알코올의 양과 살아있는 효모가 발생시킨 양이 정확히 똑같다는 사실이 확증됐다. 하지만 현미경으로 살펴보니 추출액에 살아있는 효모 세포는 전혀 없었다.

후속 연구를 통해 부흐너는 당분의 분해를 촉진시키는 핵심 물질이 효소라는 것을 발견했다. 그는 이 효소에 치마아제zymase(당류를 분해해 알코올이 되게 하는 효소_옮긴이)라는 이름을 붙였다. 치마아제는 효모 세포 내에서 만들어지는 단백질이므로, 발효 과정에 생명체가 개입돼 있다고 볼 수 있다. 부흐너는 노벨상 수상 강연(부흐너는 1907년 생화학 연구 업적과 무세포 발효를 발견한 공로로 노벨 화학상을 받았다)에서 이렇게 말했다.

"미생물이 효소를 생산한다는 점을 고려해보면 효소와 미생물 사이의 차이를 분명히 알 수 있습니다. 효소는 복잡하지만 분명히 생명체는 아닙니다. 효소는 화학물질입니다."

그러나 중요한 점은 효모가 살았건 죽었건 화학 작용은 지속된다는 것이다. 효소는 많은 생물의 작용에서 중요한 역할을 수행하지만, 오늘날에는 생명체를 관여시키지 않고도 효소를 화학적으로 합성할 수 있다.

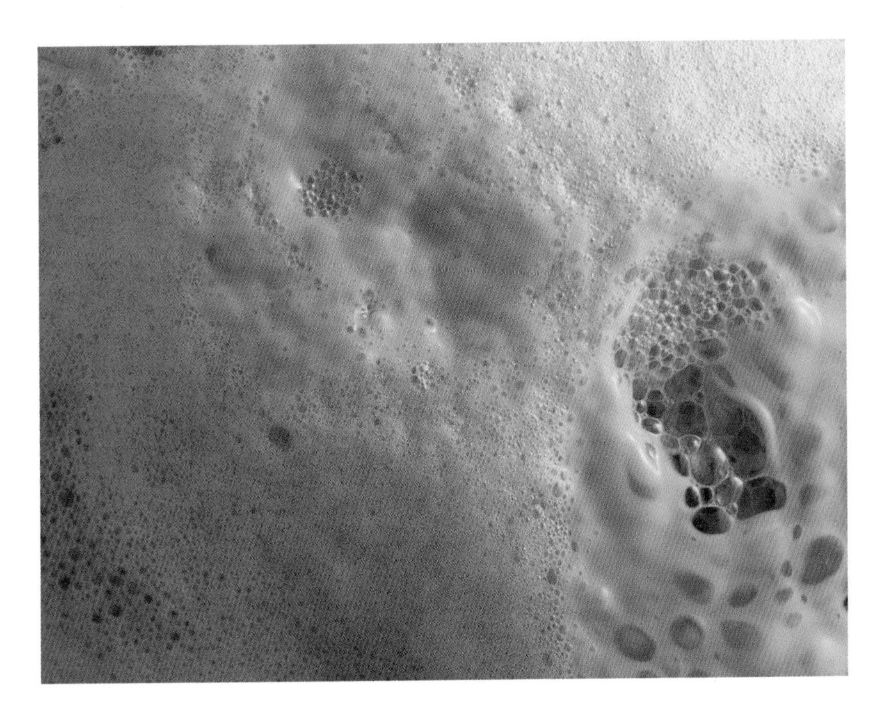

제빵사나 양조업자의 효모에서 발생하는 거품. 당분 발효 과정에서 보이는 맥주효모균 Saccharomyces cerevisiae이다.

056 죽음이 보이는 사진

· 뢴트겐의 엑스선

실험과학과 과학기술 간에 긴밀한 관계가 있다는 사실이 확실하게 입증된 것은 19세기, 물리학이 발전하던 시기부터다. 과학기술의 중요한 성과물 중 하나인 진공관(크룩스관)은 소립자의 세계에 대한 지식의 혁명을 일으켰고, 이는 원자물리학의 탄생으로 이어졌다.

1894년 독일에서 연구 중이던 필립 레나르트Philipp Lenard는 하인리히 헤르츠가 실행했던 실험의 연장선상에 있는 실험을 하고 있었다. 음극선이 진공관 내에 있는 얇은 금속박을 어떻게 통과하는지 살피는 실험이었다. 음극선은 감지 가능한 구멍을 전혀 남기지 않고 금속박을 통과했기 때문에, 레나르트는 음극선이 입자가 아니라 '파동'임에 틀림없다고 생각했다. 그런데 이런 생각은 곧 틀린 것으로 판명될 터였다(실험 57을 보라). 한편 뷔르츠부르크대학교의 물리학 교수였던 빌헬름 뢴트겐Wilhelm Röntgen은 음극선이 크룩스관의 유리를 통과해 나올 수 있는지 여부를 알아내기 위해 레나르트의 연구를 더 진척시켜 보기로 했다. 1895년 11월 중요한 실험들을 실행하던 뢴트겐은 이미 50세였다. 그는 능숙한 실험 능력으로 명성이 자자한 과학자였음에도 불구하고 늘 새로운 생각에 열린 태도를 갖고 있었다.

뢴트겐은 음극선이 크룩스관 유리를 뚫고 나가는지 볼 목적으로 어두운 방에 실험 장치를 설치하고 크룩스관 전체를 얇고 검은 판지로 덮었다. 관 내부에서 어떤 빛도 빠져나가지 못하게 하기 위해서였다. 그는 어둠에 눈이 적응되면, 자신이 직접 만든 간단한 음극선 장치에서 나오는 어떤 빛이건 확실히 잡아내고 싶었다. 시안화백금바륨을 바른 얇은 판지에 음극선을 쬐면 형광 효과

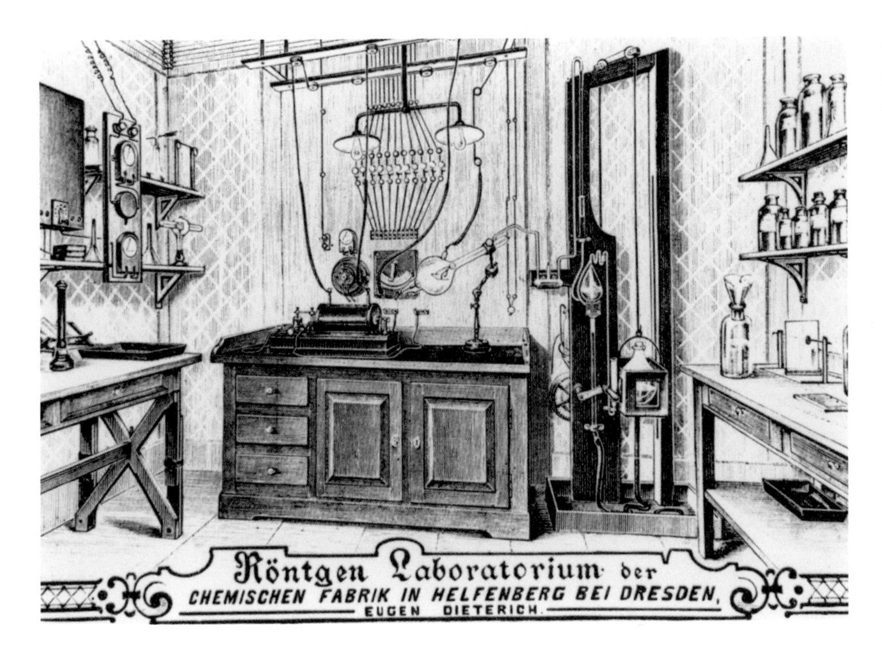

빌헬름 콘라트 뢴트겐(1845년~1923년)의 실험실.

가 나타난다는 사실은 이미 알려져 있었기 때문에, 뢴트겐은 이 형광 효과에 유의해서 실험실을 어둡게 하고 시안화백금바륨을 바른 스크린을 놓았다. 초기 테스트를 몇 번 실행한 다음 뢴트겐은 더 두꺼운 유리벽으로 된 진공관을 사용해 실험을 되풀이해보기로 했다. 1895년 11월 8일, 새 진공관을 설치하고 검은 판지로 덮은 후 진공관을 켜고 실험실 불을 끄면서 시안화백금바륨을 바른 스크린을 한쪽에 놓았다. 스크린을 놓은 것은 관에서 나오는 어떤 빛이건 잡아내기 위함일 뿐이었다. 그런데 놀랍게도 스크린에서 희미한 빛이 보였다. 이 빛은 진공관으로부터 한참 떨어진 구석에서 빛나고 있었다. 분명 음극선이 방출하는 '형태'의 빛은 아니었다. 뭔가 미지의 다른 것이 진공관을 켰을 때(음극선관에 전류를 흘려보냈을 때) 스크린을 빛나게 만들고 있었다.

그 다음 몇 주 동안 뢴트겐은 스스로 '엑스선X-rays(예로부터 'X'는 알려지지 않은 양을 가리킬 때 쓰이는 표현이었는데, 일부 나라에서는 엑스선을 뢴트겐선이라고 불러서 뢴트겐에겐 당혹스러운 일이었다)'이라 명명한 이 빛을 주의 깊게 연구했다. 그는 음극선이 크룩스관의 유리벽을 때린 곳에서 방출돼 사방으로 뻗어나간다는 것을 발견했다. 엑스선은 직선으로 움직였고, 전기장이나 자기장에 의해 방향이

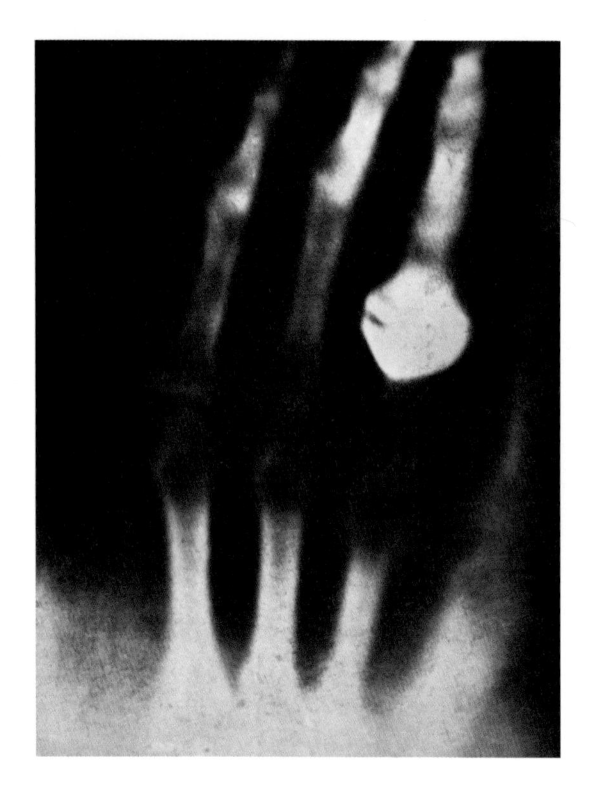

•
인체를 찍은 최초의 엑스레이 사진(1895년). 뢴트겐이 아내의 손을 직접 촬영한 사진에는 반지를 끼고 있는 손이 보인다.

바뀌지 않았다. 그러나 가장 충격적인 발견은 엑스선이 인간의 피부조직을 비롯해 다양한 물질을 관통하는 성질을 갖고 있다는 것이었다. 엑스선이 발견된 후 2주 만에 뢴트겐은 최초의 엑스선 사진을 촬영했다. 아내의 손을 찍은 사진에는 손가락뼈와 결혼반지가 나타났다. 사진은 그가 엑스선 발견 내용을 발표한 과학 논문에 게재됐다. 〈새로운 종류의 광선에 관하여Über eine neue Art von Strahlen〉라는 제목의 논문은 1895년 12월 28일에 작성돼 1896년 초 출간됐다.

엑스선의 발견은 세상을 발칵 뒤집어놓았다. 뭐니 뭐니 해도 뢴트겐의 아내 안나의 손가락을 엑스선으로 찍은 사진이 공개됐기 때문이었다(안나는 자신의 손가락 사진을 보자마자 "죽음이 보여요!"라고 외쳤다). 1896년 1월 13일 뢴트겐은 베를린에 있는 빌헬름 2세 황제 앞에서 엑스선을 실연해 보였다. 이 논문의 영어 번역본은 1월 23일자 〈네이처Nature〉지와 2월 14일자 〈사이언스Science〉지에 게재됐다. 엑스선은 곧 빛과 같은 전자기 스펙트럼이지만, 주파수가 더 높은 (즉 파장이 더 짧은) 복사선으로 판명됐다.

이 발견의 의학적 함의는 더할 나위 없이 분명했다. 엑스레이는 중요한 진단 도구로서, 의사가 환자의 몸을 가르지 않고도 내부를 볼 수 있게 해줬다. 1896년 말 경, 글래스고 병원에 최초의 방사선과가 문을 열었고, 엑스선을 통해 신장결석 사진이나 아이의 목에 걸린 동전 사진을 촬영하게 됐다. 발견된 지 2년도 채 되지 않아 엑스선은 전장에서 유용한 도구로 쓰이게 됐다. 1897년 발칸 전쟁 동안 환자의 몸 안에서 총탄과 부러진 뼈를 찾는 데 이용된 것이다.

1901년 제1회 노벨 물리학상을 받은 인물이 바로 뢴트겐이다. 훗날 그의 이름을 따라 명명된 "놀라운 선의 발견으로 이룩한 놀라운 업적"이 수상 이유였다.

057 기다렸던 '전자'의 출현

· J. J. 톰슨의 미립자

전자는 곧 발견될 운명이었다. 1890년대 여러 실험과학자들이 전자를 발견하는 쪽으로 다가가고 있었다. 핵심적인 공헌을 한 인물은 케임브리지대학교 캐번디시 연구소에서 연구 중이던 J. J. 톰슨J. J. Thomson이었다(흥미롭게도 J. J. 가 어떤 이름의 첫 글자인지는 잘 알려져 있지 않으며, 늘 J. J. 톰슨이라고 소개될 뿐이다).

1894년, 톰슨이 전자 발견의 첫 번째 실마리를 찾은 것은 크룩스관(실험 50을 보라)을 통과하는 음극선의 속도를 측정하다가 음극선의 속도가 빛의 속도보다 훨씬 느리다는 것을 발견했을 때였다. 이런 결과로 추정해볼 때 음극선은 전자기복사일 리가 없었다. 모든 전자기복사의 속도는 같다는 맥스웰 방정식과 맞지 않기 때문이었다. 그로부터 1년 후, 프랑스의 물리학자 장 페랭Jean Perrin은 음극선이 자기장에 의해 휘어진다는 것을 발견했다. 음극선이 전하를 띤 입자의 흐름으로 이뤄져 있다는 것을 암시하는 발견이었다. 음극선 편광deflection의 방향으로 보아 음극선 입자들은 음전하를 띠고 있음에 틀림없었다.

J. J. 톰슨(1856년~1940년).

하지만 입자란 무엇일까? 당시 베를린에서 연구 중이던 독일의 물리학자 발터 카우프만Walter Kaufmann은 입자들이 전하를 띤 원자(오늘날에는 이온이라 한다)가 틀림없다고 생각했다. 그는 음극선이란 음극에서 음전하를 얻은 원자라고 생각

• 톰슨이 사용했던 장치. 톰슨은 이 장치로 전자를 발견했다.

했고, 음극선이 다양한 종류의 미량의 기체가 들어 있는 진공관의 전기장과 자기장에 의해 어떻게 편향되는가를 추정했다. 그는 입자의 전하량과 질량 간의 비율을 산출해냈고(대개 e/m이라고 쓴다), 기체마다 원자량이 다르기 때문에 기체가 달라지면 전하량과 질량 간의 비율 값도 달라지리라 예상했다. 하지만 매번 e/m값은 동일했다.

톰슨도 음극선의 e/m값을 측정했지만, 카우프만과 달리 그는 애초부터 매번 같은 값이 나오리라 예상했다. 톰슨은 아예 음극선이 음극에서 방출되는 동일한 입자들의 흐름이라고 생각했기 때문이다. 따라서 그는 오염을 피하기 위해 가능한 한 순수한 진공관(당시 세계 최고의 진공관)을 사용했고, 음극선이 한쪽에서는 자기장에 의해, 반대쪽에서는 전기장에 의해 동시에 힘을 받도록 하는 영리한 기술을 고안해냈다. 그는 이 자기장과 전기장의 세기를 조절함으로써 마침내 음극선을 직진시킬 수 있었고, 이 작업에 필요한 장의 세기를 이용해 e/m값을 산출해냈다.

이 실험 단계에서는 e/m의 비율 값만 알아냈을 뿐 전하와 질량의 값을 따로 뽑지는 못했지만, 톰슨은 이 값을 가장 가벼운 원소인 수소의 전하를 띤 원자(이온)를 이용한 동일한 실험에서 얻어낸 값과 비교해볼 수 있었다. 이를 통해 톰슨은 음극선 입자들의 질량이 매우 작았거나, 전하가 매우 컸거나, 아니면 두 가지 다가 결합돼 이런 결과가 나왔다고 생각했다. 이로써 톰슨이 미립자corpuscle라는 이름을 붙였던 관련 입자들이 원자보다 더 작기 때문에, 이것이 원자에서 빠져나왔거나 튕겨나온 그 일부일지도 모를 가능성이 제기됐다. 1897년 4월 30일 왕립연구소의 강연에서 톰슨은 다음과 같이 말했다.

"원자보다 더 미세하게 나뉘는 물질의 상태를 가정해보는 것 자체가 어쨌건 놀라운 일입니다."

훗날 톰슨이 회상한 바에 따르면 관객 중 최소 한 명은 그가 자신을 놀리고 있다고 생각했다. 1890년대에 원자를 쪼갤 수 있다는 관념은 그만큼 터무니없어 보였던 것이다.

톰슨의 '미립자'는 곧 '전자'라는 이름을 얻게 됐고, 훗날 그 의의를 인정받아 1897년을 '전자 발견의 해'로 기념하게 됐다. 그러나 톰슨이 금속에 자외선을 쏘아 음전하 입자를 방출하게 하는 실험(광전효과 실험)으로 전하량 자체를 알아내기까지는 2년의 세월이 더 소요됐다. 그는 음전하를 띤 입자의 e/m값을 측정했고, 이 입자가 음극선 미립자와 동일하다는 것을 입증했으며, 그 다음 전기장 안에서 움직이는 이 입자들에 의해 전하를 띠게 된 물방울을 모니터함으로써 이 입자들의 전하량을 알아냈다. 이렇게 측정한 수치들과 e/m값을 결합함으로써 개별 미립자, 즉 전자의 질량을 알아냈다. 전자 질량은 수소 원자 한 개 질량의 2,000분의 1에 불과한 것으로 밝혀졌다. 1899년 12월 그는 〈철학회보Philosophical Magazine〉에 다음과 같이 전자 이론을 정리했다.

"이런 관점에서 전기발생electrification은 본질적으로 원자의 쪼개짐과 관련이 있다. 전기 현상이란 원자의 질량 중 일부가 원래 원자에서 떨어져나오는 것이다."[28]

분명한 것은 이제 원자가 더 이상 쪼개질 수 없는 입자가 아니라는 사실이었다. 전자가 발견되는 역사적 순간이었다.

058 엑스선에서 방사능으로

· 앙리 베크렐과 마리 퀴리

엑스선의 발견(실험 56을 보라)은 곧 또 다른 심오한 발견으로 이어졌다. 1896년 1월 뢴트겐의 연구 소식이 학계로 퍼져나가던 당시, 앙리 베크렐Henri Becquerel은 파리에 있는 프랑스 자연사 박물관의 물리학 교수였다. 그의 아버지와 할아버지도 모두 같은 직위에 있었고, 발광 현상을 주로 연구했다. 특히 어둠속에서 빛나는 결정의 인광phosphorescence(물체에 빛을 쬔 후 빛을 제거해도 장시간 빛을 내는 현상 또는 그 빛_옮긴이)을 연구하는 일은 베크렐 가의 전통이었다. 이 결정들은 햇빛에 노출돼야 에너지를 얻어 빛을 내고, 에너지가 고갈되면 빛은 서서히 사라졌다. 베크렐은 빛을 내는 결정들이 엑스선도 방출하는지 의문을 가졌고, 이를 알아낼 간단한 실험을 고안했다. 재료는 할아버지 때부터 실험실에 축적해놓은 풍부한 인광물질이었다.

그는 인광염 한 접시를 태양빛에 노출시켜 '전하를 띠게' 한 다음 접시를 두껍고 검은 종이 두 장으로 싼 감광판 위에 놓았다. 그 어떤 빛도 빠져나오지 못하게 하기 위해서였다. 인광염 접시와 감광판 사이에 동전을 놓기도 하고 십자가 모양의 금속 조각을 놓기도 했다. 그가 바랐던 대로, 감광판을 현상하자 빛에 노출된 듯 흐린 사진이 나타났다. 사진은 흐렸지만 금속 물체의 윤곽만큼은 분명히 알 수 있었다. 엑스선이 금속을 뚫을 수 없었기 때문에 나타난 현상이었다. 태양빛이 인광염에 작용하면서 엑스선이 방출됐던 것이다. 이 소식은 뢴트겐의 엑스선 발견 뉴스에 뒤이어 날개 돋친 듯 퍼져나갔다.

그러나 그 해 2월 말 베크렐은 우연히 놀라운 현상을 발견했다. 그는 우라늄염을 담은 접시와 구리로 만든 십자가와 검은 종이로 싼 감광판을 이용해 비슷

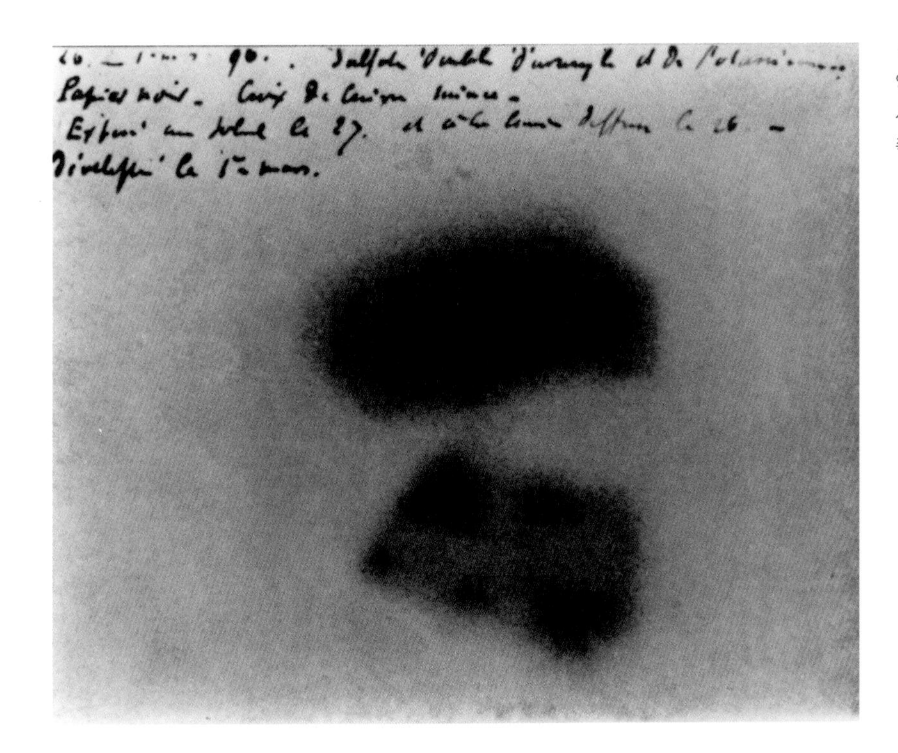

앙리 베크렐(1852년~1908년)이 방사능을 발견하도록 이끈 사진. 위쪽에 베크렐의 주석이 적혀 있다.

한 실험을 준비하고 있던 참이었다. 날씨가 흐렸기 때문에 감광판을 벽장에 넣어뒀다가 1896년 3월 1일 충동적으로건 아니면 실험의 '대조군'을 만들려는 시도에서건 감광판을 현상했다. 십자가의 이미지가 또렷이 나타났다. 우라늄 염이 태양빛으로 전하를 띠지 않아 빛을 내지 않았는데도 그가 엑스선이라 생각할 수밖에 없는 것을 산출했던 것이다. 훗날 노벨상 수상 강연에서 회고했던 바대로, 베크렐은 후속 실험을 통해 "모든 우라늄 염은 원산지에 상관없이 동일한 유형의 복사를 방출했으며, 이것은 우라늄이라는 원소와 관련된 원자의 성질이라는 것, 그리고 금속성 우라늄이 최초의 실험에 사용된 우라늄 염보다 활성이 약 3.5배 더 강하다는 것"을 발견했다.[29]

베크렐의 발견은 큰 반향을 일으키지는 못했다. 그래 봐야 엑스선을 만드는 또 다른 방식을 발견한 데 불과하다고 여겼기 때문이다. 그러나 1897년 한 폴란드 여성이 박사학위 프로젝트로 '우라늄선'에 대한 연구에 착수했다. 파리로 이주해 결혼하면서 마리 퀴리Marie Curie라는 이름으로 불린 여성이었다. 우라늄선에서 방출되는 현상에 '방사능'이라는 이름을 붙인 사람이 바로 마리 퀴리

•
퀴리 부부와 조수들이 프랑스 파리의 헛간에서 1898년에서 1902년까지 방사능 원소인 라듐을 분리하기 위해 사용하던 장치의 일부. 실험을 위해 우라늄의 원광인 수 톤의 피치블렌드를 가공해야만 했다.

였다. 1898년 2월, 그녀는 극도로 어려운 환경에서(문자 그대로 비가 새는 헛간이 실험실이었다. 당시 여성들은 고등사범학교École Normale Supérieur의 실험실에 들어가는 것이 허락되지 않았다. 그때 마리 퀴리는 고등사범학교에서 강의를 하고 있었다) 연구를 지속하던 중 마리 퀴리는 우라늄 원광인 피치블렌드가 우라늄의 네 배나 되는 방사능을 갖고 있다는 것을 발견했다. 이것은 피치블렌드에 방사능이 높은 미지의 또 다른 원소가 포함돼 있다는 뜻이었다. 이 발견은 1898년 4월 12일 프랑스 과학아카데미Académie des Sciences에 그녀가 제출한 논문을 통해 발표됐다. 퀴리는 논문에 다음과 같이 이 발견의 의의를 설명했다.

"이 발견은 매우 주목할 만하다. 이를 통해 피치블렌드가 우라늄보다 훨씬 더 활성이 강한 원소를 포함하고 있다는 추론이 가능해지기 때문이다."

마리 퀴리가 이룬 발견의 의의가 얼마나 컸던지, 그녀의 남편인 피에르 퀴리Pierre Curie(실험 51을 보라)는 자신의 연구까지 중단하고 이 아내의 실험을 도와 새로운 원소를 추적했다. 사실 이들이 발견한 새 원소는 두 가지였다. 하나는 폴로늄polonium(마리의 조국 폴란드를 기리는 뜻에서 붙인 이름이다) 또 하나는 라듐radium이었다.

그러나 수 톤의 피치블렌드에서 라듐 단 10분의 1그램을 추출하는 데는 엄청난 시간이 걸렸다. 결국 1902년 3월이 돼서야 이들은 라듐을 추출해냈다. 때마침 베크렐은 '우라늄선'이 자기장에 의해 휘기 때문에 엑스선과 같지 않으며, 따라서 전하를 띤 입자의 흐름으로 이뤄져 있다는 것을 발견했다. 이 입자들이 오늘날 알파 입자라 알려진 것들이다. 알파 입자는 헬륨 원자의 핵(전자를 제거한 헬륨 원자)과 동일하다. 마리 퀴리는 1903년 당연히 박사학위를 받았고 같은 해 베크렐과 퀴리 부부는 노벨 물리학상을 공동수상했다. 베크렐의 수상 이유는 '자연 방사능의 발견'이었고, 퀴리 부부의 수상 이유는 '앙리 베크렐 교수가 발견한 복사 현상에 대한 공동 연구'였다.

059 빛과 전자를 이용한 광자의 발견

· 양자 이론으로 가는 기초

1887년, 하인리히 헤르츠는 오늘날 전파라 불리는 현상을 연구하면서(실험 53을 보라) 전극에 자외선을 쪼이면 전극 사이의 틈을 건너는 불꽃방전이 더 쉽게 발생한다는 것을 알아차렸다. 그는 이 장치를 안을 어둡게 만든 상자에 넣어뒀다. 상자로 낸 유리창을 통해 불꽃방전을 더 잘 볼 수 있도록 할 목적에서였다. 그러나 불꽃방전은 전극을 상자 안에 넣어두지 않을 때만큼, 넓은 간격을 뛰어넘지는 못했다. 이번에는 유리창의 유리를 치우고 공기가 통하게 하자 불꽃은 전처럼 넓은 간격을 뛰어넘었다. 유리창 재질을 바꿔가면서 실험한 결과 헤르츠는 유리가 자외선을 흡수하는 바람에 이런 효과가 나타났다는 결론을 이끌어냈다.

헤르츠는 실험 결과를 발표했지만 그 원인을 설명하지도, 원인을 알아볼 후속 실험을 실행하지도 않았다. 다른 과학자들도 이 현상을 연구했지만(그 중에는 러시아의 물리학자 알렉산드르 스톨레토프Alexandre Stoletov도 있었다) 이 현상의 원인을 파악한 중요한 실험을 실행한 과학자는 필립 레나르트였다. 1902년의 일이다. 레나르트는 본에서 헤르츠의 조수로 일했지만 1902년 무렵엔 킬대학교의 교수로 자리를 잡았다. 그는 주로 음극선(전자)을 연구하고 있었고 헤르츠가 발견했던 효과가 일어난 원인이 자외선에 의해 금속 표면에서 전자가 방출됐기 때문인지 알아보고 싶었다. 그는 진공관 속에 있는 깨끗한 금속판에 자외선을 비춰 음극선을 방출시켰고, 늘 그래왔듯 자기장과 전기장으로 음극선의 방향을 조종했다. 하지만 금속 표면을 떠나는 전자들이 너무 느리게 움직이는 바람에 작은 전압만 가해도 멈추거나 다시 금속 표면으로 떨어졌다. 이러한 결

필립 레나르트(1862년~1947년).

과를 내는 데 필요한 전기장의 세기를 통해 전자의 속도를 특정할 수 있었고, 결국 레나르트는 이 실험을 통해 가장 심오한 발견에 이르게 된다. "전자의 속도는 자외선의 강도와 무관하다"는 발견이다.[30]

더 밝은 빛은 에너지가 더 크기 때문에 그 에너지를 받는 전자도 더 빨리 움직이리라 예상하는 것이 당연한 추론일 법하다. 하지만 빛의 밝기를 증가시켜도 전자는 숫자만 많아질 뿐 에너지는 동일했다. 후속 실험에 의해 전자의 에너지에 영향을 미치려면 빛의 주파수(파장)를 바꿔야 한다는 점이 밝혀졌다. 주파수가 높은(즉 파장이 짧은) 빛일수록 에너지가 큰 전자를 산출하고 주파수가 낮은(파장이 긴) 빛일수록 에너지가 작은 전자를 산출한다.

레나르트가 노벨물리학상을 수상한 1905년 알베르트 아인슈타인은 빛의 주파수와 전자의 에너지의 관계에 대한 설명을 내놓았다. 그는 빛이 에너지 꾸러미, 즉 양자의 형태로 존재한다고 주장했다. 이 빛의 에너지 꾸러미가 바로 오늘날 우리가 '광자photon'라 부르는 것이다. 그의 이론에 따르면 광전효과에 의해 전자가 산출되는 것은, 광자가 원자를 때릴 때 전자가 튀어나오기 때문이다. 원자를 때리는 각 광자는 자신이 갖고 있던 모든 에너지를 튀어나간 전자에게 내어준다. 주파수가 높은 빛(파장이 짧은 빛)은 에너지가 더 높은 광자로 이뤄져 있기 때문에, 더 높은 주파수의 광자가 금속 표면에서 원자를 때릴 때 방출되는 전자의 에너지는 원자를 때리는 광자의 에너지와 같다. 밝은 빛이라 해도 에너지가 높은 것이 아니라 동일한 에너지를 지닌 더 많은 광자를 운반할

•

광전효과

1. 금속판에 파란빛(자외선)을 쪼이면 판에서 전자가 방출된다.
2. 파란빛이 적을수록 방출되는 전자 수도 줄어든다. 그러나 각 전자의 에너지는 동일하다.
3. 빨간빛을 쏘이면 전자가 전혀 방출되지 않는다.

뿐이므로, 광자가 원자를 때릴 경우 동일한 에너지의 더 많은 전자가 방출될 뿐이다. 마찬가지로 더 희미한 빛은 광자수가 더 적기 때문에 전자도 더 적은 수로 방출하지만 에너지는 모두 동일하다.

이렇듯 빛이 파동인 동시에 입자일 수 있다는 아인슈타인의 이론에 대한 학계의 반응은 회의적이었다. 이중 슬릿 실험의 증거 때문에 빛이 파동이라는 이론(실험 27을 보라)이 건재하고 있었기 때문이다. 미국의 물리학자 로버트 밀리컨Robert Millikan은 아인슈타인의 이론에 격분한 나머지 아인슈타인이 틀렸다는 것을 입증할 목표로 10년의 세월을 고된 실험에 바쳤을 정도다. 하지만 그의 결론도 광자가 관념이 아니라 실재라는 것이었다. 밀리컨이 자신의 실험에 대해 했던 논평은 다시 새겨볼 만하다.

"실험을 통해 배우고 변화하고 때로는 실수를 저지르기도 하면서 지난 10년을 보냈다. 애초부터 실험의 목적은 실험을 통해 (온도, 파장, 전압의 세기 등을 조절해가며) 광전사가 방출하는 에너지를 정확히 측정하는 것이었다. 나는 모든 에너지를 이 일에 쏟아부었다. 그러나 1914년 현재, 실험을 통해 내가 밝혀낸 것은 애초에 예상했던 바와는 정반대의 사실이었다. 작은 실험적 오류를 인정하는 한, 결국 나의 실험 연구는 아인슈타인의 방정식이 타당하다는 실험 증거를 최초로 제시한 연구가 됐다."[31]

아인슈타인의 노벨물리학상 수상 이유는 "광전효과 법칙의 발견을 통해 이론물리학을 발전시킨 업적"이었다(아인슈타인은 1921년 수상자였는데 실제로 상을 수상한 것은 1922년이었다). 밀리컨은 "전기의 기본 전하와 광전효과를 연구한 공적"으로 1923년 노벨물리학상을 받았다. 이들의 수상이 시사하는 바처럼 광자의 '발견'은 양자 이론으로 가는 핵심적 단계였다. 양자 이론에서는 파동-입자 이중성이라는 개념(실험 68을 보라)이 원자와 아원자 입자의 작용을 이해하는 데 매우 중요하기 때문이다.

060 우연히 발견한 조건반사

· 파블로프 반응

훌륭한 발견에는 행운뿐 아니라 관찰과 실험에 대한 과학적 접근도 필요하다는 진리가 담겨 있다. 이반 파블로프Ivan Pavlov에게 유명세를 안겨준 반사 연구는 이 진리를 보여주는 고전적 사례다. 파블로프는 소화 메커니즘에 관심이 있던 러시아의 생리학자였다. 19세기 말에서 20세기 초 그는 개의 소화 메커니즘을 연구하고 있었다. 당시 그는 새롭게 부상하던 정신의학과 심리학 연구의 가치에 의구심을 갖고 있었다. 그러던 그가 어쩌다 우연히 심리학 실험으로 명성을 떨치게 된 것이다.

파블로프와 그의 조수 이반 톨로치노프Ivan Tolochinov는 소화 메커니즘을 연구하기 위해 개를 대상으로 실험을 하던 중이었다. 섬세한 수술 기법을 이용해

이반 파블로프가 살던 랴잔의 옛집. 지금은 박물관이 됐다.

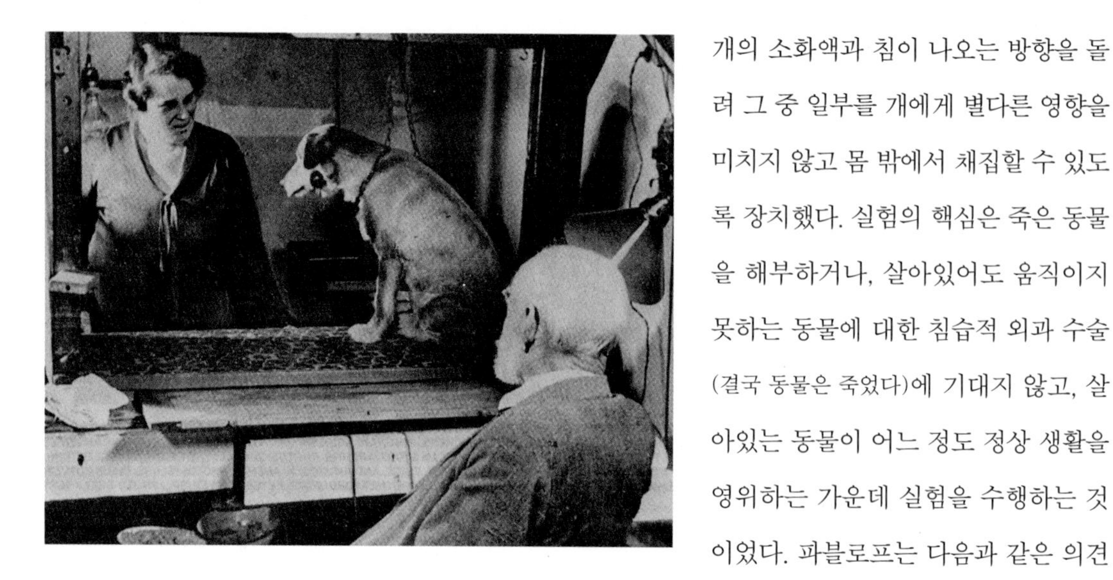

이반 페트로비치 파블로프(1849년~1936년)가 실험 대상인 개들 중 한 마리를 관찰하고 있다.

개의 소화액과 침이 나오는 방향을 돌려 그 중 일부를 개에게 별다른 영향을 미치지 않고 몸 밖에서 채집할 수 있도록 장치했다. 실험의 핵심은 죽은 동물을 해부하거나, 살아있어도 움직이지 못하는 동물에 대한 침습적 외과 수술(결국 동물은 죽었다)에 기대지 않고, 살아있는 동물이 어느 정도 정상 생활을 영위하는 가운데 실험을 수행하는 것이었다. 파블로프는 다음과 같은 의견을 피력했다.

"유기체의 다른 모든 기능과 마찬가지로, 소화과정에 대한 성공적인 연구 역시 관찰 중인 과정을 가능한 한 가장 가까이에서 편리하게 보고, 관찰 중인 현상과 관찰자 사이를 방해하는 모든 과정을 효과적으로 제거할 수 있느냐의 여부에 달려 있음이 분명하다."[32]

파블로프는 실험대상인 동물에게 고통을 주지 않기 위해 취하는 자신의 조치에 큰 자부심을 갖고 있었다. 그는 또 이렇게 말했다.

"우리 실험실의 건강하고 행복한 동물들은 매우 신나게 자기 역할을 수행했다. 이들은 늘 우리에서 실험실로 생기발랄하게 움직여 다녔고 실험과 관찰을 실행하는 테이블 위로 즐겁게 뛰어올랐다."[33]

이러한 조치를 통해 파블로프는 다양한 조건하에서, 그리고 개들이 공급받는 음식에 따라 소화액의 흐름이 어떻게 달라지는지 측정할 수 있게 됐다. 개들이 음식을 보면 침을 흘린다는 사실을 발견한 것은 전혀 놀라운 일이 아니었다. 하지만 음식을 가져다주는 사람은 늘 동일했고, 얼마 후 톨로치노프는 개들이 음식을 가져다주는 사람을 볼 때마다 음식을 먹지 않았는데도 침을 흘린다는 것을 알아차렸다.

이 현상에 흥미를 느낀 파블로프는 개에게 음식을 제공할 때 종, 부저, 섬광

등, 메트로놈 등 다양한 자극을 제시하는 실험을 고안했다. 가장 고전적인 실험은 개들에게 음식을 주기 전에 종을 울리는 것이었다. 얼마 지나지 않아 개들은 종을 울릴 때마다 음식을 주지 않아도 침을 흘리게 됐다. 그는 개들의 이러한 반응에 조건 반응conditional response(이 용어는 훗날 조건화 반응conditioned response으로 바뀌었다)이라는 이름을 붙였고, 초기 조건화 동안 종이 울리고 나서 음식을 더 빨리 제공할수록 이 반응이 더 강력해진다는 것을 발견했다. 그러나 그가 종이 울릴 시간에 음식을 제공하는 일을 중단하자 이 조건 반사(지금은 때로 파블로프 반응이라 불린다)는 차츰 사라졌고, 개들은 종소리를 들어도 더 이상 타액을 분비하지 않게 됐다. 파블로프는 실험에 쓰인 종을 '조건(조건화된) 자극'이라고 불렀다. 개들이 음식이 아닌 종소리에 반응하도록 조건화됐기 때문이었다. 반면에 음식은 무조건(조건화되지 않은) 반응을 유발하는 '무조건(조건화되지 않은) 자극'이었다.

톨로치노프는 1903년 헬싱키에서 열린 과학 학회에서, 파블로프는 같은 해 더 늦게 마드리드에서 있었던 학회에서 실험 결과를 발표했다. 이들의 발견 소식이 퍼진 후 사람들의 사고방식에 지대한 변화가 일어났다. 인간이 특정한 자극에 특정한 방식으로 반응하도록 경험에 의해 '조건화'될 수 있음이 밝혀졌기 때문이다. 올더스 헉슬리Aldous Huxley는 이 발견의 함의에 대한 디스토피아적 견해를 1932년에 쓴 소설《멋진 신세계Brave New World》에 담았다.

그 이후의 실험들은 조건반사conditioned reflex가 대뇌피질에서 비롯된다는 것(말 그대로 학습의 결과라는 것)을 보여줬고, 이로써 뇌가 작동하는 방식에 대한 후속 연구가 촉발됐다. 파블로프는 1904년 노벨생리의학상을 받았지만, 이는 조건화에 대한 그의 연구가 지닌 중요한 함의를 온전히 인정받았다고 보기는 힘든 수상이었다. 그러기엔 시기가 너무 일렀던 것이다. 그의 수상 이유는 "소화 생리를 연구한 업적"이었다.

061 지구 중심으로의 여행

· 지진파 연구로 찾은 지구의 핵

사람만이 늘 실험의 주체인 것은 아니다. 자연 또한 훌륭한 실험의 주체일 수 있다. 과학자들은 이러한 자연 현상을 주의 깊게 관찰하고 분석함으로써 자연이 제공하는 실험을 활용한다. 지구 내부 핵의 발견은 그 대표적 사례다.

독일의 지구물리학자 에밀 비헤르트Emil Wiechert는 1890년대 중반 지구 내부에 지각보다 훨씬 밀도가 높은 핵이 함유돼 있다는 것을 깨달았다. 캐번디시의 실험(실험 21을 보라) 덕분에 지구 전체의 질량과 총 밀도가 이미 알려져 있었기 때문에 지표면 암석의 밀도를 측정하는 일은 어렵지 않았다. 그는 관찰한 결과에 맞춰 지구 내부 구조의 정교한 모델을 만들었고, 1896년 쾨니히스베르크에서 열린 한 강연을 통해 초기 모델을 발표했다. 이듬해에는 초기 모델을 발전시킨 모델을 발표했다. 비헤르트는 지구 내부에 철 성분으로 된 핵이 존재하며 그 반지름은 지구 반지름의 0.779배가량, 밀도는 1세제곱센티미터 당 8.21그램이라는 추정을 내놓았다. 반면 핵 외부의 층(맨틀)의 밀도는 1세제곱센티미터 당 3.2그램에 불과하다는 것이었다. 그가 제시한 수치들은 오늘날의 측정치와 크게 다르지 않다(오른쪽 그림을 보라).

비헤르트는 지진파를 연구하면 자신의 추론을 검증할 수 있다고 생각했다. 지진파는 지진이 발생한 지점에서 출발해 지구 내부를 거쳐 이동하며 지구 반대편에서 탐지할 수 있다. 비헤르트의 모델을 검증하기 위해 필요한 실험은 지진이라는 자연현상이었다. 공교롭게도 비헤르트가 정교한 모델을 발표했던 1897년 인도에 대지진이 발생했고, 영국의 지질학자 리처드 올드햄Richard

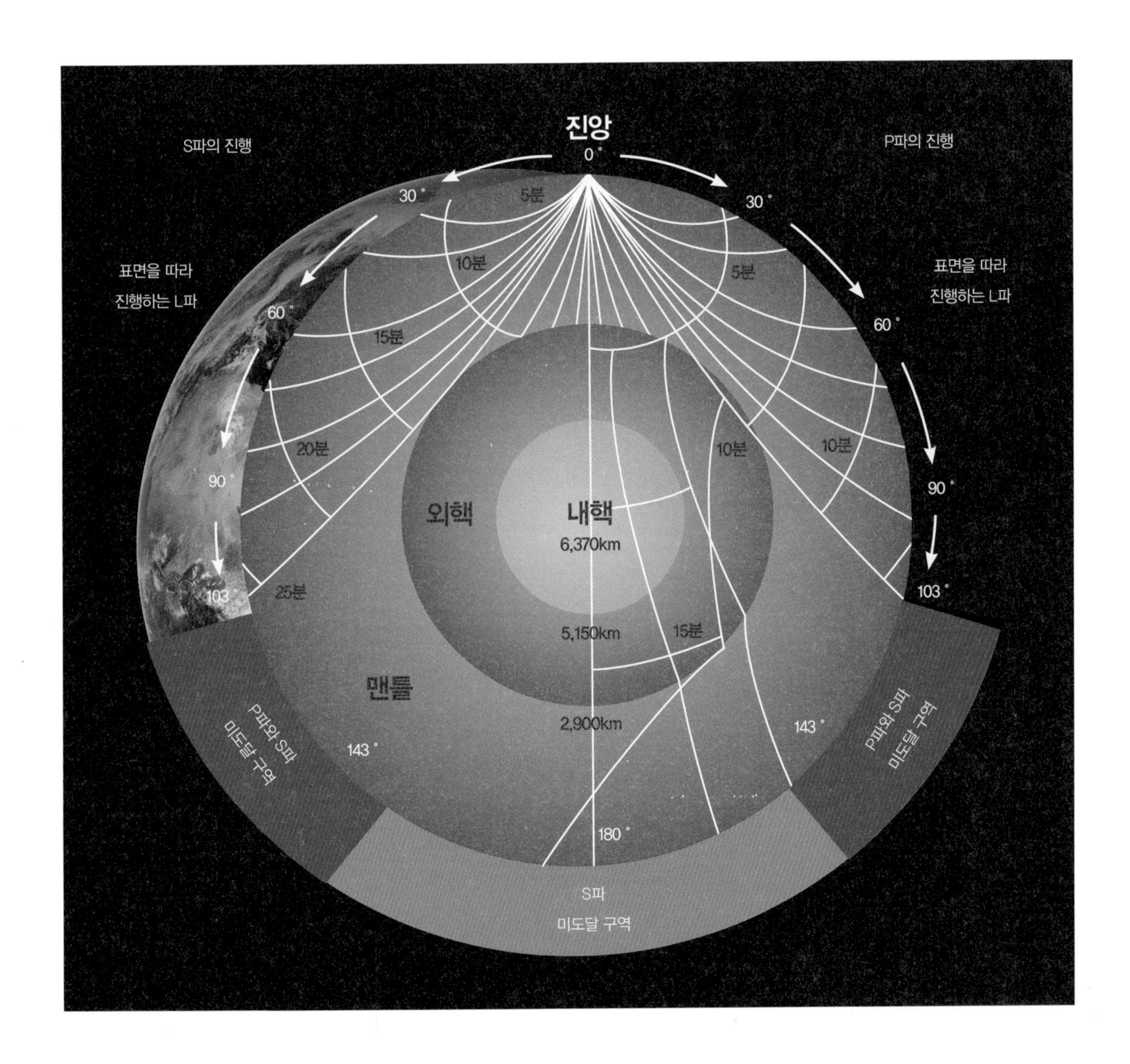

•
컴퓨터로 만든 지구 단면 그림. 다양한 유형의 지진파가 지구 전체로 퍼져나가는 데 걸리는 시간을 보여준다.

Oldham은 비헤르트의 모델을 검증하기 위해 길을 나섰다.

올드햄은 인도에서 태어났다. 그의 아버지는 지진을 연구하는 지질학자였고 그 역시 아버지의 뒤를 따라 지질학자가 됐다. 당시 그는 인도 지질조사단의 일원으로서 1897년 아삼 주에서 일어난 진도 8.1의 지진을 연구했다. 이 지진으로 인한 진동은 25만 제곱마일에 걸쳐 감지됐다. 아삼 주 지진을 통해 올드햄은 상이한 속도로 지구를 관통하는 세 가지 종류의 지진파가 있다는 것을 발견했다. P파(P는 '1차적인Primary' 또는 '압력Pressure'이라는 단어의 앞글자다)는 지구 깊은 곳을 관통해 멀리 떨어진 지진계에 가장 먼저 도달하는 파다. 또한 공

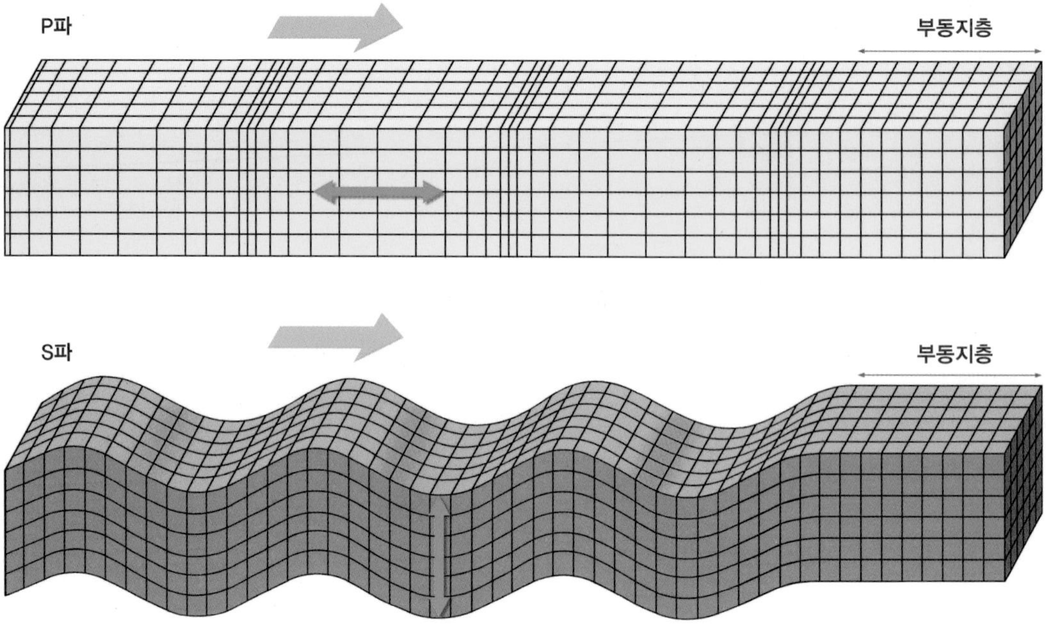

P파

부동지층

S파

부동지층

•
지진이 발생시키는 실체파body wave의 두 가지 유형. 1차 파(P파, 위쪽)는 지층의 변위(파란색 화살표)를 파의 진행 방향(노란색 화살표)과 같은 방향으로 일으키는 종파이다. P파는 공기 중의 음파와 유사하다. 2차 파(S파, 아래)는 지층의 변위(파란색 화살표)를 파의 진행 방향(노란색 화살표)과 수직 방향으로 일으키는 횡파이다. S파는 연못의 잔물결과 유사하다.

기 중을 이동하는 음파처럼 팽창과 압축을 되풀이하며 이동하고, 파동의 진행 방향과 진동방향이 나란히 진행한다. 지진계에 도달하는 두 번째 파는 S파(S는 '2차적인Secondary' 또는 '부러지다Shear'라는 단어의 앞글자다)라고 알려져 있다. S파 또한 지구 깊은 곳을 이동하지만 연못의 잔물결처럼 파동의 진행방향과 진동 방향이 수직인 파다. 세 번째 파는 표면파다. 표면파는 지구 표면을 따라 움직이는 파로서, 지엽적으로 파괴적 영향을 끼친다.

올드햄은 1903년 인도를 떠나 영국에 정착한 후 새롭게 알게 된 내용을 활용해 전세계에서 오는 수천 건의 지진 데이터를 분석했다(자연 실험을 수천 번 이상 한 셈이다). 그는 파가 지구의 내부를 통과할 때 어떻게 굴절돼 속도를 바꾸는지 연구하던 중, 지진파가 처음에는 지구 내부로 움직이면서 속도가 빨라지지만 어느 정도 깊이에 도달하면 갑자기 느려진다는 것을 발견했다. 이것은 파가 핵의 경계면에 도달했다는 뜻이었다. 그는 1906년 실험 결과를 발표했다. 샌프란시스코 대지진이 일어났던 해였다. 올드햄은 1908년 런던 지질학회Geological Society of London가 수여하는 라이엘 메달Lyell medal을 수상했다.

비헤르트는 철질 운석iron meteorite을 본 경험을 토대로, 지구가 니켈과 철로 이뤄진 핵이 함유된 거대한 운석 같은 천체라고 주장했다. 올드햄이 측정한 지구 내 지진파 속도의 변화는 핵이 실제로 액체일 가능성을 시사했다(실제로 지구의 외핵은 액체질이다_옮긴이). 덴마크의 과학자 잉게 레만Inge Lehmann이 지진파를 반사시키는 작고 단단한 고체질의 내핵이 존재한다는 것을 발견한 것은 1936년이었다. 오늘날의 측정치에 따르면 맨틀층과 외핵의 경계면 부분은 지표면에서 2,890킬로미터 깊이에 있고, 외핵과 내핵의 경계면은 5,150킬로미터 깊이에 있다. 지구의 반지름은 6,360킬로미터다. 부피는 반지름의 세제곱이므로, 핵 전체가 차지하는 부피는 지구 부피의 16퍼센트라는 의미다(핵의 반지름은 지구 반지름의 약 절반이고 2의 세제곱은 8이므로 핵의 부피는 지구 부피의 8분의 1이다). 그 중 내핵은 지구 부피의 1프로 미만이라는 것을 알 수 있다. 외핵의 경우 밀도는 1세제곱센티미터 당 9.9그램에서 12.2그램, 내핵은 1세제곱센티미터 당 13그램 가량이다. 검증하기는 힘들지만 내핵은 결정질일 가능성이 있다. 액체로 이뤄진 외핵의 소용돌이는 아마도 지구 자기장 발생의 원인일 것이다.

062 원자의 내부를 밝히다

· 러더퍼드의 입자 산란 실험

어니스트 러더퍼드는 실험 물리학자 중에서도 매우 특이한 인물이다. 다른 공적을 인정받아 노벨상을 이미 한 번 받은 후에도 가장 중요한 발견을 했기 때문이다. 1908년 먼저 받은 노벨상은 화학상이었다. '원소 붕괴'라는 현상을 연구한 업적 덕분이었다. 베크렐의 방사능 발견(실험 58을 보라) 이후 러더퍼드는 방사능 과정이 원자가 자신의 일부를 방출하고 다른 종류의 원자로 변형되는 것임을 밝혔나. 그 과정에서 그는 두 종류의 방사선을 찾아냈고 각각 알파선과 베타선이라는 이름을 붙였다. 곧이어 알파선은 헬륨 원자에서 전자가 빠져나간 핵으로, 베타선은 전자로 밝혀졌다. 훗날 그는 세 번째 종류의 방사선을 발견하고 감마선이라는 이름을 붙였다. 감마선은 엑스선과 동일하지만 파장이 훨씬 더 짧은(주파수가 높은) 것으로 훨씬 더 많은 에너지를 갖고 있는 것으로 밝혀졌다.

원자가 방출하는 다양한 종류의 방사능을 확인하고 분류하는 일에 따분해진 러더퍼드는 움직임이 빠른 이 입자, 특히 알파 입자를 이용해 물질의 구조를 살펴볼 수 있다는 것을 깨달았다. 전자가 원자의 일부라는 것이 밝혀지긴 했지만(실험 57을 보라), 20세기 초 전자가 원자 내부에서 어떻게 배열돼 있는지 또는 전자의 음전하를 상쇄시키는 데 필요한 양전하가 어디에 위치하는지 확실히 아는 사람은 아무도 없었다. 원자 구조에 대한 당시의 통념은 1904년 톰슨이 제안한 모형이었다. 톰슨은 원자를 양전하들의 구름 속에 음전하를 띤 전자가 박혀 있는 형태로 추정했다. 톰슨 모형은 때로 '자두 푸딩' 모형이라 불리지만 그것은 오히려 수박 모형과 비슷하다. 수박의 과육이 양전하이고 수박씨가

•
어니스트 러더퍼드(1871년~1937년) 왼쪽, 한스 가이거(1882년~1945년) 오른쪽. 1908년 경 맨체스터대학교의 실험실에서. 방사능원에서 나오는 알파 입자를 탐지하는 데 사용했던 장비가 보인나.

전자인 것이다(양전하를 가지는 물질 속에 전자가 균일하게 분포하고 있다고 생각한 모형으로, 톰슨은 원자가 전기적으로 중성이 되기 위해서는 양전하를 띠는 물질 속에 양전하의 전체 전하량과 같은 전하량의 전자가 균일하게 분포하고 있다고 봤다).

1909년 러더퍼드는 맨체스터대학교에서 물리학 교수로 재직하면서 실험 하나를 고안했다. 러더퍼드의 지휘 하에 한스 가이거Hans Geiger와 어니스트 마스덴Ernest Marsden이 실험을 진행했다. 천연 방사성 원소가 붕괴할 때 만들어진 알파 입자들은 얇은 금박 형태의 과녁을 향해 발사됐다. 금박 주변으로 이리저리 움직이도록 만든 검출기(가이거의 이름을 붙인 가이거 계수기의 전신)를 사용해, 알파 입자가 금박을 통과할 때 어떤 영향을 받는지 알아낼 계획이었다. 이들은 알파선이 공기 중에서 유리 프리즘으로 통과해가는 광선처럼 약간 굴절되리라고 예상했다. 그러나 놀랍게도 대부분의 알파 입자는 금박이 없다는

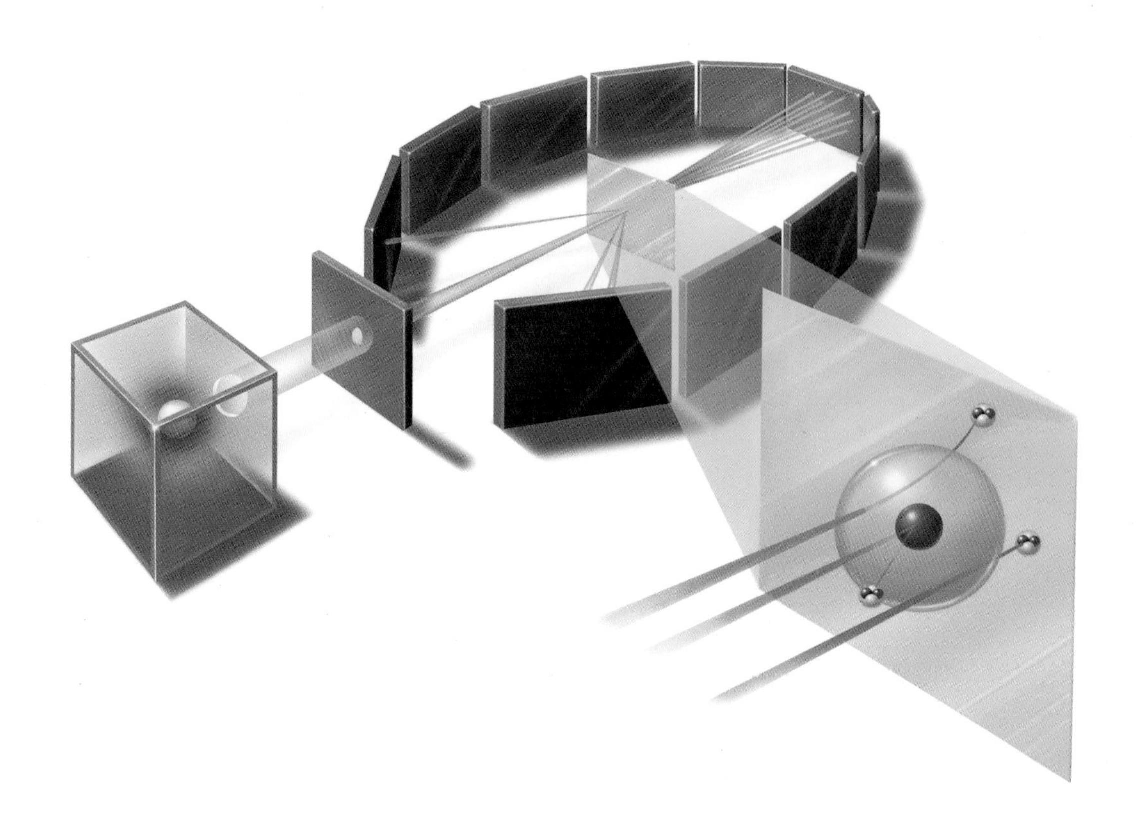

러더퍼드의 입자 산란 실험. 대부분의 입자는 휘지 않고 금박 조각을 통과하는데 반해 어떤 입자는 작은 각도로, 또 어떤 입자는 큰 각도로 반사되고 있다.

듯 직선으로 통과해 들어갔고, 일부는 큰 각도로 꺾여 나왔다. 심지어 검출기를 금박의 앞쪽, 즉 알파 입자가 나오는 방향과 같은 쪽으로 옮겼는데도 입자가 여전히 검출됐다. 이것은 입자들이 출발한 방향으로 다시 튕겨져 나왔다는 뜻이다. 이는 젖은 휴지 한 장을 걸어놓고 휴지를 향해 벽돌을 던졌는데 벽돌이 휴지를 맞고 도로 튀어나와 던진 이의 얼굴을 때리는 것만큼이나 충격적인 결과였다.

러더퍼드는 이 실험결과를 가리켜 "내 인생에서 일어났던 가장 믿을 수 없는 사건"이라고 표현했지만 곧이어 이러한 현상의 원인에 대한 설명을 도출해 냈다. 원자란 실제로 양전하를 띤 매우 작은 핵(1912년 러더퍼드는 알파선 굴절 현상을 설명하면서 핵이라는 단어를 최초로 사용했다) 주위를 전자구름이 둘러싸고 있는 구조임에 틀림없다고 설명한 것이다. 알파 입자의 질량은 원자 1개 질량의 8,000배에 달할 정도로 무겁고, 대부분의 알파 입자는 거의 아무런 영향도 받지 않고 전자구름을 통과해 직진했다. 그러나 알파 입자도 원자핵과 마찬가지로 양전하를 띠고 있기 때문에 핵 가까운 곳을 지나가게 되면 큰 각도로 꺾여 나온다. 같은 성질의 전하는 서로 밀어내기 때문이다. 아주 드물게 알파 입자가 핵으로 직진하는 경우에도 도로 튀어나온다. 금의 핵의 질량은 알파 입자 질량보다 49배나 무겁기 때문에 뚫고 지나갈 수가 없기 때문이다.

오랜 기간의 실험을 통해 상이한 각도로 튀어나오는 입자 수를 세고 통계 분석을 적용시킴으로써 러더퍼드는 핵의 크기도 대략적으로 추산해냈다. 오늘날의 측정치로 볼 때 원자의 내부구조는 지름이 10^{-13}센티미터인 핵을 지름이 10^{-8}인 전자구름이 둘러싸고 있는 형태다. 이 비율을 가시적인 비율로 확대하면 모래 한 알갱이(핵)가 앨버트 홀(전자구름) 중심에 놓여 있는 구조다. 러더퍼드가 발견한 바에 따르면 원자는 대개 텅 비어 있는 공간이며, 이 공간은 미립자들을 연결해주는 전기장과 자기장의 망으로 가득 차 있다. 이후의 실험으로 밝혀진 바에 따르면, 핵은 양전하를 띤 양성자(수소 핵)들(원자구름 속 전자 하나당 양성자 하나, 즉 원자 속 전자수와 양성자수는 같다)과 양성자와 비슷하나 전기적으로는 중성을 띤 중성자라는 입자로 이뤄져 있다. 알파 입자는 두 개의 양성자와 두 개의 중성자로 이뤄진 헬륨의 핵인 것이다.

063 우주의 크기를 측정하다

· 표준 촛불과 표준 자

우주의 크기를 측정하는 일은 그 어떤 실험이나 지구상의 관측으로도 해낼 수 없는 불가능한 일이라는 생각이 들 것이다. 그러나 1908년과 1912년 사이, 하버드대학교 천문대의 천문학자 헨리에타 스완 리빗Henrietta Swan Leavitt은 중요한 별까지의 거리를 추산해내는 방법을 발견함으로써 우주의 크기를 잴 수 있는 일종의 '줄자'를 제공했다.

당시 리빗은 밝기가 변하는 별(변광성)을 조사하고 있었다. 별의 밝기가 변하는 원인은 시간이 흐르면서 별의 밝기가 정말 규칙적 주기로 달라지기 때문이거나, 아니면 밝기가 변하는 별이 쌍성 중 하나이기 때문이다. 쌍성의 경우 별 하나가 다른 별을 지나갈 때 규칙적 주기로 빛이 가려지기 때문에 별의 밝기가 변하는 것처럼 보인다. 이 무렵의 천문학자들은 더 이상 육안으로 별을 관측할 필요가 없었기 때문에 리빗 역시 각기 다른 시간대에 관측한 남반구 하늘의 수천 개 별을 사진건판에 담은 이미지로 작업했다.

오랜 시간 동안 공들인 분석 작업 끝에 리빗은 소마젤란 은하Small Magellanic Cloud(SMC)라는 별무리 속 어떤 별들의 행태에서 일정한 패턴을 찾아냈다. 세페이드Cepheid라는 이름의 별들은 더 밝은 별일수록 변광 주기가 긴 패턴을 보였다(별의 밝기는 별이 밝아지고 어두워지는 주기의 평균을 내서 구한다). 1912년 무렵 그녀는 소마젤란 은하 내 세페이드 별 25개의 변화를 관찰한 데이터를 바탕으로 하여 '주기와 광도의 관계period-luminosity relationship'를 수학 공식의 형태로 정리해냈다. 그녀가 알아낸 바에 따르면, 이러한 패턴이 나타나는 원인은 소마젤란 은하가 지구에서 워낙 멀리 떨어져 있어, 그 속에 있는 별들의 밝기 차이가 해당 은하와 지구 사이의 거리에 비해 작기 때문이다. 따라서 소마젤란 은하의 모든 별에게서 지구의 망원경까지 오는 빛은 동일한 양으로 흐려진다. 지구에서 너무 가까이 있는 별들의 경우, 한 별이 다른 별보다 밝게 보이는지 아닌지 알기 힘들다. 그 별이 실제로 더 밝은 것인지 가까워서 밝아 보이는지 알 길이 없기 때문이다. 하지만 1912년 리빗이 작성한 바에 따르면, 소마젤란 은하의 변광성들은 지구로부터 대략 동일한 거리에 있기 때문에, 이들의 주기는 질량과 밀도와 표면의 밝기에 따라 이들이 실제로 방출하는 빛과 관련이 있다고 한다.

가령 주기가 3일인 세페이드 변광성의 밝기는 30일짜리 주기를 가진 세페이드 변광성의 밝기의 6분의 1이었다. 물론 그래 봐야 모두 상대적 측정치였다. 비교적 가까이 있는 몇 개의 세페이드 변광성까지의 실제 거리조차 측정하지 못했기 때문이다. 별 하나까지의 실제 거리를 알 수 있어야 이를 기준으로 한 거리 눈금을 만들 수 있다. 결국 세페이드 변광성 하나까지의 거리를 확정하게 되면

헨리에타 스완 리빗(1868년~1921년).

•
우주의 크기를 측정할 수 있는 두 가지 방법. 왼쪽에 있는 것은 '표준 촛불standard candle' 법이다(표준 촛불이란 초신성이나 변광성처럼 절대광도가 알려진 천체를 말한다_옮긴이). 초신성의 광도는 알려져 있다. 양초가 멀어질수록 빛이 희미해지듯 초신성이 멀어질수록 빛이 희미해진다. 그러므로 초신성의 밝기를 측정함으로써 초신성까지의 거리를 알아낼 수 있다. 오른쪽에 있는 것은 '표준 자standard ruler' 법이다. 은하는 멀어질수록 작아 보인다. 두 방법 모두 세페이드 변광성을 이용해 눈금을 정한다.

서 해당 변광성의 절대 광도를 산출해냈다. 드디어 리빗이 발견한 주기와 광도의 관계를 이용해 다른 세페이드 변광성들의 절대 광도도 산출할 수 있게 됐고, 하늘에서 보이는 별들의 밝기를 이용해 별들까지의 거리를 규명하게 됐다.

1913년 최초로 변광성의 절대 광도와 거리 값을 알아냈다. 비교적 가까운 별들에게만 통하는 다양한 기술을 바탕으로 측정한 값이었다. 하지만 이 수치는 다소 부정확했다. 오늘날 추정한 바에 따르면 소마젤란 은하까지의 거리는 17만 광년이므로, 그 안에 있는 두 개의 변광성이 서로 1,000광년 떨어져 있다 해도, 소마젤란 은하와 지구 간 거리의 0.6퍼센트에 불과하다.

1920년대 들어 세페이드 변광성을 이용해 우리 은하Milky Way Galaxy의 지름과 규모를 최초로 확정짓게 됐다. 그 이후 세페이드 변광성은 우리 은하 너머 다른 은하계까지의 거리를 측정하는 데도 활용됐다. 이를 통해 우리 은하가 우주에 유일하게 존재하는 세계가 아니라 우주의 평범한 섬 하나, 관찰 가능한 우주의 수천억 개 섬 중 하나에 불과하다는 것을 알게 됐다. 에드윈 허블Edwin Hubble이 은하 빛의 적색편이redshifts와 그 거리 사이의 관계를 산출할 수 있었던 것도 세페이드 변광성 거리를 이용할 수 있었기 때문이다. 허블의 발견은 우주가 팽창하고 있다는 발견뿐 아니라 조르주 르메트르Georges Lemaître(적색 편이와 거리 사이의 관계를 독자적으로 찾아낸 인물)의 초기 빅뱅 이론으로 이어진다.

이 선구자들의 연구 이후 수십 년에 걸쳐 우주의 크기를 알 수 있는 다양한 지표들이 개발됐다. 그 중에서도 가장 주목할 만한 지표는 특정한 종류의 초신성들이다. 초신성은 모두 동일한 절대광도를 갖고 폭발하는 별이다. 그러나 거리 눈금을 정하는 데 쓰이는 초신성까지의 거리를 알 수 있는 이유는 이 초신성들이 세페이드 변광성을 이용해 거리를 측정한 은하계에 나타나기 때문이다. 이러한 작업은 리빗의 연구에서 발전된 연구들이 오늘날에도 지속될 만큼 중요성이 크다. 유럽우주기구European Space Agency가 1989년에 쏘아올린 히파르코스 인공위성Hipparcos satellite은 기하학 기법을 이용해 273개의 세페이드 변광성을 비롯한 10만 개 넘는 별까지의 정확한 거리를 측정해냈다. 이로써 20세기 들어 가장 정확한 우주 거리 눈금이 마련됐다. 2013년 발사된 가이아Gaia 위성은 2020년까지 훨씬 더 정밀한 측정치를 제공할 예정이다. 리빗의 발견 이후 100년 넘는 세월이 흘렀어도 그녀의 연구가 뿌린 씨앗은 계속해서 새로운 열매를 맺고 있다.

064 핵산의 발견

· 테트라뉴클레오티드 가설

실험 하나나 과학자 한 사람을 주인공으로 특정하기 어려운 발견이 있다. 생체분자인 RNA와 DNA의 '발견'은 수많은 과학자들이 100여 년의 세월에 걸쳐 실행했던 다양한 실험의 소산이다. 그러나 이러한 생체분자에 이름을 붙인 인물은 록펠러 의료 연구소Rockefeller Institute of Medical Research에서 연구하던 러시아 태생의 미국 과학자 피버스 레빈Phoebus Levene이었다.

그러니 이 이야기의 신성한 출발점은 1860년대 튀빙겐대학교에서 연구하던 스위스의 생화학자 프리드리히 미셔Friedrich Miescher의 실험이다. 그 무렵 단백질이 몸속에서 가장 중요한 물질이라는 것은 이미 알려져 있었고, 미셔는 세포의 화학적 성질과 연관된 단백질을 찾아내고 싶었다. 그 단백질이야말로 생명체의 작용에 핵심이 되는 물질이라고 생각했기 때문이다. 그는 인근의 외과병원에서 구한 붕대의 고름에서 백혈구를 분리했다. 살아있는 세포는 세포질과 핵으로 이뤄져 있다. 세포질은 작고 묽은 젤리와 유사하며 핵은 더 조밀한 구조를 갖고 있다(훗날 러더퍼드는 원자 구조를 기술하기 위해 이 핵이라는 용어를 차용하게 된다). 미셔는 묽은 젤리 같은 세포질에 단백질이 풍부하다는 것을 발견했고, 외부의 세포질을 제거한 뒤 충분한 양의 핵을 모아 따로 분석할 수 있었다. 그는 핵이 단백질이 아니라 다른 물질로 만들어져 있다는 것을 알아냈으며, 또한 그 물질에 '뉴클레인nuclein'이라는 이름을 붙였다(핵이라는 단어에서 유래한 명칭이며 이것이 DNA의 전신이다_옮긴이). 뉴클레인은 다른 생체분자와 마찬가지로 탄소와 수소와 산소와 질소를 함유하고 있었지만 특이하게도 인 성분까지 함유하고 있었다. 인은 단백질에서는 찾아볼 수 없는 성분이다. 미셔는 자신이

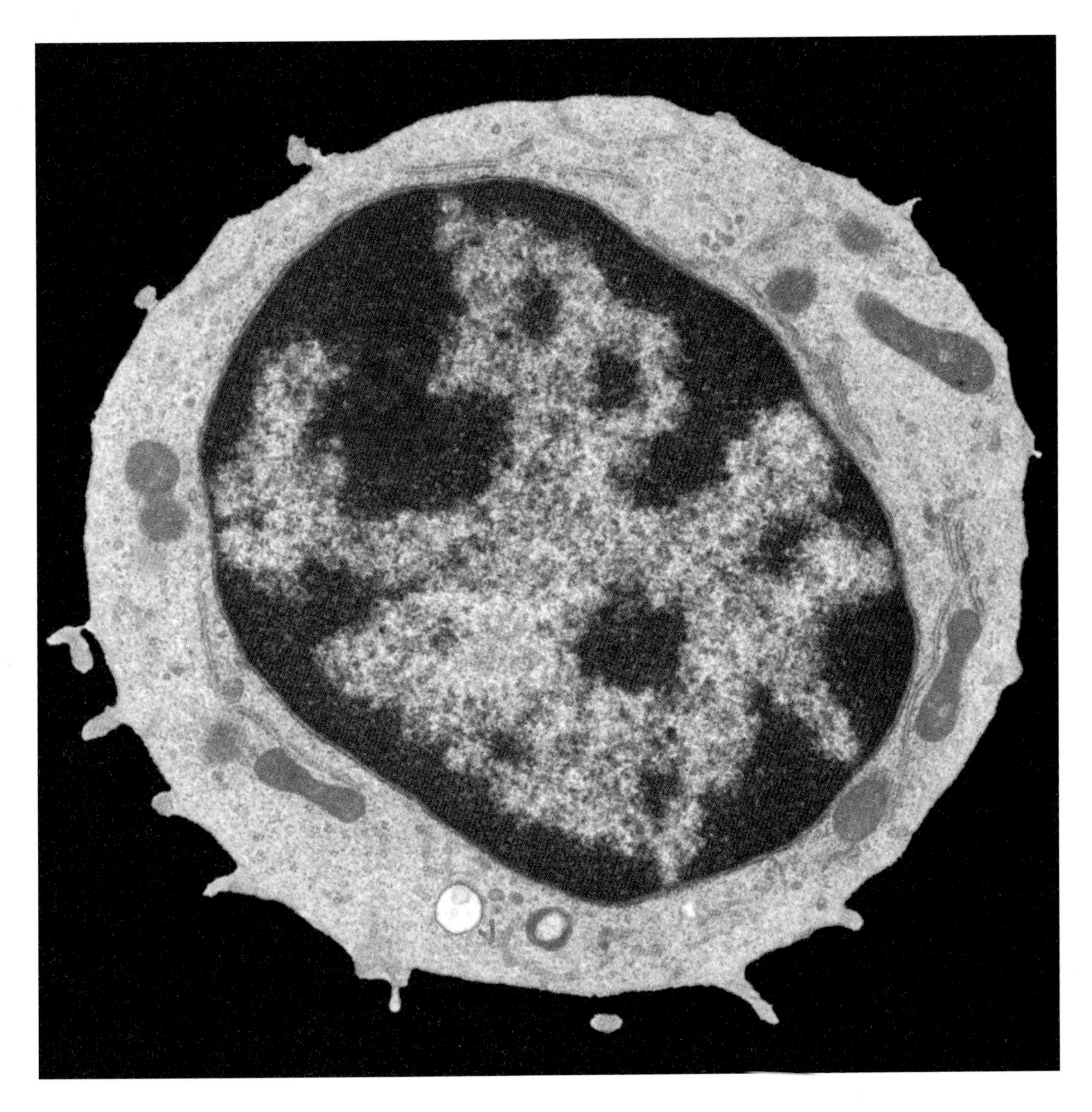

•
염색을 거쳐 투과전자현미경으로 촬영한 백혈구 사진. 백혈구 내부의 중앙에 커다란 핵(갈색)이 보인다. 핵 주변을 세포질이 둘러싸고 있고(연두색) 그 안에는 미토콘드리아가 있다(올리브색).

분석한 바를 다음과 같이 정리했다.

"불충분하지만 분석을 통해 알게 된 것은 우리가 아무렇게나 섞여 있는 혼합물을 연구하는 것이 아니라 화학적으로 개별 성질을 갖고 있는 물질 또는 최소한 밀접한 관련이 있는 개별 물질의 혼합물을 연구하고 있다는 것이다."

그러나 미셔는 뉴클레인 분자의 구조를 알아내지는 못했다. 훗날 그는 뉴클레인 분자가 산성 물질을 함유하고 있다는 것을 알아냈고, 1880년 말 무렵에는 '핵산nucleic acid'이라는 용어가 뉴클레인을 대신해 사용되기 시작했다.

•
피버스 레빈(1869년~1940년).

그 후 여러 해 동안 이뤄진 핵산 분석을 통해 핵산에 두 가지 유형이 존재한다는 것이 밝혀졌다. 첫 번째 유형의 핵산에는 염기 4개가 함유돼 있다. 이름은 아데닌adenine, 구아닌guanine, 시토신cytosine 그리고 티민thymine이며 각각 첫 글자를 따라 A, G, C, T로 불린다. 두 번째 유형의 핵산에는 티민 대신 우라실uracil(U라고 한다)이라는 염기가 함유돼 있다.

이상이 1900년대 후반에 알려져 있던 것들이다. 당시 피버스 레빈은 효모 세포에서 추출한 핵산으로 실험을 시작했다. 이 핵산에는 대략 동량의 A, G, C, T뿐 아니라 당시에는 아직 밝혀지지 않았던 인산과 당糖까지 함유돼 있었다. 1909년 레빈은 핵산에서 이 당을 분리했고 이것이 리보오스ribose라는 것을 밝혀냈다. 케쿨레가 기술했던 것과 유사하게(실험 48을 보라) 당 자체는 각각 탄소 고리 구조로 돼 있지만 탄소 원자 4개와 산소 원자 하나가 결합돼 육각형이 아니라 오각형을 이룬다. 레빈은 핵산 분자가 인산과 당과 염기로 이뤄진 단위체들의 결합체라는 것을 보여줬고, 이러한 단위체에 뉴클레오티드nucleotide라는 이름을 붙였다. 그러나 핵산의 구성요소가 어떤 식으로 결합돼 있는지는 누구도 알지 못했다.

레빈은 핵산 분자가 뉴클레오티드들이 인간의 척추 뼈처럼 서로 연결돼 있는 끈 구조일 거라고 생각했다. 1909년 그는 이 분자에 리보핵산ribonucleic acid(RNA)이라는 이름을 붙였다. RNA 속에 네 가지 염기가 동수로 존재했기 때문에 그는 핵산의 각 분자가 네 개 뉴클레오티드의 짧은 사슬로 이뤄져 있고, 뉴클레오티드 사슬 하나에 네 가지 염기가 결합한 형태로 돼 있다는 추론을 내놓았다. 이것이 그 후 수십 년을 지배한 '테트라뉴클레오티드 가설tetranucleotide hypothesis(DNA는 ATCG의 반복으로 구성된다고 하는 가설_옮긴이)'이다. 이 가설은 정말 중요한 생체분자가 모두 단백질이라는 당시의 지배적 관념뿐 아니라 핵산이란 단백질 분자들이 붙을 수 있는 발판을 제공할 뿐이라는 관념을 강화시키는 결과를 낳았다.

1929년이 돼서야 레빈은 T세포thymus cell에서 추출된 핵산에 U가 아니라 T가 함유돼 있을 뿐 아니라, 다른 당이 들어 있다는 것을 발견했다. 이 당 분자는 리보오스 분자보다 산소 분자가 하나 적기 때문에 레빈은 이 당에 디옥시리보스deoxyribose라는 이름을 붙였고, 이제 핵산은 디옥시리보핵산이라고 알려지게 됐다. 두 개의 핵산의 이름은 통상적으로 RNA와 DNA로 줄여 부른다. 레빈은 여전히 DNA분자 속 뉴클레오티드가 ACTG, ACTG, ACTG 등 늘 네 가지 염기가 반복되는 순서로 연결돼 있다고 생각했다. 그러나 DNA라는 핵산의 기능에 발판 이상의 것이 있다는 최초의 단서는 이미 1928년에 등장했다. DNA라는 명명이 이뤄지기 1년 전의 일이었다(실험 69를 보라).

065 진화는 여전히 진행 중

· 모건의 초파리 연구

진화의 작용방식을 이해하는 여정에 중요한 획을 그은 인물은 1920년대 컬럼비아대학교의 토머스 헌트 모건과 동료들이었다. 그러나 이 단계에 이르기까지 축적된 진화 연구의 계보는 길다.

1870년대, 연구자들은 번식이 일어나는 동안 난자의 핵과 정자의 핵이 결합해, 부모에게서 온 물질을 합쳐 새로운 핵을 만든다고 생각했다. 1879년 독일의 생물학자 발터 플레밍Walther Flemming은 이 핵에 염료를 흡수하는 실 모양의 물질이 함유돼 있다는 것을 발견하고 이것들을 '염색체'라고 이름 붙였다.

토머스 헌트 모건(1866년~1945년).

각 세포는 염색체 묶음 두 개를 갖고 있으며 세포가 분열하는 과정에서 새로운 2개의 세포가 만들어지기 전에 염색체 묶음 2개 모두 복제된다. 하지만 난자나 정자가 만들어지는 경우, 첫 단계에서는 두 묶음의 염색체에서 나오는 물질이 서로 혼합돼 일부 조각을 제거하고, 일부는 새롭게 결합시킨 다음 '새로운' 염색체 중 1개의 묶음만 각각의 생식세포(성세포)로 들어간다. 난자와 정자가 합쳐져 새로운 세포를 만드는 경우에만 각 부모에게서 온 염색체 한 묶음이 결합돼 온전한 염색체가 복원된다. 1880년대 프라이부르크대학교에서 염색체의 이러한 행태를 연구하던 아우구스트 바이스만August Weismann은 "유전은 한 세대에서 다른 세대로 뚜렷한 화학물질, 무엇보다 뚜렷한 분자 구조의 물질을 전달함으로써 이뤄지며, 이것은 염색체에서 찾아볼 수 있다"는 결론을 내렸다. 이 염색체가 바로 모건이 실험에 착수한 주제였다.

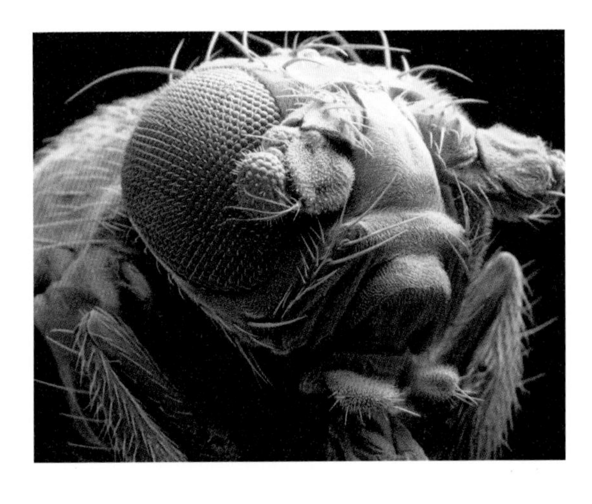

염색을 거쳐 촬영한 돌연변이 초파리Drosophila melanogaster의 전자현미경 사진.

모건은 그레고어 멘델의 실험(실험 49를 보라)과 유사한 종류의 실험을 하고 있었지만, 연구 대상은 완두콩이 아니라 초파리Drosophila였다. 멘델의 완두콩은 세대 간의 시차가 1년이었던 반면 초파리는 암컷이 수백 개의 알을 한꺼번에 낳으면서 새 세대가 생기기까지 2주밖에 소요되지 않는다. 새끼의 성별은 염색체 중 하나에 의해 결정된다. 우연인지 성별 확인도 쉽다. 성을 결정하는 염색체는 두 종류다. 모양 때문에 X와 Y염색체라 한다. 대부분의 종에서 암컷의 세포는 항상 XX염색체 쌍을, 수컷의 세포는 XY염색체 쌍을 갖고 있다. 따라서 새끼는 어머니에게서는 늘 X염색체 하나, 아버지에게서는 X나 Y염색체 중 하나를 물려받는다. 아버지에게서 X를 물려받는 경우 새끼는 암컷이 되고 Y를 물려받는 경우 수컷이 된다. 그러나 모건이 발견한 바로는 XY염색체가 하는 일은 이것이 전부가 아니다.

모건은 빨간 눈을 가진 초파리 개체군으로 실험을 시작했다. '야생' 초파리처럼 죄다 눈이 빨간 것들이었다. 그러나 1910년 우연한 돌연변이의 결과, 흰 눈의 초파리 한 마리가 연구 중이던 수천 마리의 초파리 가운데서 나타났다. 이에 흥미를 느낀 모건은 흰 눈의 수컷 초파리를 정상적인 빨간 눈의 암컷과 교배시켰다. 새끼는 모두 빨간 눈을 갖고 있었다. 그런 다음 멘델이 완두콩을 연구했을 때와 마찬가지로 손자와 그 이후 세대도 살폈다. 두 번째 세대에서는 빨간 눈의 암컷, 빨간 눈의 수컷, 흰 눈의 수컷이 나왔지만 흰 눈의 암컷은 전혀 없었다. 1911년 모건은 본격적으로 통계 분석을 실행한 다음, 흰 눈 돌연변이의 원인이 무엇이건 그것이 X염색체와 관련돼 있다는 결론을 내렸다. 두 번째 세대의 암컷의 경우, X염색체 하나에 돌연변이 요인이 있어도 다른 X염색체의 정상 요인의 지배를 받는 반면, 수컷의 경우 이 역할을 해 줄 '다른' X염색체가 없다. 후속 연구를 통해 초파리의 다른 성질도 성별과 연관이 있으며 그것들 또한 X염색체와 연관이 있다는 것이 밝혀졌다. 모건은 덴마크의 식물학자 빌헬름 요한센Wilhelm Johannsen이 만든 '유전자'라는 용어를 멘델이 '요인'이라 부른 것에 부여했고, 그럼으로써 구슬이 줄을 따라 꿰어져 있는 모양으로 실 가닥 같은 염색체들을 따라 유전자들이 꿰어져 있는 이미지를 개발해냈다.

그 이후의 연구를 통해 유전자를 이리저리 섞어 생식세포의 새로운 결합을 만드는 과정이 어떻게 발생하는가가 밝혀졌다. 쌍을 이룬 염색체가 잘게 쪼개지면, 각 조각들이 염색체 간에 교환된 다음(교차crossing over) 다시 합쳐진다(재조합recombination). 염색체 상에서 멀리 떨어져 있는 유전자들은 교차와 재조합 과정이 일어날 때 분리될 가능성이 커지는 반면, 염색체 상 더 가까이 배치돼 있는 유전자들은 분리될 가능성이 적어진다. 지난한 작업이 필요하긴 했지만, 이를 통해 염색체를 따라 배열된 유전자의 지도를 그리는 데 유효한 범위를 알게 됐다. 그러나 널리 인정받는 사실에 따르면, 멘델의 유전 개념과 유전학이 확립된 중요한 순간은 1915년 모건과 동료들이 유전학의 고전이 된《멘델 유전의 메커니즘The Mechanism of Mendelian Heredity》을 출간했을 때다. 모건은 유전 연구를 계속해 1926년《유전 이론The Theory of the Gene》을 출간했고, 1933년 "유전에서 염색체가 하는 역할을 발견한 공로"로 노벨상을 수상했다.

066 브래그 부자의 엑스선 회절 발견

· 역대 최연소 노벨 물리학상 수상자

토머스 헌트 모건이 유전에서 유전자가 수행하는 역할을 파악하고 있던 시기, 유전 연구와 무관해 보이는 분야의 실험과학자들은 훗날 유전의 분자 메커니즘을 밝혀줄 기술을 개발 중이었다. 이번 실험 이야기는 새로운 과학적 발견이 신속하게 실험에서 사용되고 그것이 더 많은 발견을 위한 터전을 닦는 선순환에 대한 이야기이기도 하다.

엑스선이 발견된 것은 1895년이었지만(실험 56을 보라) 엑스선이 어떤 성질을 갖고 있는가에 관해서는 알려진 바가 없었다. 그러나 1912년 뮌헨대학교의 막스 폰 라우에Max von Laue가 이끄는 연구팀은 엑스선이 결정에 의해 회절된다는 것, 즉 빛이 이중 슬릿을 통과하면서 회절될 때 만드는 무늬(실험 27을 보라)와 같은 간섭무늬를 만든다는 것을 알게 됐다. 이들은 중요한 실험 하나에 착수했다. 황산구리 결정에 엑스선을 쪼인 다음 나타나는 회절무늬를 촬영했다. 사진에는 주요 선이 만들어낸 점을 중심으로, 선명한 점들이 나타났다. 점들은 원들이 교차하는 모양으로 배열돼 있었다. 이로써 엑스선이 빛처럼 전자기복사의 형태이되 파장은 더 짧은 복사라는 것이 입증됐고 라우에는 1914년 "결정에 의한 엑스선 회절을 발견한 공로"로 노벨물리학상을 받았다. 당시로서는 엑스선의 파동성을 정립하는 작업이 여전히 필요한 상황이었다. 1912년 이전에는 윌리엄 헨리 브래그William Henry Bragg를 비롯한 많은 과학자들이 엑스선을 음극선(전자)과 같은 입자의 흐름으로 설명하는 이론을 더 선호했기 때문이다. 그러나 훌륭한 물리학자라면 누구나 그렇듯 브래그 역시 '실험과 일치하지 않는 법칙은 틀린 것'에 불과하다는 것을 알고 있었다.

•
윌리엄 헨리 브래그(1862년~1942년).

1912년 라우에의 실험에 관한 소식이 영국에 도달했을 때 윌리엄 헨리 브래그는 리즈대학교에 자리 잡은 물리학자였다. 그의 아들 윌리엄 로렌스 브래그William Lawrence Bragg(대개 로렌스로 알려져 있다)는 케임브리지대학교에서 물리학자로서의 경력을 막 시작한 참이었다. 새로운 이론에 개방적 태도를 갖고 있던 브래그 부자는 라우에의 실험에 흥미를 느껴 실험의 함의를 논의하던 중, 회절이 만든 밝은 점과 어두운 점들의 패턴을 분석하면 결정의 구조를 알아낼 수 있다는 것을 깨달았다. 이들은 작업을 나누기로 했다. 로렌스는 원자들이 서로 일정 거리를 두고 배열된 구조의 결정에 특정 파장을 지닌 엑스선을 쪼일 때 밝은 점과 어두운 점들이 정확히 어디에 위치할지 예측할 수 있는 규칙을 알아냈다. 이 규칙이 브래그의 법칙Bragg's law(빛의 파장과 결정구조의 폭, 또는 반사면과 광선이 이루는 각도 사이의 관계를 설명하는 법칙_옮긴이)이다. 브래그의 법칙이 등장함으로써, 결정을 구성하는 원자들의 배치 간격을 알 경우 회절을 이용해 엑스선의 파장을 알아낼 수 있게 됐다. 마찬가지로 엑스선의 파장을 알 경우 회절을 이용해 결정 속 원자들이 어떻게 배열돼 있는지도 추정할 수 있다. 로렌스는 즉시 자신의 법칙을 써서 뮌헨에서 얻은 회절 패턴을 일부 분석해냈지만, 엄밀한 분석을 하려면 엑스선의 파장에 대한 정보가 더 필요했다. 윌리엄은 브래그 법칙의 이용에 필요한 파장 측정 도구인 엑스선 분광기를 최초로 발명하는 등 실험 연구에 더욱 박차를 가했다.

데이터를 해석하는 일은 끔찍할 정도로 어렵다. 분자 속에는 다양한 종류의 수많은 원자들이 복잡하게 배열돼 있기 때문이다. 그러나 결정이 비교적 단순하다면 구조를 파악하기가 훨씬 더 쉽다. 가령 염화나트륨(시중에서 파는 소금 NaCl)의 결정들은 별개의 염화나트륨 분자들로 이뤄져 있는 것이 아니라 나트륨Na과 염소Cl가 동일한 간격으로 교대로 배열된 격자 구조로 돼 있다. 브래그 부자의 연구는 엑스선을 도구로 이용해 물질의 구조를 밝힐 수 있다는 것을 입증하는 것이었고, 그 정점을 찍은 연구 성과는 1915년 출간된《엑스선과 결정구조X-rays and Crystal Structure》였다. 그해 로렌스는 프랑스에서 자신이 아버지와 함께 노벨상을 공동으로 수상하게 됐음을 알게 됐다. 당시 그는 프랑스에 주둔해 있던 영국군에서 복무하고 있었다. 수상 이유는 "엑스선으로 결정구조

왼쪽 결정질의 소금(염화나트륨)의 원자 구조 모형.
오른쪽 독일의 물리학자 막스 폰 라우에(1879년~1960년)가 찍은 최초의 엑스선결정 회절 사진.

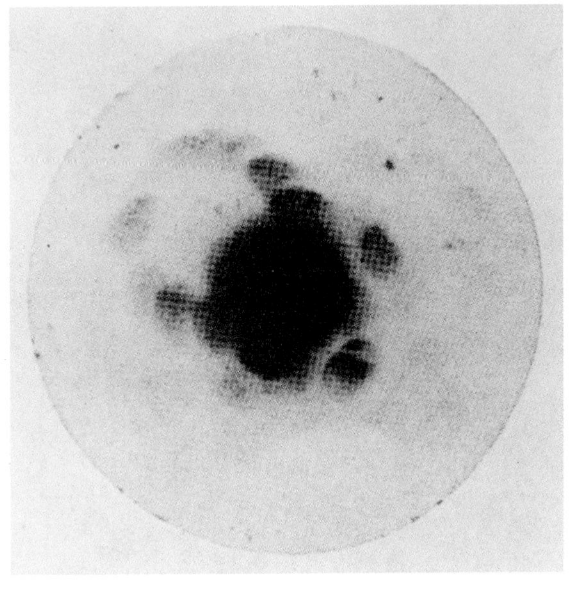

를 분석한 공로"였다. 수상 당시 25세였던 로렌스 브래그는 역대 최연소 노벨 물리학상 수상자다. 그는 수상 기념 강연에서 다음과 같이 말했다.

"엑스선의 도움을 받아 결정구조를 살피는 실험을 통해 우리는 최초로 고체 속 원자의 실제 배열에 관한 통찰을 얻게 됐습니다… 엑스선을 통해 분석할 수 없는 고체 상태의 물질은 거의 없어 보입니다. 고체 형태 속 원자의 정확한 배열을 처음으로 알게 됐다는 것, 이 성과의 함의는 이제 원자 간의 거리와 배열 형태를 파악할 수 있게 됐다는 것입니다."[34]

그 후 수십 년 동안 이뤄질 단백질 구조(실험 73을 보라)와 DNA연구(실험 83을 보라)의 바탕을 마련한 것은 브래그 부자가 일군 실험적 성과였다.

067 어둠을 뚫고 온 빛

· 일반 상대성 이론의 검증

1919년 일식을 관측함으로써 아인슈타인의 일반 상대성 이론을 검증한 유명한 실험은 과학적 방법의 작동방식을 보여주는 대표 사례다. 새로운 사상(이 경우 일반 상대성 이론)은 가설을 제시하고, 가설은 실험으로 검증된다. 실험의 검증을 통과한 가설이나 예측은 훌륭한 과학 이론으로 정립된다.

아인슈타인의 이론이 등장하기 전 우주의 작동 방식을 보여주는 최고의 이론은 아이작 뉴턴의 운동법칙이었다. 뉴턴의 법칙은 시간과 별개의 공간에서 물체가 움직이는 방식을 기술한다. 여기서 시간이란 거대한 우주 시계처럼 일정한 속도로 째깍거리며 흘러갈 뿐이다. 아인슈타인이 1915년 말에 완성한 일반 상대성 이론도 물체가 공간에서 움직이는 방식을 기술한 이론이었지만, 이 이론에서는 시간과 공간이 독립돼 있지 않다. 시계의 운동 속도에 따라 시계가 째깍거리는 속도가(시간이) 달라지고, 물질의 존재(질량)에 의해 공간도 휘어진다.

특히 그의 이론대로라면, 멀고먼 별에서 온 빛이 태양을 가까이 지나갈 때 태양의 질량이 공간을 휘게 하므로 공간을 지나가는 빛도 약간 휘게 된다. 아인슈타인은 이를 예측했기 때문에 자신의 이론을 이용해 빛이 휘는 각도를 계산했다. 공교롭게도 뉴턴의 중력 이론 또한 빛이 태양을 지나갈 때 태양 중력의 영향을 받아 휘리라고 예측했다. 그러나 중요한 차이는 아인슈타인의 이론이 예측한 각도가 뉴턴의 이론이 예측한 각도보다 정확히 두 배나 큰 값이라는 것이었다. 아인슈타인이 예측한 효과는 휘는 각도가 1.75각초였던 반면 뉴턴의 이론이 예측한 값은 0.875각초였다. 두 이론 중 어떤 것이 우주를 더 잘 설아서 에딩턴(1882년~1944년)의 사진. 일반 상대성 이론이 예상한 바, 빛의 굴절 효과가 일으킨 별의 위치 변화를 측정하는 데 사용됐다.

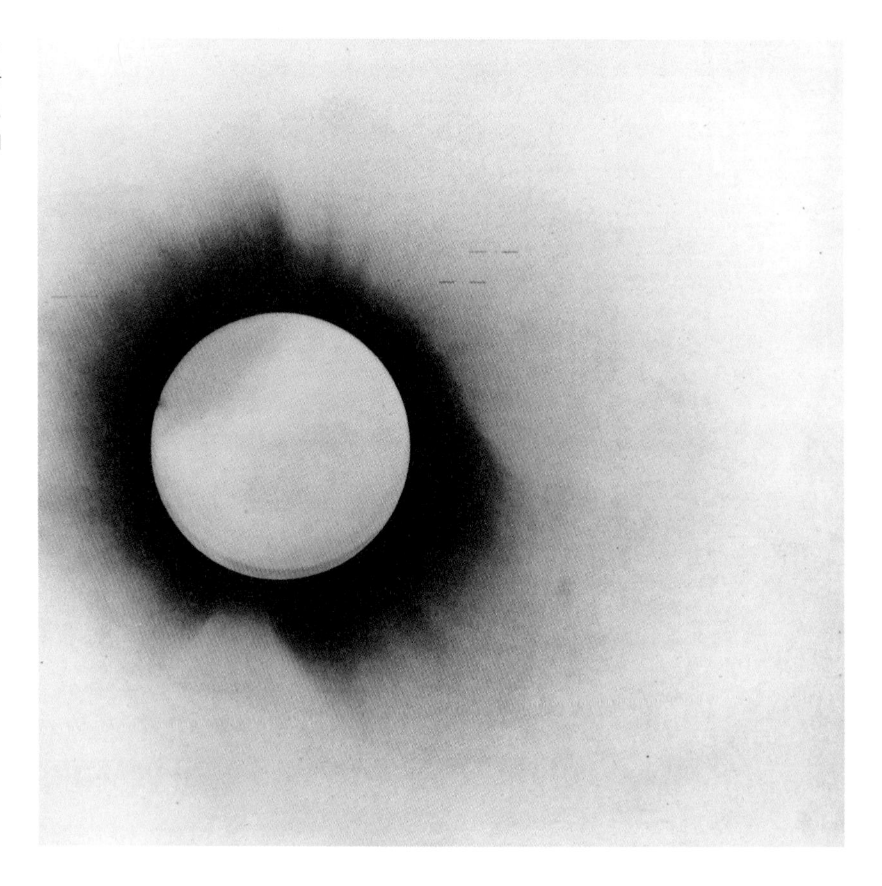

명할 수 있는가를 알아보기 위한 방법이 있긴 했다. 태양 바로 '뒤에 있는' 별을 관찰하는 것이다. 그 별을 볼 방안만 있다면 검증이 가능했다. 구체적인 방법은 일식 동안 달이 태양빛을 가릴 때 그 별을 촬영한 사진을 달이 태양을 가리지 않을 때 같은 부분을 찍은 사진과 비교하는 것이다. 아인슈타인은 이 방법을 알고 있었지만 검증을 담당할 과학자들을 조율할 힘이 없었다. 당시 유럽에서는 제1차 대전이 맹위를 떨치고 있었기 때문이다.

아인슈타인의 이론에 대한 소식은 중립국 네덜란드의 과학자들에게 급속도로 퍼져나갔고, 이들을 통해 영국의 천문학자들에게로 전해졌다. 영국의 천문학자 아서 에딩턴Arthur Eddington은 아인슈타인의 이론 검증에 알맞은 일식을 1919년 아프리카 서해안 연안에 있는 프린시페 섬에서 관측할 수 있다는 사실을 알아냈고, 허가를 얻어 그의 이론을 검증할 원정대를 조직했다. 다만 유럽의 전쟁이 끝난 후여야 한다는 단서가 붙었다. 1918년 11월 휴전이 선포되자 영국은 엄밀히 말해 아직 전쟁 중이었음에도 불구하고(평화조약은 1919년 6월에 비준됐기 때문이다) 에딩턴은 일을 추진해도 된다는 허가를 받고 원정대를 꾸렸고, 1919년 5월 마침내 중요한 사진을 얻을 수 있었다. 구름의 방해 때문에 관측 결과가 그다지 좋진 않았지만, 목적을 이루는 데는 아무런 지장도 없었다. 태양빛이 가려졌을 때 찍은 사진건판을 태양이 가려지지 않았을 때의 사진과 비교했더니, 별은 정확히 아인슈타인이 예상했던 각도로 휘어 있었다. 뉴턴의 이론이 예상했던 값의 2배 각도였다. 뉴턴의 이론은 오늘날에도 많은 현상에 적용할 수 있을 만큼 탁월하지만(가령 나무에서 떨어지는 사과의 낙하속도 또는 심지어 화성으로 가는 우주선의 궤도까지도 계산할 수 있다) 우주 전체를 기술하는 데 있어서만큼은 아인슈타인의 이론을 따라잡지 못한다.

에딩턴은 1919년 11월 6일 런던의 왕립학회와 왕립천문학회의 합동 회의 자리에서 자신이 검증한 결과를 발표했다. 아인슈타인이 베를린의 과학자들에게 일반 상대성 이론을 제출한 지 불과 4년 만의 일이었다. 이날 이후 일반 상대성 이론은 또 다른 종류의 많은 검증을 통과했으며, 현재까지 시간과 공간과 우주에 대한 최고의 이론으로 추앙받고 있다. 오늘날 빛을 휘게 만드는 효과는 매우 큰 규모로 관찰할 수 있다. 은하가 '중력 렌즈' 역할을 맡고 있기 때문이다. 중력 렌즈란 아주 멀리 떨어진 천체에서 나온 빛이 지구의 망원경에 도달하기 전, 은하 및 은하단과 같은 거대 천체들의 중력장의 영향을 받아 굴절돼 보이는 현상이다.

일반 상대성 이론을 실용화한 것들도 있다. 지구상에서 물체의 위치를 알아내기 위해 위치 추적 GPS 위성에 의해 사용되는 도구들은 정밀성이 크기 때문에 지구의 중력장 안에서 움직일 때 일반 상대성 이론이 기술하는 효과를 고려해야 한다(특수 상대성 이론과 일반 상대성 이론이 기술하는 효과들이 결합된 결과 인공위성 시계의 속도는 지상보다 더 빠르다. 여기서 발생하는 시간의 오차를 조정해야 한다_옮긴이) 내비게이션 장치나 스마트폰의 '위치추적' 장치를 사용할 때마다 우리는 일반 상대성 이론을 이용하거나 어떤 의미로는 검증하고 있는 셈이다.

068 양자역학을 이해하는 사람은 없다

· 전파의 파동성과 양자의 이중성

1920년대 내내 이론과 실험이 결합되면서 원자와 아원자의 세계에 대한 양자역학적 이해가 극적으로 발전했다. 그 중 최고의 사례는 전자가 입자인 동시에 파동이라는 발견이다.

광전효과에 대한 아인슈타인의 이론(실험 59를 보라)을 통해 빛의 특정 색의 파장을 빛의 입자(광자)의 운동량momentum과 연관시키는 간단한 방정식으로 빛의 상이한 파장을 설명할 수 있게 됐다. 물론 파장은 파동의 성질이고 운동량은 입자의 성질이다. 빛은 파동인 동시에 입자인 듯 보였지만, 처음엔 이러한 이중성이 빛만 갖고 있는 고유한 성질인 듯 보였다. 이후 1924년 프랑스의 물리학자 루이 드 브로이Louis de Broglie는 (박사학위 논문에서) 아인슈타인의 방정식을 발전시켜 빛뿐 아니라 모든 입자의 파장을 그 운동량으로 나타낼 수 있다는 이론을 제시했다(드 브로이는 전자와 같은 입자도 파동의 성질을 가진다는 물질파 이론을 내놓은 것이다). 무엇보다 이 이론은 전자라는 입자가 특정한 상황에서 파동처럼 작용한다는 것을 암시했다. 핵심 방정식은 $\lambda=h/p$이다. 여기서 λ는 파장, p는 운동량, h는 플랑크 상수(자연의 기본 상수 가운데 하나로, 양자역학 현상의 크기를 나타내며 최초 도입자인 독일의 물리학자 막스 플랑크의 이름을 땄다)라는 극히 작은 값이다. h의 값이 너무 작아 '파동-입자 이중성'은 원자나 아원자 등 미시세계의 입자에서

클린턴 조지프 데이비슨(1881년~1958년).

만 가능하리라 여겨졌다.

드 브로이가 이러한 이론을 발표하기 전, 미국 벨 연구소Bell Laboratories의 실험과학자였던 클린턴 조지프 데이비슨Clinton Joseph Davisson은 전자가 니켈 표면에서 튀어나오는(산란하는) 방식을 이미 연구 중이었다. 1926년 영국을 방문하던 데이비슨은 독일의 이론 물리학자 막스 보른Max Born이 어떤 강연에서 자신의 연구 결과 일부를 드 브로이의 이론을 뒷받침하는 증거로 인용하는 것을 보고 깜짝 놀랐다. 미국으로 돌아온 데이비슨은 1926년 말 조수인 레스터 거머Lester Germer와 함께 브래그 부자가 엑스선을 연구하기 위해 사용했던 것(실험 66을 보라)과 다를 바 없는 방법을 이용해 본격적인 검증에 착수했다. 1927년 초에 나온 이들의 실험 결과에 따르면, 뜨거운 도선에서 나온 전자들을 전기장으로 가속시킨 다음 선의 형태로 니켈 결정의 표면을 향해 쏘았다. 이 '니켈 타깃'은 여러 각도로 회전시킬 수 있도록 했고, 산란된 전자들을 모니터하는 데 쓰이는 전자 검출기 또한 이리저리 옮기면서 니켈 표면을 맞고 반사되는 전자를 관찰할 수 있도록 했다. 그 결과 특정 각도에서 산란된 전자선의 세기가 뚜렷한 차이를 보였다(전자가 입자라면 세기의 차이가 각도에 따라 크게 나지 않아야 하는데, 전자의 회절에 따른 파동성 때문에 세기의 차이가 나타난 것이다_옮긴이). 이러한 결과는 격자 구조 속에서 간격을 두고 배열돼 있는 원자들이 회절시킨 파동에 대한 브래그의 법칙과 정확히 일치했다. 실험에서 얻은 파장은 드 브로이의 방정식에서 구한 파장과 잘 맞았다.

그 사이 영국의 물리학자 조지 톰슨George Thomson(J. J. 톰슨의 아들, 실험 57을 보라)은 애버딘Aberdeen을 근거지로 연구하면서 역시 보른의 강의를 들었던 터였다. 그 역시 음극선관 안의 얇은(두께가 1만 분의 1에서 10만 분의 1밀리미터 정도로 얇다) 금박 사이로 전자를 쏘아 보냄으로써 전자가 파동성을 갖고 있다는 증거를 찾는 일에 착수했다. 1927년 초 그는 사진건판에서 회절 무늬를 얻어냈고, 이 무늬가 엑스선이 아니라 전자들에 의한 것임을 입증했다. 전자선을 전기장과 자기장으로 구부러뜨리는 실험을 통해 얻은 결과였다. 톰슨의 결과 또한 1퍼센트 미만의 오차 내에서 드 브로이의 계산이 예상한 바와 일치했다. 큰

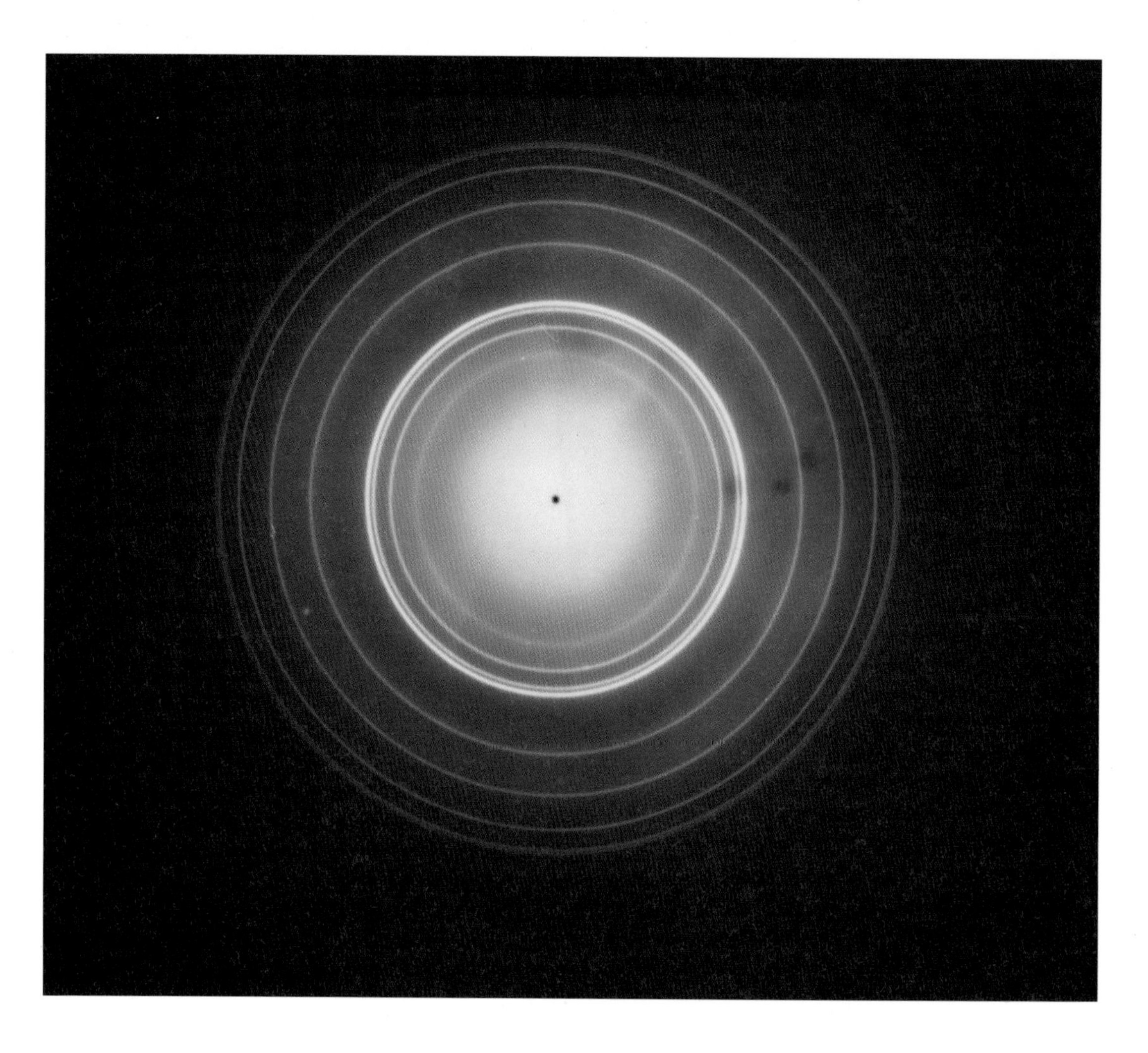

베릴륨이 만든 전자 회절 무늬실험.

차이가 없는 두 개의 실험이 드 브로이가 옳았다는 것을 거의 동시에 입증한 것이다. 데이비슨이 노벨상 수상 강연에서 이렇게 말했다.

"전자 흐름이 파동성을 갖고 있다는 사실은 1927년 초 거대한 도심 속 산업 연구소와, 춥고 황량한 바다를 내려다보는 작은 대학 연구소에서 동시에 발견됐습니다… 물리학의 발견은 시기가 무르익으면 이뤄집니다. 시기가 무르익지 않으면 아무리 노력을 기울여도 발견은 불가능합니다."[35]

데이비슨과 톰슨은 1937년 "결정에 의한 전자 회절을 실험으로 발견한 공로"를 인정받아 공동으로 노벨 물리학상을 수상했다. 드 브로이는 이미 1929년 "전자의 파동성을 발견한 공로"로 노벨상을 받았다. 그러나 뒤에 남겨진 물리학자들은 아원자 입자들이 전혀 다른 입자와 파동의 성질을 동시에 띨 수 있는지 알아내기 위해 고군분투해야 했다. 이 분투의 과정에서 이들은 두 가지 버전의 양자역학을 발전시켰다. 하나는 베르너 하이젠베르크Werner Heisenberg와 동료들이 입자설을 기반으로 발전시킨 이론이고, 또 하나는 에르빈 슈뢰딩거Erwin Schrödinger가 파동설을 기반으로 발전시킨 이론이다. 두 개의 이론 모두 수학적으로 동등하며 탁월한 이론이다. 실험과 비교해보면 두 이론 모두 전자 등 물질의 작용과 관련된 계산에 '정답'을 제공하기 때문이다. 다만 세계가 어떻게 그런 식으로 존재하는가에 관한 설명은 여전히 수수께끼로 남아 있다. J. J. 톰슨은 "전자가 입자라는 것을 입증한 공로"로 노벨상을 받았고, 그의 아들은 "전자가 파동이라는 것을 입증한 공로"로 노벨상을 받았다. 두 사람 모두 옳았다. 어떻게 이것이 가능한 일인지 모른다 해도 걱정할 필요는 없다. 또 한 사람의 노벨상 수상자인 리처드 파인만이 말했던 것처럼 "양자역학을 이해하는 사람은 아무도 없기" 때문이다.

069 형질 전환을 발견하다

· 유전물질을 확인한 그리피스

유전과 유전학의 발전을 견인할 실험의 계보는 그레고어 멘델의 완두콩 실험에서 시작됐고(실험 49를 보라), 토머스 헌트 모건의 초파리 연구를 통해 이어졌다(실험 65를 보라). 그 다음 주인공은 1928년 영국 보건부에서 연구직으로 일하던 의료 담당자 프레더릭 그리피스Frederick Griffith다. 그리피스의 연구를 통해 생물학자들은 유전과 관련된 핵심 분자 쪽으로 한 걸음 더 다가갈 수 있었다. 멘델의 완두콩은 한 세대가 나오는 데 1년이나 소요됐기 때문에 유전을 연구하는 데 제약이 있었다. 모건의 초파리는 2주마다 새끼를 낳았다. 그러나 세균학자들은 몇 시간 정도면 한 세대의 개체군을 얻어 변화를 살펴볼 수 있다. 그리피스는 사실 유전학 연구의 수단이 아니라 질병 요인으로서의 세균에 관심이 있었다. 그렇다고 해도 그것이 유전학 연구에서 중요하다고 밝혀질 발견에 장애가 되지는 못했다.

독감 예방 지침을 알리는 보건 포스터. 1918년 미국의 워싱턴 DC. 1918년에 처음 발생했던 스페인 독감에 감염된 사람들은 전세계 인구의 20퍼센트에 달했고 이로 인해 약 5,000만 명이 목숨을 잃었다.

TREASURY DEPARTMENT
UNITED STATES PUBLIC HEALTH SERVICE

INFLUENZA

Spread by Droplets sprayed from Nose and Throat

Cover each COUGH and SNEEZE with handkerchief.

Spread by contact.

AVOID CROWDS.

If possible, WALK TO WORK.

Do not spit on floor or sidewalk.

Do not use common drinking cups and common towels.

Avoid excessive fatigue.

If taken ill, go to bed and send for a doctor.

The above applies also to colds, bronchitis, pneumonia, and tuberculosis.

1918년에서 1920년 사이에 발생해 전세계를 휩쓸며 최소 5,000만(1차 대전 당시 전장의 사망자 숫자보다 더 많은 숫자였다) 명의 목숨을 앗아간 스페인 독감 이후, 세계 각국의 정부는 감염질환의 원인과 치료에 대한 연구에 박차를 가했다. 1920년대 그리피스는 폐렴 백신을 개발할 가능성을 탐구하고 있던 중이었다. 그는 두 가지 종류의 폐렴구균이 생쥐에게 어떤 영향을 미치는지 연구했다. 첫 번째 종류의 세균은 부드러운 피

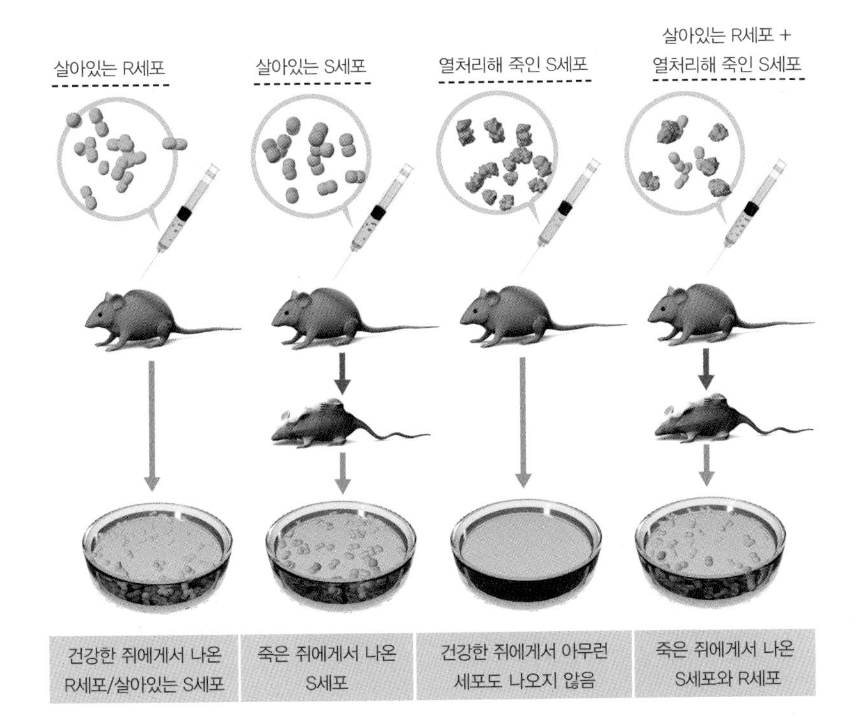

1928년 영국의 세균학자 프레더릭 그리피스(1879년~1941년)가 보고한 실험에 대한 그림. 세균이 형질 전환이라는 과정을 통해 유전 정보를 옮길 수 있다는 증거를 제공한 실험이다.

막smooth coating(다당류)으로 덮여 있기 때문에 이를 배양해놓은 균들은 표면이 반짝반짝 빛이 나는 모습을 하고 있다. 따라서 이 세균은 '부드러운smooth'이라는 뜻의 단어 첫 글자를 따서 S형(감염성 세균_옮긴이)이라는 이름으로 불린다. 두 번째 종류의 균은 표면이 거칠어 '거칠다rough'라는 뜻의 단어 첫 글자를 따서 R형(비감염성 세균_옮긴이)이라 불린다. R형 배양균은 덩어리진 외관을 갖고 있다. 폐렴을 일으키는 세 번째 유형의 세균이 있지만 이 유형은 그리피스의 실험에서는 사용되지 않았다. 그리피스의 연구 전에 세균학자들은 폐렴구균의 세 가지 종류가 각각 완전히 독립적이며, 세대를 거치면서 확립된 고유한 성질은 변하지 않는다고 생각했다. 그러나 그리피스는 치명적인 균이나 그렇지 않은 균 등 다양한 종류의 폐렴구균이 폐렴에 걸린 사람(또는 생쥐)의 몸속에 공존할 수 있다는 것을 알고 있었기 때문에, 다른 종류들이 따로 존재하는 게 아니라 한 종류가 다른 종류로 바뀔 가능성이 있다고 생각했다.

생쥐가(또는 사람이) R형 폐렴구균에 감염될 경우 몸의 면역체계는 침입자인 균을 쉽게 인지해 심각한 해를 입기 전에 죽인다. 그러나 S형 폐렴구균을 덮고

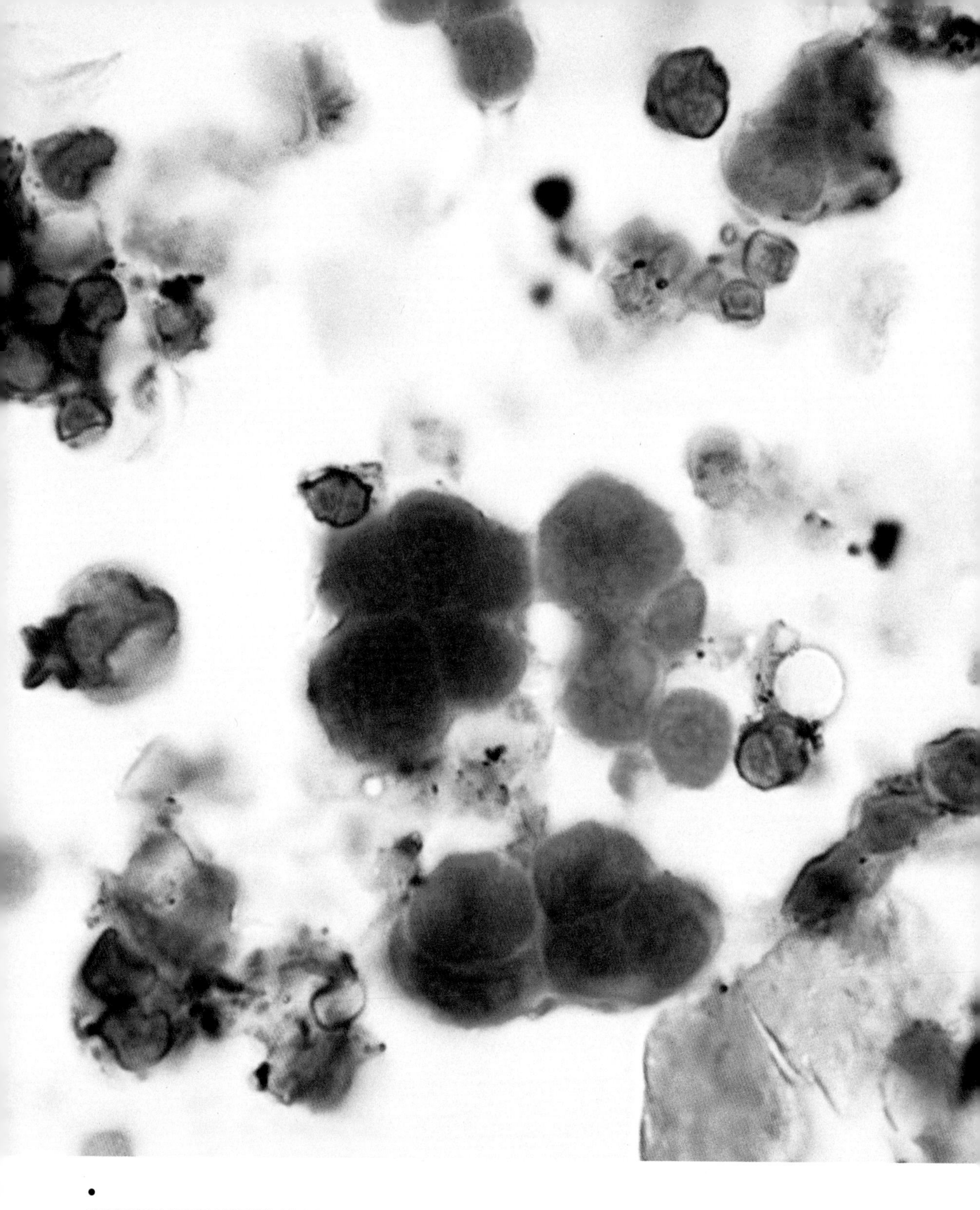

•
폐렴연쇄상구균 덩어리를 찍은 광학현미경 사진.

있는 피막은 면역체계에 들키지 않도록 균을 보호하는 것처럼 보여서 면역체계의 공격을 당하지 않고 몸속으로 퍼져나가 심각한 질병을 일으키고, 심지어 사망에까지 이르게 한다. 그리피스는 일련의 실험을 통해 R형 폐렴구균을 주사한 생쥐는 생존했고 S형 세균을 주사한 생쥐는 사망했다는 것, 그리고 열처리를 해서 죽인 S형 세균을 주입한 쥐 또한 생존했다는 사실을 밝혀냈다. 그러나 그 이후인 1928년 1월, 그리피스는 폭탄선언 격의 보고를 내놓았다.

그리피스의 실험에 따르면, 열처리한 S형 세균과 살아있는 R형 세균을 섞어서 주입한 생쥐는 사망했다. 혼합물 속에 섞여 있던 두 가지 세균 각각은 쥐를 죽일 수 없었다. 하지만 두 균은 섞이자 치명적으로 변했다. 죽은 생쥐에게서 채취한 샘플 속에는 살아있는 S형 폐렴구균이 그득했다. 그리피스가 쓴 용어로 표현하자면, 어찌된 일인지 살아있는 R형 세균이 살아있는 S형 세균으로 '형질 전환transformed을 일으킨' 것이다. 그가 제시한 추론에 따르면, 죽은 S형 세균으로부터 나온 물질, 즉 오늘날 유전물질이라 불리는 것이 살아있는 R형 세균으로 전달됐고, R형 세균은 S형 세균처럼 피막을 만드는 방법을 '학습했다'는 것이었다. 후속 실험을 통해 이 추론은 사실이라고 입증됐으며, 그리피스는 이 과정에 관련된 물질에 '형질 전환 인자transforming factor'라는 이름을 붙였다. 일단 이런 식으로 형질 전환이 이뤄진 다음 이 세균들을 실험실 접시에 옮겨 면밀히 검토했다. 그러자 '새로운' S형 세균이 자신과 같은 새끼를 낳는 현상이 관찰됐다. 자기복제를 통해 S형 세균의 개체군이 만들어진 것이다. 그리피스가 이 발견을 담은 과학 논문에서 썼던 바대로 "R형에서 S형으로 형질 전환"이 이뤄졌다. 그는 형질 전환 요인이 분명 열처리에 영향을 받지 않았던 화학물질 때문이라는 것을 알아차렸다. 그러나 어떤 분자가 이러한 유전자 이동과 관련돼 있는지는 알아내지 못했다. 형질 전환 유전자에 대한 발견이 이뤄진 것은 1944년 이후였다(실험 79를 보라). 이러한 발견으로 이어진 실험에 직접적인 영감을 제공한 것은 바로 그리피스의 관찰이었다. 그러나 그리피스는 이러한 발전을 살아서 보지 못했다. 그는 1941년 제2차 대전 당시 독일의 런던 블리츠 공습 때 사망했기 때문이다.

070 인류를 살린 항생제

· 플레밍의 페니실린

푸른곰팡이가 만들어내는 페니실린이라는 물질에 항생제 성질이 있다는 것을 발견해 이를 응용한 일은 생화학의 역사에서 가장 중요하면서도 가장 혼란스러운 발견 중 하나다. 그렇다 해도 항생제 발견의 역사에서 가장 결정적 '실험'을 꼽는다면, 그것은 1928년 알렉산더 플레밍Alexander Fleming이 런던 성 메리 병원St Mary's Hospital의 실험실에 있던 지저분한 페트리 접시에서 뭔가 이상한 것을 알아차렸던 바로 그 순간이다.

플레밍은 이미 그 전부터 우연한 발견에 꽤 일가견이 있는 인물이었다. 제1차 대전 이후에 활동했던 많은 연구자들과 마찬가지로(실험 69를 보라) 1920년대 초 플레밍도 세균을 죽이는 성질이 있는 화학물질을 찾고 있던 중이었다. 이들은 페트리 접시라는, 얇고 둥근 모양의 유리 접시에 세균을 배양했다. 1922년 어느 날 플레밍이 흘린 콧물이 이 접시 중 하나에 떨어졌다. 이 점액으로 세균이 죽었고 그는 이 우연한 사건을 통해 라이소자임lysozyme이라는 효소를 발견하게 된다. 라이소자임이라는 효소는 눈물에 함유된 천연 항균물질이다. 그러나 불행하게도 라이소자임에게 가장 큰 영향을 받는 세균은 인간에게 감염되지 않는다.

1928년 9월, 휴가에서 돌아온 플레밍은 씻지 않고 뒀던 페트리 접시더미를 치우기 시작했다. 그 접시 중 하나에는 포도상구균이 들어 있었는데 그곳에 곰팡이가 끼어 원 모양의 얼룩이 져 있었다. 그런데 그 둥근 모양의 곰팡이 얼룩 주변에 있던 포도상구균이 싹 제거돼 있었다. 플레밍은 이 곰팡이를 배양했고, 푸른곰팡이Penicillium 속屬으로 밝혀진 이 곰팡이가 다양한 세균을 죽인다는 것을 발견했다. 나중에 알고 보니, 아래층 실험실의 동료가 푸른곰팡이로 실험을 하고 있었다. 필시 푸른곰팡이 포자가 더위로 열어놓은 그의 실험실 창문 밖으로 날아가 플레밍의 실험실 창문을 통해 들어왔던 것으로 보인다.

플레밍은 곰팡이로 항균액을 만든 다음, 처음에는 '곰팡이 액'이라는 이름을 붙였다. 여기에 페니실린이라는 이름이 붙은 것은 그 후인 1929년 3월 7일의 일이다. 그러나 플레밍은 자신의 발견 소식을 알리고 후속 실험을 했음에도 불구하고 페니실린 연구를 중단했다. 그 이유 중 하나는 당시 그가 연구하던 질병인 장티푸스와 파라티푸스에 페니실린이 효과가 없다고 밝혀졌기 때문이다. 페니실린을 대량으로 생산하는 일 또한 매우 어려웠다. 플레밍은 훗날 다음과 같은 회고를 남겼다.

"활성이 있는 페니실린이 있을 때는 실험 대상이 될 만한 환자를 찾기가 너무 어려웠고, 적합한 환자가 나타나면 페니실린의 불안정성 때문에 공급이 어려웠다. 몇 차례 실험 비슷한 것을 해서 결과가 나쁘진 않았지만, 기적적이라

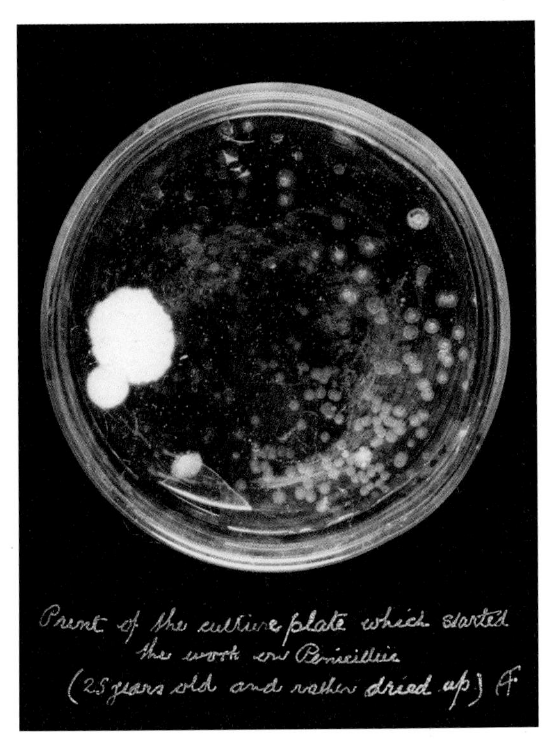

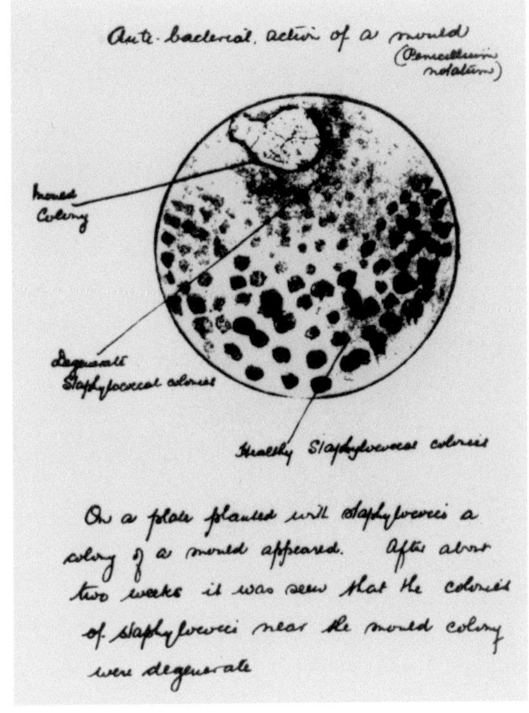

왼쪽 스코틀랜드의 세균학자 알렉산더 플레밍(1881년~1955년)이 만든 푸른곰팡이Penicillium notatum의 배양접시 사진.
오른쪽 푸른곰팡이의 배양접시를 그린 플레밍의 그림. 그가 쓴 메모도 보인다.

제1차 대전 당시의 페니실린 광고. 페니실린을 임질 치료용 신약으로 광고하고 있다.

고 할 만큼 좋은 결과는 전혀 없었기 때문에 페니실린을 광범위하게 사용하려면 정제를 거쳐 불필요한 배양액 부분을 제거해야 한다는 생각이 강하게 들었다."36

그럼에도 불구하고 플레밍의 후배 연구자였던 세실 조지 페인Cecil George Paine은 1929년 성 메리 병원에서 셰필드로 옮겨가던 무렵 페니실린의 발견에 대해 알고 있었다. 1930년 그는 페니실린을 사용해 셰필드 왕립 병원Sheffield Royal Infirmary에 있는 감염된 아기들을 치료하는 데 성공했지만 그 소식을 알리지 않았고, 마찬가지로 페니실린을 대량으로 생산하는 어려움 때문에 역시 후속 연구를 하지 못했다. 그의 노트는 1983년이나 돼서야 재발견됐다.

플레밍은 페니실린을 대량으로 생산하는 기술을 개발하기 위해 화학자들의 관심을 끌어보려고 했지만, 진전을 본 것은 한참 후인 1938년이었다. 당시 옥스퍼드대학교의 던 병리학 연구소Dunn School of Pathology의 한 연구팀은 라이소자임을 결정화하는 프로젝트를 완성한 상태였고, 다른 항균제를 연구하기로 결정했다. 그러나 이들은 항균제가 모두 라이소자임처럼 효소임에 틀림없다는 잘못된 믿음을 갖고 있었다. 후속 연구 주제로 선택했던 항균제 중 하나가 페니실린이었다. 이 팀은 페니실린 정제 기술을 개발해냈고, 1940년 8월 〈랜싯Lancet〉지에 결과를 발표했다. 그 무렵은 제2차 대전이 한창일 때라 이들의 연구는 즉각 중요성을 인정받았고, 페니실린 양산을 위한 자금도 제공받았다. 영국에 이어 미국에서도 페니실린이 양산됐다. 1944년 무렵엔 230만 회 분량의 페니실린을 노르망디 공격 개시일에 맞춰 공급할 수 있게 됐다. 던 병리학 연구소에서 이를 연구했던 핵심 연구자는 하워드 플로리Howard Florey와 언스트 체인Ernst Chain 두 사람이었다. 이들은 1945년 플레밍과 함께 '페니실린을 발견하고 다양한 감염 질환에서의 그 치료 효과를 발견한 공로'로 노벨상을 공동 수상했다.

플레밍은 노벨상 수상 강연을 적어놓은 노트에 의미심장한 경고를 남겨놓았다. 약물에 내성을 키운 세균이 존재하는 요즘 시대에 강한 울림을 주는 경고다.

"X씨는 목이 아프다. 그는 페니실린을 사서 먹지만, 연쇄구균이 완전히 죽을 만큼이 아니라 균이 페니실린에 내성을 기를 만큼의 양만 먹는다. 그 다음 X씨의 부인이 남편에게 감염된다. 부인은 폐렴에 걸리고 역시 페니실린 치료를 받는다. 이제 연쇄구균이 페니실린에 내성을 키운 바람에 치료는 수포로 돌아간다. X씨 부인은 사망한다. X씨 부인의 죽음에 책임이 있는 사람은 누구일까? X씨일 것이다. 페니실린을 제대로 복용하지 않은 탓에 세균의 성질을 바꿔놓았기 때문이다."[37]

071 드디어 원자를 쪼개다

· 양성자가속기와 알파 입자

소위 '원자 쪼개기' 실험과 관련된 중요한 사실 한 가지는 이 실험에서 실제로 쪼개지는 것은 원자 자체가 아니라 어니스트 러더퍼드가 처음 발견했던 원자의 아주 작은 중심부분인 핵이라는 점이다(실험 62를 보라). 원자의 성질을 결정하는 것은 핵 속에 들어 있는 양전하를 띤 양성자의 숫자다. 가령 수소는 원자 하나 당 양성자 하나, 헬륨은 2개다. 이 양성자들의 전하는 원자 내 바깥쪽 구름 속에 있는 동수의 전자 음전하에 의해 상쇄돼 중성을 띠게 된다. 따라서 수소는 전자가 1개, 헬륨은 2개다. 원자구름 속 전자의 배열이 원소의 화학적 성질을 결정한다. 핵에는 양성자 이외에도 '중성자'라 불리는, 전하를 띠지 않는 입자가 들어 있다. 중성자는 원소의 화학적 성질에 영향을 미치지 않는다. 중성자 수는 서로 다르지만, 양성자 수는 같은 원자를 가진 원소를 '동위원소'라 한다. 가령 헬륨 중에는 양성자 2개와 중성자 1개를 갖고 있어 헬륨3이라 하는 원소도 있고, 양성자 2개와 중성자 2개를 갖고 있어 헬륨4라 하는 원소도 있다.

핵을 구성하는 입자들은 '핵력'이라는 힘으로 강하게 결합돼 있다. 핵력은 힘을 미치는 범위가 지극히 좁지만, 중성자와 양성자 모두에게 영향을 미치며 그 범위 내에서는 양전하를 띤 양성자들이 서로 밀어내는 힘을 이길 만큼 강력하다. 그러나 핵이 클수록(양성자가 더 많이 포함돼 있을수록) 이 강력한 힘이 전기적 척력(반발력)을 극복하기 더 어려워지며, 그로 인해 무거운 핵은 2개 또는 그 이상의 더 가벼운 조각들로 쪼개질 수 있게 된다. 이것이 원자를 쪼갠다고 할 때 오늘날의 사람들이 대개 떠올리는 과정이다. 핵폭탄이나 핵발전소와 관련된 분열이 바로 이런 종류의 쪼개짐이다(실험 76을 보라). 그러나 외부에서 고에너지 입자로 핵을 쪼는 방법을 써도 강제로 핵을 쪼갤 수 있다. 존 코크로프트John Cockcroft와 어니스트 월턴Ernest Walton이 최초의 원자 쪼개기 실험에서 시도한 것이 바로 이러한 방법이다. 1932년 4월 14일 케임브리지대학교의 캐번디시 연구소에서 이뤄진 실험이다. 당시 이 실험실의 수장이었던 리더퍼드는 코크로프트와 월턴에게 프로젝트를 함께 하자고 제안했다.

어니스트 월턴(1903년~1995년)이 납을 댄 상자 안에 앉아 핵분열에서 나오는 알파 입자가 발생시키는 '섬광scintillation'을 보고 있다.

원자를 쪼개는 프로젝트가 실행가능할지도 모른다는 깨달음은 1929년 러시아의 이론물리학자 조지 가모프George Gamow가 케임브리지대학교를 방문하면서 촉발된 것이다. 가모프는 최적의 조건하에서는 비교적 낮은 에너지 입자도 원자핵을 뚫고 들어가 반응을 유발할 수 있다는 것을 추정해냈다. 코크로프트는 단 몇 십만 볼트로 가동되는 양성자가속기만 있어도 원자 핵을 쪼갤 수 있으리라 생각했고, 그 정도의 가속기는 캐번디시 연구소에서 구할 수 있는 제한된 자원으로도 만들 수 있을 것처럼 보였다. 훗날 코크로프트가 노벨상 기념 만찬에서 말했던 대로 새로운 이론은 새로운 기술과 결합돼 당시에 수많은 위대한 발견을 견인했다.

코크로프트와 월턴은 각자 고유한 역량을 발휘했다. 코크로프트는 가능한 것이 무엇인가를 추산해낸 이론 물리학자였던 반면 월턴은 뛰어난 기량의 실험 물리학자로서 '뭐든 직접 해 봐야 직성이 풀리는' 인물이었다. 그는 양성자(수소 핵)를 700킬로볼트 조금 넘는 전압의 관을 통해 가속시키는 장치를 만들었다. 이것이 바로 '선형가속기' 초기 모델이다. 핵이 양성자 세 개와 중성자 세 개나 네 개로 이뤄진 연질 금속인 리튬을 향해 양성자 빔을 쏘았다. 그러자 극미량의 헬륨이 방출됐다. 헬륨은 핵 안에 양성자가 2개뿐인 원자다. 헬륨은 고속 알파 입자의 형태였고(본질적으로는 헬륨의 핵이다), 월턴은 이 알파 입자들이 황화아연으로 싼 종이 스크린을 때리면서 만드는 섬광을 보고 그것이 알파 입자임을 알아봤다.

월턴은 이 실험에서 나올 방사능으로부터 몸을 보호하기 위해 납을 댄 상자 안에 들어가 앉아 스크린에 맞춰 둔 현미경을 들여다봤다. 필요한 납의 양을 계산하기 위해 황화아연 스크린을 안쪽 벽에 걸어놓았다. 스크린이 빛나면 납을 한 겹 더 씌웠다. 월턴은 실험을 본 경험에 관해 글을 남겼다.

"현미경 속에는 근사한 광경이 펼쳐져 있었다. 수많은 섬광scintillation의 풍광은 마치 까만 밤하늘에 별들이 잠깐씩 빛을 내다 사라지는 모습을 방불케 했다."

러더퍼드도 19세기 말에 알파선을 연구했다. 알파선이라는 이름도 그가 직접 붙인 것이다. 월턴의 실험을 보게 된 러더퍼드는 이렇게 말했다.

"저것들이 내게는 알파 입자처럼 굉장해 보이는군."

핵이 쪼개졌다는 중요한 단서는 섬광이 쌍으로 발생했다는 것이었다. 이것은 2개의 알파 입자가 똑같은 원천에서 동시에 방출됐다는 뜻이었다. 원자 '쪼개기'로 알려진 현상이 발생한 것이다. 사실 이것은 두 단계 과정이었다. 우선, 리튬 속으로 들어온 양성자가 잠깐 리튬 핵과 결합해 양성자 4개를 갖고 있는 베릴륨의 핵을 만들었고, 그 다음 베릴륨 핵이 2개의 헬륨 핵으로 쪼개진 것이다. 코크로프트와 월턴의 연구팀은 "인공으로 원자를 가속시켜 원자핵을 변환시키는 혁신적 연구의 공로"로 1951년 노벨상을 공동수상했다.

072 비타민 C를 합성하다

· 최초의 인공 제조 비타민

비타민 C의 중요성이 알려진 지는 오래됐지만(실험 13을 보라), 아스코르브산이라는 이 물질의 화학 구조를 알아낸 것은 1930년대에 이르러서였다. 비타민 C의 구조를 밝혀낸 연구팀은 비타민을 합성할 방안도 개발하게 된다. 비타민 C는 인공으로 제조한 최초의 합성 비타민이 됐다.

이 연구팀의 대표는 영국 버밍햄대학교에서 연구하던 화학자 노먼 하워스Norman Haworth였다. 1920년대 말 하워스는 탄수화물의 구조를 연구하고 있었다. 탄수화물은 탄소와 물(그래서 이름이 탄수화물이다)로 만들어진 화합물이다. 가장 단순한 탄수화물은 당이지만, 기본적인 당의 단위들이 결합하면 탄수화물이나 식물의 구조를 이루는 섬유소(셀룰로오스)처럼 더 복잡한 분자를 만들 수 있다. 포도에서 발견되는 종류의 당 분자는 탄소 6개, 산소 6개 그리고 수소 12개를 포함하고 있지만 섬유소 하나의 분자는 수천 개의 원자를 포함하고 있다. 가장 기본적인 당의 구조가 밝혀진 것은 1925년이었고(이 당은 벤젠처럼 고리 구조를 갖고 있음, 실험 48을 보라), 이로써 하워스와 다른 연구자들이 더 복잡한 탄수화물의 구조를 밝힐 초석이 마련됐다.

1920년대 말, 처음에는 네덜란드의 그로닝겐대학교, 나중에는 케임브리지대학교에서 연구했던 헝가리의 생화학자 얼베르트 센트죄르지Albert Szent-Györgyi는 동물의 부신, 그리고 오렌지와 양배추 등의 식물 즙으로부터 헥수론산hexuronic acid이라는 화합물을 분리해냈다. 당시 그는 부신체계의 기능뿐 아니라, 부신체계의 파괴가 애디슨 병Addison's disease을 일으키는 기전을 연구 중이었다. 애디슨 병에 걸린 환자는 피부 색소가 갈색으로 침착되는 증상을 보였는데, 센트죄르지는 이러한 증상을 보면서 사과와 바나나 같은 과일이 상하면서 갈변하는 메커니즘을 떠올렸다. 갈변은 산화와 관련된 현상이기 때문에 그는 갈변이 발생하지 않는 식물을 연구함으로써 산화를 막는 요인을 알아내기로 했다. 연구 결과 갈변이 없는 식물 안에는 갈색 물질의 발생을 막는 강력한 환원제가 함유돼 있었다. 훗날 그가 말한 바대로 "그로닝겐대학교 내 작은 지하 실험실에 큰 동요가 일었다. 당시 나는 부신피질에 이와 비슷한 환원물질이 비교적 대량으로 함유돼 있다는 것"을 알아낸 것이다.[38] 이것이 바로 헥수론산hexuronic acid이었다. 센트죄르지는 자신이 비타민 C를 발견한 게 아닌가 의심했지만 그 추론을 검증할 설비가 없었다.

비타민 C 결정의 현미경 사진.

1930년대 헝가리로 돌아간 센트죄르지는 헝가리 요리에 흔히 쓰이는 재료인 파프리카에서도 헥수론산을 얻을 수 있다는 것을 발견했다. 헝가리에서의 실험을 통해 헥수론산이 괴혈병을 예방한다는 것(헥수론산이 곧 괴혈병 치료제라는 것)을 명확히 알게 됐다. 1932년 4월 그의 연구팀은 실험용 기니피그들에게 매일 1밀리그램의 헥수론산을 투여했더니 이들이 괴혈병에 걸리지 않았다는 내용을 보고했다. 그뿐만이 아니었다. 식물즙의 괴혈병 치료 작용은 그 즙이 함유하고 있는 헥수론산의 양에 따라 달라졌다. 그 구조를 하워스가 밝혔으며, 그 이후 헥수론산의 이름은 아스코르브산으로 바뀌었다.

당을 연구하던 화학자 하워스는 당연히 아스코르브산의 구조를 분석해낼 수 있었다. 아스코르브산도 당에서 추출한 산과 화학적으로 유사한 성질을 갖고 있기 때문이다. 아스코르브산의 기본화학식은 $C_6H_6O_6$이지만 문제는 "어떻게

•
타데우시 라이히슈타인(1897년~1996년).

이 원자들이 3차원으로 배열돼 있느냐"였다. 센트죄르지는 하워스를 방문해 자신이 발견한 바를 논의했고, 그에게 헥수론산 샘플을 건넸다. 하워스의 버밍햄대학교 연구팀은 이 문제와 다각도로 씨름했다.

가장 중요한 증거는 당시에도 여전히 신흥 분야였던 엑스선결정학X-ray crystallography(실험 66을 보라)에서 나왔다. 이 기법을 통해 헥수론산 분자가 특이하게도 3차원 구조가 아니라 평평한 2차원 구조를 갖고 있음이 밝혀졌다. 아스코르브산이 다른 물질과 반응했을 때(가령 산화반응 때) 나온 산물을 분석함으로써, 버밍햄대학교 하워스의 연구팀은 (아스코르브산) 분자가 탄소 원자들의 짧은 사슬에 탄소 원자 4개와 산소 원자 1개로 이뤄진 오각형의 고리가 붙어 있고, 다른 원자들은 구석에 붙어 있는 구조라는 것을 밝혀냈다. 이 팀이 이용했던 산화 과정에는 오존이 포함돼 있었다. 오존은 분자 1개당 원자가 2개짜리인 더 흔한 산소와 달리 분자 1개당 원자가 3개로 구성돼 있다.

하워스는 비타민 C의 구조를 밝힌 지 1년 후인 1933년에 화학 재료로 비타민 C를 합성해냈다. 또 다른 영국의 화학자 에드먼드 허스트Edmond Hirst 또한 비타민 C를 합성했다. 하지만 핵심 기술을 개발한 것은 폴란드 화학자 타데우시 라이히슈타인Tadeus Reichstein이었다. 1934년 라이히슈타인 공정Reichstein process에 대한 권리를 사들인 것은 호프만 라로슈Hoffman-La Roche라는 기업이었다. 이들은 '레덕손Redoxon'이라는 제품명으로 비타민 C 판매를 시작했다.

센트죄르지는 1937년 노벨 생리의학상을 받았다. 수상 이유는 '생물학적 연소 과정과 관련된 발견, 특히 비타민 C와 푸마르산의 촉매 작용에 관련된 발견의 공로'였다. 같은 해 하워스는 '탄수화물과 비타민 C를 연구한 공로'로 노벨 화학상을 수상했다.

073 단백질 구조를 분석하다

· 생체분자 연구에 이용된 엑스선

기술 향상을 통해 과학이 진보하는 양상을 명료하게 알려면 엑스선결정학(실험 88을 보라)이 생체분자 연구에 어떻게 적용됐는가를 보면 된다. 엑스선결정학으로 연구한 최초의 생체분자는 단백질이었다. 1930년대 단백질이라는 복합분자는 몸의 구조를 이루는 원료를 제공할 뿐 아니라 생체 정보의 제일 중요한 전달자라 간주됐다. 단백질은 아미노산이라는 소단위체로 이뤄진 긴 사슬이다. 지구상에 존재하는 모든 생명체를 단백질은 모두 이 소단위체 20개 정도가 각기 다른 방식으로 배열된 다양한 조합으로 이뤄져 있다. 단백질의 복잡성을 조금이나마 가늠하려면, 수소 원자 1개가 질량단위 1이라 할 때, 아미노산은 대개 질량단위 100에 해당하고 단백질 분자의 질량단위의 범위는 수천에서 수백만에 이른다는 사실을 생각해보면 된다. 결국 이렇듯 긴 사슬분자 형태인 단백질이 이 사슬 분자들이 포개져서 복잡한 형태가 된 것이라는 점, 그리고 이러한 형태가 그 분자의 생물학적 성질을 결정한다는 점을 밝힌 것은 바로 엑스선결정학이었다.

단백질의 분자 구조를 이해하는 첫 발걸음을 내디딘 것은 1934년 케임브리지대학교에서 연구 중이던 J. D. 버널J. D. Bernal과 동료들이었다. 버널은 1920년대 윌리엄 브래그와 함께 연구하는 동안, 흑연과 청동 결정의 구조를 알아내기 위해 엑스선결정학 기술을 익히고 직접 사용해보면서 실험과학의 경험을 쌓았다. 캐번디시 연구소에 있는 동안 그의 관심은 생체분자로 바뀌었지만, 단백질을 연구하면서 곤경에 빠졌다. 연구를 위해 건조시킨 단백질이 그냥 붕괴돼버렸기 때문이다. 카드로 만든 집이 아무렇게나 무너져내려 무질서한 종이

단백질 분자모형과 함께 있는 J. D. 버널.

더미가 되는 것처럼 말이다.

단백질의 결정을 마련하는 표준적인 방법은 그것을 모액(母液)이라는 농축 용액에서 배양하는 것이다. 단백질을 결정화하려면 이런 농축 용액에서 정제단백질을 침전시켜야 한다. 이때 개별 단백질 분자들은 규칙적 패턴을 가진 '단위세포'들로 정렬하면서 결정질의 '격자'를 형성한다. 스웨덴의 웁살라Uppsala에서 연구 중이던 생화학자 존 필포트John Philpott는 1930년대 중반 펩신pepsin이라는 단백질을 결정화하고 있었다(펩신은 소화효소로서 우리가 먹는 음식 속의 다른 단백질을 분해한다). 그는 스키 휴가를 가면서 일부 결정을 모액 속에 넣어 실험실 냉장고에 넣어뒀다. 휴가에서 돌아온 다음 결정이 엄청나게 자란 모습을 본 필포트는 깜짝 놀랐다. 케임브리지대학교에서 필포트를 방문 중이었던 글렌 밀리컨Glen Millikan은 이 결정 중 일부를 캐번디시 연구소로 가져갔다. 밀리컨은 모액을 시험관에 담긴 상태 그대로 외투 주머니에 넣은 다음 버널에게 전해줬다.

당시 버널은 도로시 크로우풋Dorothy Crowfoot(훗날 결혼해서 도로시 크로우풋 호지킨Dorothy Crowfoot Hodgkin으로 불리게 된다)과 연구하면서 처음에는 방사능 처리되는 동안 공기에 노출된 결정을 연구했지만 아무런 회절도 발견하지 못했다. 그러나 그는 편광polarized light을 이용한 현미경으로 결정을 미리 모니터해 놓았다. 결정이 신선하고 축축할 때는 질서정연한 결정 구조를 보여주는 복굴절birefringence이라는 특징을 보였지만, 결정이 말라버리면 복굴절도 사라져버렸다. 버널과 크로우풋은 모액과 결정을 둘 다 얇은 벽으로 된 유리 모세관 안에 밀봉시킨 다음 실험을 더 진행했다. 1934년 이들은 마침내 모액에 들어 있는 단일한 펩신 결정의 엑스선 회절 사진을 최초로 얻어냈다. 버널의 모세관 봉인 기술은 그 후 50년 동안 단백질 분자 같은 고분자의 회절 데이터를 모으는 표준으로 자리 잡았다.

버널은 결정의 회절 사진을 해석하면 단백질 구조를 밝힐 수 있다는 것을 깨달았다. 버널과 크로우풋은 〈네이처〉에 실은 실험 관련 논문에서 이렇게 기술했다.

"단백질의 결정을 만들어 엑스선 사진을 얻을 수 있게 됐기 때문에, 이제 이 사진들을 참고해 모든 결정 단백질의 구조를 검토할 수 있게 됐다. 따라서 단백질 구조에 관해 과거의 물리, 화학적 방법이 제공했던 결론보다 훨씬 더 상세한 결론에 도달할 수 있게 됐음이 확실하다."[39]

도로시 크로우풋 호지킨은 그 이후 수십 년 동안 중요한 생체 단백질 연구에 엑스선 회절 결정학을 적용하는 방법을 발전시키는 데 중대한 역할을 수행했다(실험 88을 보라). 그러나 이것은 상상할 수 없을 만큼 지난한 과업이었다. 이유는 그 후 몇 년 동안 천천히 밝혀지게 된다. 아미노산이 일렬로 늘어선 사슬 하나를 단백질의 1차구조라 한다. 그 다음 이 사슬들이 꼬여서 가령 나선을 만들면 그것을 2차구조라 한다. 그런 다음 또 나선이 꼬여서 3차원의 매듭을 만들면 3차구조가 된다. 1971년 무렵 온전히 구조를 밝힌 단백질은 일곱 종류에 불과했다. 그 후 강력한 컴퓨터를 비롯한 기술의 향상으로 3만 개 이상의 단백질 구조를 상세하게 분석할 수 있게 됐다.

074 엄청난 재앙에 관한 경고

· 인공 방사능을 만든 졸리오-퀴리 부부

마리 퀴리는 19세기 말에 방사능을 연구했고 방사능이라는 이름도 만들어냈다(실험 58을 보라). 1930년대 그녀의 딸 이렌Irène은 방사능을 인공적으로 제조하는 방법을 발견했다. 이렌은 남편인 프레데릭Frédéric과 공동으로 연구했다. 그의 원래 이름은 프레데릭 졸리오Frédéric Joliot였지만, 이렌과 결혼 후 두 사람은 모두 졸리오 퀴리Joliot-Curie를 성으로 삼았다.

졸리오-퀴리 부부의 실험 본거지는 파리의 라듐 연구소Radium Institute였다. 라듐 연구소는 이렌의 어머니 마리 퀴리가 설립한 연구소로서, 현재는 퀴리 연구소Curie Institute라 불린다. 이곳에서 부부는 이렌의 부모가 발견한 다음 이름까지 붙인 가장 강력한 방사능 물질인 폴로늄을 세계 최대량으로 공급받을 수 있는 환경에서 연구했다. 폴로늄은 알파 입자를 강력하게 방출하는 물질이다. 1930년대 졸리오-퀴리 부부는 폴로늄 방사능이 다른 원소에 미치는 영향을 연구하고 있었다. 1932년 1월 이들은 실험을 통해 베릴륨에 알파 입자를 쪼이면 다른 종류의 방사능이 방출된다는 것과 그 방사능은 검출이 매우 어렵지만 파라핀 속 원자핵으로부터 (검출이 쉬운) 양성자를 튀어나오게 할 수 있다는 사실을 발견했다. 캐번디시 연구소에서 연구 중이던 제임스 채드윅James Chadwick은 후속 연구를 진행했고, 몇 주 만에 전에는 알려져 있지 않았던 방사능을 알아냈다. 이것은 전기적으로 중성을 띤 입자들이었고, 각각 양성자와 대략 같은 질량을 갖고 있었다. 이것이 바로 중성자다. 1935년 채드윅은 "중성자를 발견한 공로"로 노벨상을 받았다.

그동안 부부는 실험을 계속했다. 1934년 초, 이들은 알파선이 알루미늄에

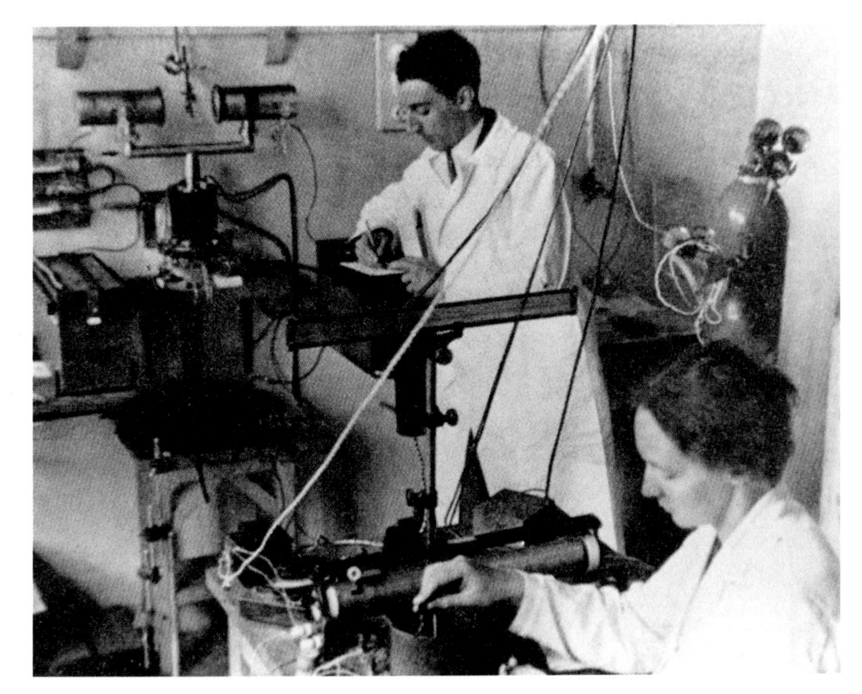

함께 연구 중인 프레데릭 졸리오 퀴리(1900년~1958년)와 이렌 졸리오 퀴리(1897년~1956년).

미치는 효과를 연구하던 중, 알파선 쪼이기를 중단한 다음에도 양전하를 띤 입자(지금은 양성자라 불린다)가 계속해서 방출된다는 것을 발견했다. 방출되는 양성자의 숫자는 3분마다 절반으로 줄어들었다.

이것은 무슨 일이 벌어지고 있는지를 알려주는 중요한 단서였다. 그 무렵에는 자연 발생적인 방사능은 어떤 원소건 이런 식으로 '붕괴한다'는 사실이 (어니스트 러더퍼드에 의해) 확실히 밝혀져 있었다. 원소가 크건 작건 핵의 절반은 다른 원소의 핵으로 변환되고 (양성자와 같은) 방사능을 특성 시간 동안 방출한다. 남은 핵의 절반은 또 같은 시간 동안 붕괴하고, 또 남은 핵의 절반은 같은 시간 동안 붕괴되는 일이 지속된다. 방사능 원소마다 고유한 '반감기'(방사성 물질의 양이 절반으로 줄어드는 데 걸리는 시간_옮긴이)가 있다. 반감기가 1초 미만인 원소도 있고 수백만 년인 원소도 있다. 따라서 졸리오-퀴리 부부는 자신들이 약 3분 정도의 방사능 반감기를 가진 원소의 방사능을 관찰하고 있다는 것을 알게 됐다. 이 실험은 한 원소가 다른 원소로 변환되는 과정을 알려줬을 뿐 아니라 방사능을 인공적으로 만들어낸 것이기도 하다. 훗날 이렌은 이렇게 설명했다.

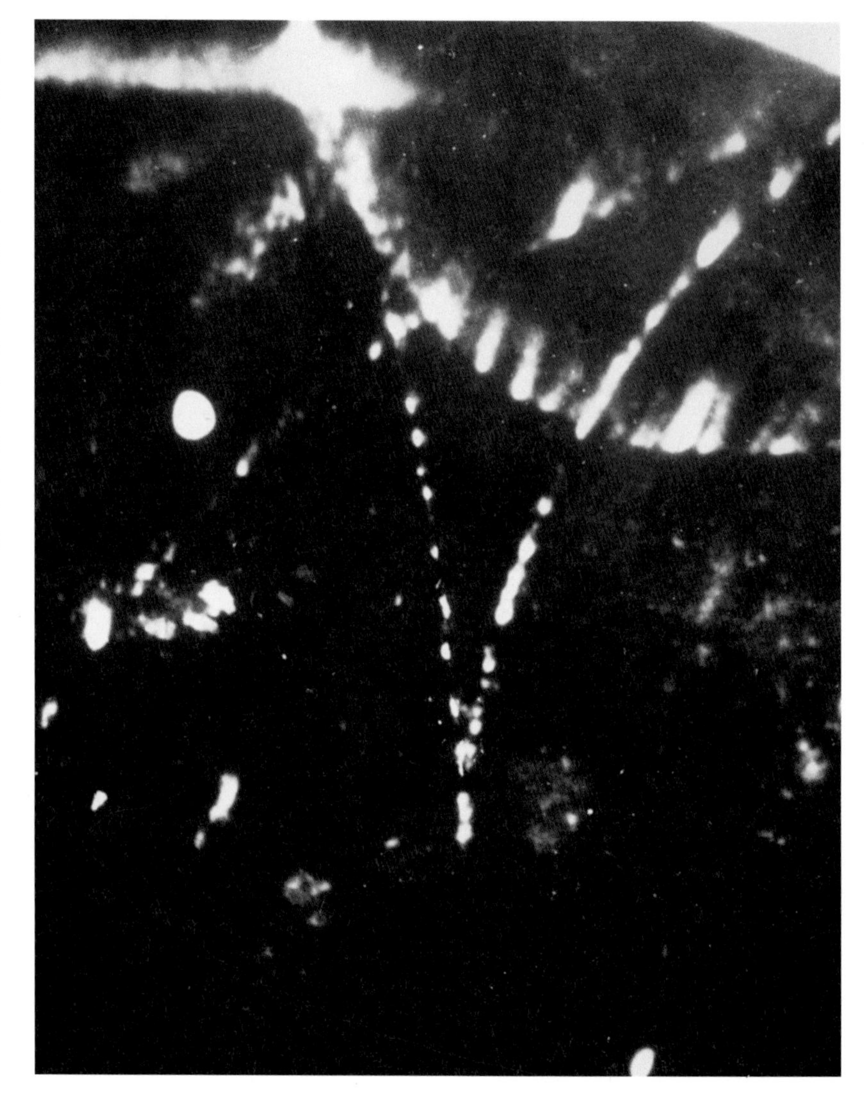

프레데릭과 이렌 졸리오-퀴리 부부가 촬영한 안개상자(고속 원자나 원자적 미립자가 지나간 자취를 보는 장치_옮긴이). 감마선(에너지가 매우 큰 전자기복사)이 전자-양성자 쌍으로 변환되는 모습이 보인다. 감마선은 전하가 전혀 없기 때문에 안개상자 안에 궤적을 남기지 않는다. 그러나 충분한 에너지가 있는 경우 이 사진의 경우처럼 물질과 반물질로 바뀜으로써 스스로를 드러낼 수 있다. 전자와 양전자positron(양전기를 띤 전자로, 전자의 반입자이다_옮긴이)는 서로 반대되는 전하를 갖고 있으므로 구름상자의 자기장에서 서로 멀어져 반대방향으로 움직인다.

"우리는 알루미늄 핵이 규소의 핵으로 변형되는 현상에 대한 우리의 가설로 되돌아가서, 이 변환이 두 단계를 거쳐 발생한다고 가정했다. 먼저 알파 입자를 쪼이면 곧바로 중성자가 방출되고, 인의 동위원소인 방사능 원자가 형성된다. 이 동위원소의 원자량은 30이다. 안정적인 인의 원자량은 31이다. 그 다음 단계에서 이 불안정한 원자, 우리가 '방사성 인radio-phosporus'이라는 이름을 붙인 이 새로운 방사능 원소는 기하급수적으로 붕괴된다. 반감기는 3분이다."[40]

이들의 실험 이전에 방사능이란 자연 발생하는 약 30여 개의 원소와만 관련이 있는 성질이었다. 방사능 원소를 인위적으로 만들게 되면서 완전히 새로운 연구 분야의 길이 열렸다. 졸리오-퀴리 부부는 실험 규모를 신속히 확대했고, 붕소와 마그네슘으로부터 방사능 원소를 만들 수 있다는 사실을 발견했다. 붕소에 알파 입자를 쏘면 11분짜리 반감기를 가진 불안정한 형태의 질소가 나오고, 마그네슘에 알파 입자를 쏘면 규소와 알루미늄의 불안정한 동위원소가 나온다.

이 모든 연구로 이렌과 프레데릭은 1935년 노벨화학상을 받았다. 채드윅이 노벨 물리학상을 받았던 것과 같은 해였다. 부부의 수상 이유는 "새로운 방사능 원소를 합성한 공로"였다. 노벨상 수상 강연에서 프레데릭 졸리오 퀴리는 자신과 아내가 했던 연구의 장기적 함의에 대한 정확한 평가를 내놓았다. 먼 앞날을 내다보는 통찰이었다.

"점점 더 빠른 속도로 과학이 성취하는 진보를 엿보다 보면, 과학자들이 마음대로 원소를 만들거나 분쇄함으로써 폭발성을 지닌 유형의 변환, 더 정확히 말해 화학적 연쇄반응을 만들어낼 가능성을 고려하지 않을 수 없습니다. 만일 물질 속에서 이러한 변환이 성공적으로 확산된다면 사용 가능한 에너지를 어마어마하게 풀어놓을 수 있을 것입니다. 그러나 불행하게도 이 연쇄반응이 지구에 존재하는 모든 원소까지 확산된다면 엄청난 재앙이 벌어질 것입니다. 당연히 그러한 결과를 우려할 수밖에 없습니다."[41]

그러나 졸리오 퀴리가 이러한 경고를 남긴 지 불과 10년도 채 되지 않아 최초의 핵폭탄이 터졌다.

075 슈뢰딩거의 고양이

· 코펜하겐 해석을 비판하다

유명세를 톡톡히 치르면서도 오해 또한 많이 사는 '사고실험'은 죽은 것도 산 것도 아닌, 또는 동시에 죽거나 살아있는 가상의 고양이에 관한 실험이다. 이 사고실험은 1935년 오스트리아의 물리학자 에르빈 슈뢰딩거Erwin Schrödinger가 제시한 것이다. 당시 그는 양자역학에 대한 당대의 논의가 터무니없다고 생각했던 알베르트 아인슈타인과 견해가 같았고, 아인슈타인과 그 이야기를 나눈 다음 이 사고실험을 내놓았다.

1930년대, 양자 세계에서 벌어지고 있는 일을 기술하는 일반적 설명은 '코펜하겐 해석'이라고 알려져 있었다. 이를 주도한 물리학자가 덴마크 코펜하겐에서 온 닐스 보어였기 때문이다. 코펜하겐 해석은 양자의 실체란 관찰할 때만 실재로 확정된다고 말함으로써 전자 같은 존재의 파동-입자 이중성(실험 68을 보라)을 설명하고자 했다. 파동을 찾으려고 설계된 실험은 실제로 파동을 찾아내고, 입자를 찾기 위해 고안된 실험은 실제로 입자를 찾는다는 것이다. 그러나 두 가지 상태를 한꺼번에 보는 일은 절대로 불가능하며, 관찰되지 않을 때 전자 같은 존재는 중첩superposition이라는 불확정 상태로 존재한다. 양자라는 실체를 관찰하거나 측정하는 행위가 양자를 하나의 확정적 상태로 '붕괴'시킨다. 실험에서 도출된 양자 행동의 규칙을 통해 중첩의 붕괴가 어떤 실재가 될지 그 확률을 추산할 수는 있으나, 어떤 일이 일어날지 확신할 방법은 절대로 없다.

에르빈 슈뢰딩거(1887년~1961년).

슈뢰딩거는 논의의 층위를 원자와 전자에서 고양이로 격상

시킴으로써 코펜하겐 해석의 부조리함을 입증하고자 했다. 이 '실험'은 고양이가 실제로 개입된 실험이 아니라 순전히 머릿속 생각으로만 진행한 사고실험이다. 그러나 실험이 시사하는 바는 여전히 흥미롭다.

에르빈 슈뢰딩거는 공기와 음식과 물을 풍부하게 공급받는 상황에서 폐쇄된 방에 갇힌 고양이 한 마리를 상상해보라고 요청한다(그가 쓴 원래 독일어 논문에는 '방chamber'이었지만 어쩐 일인지 번역 과정에서 방이 '상자'가 됐는데, 그 결과 이 실험은 '상자 속 고양이' 실험이라고 알려지게 됐고, 고양이의 안위를 챙기지 않는다는 불행한 함의를 띠게 됐다). 비록 밀폐된 방안이지만 고양이가 안락하게 지내는 데 필요한 필수품은 다 갖춰져 있다. 그러나 이 안에는 슈뢰딩거가 '악마적 장치'라 부른 것도 들어 있다. 방사능 물질의 붕괴를 모니터하는 장치다. 방사능 물질이 붕괴해 알파 입자가 방출되는 순간 장치가 작동해, 독극물이 들어 있는 병이 깨지고 고양이는 죽게 된다.

양자물리학의 세계, 특히 코펜하겐 해석에서 적용되는 확률의 규칙에 따르면 이런 장치를 설치하는 경우 특정 시간이 지나면 붕괴가 일어나 알파 입자가 방출될 확률이 정확히 절반이다. 하지만 아무것도 일어나지 않았을 확률도 똑같이 절반이다. 아무도 이 실험 결과를 들여다보지 않았으므로 코펜하겐 해석에 따르면 방사능 물질은 중첩상태, 즉 붕괴와 붕괴하지 않은 상태 중간쯤에 있다. 따라서 슈뢰딩거에 따르면 모니터 장치 또한 중첩상태, 독극물 병 또한 열렸거나 닫힌 상태 사이의 중간 상태, 고양이도 살아있는 동시에 죽은 중첩상태에 있게 된다. 누군가 방문을 열어서 안을 들여다볼 때에야 비로소 이 전체 시스템은 한 가지 상태로 붕괴하며, 그에 따라 고양이도 죽거나 살아남거나 둘 중 하나의 상태가 된다.

슈뢰딩거는 방을 들여다보는 행위가 이런 식으로 대상에 영향을 미칠 수 있다는 생각이 터무니없기 때문에 코펜하겐 해석이 틀렸다고 생각했다. 틀렸을 뿐 아니라 한마디로 난센스라는 것이다. 그렇다고 과학자들이 코펜하겐 해석의 이용을 중단한 것은 아니다(일부 학자들은 여전히 사용하고 있다). 해석이야 어떻건 방정식 자체는 양자세계에서 잘 통하기 때문이다. 하지만 이 사고실험은

슈뢰딩거의 고양이.

"양자 세계와 일상 세계 사이 어디에 구분선을 그려야 하는가"에 대한 문제를 놓고 이론 물리학자들이 논쟁을 지속하는 결과를 낳았다. 모니터 장치를 중첩 상태가 한 상태로 붕괴되게 만드는 '관찰자'로 간주해야 하는가? 고양이는 어떨까? 분명히 고양이는 자신이 죽었는지 살았는지 알고 있고, 인간의 도움이 없어도 붕괴를 유발할 수 있다. 붕괴가 전혀 없을 가능성도 있다. 고양이가 사는 세계가 있고, 죽는 세계도 있기 때문이다. 이것이 양자물리학에서 말하는 '다세계' 해석이다. '세계가 많은' 이유는 모든 양자 실험의 각 결과마다 하나의 세계가 필요하기 때문이다.

이 중 무엇도 계산에는 영향을 미치지 않는다. 가령 양자컴퓨터를 설계하고 싶다면 어떤 해석을 선호하건 방정식은 동일하다. 대부분의 양자 물리학자들은 해석에 대해서는 입을 다물고 있고 계산만 한다. 하지만 슈뢰딩거가 상자 속 고양이 사고실험을 통해 제기한 수수께끼는 1935년 당시만큼이나 오늘날에도 당혹스러운 문제로 남아 있으며, 성공적인 계산이 이뤄지고 있음에도 불구하고 아직 우리가 원자 이하의 세계에서 벌어지는 일을 제대로 알지 못한다는 것을 시사해주고 있다.

076 핵분열에서 핵융합으로

· 물리학의 가장 중요한 발견 중 하나

존 코크로프트와 어니스트 월턴의 실험은 분명 '원자를 쪼개는'(실험 71을 보라) 실험이었지만, 이들이 쪼갠 원자들은 매우 가벼웠다. 오늘날 원자 쪼개기에 관해 말할 때 대부분의 사람들이 생각하는 것은 우라늄처럼 무거운 원소의 핵이 2개나 그 이상의 조각으로 쪼개지는 분열이다. 1930년대 여러 연구팀은 무슨 일이 벌어지는지 잘 알지 못하는 상태에서 이러한 실험들을 수행했다. 그러나 오토 한Otto Hahn은 달랐다. 베를린에서 연구 중이던 오토 한은 동료들과 함께 핵분열에 성공했을 뿐 아니라 벌어지는 일에 관한 설명까지 제공했다.

한과 그의 동료 리제 마이트너Lise Meitner는 엔리코 페르미Enrico Fermi와 동료 연구팀이 1934년에 이룬 발견을 더 연구해보기로 결정했다. 발견 내용이란, 우라늄에 중성자를 충돌시키면 '새로운' 원소인 듯 보이는 것을 인위적으로 만들어낼 수 있다는 것이었다. 페르미는 자신이 만들어낸 원소가 핵 속에 93개와 94개의 양성자가 있는 원소들이라 여겨 각각 아우소늄ausonium과 헤스페륨hesperium이라는 이름을 붙였다. 우라늄은 핵에 92개의 양성자가 있고, 핵 당 143개와 146개의 중성자가 있는 우라늄235와 우라늄238 등 여러 동위원소가 있다. 독일의 화학자 이다 노닥Ida Noddack은 즉시 다른 설명을 제시했다. "핵이 여러 개 큰 조각으로 분열될 가능성이 있다"는 것이었다. 그러나 그것으로 끝이었다. 후속 연구는 없었다.

한과 마이트너는 프리츠 슈트라스만Fritz Strassman과 함께 페르미가 발견한 바를 다시 실험해보는 일에 착수했다. 마이트너는 제1차 대전 이전부터 한과 같이 연구해왔지만, 오스트리아 계 유태인이었던 관계로 새 실험 프로젝트를 끝내기 전에 나치 박해의 위험을 피해 베를린을 떠나야 했다. 1938년 여름 마이트너는 스웨덴으로 이주했다. 그러나 그녀는 한이 슈트라스만과 진행하고 있던 실험의 진전 사항에 관해 한과 편지를 주고받으면서 실험 내용에 관한 이론적 해석을 제공함으로써 프로젝트에 톡톡히 기여했다.

마이트너가 떠나기 전과 후, 이들의 팀이 했던 실험은 페르미의 실험과 동일한 노선에 있는 것이었고, 그 결과 새로운 '초우라늄' 원소들을 만들어낸 듯했다. 그러나 1938년 말이 되면서 한은 예상치 못했던 결과에 맞닥뜨렸다. 화학

독일 달렘의 실험실에서 리제 마이트너와 오토 한.

분석을 해보니 우라늄에 중성자를 충돌시켜 만든 '새로운' 원소 중 하나가 바륨의 동위원소(우라늄 원자 질량의 60퍼센트 질량을 가진 원자)였던 것이다. 바륨을 발견한 실험에 드러난 원자는 몇 천 개에 불과했지만, 한은 뛰어난 화학자였기 때문에 이를 놓치지 않았고 마이트너에게 편지로 소식을 알렸다. 1938년 편지를 받은 마이트너는 한이 옳다는 것을 의심하지 않았다. 그러나 정작 한은 당혹스러워하고 있었다. 그는 이렇게 써놓았다.

"라듐Ra의 동위원소가 라듐이 아니라 바륨Ba처럼 군다는 끔찍한 결론이 나오고 있어요… 당신은 아마도 근사한 설명을 제시해줄 수 있을 겁니다."

마이트너는 설명을 제시했다. 중성자를 충돌시킨 우라늄의 핵이 쪼개졌다는 설명이었다.

그 원인에 대한 설명은 다음과 같았다. 원자핵은 마치 물방울과 같아서 강한 핵력(실험 71을 보라)에 의해 한데 뭉쳐 있지만, 모든 양성자의 양전하는 핵을 산산조각 내려고 애쓴다. 우라늄의 경우, 양성자가 너무 많아 전기적 척력이 강한 핵력을 극복할 수 있기 때문에 물방울 같은 이 핵을 고속 중성자로 때리면 두 개나 그 이상의 방울로 쪼개지고, 이렇게 쪼개진 방울조각들은 전기적 척력에 의해 또 다시 쪼개진다. 92개의 양성자를 가진 우라늄이 쪼개져서 양성자 56개를 가진 바륨을 만들 때 쪼개진 또 다른 '방울 조각'은 양성자가 36개인 크립톤krypton이다. 여러 개의 중성자가 그 과정에서 튀어나온다. 이 중성자 조각들이 갖고 있는 에너지는 분열할 때마다 약 2억 전자볼트(200메가볼트)에 달한다는 것이 밝혀졌다.

마이트너는 그 무렵 조카인 오토 프리쉬Otto Frisch와 공동으로 연구를 하고 있었다. 프리쉬는 덴마크에서 활동하던 핵물리학자였지만 마이트너에게 가 있는 동안에 오토 한의 편지 내용을 알게 됐다. 마이트너는 우라늄 핵의 분열로 생긴 핵 두 개의 질량을 계산했고, 이들을 합친 질량이 우라늄 핵 하나의 질량보다 양성자 질량의 5분의 1만큼 작다는 것을 발견했다. 아인슈타인의 유명한 방정식인 $E=mc^2$에 따르면, 양성자 질량의 5분의 1은 200메가볼트에 해당한다. 모든 것이 맞아떨어졌다. 결국 우라늄 핵분열은 평화적 용도와 군사적 용

오토 한이 실험하던 작업대를 재현한 박물관 전시물. 리제 마이트너와 프리츠 슈트라스만과 함께 했던 초창기 핵분열 실험 장비다. 전지(페르트릭스Pertrix 사 제품), 증폭기(세 개, 전지들 사이에 하나), 자동 계수기automatic counter(왼쪽 아래와 중앙), 가이거 뮐러 계수관Geiger-Muller tubes(맨 아래), 중성자원(둥근 것)과 우라늄(직사각형)을 포함한 파라핀 블록(오른쪽 위, 둥근 것)이 보인다.

도에 쓰일 잠재적 에너지원을 제공하게 됐다.

한이 논평한 바대로 "과거에 초우라늄이라 여겼던 분열의 활성 산물은 초우라늄이 아니라 핵이 쪼개져 만들어진 파편들"이었다.[42] 핵분열이라는 이름을 제안한 것은 프리쉬였고(독일어로는 Kernspaltung이다), 이 명칭은 그가 1939년 마이트너와 펴낸 논문에 실렸다. 오토 한은 이 연구 공로로 노벨 화학상을 받았다. 단독 수상이었다. 한은 1944년 수상자였지만 정작 수상이 이뤄진 것은 1945년이었다. 수상 이유는 "중핵분열을 발견한 공로"였다. 물리학의 가장 중요한 발견 중 하나가 아주 작은 물질을 화학적으로 분석함으로써 이뤄졌다는 사실은 무척 흥미롭다.

077 맨해튼 프로젝트

· 세계 최초의 원자로

존 코크로프트와 어니스트 월턴의 연구(실험 71을 보라) 이후 영국에서 연구 중이던 헝가리의 물리학자 레오 실라르드Leó Szilárd는 핵 연쇄반응의 가능성을 지적했다. 핵을 때리는 중성자로 인해 더 많은 중성자가 방출된다면, 이 중성자들은 다시 더 많은 핵들이 중성자를 방출하도록 고삐 풀린 자동 반응을 연쇄적으로 일으킬 수 있다는 것이었다. 실라르드가 뉴욕으로 이주하던 해인 1938년까지 이러한 생각에 주목하는 이들은 거의 없었다. 실라르드가 리제 마이트너와 오토 한의 우라늄 핵분열 연구(실험 76을 보라) 소식을 들은 것은 뉴욕에서였다. 이 소식을 들은 그는 우라늄 핵분열 반응을 자동으로 지속시키는 일이 가능할 수도 있음을 깨달았다. 핵분열 반응이 일어나면 우라늄의 핵이 '쪼개지면서' 에너지를 방출할 것이다. 소규모 실험을 통해 이러한 추론이 원론 상 맞다는 것이 입증됐다. 실라르드는 프랭클린 루즈벨트Franklin D. Roosevelt 대통령에게 편지를 썼다. 독일이 핵분열 기술을 이용해 핵폭탄을 개발할 수 있는 가능성을 경고하는 편지였다(알베르트 아인슈타인은 이 일과 아무런 상관도 없었지만 실라르드에게 설복당해 편지에 서명했다).

제2차 대전에 참전하게 된 미국은 핵무기 공격에 대한 두려움 때문에 맨해튼 프로젝트Manhattan Project를 만들었다. 독일보다 핵무기를 먼저 만들기 위한 프로젝트였다. 폭탄을 제조하는 많은 단계 중 하나는 핵분열을 일으킬 원자로를 건설하는 것이었다. 원자로 안에서는 수북이 쌓인 우라늄 더미가 열

엔리코 페르미(1901년~1954년).

의 형태로 에너지를 산출한다. 그러나 그 원자로는 에너지를 산출하되 반응의 고삐가 풀려 폭발을 일으키지는 않는 원자로여야만 했다.

실험적으로 원자로를 건조하는 일을 맡은 책임자는 엔리코 페르미였다. 당시 페르미는 이탈리아의 파시즘 정권이 유대인 아내에게 위협이 될까 봐 미국으로 이주해 있었다. 원자로 건조의 성공은 적정량의 우라늄을 한 곳에 갖고 있을 수 있느냐에 달려 있었다. 단, 핵분열 반응에 관여하는 중성자의 수를 통제하는 방법을 알아내는 것이 중요했다. 우라늄 양이 너무 적을 경우 저절로 일어나는 핵분열로 산출되는 대부분의 중성자는 표면에서 달아나버리기 때문에 다른 핵의 분열로 이어지지 못한다. 반면 우라늄 양이 너무 많을 경우 우라늄 내부의 핵분열에서 방출되는 중성자들이 빠져나가기 전에 다른 핵들을 때려 핵분열이 더 많이 일어나긴 하지만, 통제할 수 없기 때문에 폭발이 일어난다. 페르미의 감독하에, 시카고대학교에 있는 스쿼시 폐경기장에 원자로가 건설됐다. 우라늄 양의 측면에서 양극단 사이의 적절한 균형을 잡아낸 원자로였다.

이 원자로는 시카고파일-1Chicago Pile-1 또는 CP-1이라는 이름으로 불렸다. 기반은 사각 형태, 꼭대기는 둥근 형태로 돼 있었고, 우라늄 금속이나 산화우라늄이 함유된 흑연블록과 순수 흑연블록을 번갈아 쌓아 올려 만들었다. 흑연은 중성자를 흡수하거나 중성자의 속도를 늦춰 반응을 '감속하는 역할'을 한

세계 최초의 원자로인 시카고파일-1(CP-1)이 자동으로 작동하는 순간을 그린 그림.

다. 페르미와 실라르드는 우라늄을 감속재인 흑연 블록 속에 넣어 입방체의 우라늄 격자가 형성되면, 우라늄 원자 하나에서 나오는 중성자 하나가 다른 우라늄 원자의 핵과 만날 확률이 가장 높을 거라고 계산했다. 그러나 가장 중요한 중성자 수의 조절을 담당하는 것은 카드뮴으로 만든 막대였다. 카드뮴 막대는 중성자를 흡수하는 것으로, 필요할 때 우라늄 파일 안팎으로 움직일 수 있게 돼 있었다. 카드뮴 막대기를 삽입하면 중성자들이 흡수돼 연쇄반응이 일어나지 않고, 막대를 제거하면 중성자들이 자유롭게 방출돼 핵분열을 일으켜 반응이 지속적으로 일어난다.

페르미는 56층으로 쌓은 이 흑연블록이 자동으로 핵반응을 일으키기에 충분한 우라늄을 포함하고 있다고 추산했다. 결국 CP-1은 57층 높이로 지어졌다. 완성된 원자로의 제조비용은 약 100만 달러였고, 77만 1,000파운드(350톤)의 흑연, 8만 590파운드(37톤)의 산화우라늄, 그리고 1만 2,400파운드(5.6톤)의 우라늄 금속이 들어갔다. 원자로의 넓이는 25피트, 높이는 20피트(8미터 넓이에 15미터 높이)였다. 1942년 12월 2일 현지시각 오후 3시 36분, 카드뮴 막대가 천천히 파일에서 제거되자 우라늄 핵이 분열되면서 만들어지는 중성자들이 다른 핵의 분열을 초래했다. 카드뮴 막대를 다시 삽입해 반응을 정지시킬 때까지 원자로는 28분 동안 예상대로 작동했다. 소위 '원자(실제로는 핵)' 시대가 열리는 순간이었다.

CP-1의 성공으로 인공적인 핵연쇄반응이 가능하다는 것이 입증됐다. 더 중요한 점은 핵연쇄반응을 통제할 수 있음이 입증됐다는 것이다. 원자로에서 나온 최대 전력은 200와트 정도에 불과했다. 백열등 전구 하나를 돌릴 정도의 전력이었다. 그러나 훗날 페르미가 말했던 바대로 "전쟁이 끝나면 모두들 초점이 무기 제조에서 원자 에너지 활용으로 평화롭게 이행되기"를 바랐다. 핵분열의 평화로운 활용에는 '발전소 건설'이 포함돼 있었다.[43] 그러나 페르미는 이 꿈의 온전한 결실을 보지 못하고 사망했다. 전시라는 긴급한 상황에서 건조된 CP-1에는 그 어떤 종류의 방사능 차폐장치도 없었다. 1954년 11월 28일 엔리코 페르미는 위암으로 사망했다. 방사능 물질에 노출된 탓이었을 것이다.

078 최초의 현대식 컴퓨터

· 플라워스의 콜로서스

사용자가 제시한 프로그램을 실행하는 세계 최초의 현대식 컴퓨터 원형(초창기 원시 '튜링기계Turing machine')이 가동을 시작한 것은 1943년 말이었고, 이 기계는 1944년 6월 무렵까지 여러 대의 비슷한 기계들이 온전히 가동할 수 있는 초석을 놓아줬다. 날짜를 중요하게 언급하는 이유는, 이 기계가 제2차 대전 당시 노르망디 상륙작전의 공격 개시일을 정하는 사람들에게 정보를 제공하는 데 핵심 역할을 수행했기 때문이다.

정보를 수집한 것은 블레츨리 파크Bletchley Park라는 영국의 비밀기관에서 일하던 암호해독 전문가들이었다. 이들은 앨런 튜링Alan Turing이 개발한 원리에 기반을 뒀지만, 정교함은 비교적 떨어지는 기계를 이용해 독일 에니그마Enigma(독일이 개발한 암호화 타자기_옮긴이)의 암호를 해독하는 데 큰 성공을 거뒀던 터였다. 그러나 1943년 무렵 독일이 암호체계를 개선하는 바람에 새로운 종류의 기계로 암호를 해독해야 하는 시점이 오고 말았다.

블레츨리 파크에서 근무하던 체신청 연구원 토머스 플라워스Thomas Flowers는 개선된 암호를 풀기 위해서는 진공관electronic valve(미국에서는 '튜브tube'라 불린다)을 바탕으로 한 컴퓨터를 만들어야 한다는 제안을 내놓았다. 진공관은 특정 시스템을 통해 전류를 조절하며 작은 전구처럼 빛을 낸다. 플라워스는 1930년대 진공관 전화교환기 개발에 참여한 적이 있었기 때문에 진공관을 써 본 경험이 있었다. 그는 진공관들이 켰다 껐다 하면 금방 고장이 나지만 쓰지 않을 때도 늘 켜 두면 수명이 훨씬 길어진다는 중요한 사실을 발견했다.

그러나 블레츨리 파크의 결정권자들은 플라워스의 말을 믿지 않았고, 1943

프로그래밍을 적용한 세계 최초의 전자식 컴퓨터 콜로서스. 버킹엄셔의 블레츨리 파크.

년 2월 플라워스는 돌리스 힐에 있는 체신청 연구소의 평상시 임무로 복귀했다. 그곳의 상급자는 플라워스가 진공관 프로젝트 작업을 하도록 어느 정도 배려해줬다. 하지만 자금의 제약이 심해 플라워스는 장비에 들어가는 자금을 대부분 스스로 조달해야 했다. 결국 플라워스가 만들어낸 기계는 암호 메시지를 천공 구멍들의 형태로 해독한 것을 종이테이프에 담아 1,600개의 진공관에 들여보내는 방식의 거대한 기계였다. 엄청나게 큰 덩치 때문에 '콜로서스Colossus(거인이라는 뜻_옮긴이)'라는 이름이 붙었다.

1943년 12월 돌리스 힐에서 시험을 거친 콜로서스는 해체돼 대형 트럭에 나뉘어 실려 블레츨리 파크로 운반된 다음 다시 조립됐다. 1944년 2월 5일 콜로서스는 블레츨리 파크에서 최초의 암호를 해독해냈다. 암호해독 전문가들은 결과를 보고 깜짝 놀랐다. 플라워스는 자신의 생각을 허황된 꿈으로 묵살당한 지 불과 1년 만에 정부 당국자들에게 콜로서스의 성능을 향상시켜 6월 1일에 가동시킬 수 있도록 하라는 말을 들었다. 그 이유에 관해서는 들은 바가 없었지만, 어쨌건 플라워스는 마감기한에 맞춰 2,400개의 진공관을 사용한 기계

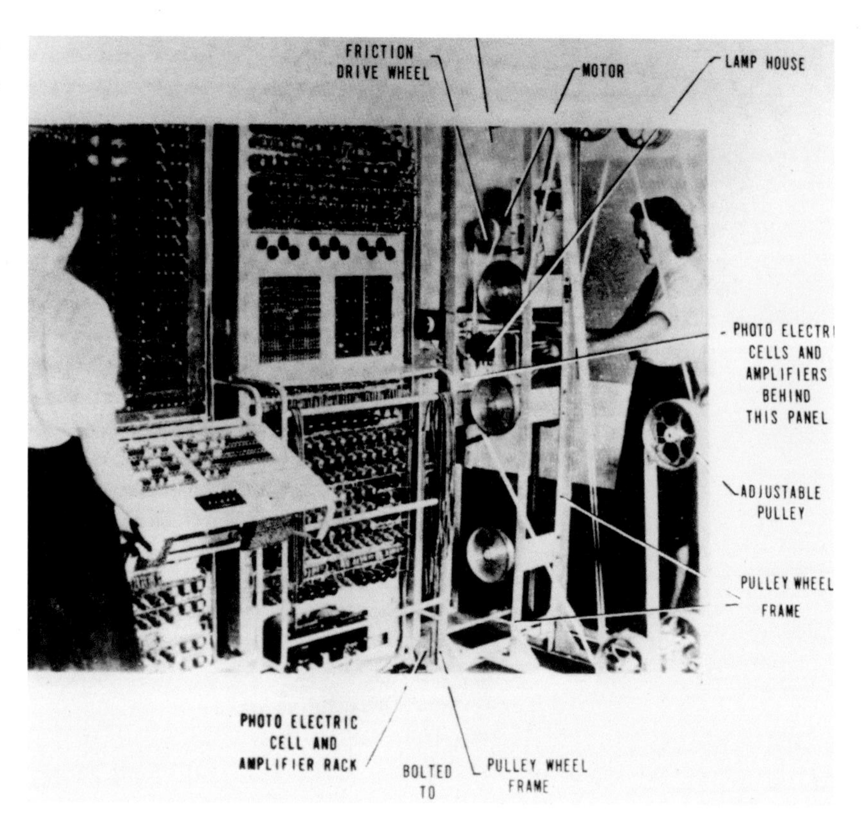

작동중인 콜로서스.

를 만들어냈다. 6월 5일 콜로서스 ⅡColossus Ⅱ는 독일군의 암호를 해독했다. 당시 연합군은 유럽 상륙 작전의 기지가 파드칼레Pas de Calais라는 정보를 독일군에게 흘리는 기만작전을 펼치고 있었다. 콜로서스 Ⅱ가 해독한 암호는 독일군이 연합군의 이러한 기만 전략에 속았다는 사실을 밝혀줬다. 당시 독일군 원수 에르빈 롬멜Erwin Rommel은 파드칼레에 독일군 병력을 집결시키라는 명령을 받았다. 이 정보는 연합군 총사령관이었던 드와이트 아이젠하워Dwight D. Eisenhower를 설득해 6월 6일을 노르망디 공격일로 정하는 데 중요한 영향을 끼쳤다.

'콜로서스들(여러 대의 콜로서스가 만들어졌다)'의 주 기능은 암호 해독이었지만 그 잠재력은 훨씬 더 컸다. 플라워스가 콜로서스를 설계한 것은 이들을 조정해(오늘날의 표현으로 프로그래밍) 다양한 스위치를 사용하고, 기계의 여러 부분을 다양한 배열로 연결시키는 단자를 꽂아 여러 역할을 수행하도록 하기 위함이었다. 프로그래밍은 여전히 손으로 직접 해야 했지만, 콜로서스는 어쨌건 프로그래밍 개념을 도입했다는 점에서 최초의 현대적 컴퓨터라 불릴 만하다. 1930년대 중반 튜링은 〈계산 가능한 수에 관하여On Computable Numbers〉라는 제목의 논문에서 숫자와 관련된 (디지털) 용어로 표현된 모든 문제를 해결할 수 있는 기계 제작이 가능하다는 것을 수학적으로 입증했다. 이 기계(오늘날 하드웨어라 불리는 것)를 만들기만 한다면 1과 0의 이진법 코드로 표현한 명령(오늘날 소프트웨어라 불리는 것)에 따라 어떤 과제건 실행할 수 있다. 이러한 기계, 즉 컴퓨터는 오늘날 만능 튜링기계universal Turing machine 또는 줄여서 튜링기계라 부른다. 만능 튜링기계란 기상예측 등의 작업에 쓰이는 거대 기계뿐 아니라 스마트폰에 쓰이는 컴퓨터를 비롯해 현대의 모든 컴퓨터를 포괄하는 용어다. 블레츨리 파크의 연구자들은 콜로서스에 사진 저장이나 문서 작성, 숫자로 표현되는 온갖 작업을 비롯해 여러 종류의 데이터를 다룰 수 있는 잠재력이 있다는 것을 잘 알고 있었다. 콜로서스는 다목적 계산기의 모든 요소를 갖추고 있었던 셈이다.

이 모든 일들은 전쟁이 끝나고 난 후에도 기밀로 유지됐다(윈스턴 처칠Winston Churchill이 직접 내린 명령에 의거한 조치였다). 그 결과 1945년 최초로 가동됐던 에니악ENIAC(Electronic Numeral Integrator And Computer)이라는 미국산 기계가 여전히 세계 최초의 전자식 컴퓨터라는 명성을 누리는 일이 벌어지기도 한다. 에니악 역시 콜로서스와 마찬가지로 배선 판 시스템을 이용해 프로그래밍한 것이었다. 다만 콜로서스와의 차이는 에니악 개발의 목적이 기상예보를 제공하고 풍동시험wind-tunnel test(구조물의 내풍 안정성을 구조물의 모형을 이용해 확인하는 시험_옮긴이) 결과를 분석하기 위한 것이었다는 점이다. 그러나 최초의 현대식 컴퓨터는 뭐니 뭐니 해도 플라워스가 개발한 콜로서스다.

079 DNA의 역할을 규명하다

· 분자유전학의 시초

1928년 프레데릭 그리피스가 폐렴구균이 유전 물질 같은 것을 흡수함으로써 다른 균으로 '전환된다transformed'는 것을 발견한 후(실험 69를 보라) 다른 연구자들은 한 세균에서 다른 세균으로 전달되는 것이 무엇인지 알아내려고 애썼다. 중요한 진전이 이뤄진 것은 뉴욕의 록펠러 연구소Rockefeller Institute에 있는 한 실험실에서였다. 주인공은 오즈월드 에이버리Oswald Avery가 이끄는 연구팀이었다. 에이버리는 1913년부터 폐렴을 연구해왔을 뿐 아니라 그리피스의 발견에 지대한 관심을 갖고 있었다.

1931년 에이버리의 연구팀은 전환 과정을 보기 위해 생쥐를 이용하지 않아도 된다는 것을 발견했다. 죽은 S형 폐렴구균이 함유된 R형 폐렴구균을 페트리 접시에 배양하기만 해도 살아있는 R형 폐렴구균을 S형으로 전환시킬 수 있었던 것이다. 이 실험을 기점으로 전환 인자를 규명하려는 탐색이 시작됐다. 냉동과 가열을 되풀이하는 과정을 통해 S형 폐렴구균 개체군의 세포들을 분해시켜 내부 내용물을 진득한 액체 속 다른 세포 조각과 섞었다. 이 액이 들어 있는 시험관을 원심분리기에 돌리자 고체 세포벽 찌꺼기가 시험관 바닥으로 가라앉고 그 위에 묽은 액(세포의 내용물)이 남았다. 세포의 내용물로 만든 이 묽은 액체만으로도 R형 세포를 S형 세포로 전환시킬 수 있었다.

이 모든 것이 확인된 것은 1935년의 일이었다. 이즈음 에이버리는 젊은 연구자였던 콜린 맥리오드Colin MacLeod를 연구팀에 합류시켜 그에게 세포 내용물로 이뤄진, 유전적 활성이 있는 액체를 집중적으로 연구하는 과제를 맡겼다. 뒤이어 매클린 매카티Maclyn McCarty도 실험에 합류했다. 이들이 연구 프로젝트를 완성하는 데 10여 년의 세월이 소요됐다. 전환을 초래하지 않는 성분을 모조리 제거하고 전환을 일으키는 알짜배기 인자만 남기는 일에 심혈을 기울여야 했기 때문이다. 아서 코난 도일Arthur Conan Doyle이 자기 소설의 주인공 셜록 홈스에게 시킨 말을 빌리면, "불가능한 것을 모조리 제거한 다음에 남는 것이 분명 정답"이다. 연구 초반에는 그 정답이 전혀 납득이 가지 않는다 해도 어쩔 수 없다.

처음에는 전환을 일으키는 가장 가능성 큰 요인이 단백질인 것처럼 보였다. 단백질은 많은 정보를 담고 있는 복합분자이기 때문이다. 하지만 S형 세균에서 추출된 액을 프로테아제Protease라는 효소(단백질 분자를 작은 조각으로 분해한다고 알려져 있던 효소다)로 처리했을 때 이것은 전환을 일으키는 능력에 아무런 영향도 미치지 않았다. 또 다른 가능성은 전환 효과가 S형 세균을 덮고 있는 다당류와 관련이 있을지도 모른다는 것이었다. 연구팀은 다당류 분해 효소를 이용해 다시 실험했지만 이번에도 전환 과정은 아무런 영향도 받지 않았다. 이 시점에서 연구팀은 일련의 세심한 화학 공정 단계를 거쳐 단백질과 다당류를 모조리 용액에서 제거했고, 남은 것을 대상으로 끈질긴 화학 분석에 착수했다. 남은

오즈월드 에이버리(1877년~1955년). 디오시리보핵산DNA이 유전물질로 기능한다는 것을 밝혀냈다.

것은 핵산이었다. 남은 물질에 포함된 탄소와 수소와 질소와 인의 비율로 그것이 핵산임을 알게 된 것이다(실험 64를 보라). 후속 실험을 통해 그 핵산이 RNA가 아니라 DNA라는 것이 밝혀졌다.

DNA가 전환인자라는 발견이 일련의 논문 형식으로 발표된 것은 1944년이었다. 이 논문들은 DNA가 유전자를 구성하는 물질이라고 확언하지는 않았다. 그러나 에이버리는 혼자서 그 가능성을 고려했고 동생인 로이Roy에게 쓴 편지에 자신의 생각을 적어놓았다. 하지만 세포에 저장된 유전 정보의 소재지가 단백질이 아니라 DNA라는 생각은 너무도 충격적이었기 때문에 생물학계는 이를 당장 받아들이지 못했다. DNA가 유전 정보를 전달하기에는 너무 단순한 분자라고 확신했기 때문에 '테트라뉴클레오티드 가설tetranucleotide hypothesis'에서 여전히 벗어나지 못한 것이다.

게다가 세균의 세포 내의 활성 물질은 세포 속에서 느슨하게 떠다니고 유전자와 염색체로 들어가지 않기 때문에, 당시 많은 생물학자들은 그리피스의 연구가 밝힌 바대로 전환인자로서의 DNA를 유전 활성인자라고까지 보는 것은 지나친 비약이라고 생각했다. 그럼에도 불구하고 에이버리-맥리오드-매카티의 실험은 광범위한 관심을 불러일으켰고, 미생물학자와 유전학자들이 유전자의 물리 및 화학적 성질에 관해 더 많은 연구를 하도록 독려하는 자극제 역할을 했다.

오늘날 이 실험은 분자유전학의 시초로 인정받고 있다. 노벨상을 받을 팀이 있다면 에이버리와 맥리오드와 매카티의 팀이야말로 적격자였다. 그러나 어쩐 일인지 이들은 상을 받지 못했다. DNA를 유전 물질로 보는 증거들이 압도적으로 나오는 데는 여러 해가 더 걸렸다. 또 다른 탁월한 실험 덕분이었다(실험 82를 보라).

080 옥수수에서 찾아낸 도약 유전자

· 매클린톡의 이동성 유전인자

1940년대 말 무렵이면 유전자가 줄에 꿰어놓은 구슬처럼 염색체를 따라 엮인 안정적 실체라는 것 정도는 '누구나' 알고 있었다. 유전자에 대한 이러한 이미지에 반격을 가한 인물은 미국 뉴욕 주의 콜드 스트링 하버 연구소Cold String Harbor Laboratory에서 연구하던 바버라 매클린톡Barbara McClintock이었다. 그러나 그녀가 실행한 실험의 의의가 널리 인정받게 되는 데는 꽤 오랜 시간이 걸렸다.

매클린톡은 1920년대 뉴욕의 코넬대학교에서 옥수수를 이용한 실험을 시작했다. 완두콩을 사용해 최초로 유전을 연구했던 그레고어 멘델의 전통을 거울삼고 토머스 헌트 모건의 선구적 초파리 연구(실험 65를 보라)를 기반으로 한 연구였다. 그녀는 옥수수 세포를 착색시키는 기술을 개발했다. 세포가 포함하고 있는 10개의 염색체를 현미경으로 선명하게 구별할 수 있도록 하기 위함이었다. 그리고 조수 해리엇 크레이튼Harriet Creighton의 도움을 받아, 염색체의 변화가 옥수수 식물 자체, 즉 표현형phenotype(생물에서 겉으로 느러나는 여러 가지 특성. 유전자형genotype과 대비되는 용어_옮긴이)의 변화와 연관돼 있다는 점도 밝혀냈다. 염색체 내의 개별 유전자를 확인하고, 한 식물이나 세포의 염색체를 다른 식물이나 세포의 염색체와 비교하는 일이 얼마든지 가능했다. 한 종류의 옥수수는 밝거나 어두운 색깔의 알갱이와 관련된 염색체를 갖고 있었다. 세포들을 착색시켜 현미경으로 관찰했던 연구자들은 색깔의 차이가 9번 염색체의 차이와 관계돼 있다는 것을 알아냈다. 검은 색 옥수수 알갱이 속의 염색체에는 밝은 색 옥수수 알갱이 속의 염색체에는 없는 혹이 있었다.

이러한 결과들이 발표된 것은 1931년이었지만 실험이 진전되는 데는 더 오랜 시간이 걸렸다. 초파리에 비해 식물인 옥수수의 번식 속도가 늦기 때문이었다. 멘델의 실험에 오랜 시간이 걸렸던 것과 같은 이유에서였다. 그러나 옥수수 실험의 장점은 8분의 1인치짜리 초파리를 잡아 눈 색깔을 봐야 하는 번거로움을 겪는 대신 옥수수 잎을 벗겨 낸 다음 옥수수 알갱이 색깔의 패턴만 살펴보면 된다는 점이다(야생 옥수수는 슈퍼마켓에서 파는 종류와 달리 알갱이의 색깔이 다양하다). 매클린톡은 끈기 있게 연구를 계속했고, 1941년 콜드 스프링 하버로 이주한 후 1944년 이후 몇 년 동안 가장 중대한 발견들을 해냈다.

옥수수의 유전을 연구하기 위해 매클린톡이 알아야 할 것은 유전정보 운반자가 단백질인지 DNA인지 여부가 아니었다. 유전정보가 염색체를 통해 운반된다는 것, 그리고 각 염색체는 식물의 생명과정을 위한 구체적 명령을 담고 있는 별개의 유전자들로 구성돼 있다는 것만 알면 충분했다. 매클린톡의 연구 주제는 돌연변이(유전자의 변화)가 옥수수 색소의 패턴에 어떤 영향을 미치는지, 다시 말해 유전형이 표현형에 어떤 영향을 미치는지에 관한 것이었다. 그녀는 일부 식물에서 옅은 녹색의 잎사귀 상에 '비정상적인' 암록색의 줄무늬가 생긴 것을 발견했다. 잎은 세포분열을 반복하면서 성장하기 때문에, 성장 초창기에 이 돌연변이 줄무늬가 생겨난 세포까지 추적하는 일이 어렵지 않았다.

어떤 경우 줄무늬가 생긴 부분은 식물의 나머지 부분과 자라는 속도가 달라 더 빨리 자라거나 늦게 자랐다. 대조군을 둔 조건에서 여러 세대를 이종교배하는 등 수년간의 공들인 연구 끝에 매클린톡은 일부 유전자의 작용이 다른 유전자들에 의해 조절당하고 있다는 증거가 있다는 확신을 갖게 됐다. 옥수수의 사례에서 나타나듯 조절유전자control genes 중 하나는 잎의 색깔을 만드는 일을 담당하는 유전자와 같은 염색체

연구 중인 바버라 매클린톡.

바버라 매클린톡 등의 유전학자들이 연구했던 종류의 옥수수는 알갱이의 색깔이 다채롭다.

상 바로 옆에 위치하면서 색깔 담당 유전자에게 영향을 미쳤다. 마치 불을 켜거나 끄듯 색깔 유전자의 스위치를 켜거나 끈 것이다. 반면 또 다른 조절유전자는 색깔 작용이 일어나는 속도에 영향을 미쳤지만, 색깔 유전자와 같은 염색체 상에 있지는 않았다. 이 조절유전자들을 확인해본 후 그녀는 이 다른 유전자가 굳이 한 자리에 있을 필요조차 없다는 것을 발견했다. 그 유전자는 세포분열 동안 이곳저곳으로 이동할 수 있었기 때문에, 상이한 세포들을 비교하면 이 유전자가 마치 동일 염색체 내의 한 장소에서 다른 장소로 옮겨갔거나, 또는 아예 한 염색체에서 다른 염색체로 '도약'한 것처럼 보였다. 매클린톡은 이 과정에 전이transposition라는 이름을 붙였다. 이것은 유전체genome가 한 세대에서 다음 세대로 아무런 변화 없이 전달되는 고정된 집합체라는 기존의 통념에 대한 도전이었다.

1950년 매클린톡은 그동안의 연구를 집약해 〈옥수수 내의 돌연변이 유전자의 기원과 작용The origin and behavior of mutable loci in maize〉이라는 제목의 논문을 발표했다. 이 논문은 과학자들이 유전학과 유전을 사고하는 방식을 뒤바꿔 놓았을 뿐 아니라, 유전자가 몸속에서 단백질 생산을 어떻게 조절하는지에 대한 지식을 제공함으로써 유전공학의 발전을 위한 토대를 마련했다. 1983년 매클린톡은 81세의 나이에 '이동성 유전인자를 발견한 공로'로 노벨 생리의학상을 수상했다. 공로에 비하면 한참 늦은 수상이었다.

081 긴 종이끈을 꼬아 만든 모형

· 폴링의 알파나선

분자생물학의 역사에서 가장 중요한 '실험' 중 하나는 긴 종이끈을 구부려 뱀처럼 만드는 아주 간단한 조작과 관련이 있다. 이 간단한 실험의 주인공은 미국의 화학자 라이너스 폴링Linus Pauling이다. 1948년에 이뤄진 이 실험은 특정 종류의 단백질이 만든 엑스선 회절 무늬를 설명하기 위해 고안됐다. 이 단백질은 수년 동안 그를 (그리고 다른 과학자들을) 곤혹스럽게 해왔던 골칫거리였다.

단백질은 주로 두 가지 종류로 나뉜다. 둘 다 폴리펩티드라는 긴 사슬을 바탕으로 한 것이다. 그 중 하나인 섬유상 단백질의 분자들은 대개 사슬을 연상시키는, 길고 가느다란 구조로 돼 있다. 두 번째 종류인 구상 단백질의 경우 사슬이 층층이 조밀하게 접혀 공 모양을 이룬다. 섬유상 단백질은 중요한 구조 단백질로서 머리카락, 깃털, 근육, 견, 옥수수수염이나 뿔 같은 물질의 기초이다. 구상 단백질은 혈액을 돌아다니며 산소를 운반하는 헤모글로빈 분자처럼, 세포 작용을 매개하는 일꾼이다.

최초의 섬유상 단백질 엑스선 회절 사진을 얻어낸 인물은 1930년대 리즈대학교의 윌리엄 애스트버리Willaim Astbury다. 그는 모와 털과 손톱에서 발견되는 케라틴keratin이라는 단백질을 연구하고 있었다. 회절 사진에는 규칙적이고 반복적인 무늬가 나타났다. 이 단백질이 단순한 구조를 갖고 있다는 뜻이었다. 그러나 그 구조가 정확히 어떤 것인지 밝혀줄 정보가 충분치 않았다. 라이너스 폴링은 훗날 양자화학의 규칙을 최초로 만들고 그에 관한 결정적 저서를 쓰게 되는 인물이다.[44] 그는 이 케라틴에 흥미를 느꼈고 1937년 여름, 데이터에 맞는 폴리펩티드 사슬을 꼬는 방법을 알아내는 데 시간을 투자했지만 성공하지는 못했다. 그는 기본으로 돌아가 폴리펩티드 사슬의 연결 고리인 아미노산(실험 73을 보라)을 보고, 이것들이 서로 어떻게 들어맞는지 알아내야 한다고 생각했다. 그러나 다른 연구로 바빴고, 제2차 대전이라는 격변 때문에 폴링이 이 문제를 다시 연구하게 되려면 시간이 더 흘러야 했다.

라이너스 폴링(1901년~1994년). 나선들이 단백질에서 꼬이는 방식을 밧줄로 보여주고 있다.

첫 단계는 개별 아미노산의 엑스선 회절 사진을 연구하는 것이었다. 폴링은 캘리포니아공과대학교(칼텍)에서 로버트 코리Robert Corey와 함께 회절 사진을 연구했다. 그들이 발견한 중요한 사실은, 많은 화학 결합이 결합 양편의 원자나 화학 단위체의 자유로운 회전을 허용하는 반면 탄소와 질소 사이의 펩티드 결합(폴리펩티드란 이름이 붙은 이유다)을 포함하고 있는 사슬은 양자공명quantum resonance이라는 현상 때문에 회전이 불가능하다는 것이었다. 사슬의 폴리펩티드 결합 부분이 단단히 고정돼 있기 때문이다. 그러나 폴링은 아무리해도 사슬을 어떻게 접어야 애스트버리가 얻어낸 회절 사진에 합치되도록 할 수 있는지 방법을 알아낼 수가 없었다.

폴링은 원래 칼텍에서 연구생활을 하고 있었지만, 1948년 일시적으로 영국 옥스퍼드대학교에서 초빙교수로 일하고 있었다. 그해 봄 그는 지독한 감기에 걸려 꼬박 이틀을 침대에 누워 공상과학소설과 탐정소설을 읽으며 보냈다. 소설 읽기가 지겨워지자 폴링은 드디어 케라틴의 구조를 밝힌 그 유명한 '실험'에 착수했다.

폴링은 길게 자른 종이 하나를 가져다가 그 위에 긴 폴리펩티드 사슬을 그렸다. 그는 폴리펩티드 사슬을 구성하는 다양한 요소 간의 거리를 정확하게 그릴 만큼 충분한 정보를 기억하고 있었고, 상이한 단위들이 어떤 각도로 이뤄져 있

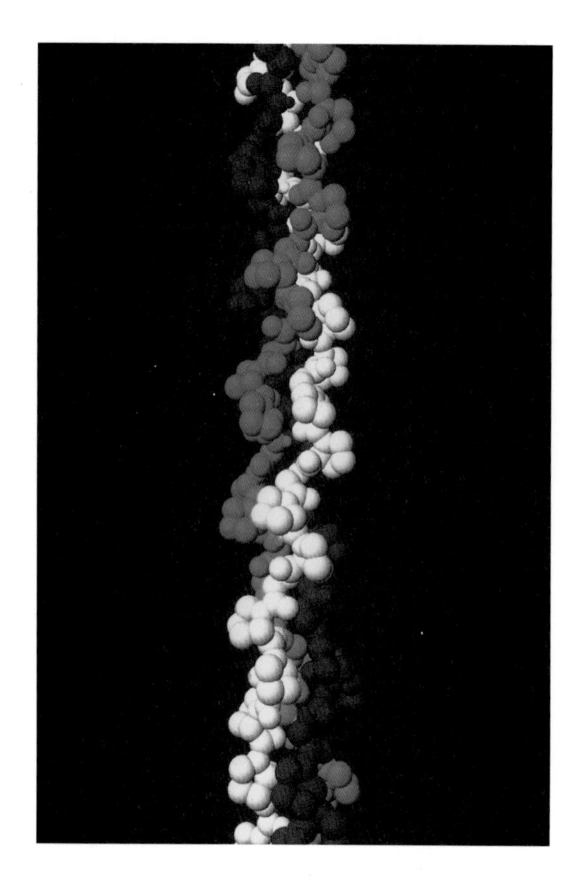

•
컴퓨터로 콜라겐 단백질의 사슬을 합성한 사진.

어야 하는지도 알고 있었다. 그러나 길고 납작한 종잇조각을 그대로 펼쳐놓은 상태에서는 알고 있는 정보에 맞춰 사슬을 배열하기가 난감했다. 핵심 각도 하나(사슬을 따라 상이한 장소에서 반복되는 동일한 고리)가 항상 어긋났고, 탄소와 질소의 양자공명에 의한 경직된 구조 때문에 각도를 바꿀 수도 없었다. 마침내 폴링은 종이에 주름을 잡아 평행선들이 반복되도록 접어 올바른 각도를 만들었다. 사슬 속 이 결합 각각의 각도는 110도였다. 접은 종이는 대략 나선 모양을 하고 있었다. 3차원 공간에서 소용돌이 모양으로 반복되는 나선은 포도주의 코르크마개를 뽑는 기구 모양을 하고 있었다. 나선 구조를 만들자, 일부 원자는 수소결합이라는 양자 현상이 결합을 돕도록 제대로 위치를 잡게 됐다.

미국으로 돌아온 이후의 엑스선 연구들은 폴링이 만든 구조가 타당하다는 것을 입증해줬고, 1951년 폴링의 연구팀은 다양한 섬유상 단백질 구조를 그가 알파나선이라 이름 붙인 구조의 관점에서 기술하는 7편의 논문을 발표했다. 그러나 발견 자체보다 더 중요한 것은 이 발견이 이뤄진 과정이다. 폴링이 만든 돌파구를 통해 과학자들은 생체분자에서 나선이 하는 역할을 사고할 수 있게 됐을 뿐 아니라, 생체물질의 기본 구성요소로 돌아가 모형을 제작해봄으로써 이 요소들이 서로 어떻게 맞아 들어가는지 밝히는 연구가 얼마나 중요한가를 인식하게 됐다. 폴링의 실험처럼 모형이 접은 종잇조각에 불과해도 상관없었다. 이러한 접근법은 2년 이내에 분자생물학의 가장 큰 열매인 'DNA 구조의 규명'을 낳게 된다(실험 83을 보라).

082 믹서를 이용한 '웨어링 블렌더 실험'

· 유전정보의 전달자, DNA

오즈월드 에이버리와 동료들의 연구 성과(실험 79를 보라)에도 불구하고, 1951년에도 유전정보의 전달자는 DNA가 아니라 단백질이라는 생각이 여전히 팽배해 있었다. 그러나 그 후 DNA가 '유전정보를 전달하는' 생체분자라는 것을 믿지 못하는 이들조차 설복시켰던 실험이 실행됐다.

DNA에 대한 이해를 심화시켰던 여러 실험은 크기가 작고 번식 주기가 짧은 생명체를 연구하는 방향으로 나아갔다. 그레고어 멘델은 완두콩, 토머스 헌트 모건은 초파리, 그리고 에이버리의 연구팀은 세균을 연구 재료로 삼았다. 이제 마지막 단계의 연구 재료는 유전 물질을 전달하는 가장 작은 생명체, 바로 바이러스였다.

바이러스는 세균보다 훨씬 작으면서 유전물질로 가득 찬 단백질 덩어리다. 세포를 공격하는 바이러스는 자신의 유전물질을 다른 세포로 주입해 그 세포 시스템을 장악함으로써 자신이 공격한 세포 내의 화학물질을 이용해 자신을 복제한다. 바이러스의 공격을 받아 파열돼 열린 세포는 바이러스 복제물을 만드는 과정을 되풀이하게 된다. 1950년대 초, 콜드 스프링 하버 연구소에서 연구하던 앨프리드 허시Alfred Hershey와 마사 체이스Martha Chase는 이러한 복제 명령(유전자 정보)을 세포로 전달하는 것이 DNA라는 것을 깔끔하게 입증하는 확실한 실험을 개발했다.

이들은 박테리오파지bacteriophage(줄여서 파지라고 부르기도 한다. 그리스어 '파고스phagos'는 '게걸스레 먹는다'라는 뜻이다)라는 바이러스를 실험 재료로 이용했다. 박테리오파지는 박테리아를 '먹이로 삼는' 바이러스다(파지는 단백질 막에 둘러싸인 DNA 염색체로서 단백질과 DNA가 유일한 구성 성분이며 허시와 체이스는 단백질과 DNA 중 어느 것이 박테리아 숙주 안으로 전달돼 다음 세대의 파지 입자를 생산하도록 만드는지 알아보기로 한 것이다). 실험의 기반이 된 아이디어는 인이나 황의 방사능 동위원소(인32나 황35)를 넣은 배양액에 파지를 배양해 방사성 파지를 만든 다음 이 파지로 비방사성 세균의 집락을 공격해 파지가 다음 세대 파지를 생산하도록 만드는 것이었다. 황과 인의 동위원소는 서로 고유한 특징을 갖고 있기 때문에 감염 주기와 번식 주기를 통해 추적이 가능하다. 파지를 넣기 전에 먼저 인이나 황 중 하나의 방사능 동위원소를 가미한 집락에서 세균을 배양한다.

박테리아를 감염시키는 박테리오파지 바이러스는 DNA를 이용해 수많은 자기복제물을 만든다. 복제물은 계속해서 다른 세균을 감염시킨다.

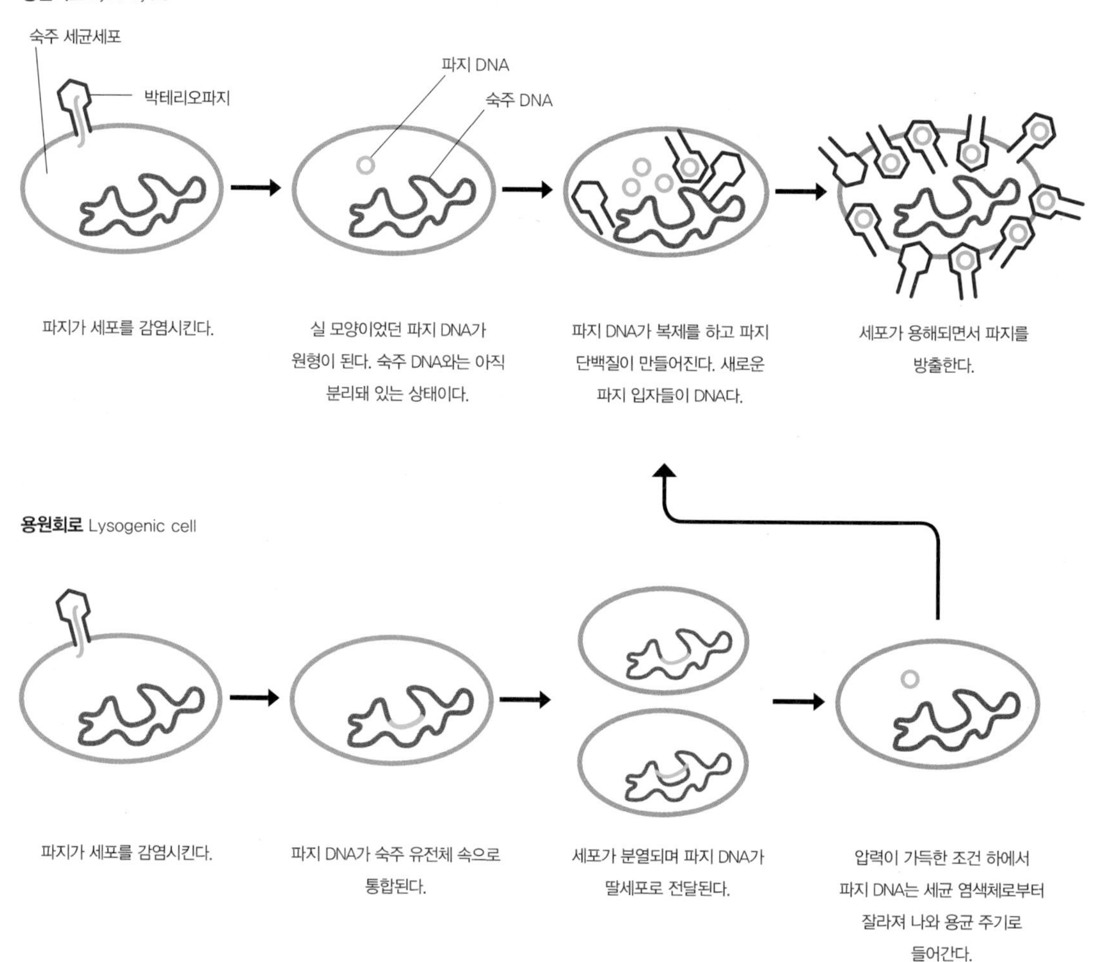

여기에 파지를 넣으면 다음 세대의 파지는 방사능 물질을 흡수하게 되고, 이렇게 방사능 물질을 흡수한 파지를 비방사능 세균을 감염시키는 데 사용한다. 이 모든 처치의 핵심은 인이 핵산인 DNA에는 있지만 단백질에는 없는 반면, 황은 단백질에는 있지만 DNA에는 없다는 점이다. 인이 검출되는 모든 곳에서는 DNA의 경로를 추적하는 반면 황이 검출되는 모든 곳에서는 단백질의 경로를 추적하는 것이 연구팀의 계획이었다 (방사성 인과 황을 추적해서 유전정보를 전달하는 인자가 DNA인지 단백질인지 구분할 계획이었다는 의미_옮긴이).

마사 체이스(1928년~2003년).

그런데 예상치 못한 문제가 발생했다. 1세대 방사능 파지가 세균 배양액 속에서 세균 공격을 마치고 남은 세포덩어리에는 새로운 2세대 파지가 가득 차 있었지만, 1세대 파지의 겉껍질은 공격당한 박테리아 세포에 엉겨 붙어 있었던 것이다. 배양액에는 여전히 두 가지 종류의 방사능 동위원소가 모두 들어 있는 셈이었다. 따라서 허시와 체이스는 1세대 파지에서 나온 찌꺼기를 세균 내에서 만들어진 2세대 파지와 분리해내야 했다. 난제를 해결해준 것은 한 동료에게 빌린 웨어링 블렌더라는 주방용 믹서기였다.

믹서기의 분쇄 강도를 약하게 조절했더니 텅 빈 파지 껍질이 감염된 세포로부터 잘 분리돼 나왔다. 이렇게 분리한 현탁액을 원심분리기에 돌리자 2세대 파지로 꽉 찬 세균 세포는 바닥으로 가라앉은 반면 1세대 파지는 위로 떠올랐다. 분리시킨 두 층의 성분을 분석하자 꽤 설득력 있는 결과가 나왔다. 방사성 동위원소 중 인으로 표시한 DNA는 세포에서 발견된 반면 (즉 2세대 파지에서 발견됐던 반면) 황으로 표시한 단백질은 남은 겉껍질에서 발견됐던 것이다(파지는 세균에 달라붙어 내부에 든 유전물질만 주입하므로, 감염된 세균 내부에서 인이 발견됐다는 것은 DNA만 세균의 세포 내부로 들어가고 단백질은 밖에 남았다는 뜻이며 결국 유전정보

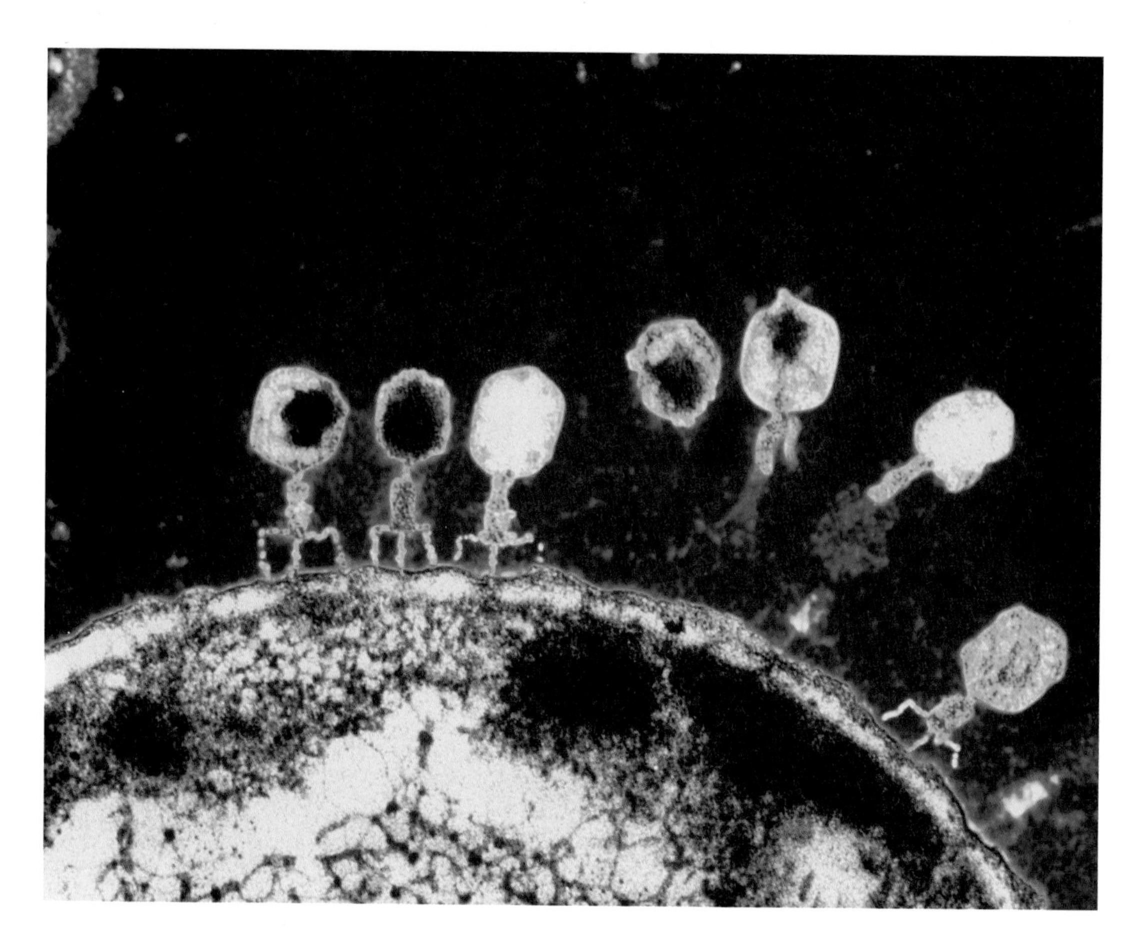

•
T 박테리오파지 바이러스들이 대장균 세포를 공격하는 것을 투과 전자 현미경으로 찍은 채색 사진. 7개의 바이러스 입자가 보인다(파란색). 각각은 머리와 꼬리를 갖고 있다. 이들 중 4개는 갈색 세균 세포 위에 '앉아' 있고 유전 물질DNA의 작은 파란색 '꼬리'가 세균 속으로 주입되는 모습이 보인다.

를 전달하는 물질은 DNA로 판명됐다는 의미다). 결국 한 세대에서 다른 세대로 전달된 것은 단백질이 아니라 DNA였다. 그러나 연구팀이 실험 결과를 발표한 논문을 보면 이들이 고심을 거듭한 끝에 꽤 신중한 결론을 내렸다는 것을 알 수 있다. 논문은 이렇게 결과를 정리했다.

"단백질은 세포내 파지의 성장에 아무런 역할도 하지 않는 것 같다. 어떤 역할을 하는 요인은 DNA인 듯하다."

얼핏 간단해 보이는 실험이지만, 이 실험이 성공을 거둔 데는 공식적으론 허시의 조수에 '불과했던' 마사 체이스의 전문성의 힘이 굉장히 컸다. 콜드 스프링 하버 연구소의 또 다른 생물학자였던 바츨라프 스지발스키Waclaw Szybalski는 훗날 이렇게 회고했다.

"마사 체이스는 실험에 엄청난 기여를 했다. 앨프리드 허시의 연구소는 분

위기가 매우 독특했다. 당시 연구실에는 체이스와 허시 둘밖에 없었다. 침묵이 감도는 연구실에서 알프레드는 마사에게 손가락으로 이런저런 지시를 내리면서 실험을 지휘했다. 말은 늘 최소한으로만 사용됐다. 실험에 있어 마사는 허시와 기막히게 어울리는 동반자였다."[45]

이제 박테리오파지의 구조물질을 제공하는 것은 단백질인 반면 유전정보를 전달하는 것은 DNA라는 사실이 분명해졌다. 이러한 결과가 발표된 해는 1952년이었으며, 믹서를 사용했던 이들의 실험에는 '웨어링 블렌더 실험'이라는 별명이 붙었다. 이 실험 이후 그 어떤 생물학자도 유전물질이 DNA일리 없다는 생각은 하지 않게 됐다. 이들의 실험으로 이제 DNA 자체의 구조를 밝히는 연구를 위한 발판이 마련됐다.

083 거울 이미지의 이중나선

· A·C·G·T 네 글자 암호

DNA라는 생체분자의 구조를 밝힌 것은 킹스칼리지런던에 있는 의학 연구위원회Medical Research Council의 생물리학 연구센터Biophysics Research Unit 연구팀이었다. 이 센터의 대표였던 존 랜들John Randall은 DNA가 유전정보를 전달한다는 증거를 받아들였던 최초의 과학자 중 한 명이었다. 1950년 그는 당시 대학원생이었던 레이먼드 고슬링Raymond Gosling에게 모리스 윌킨스Maurice Wilkins와 함께 DNA의 엑스선 회절 이미지를 얻어오라는 과제를 내줬다.

고슬링은 킹스칼리지 지하 실험실에서 DNA의 결정을 얻어냈다. 그는 유전자를 결정화한 최초의 인물이다. 고슬링은 (DNA의) 분자 구조가 밝혀지는 것은 시간문제라는 것을 알고 있었고, 결국 윌킨스의 감독하에서 결정질 DNA를 찍은 최초의 엑스선 회절 이미지를 얻어냈다. 윌킨스는 이 결과를 나폴리 학회에서 발표했다. 학회에 참석했던 청중 속에 앉아 이 발표의 중요성이 얼마나 큰 것인지 알아봤던 인물은 미국인 생물학자 제임스 왓슨James Watson이었다.

킹스칼리지에 돌아온 랜들의 연구팀은 로절린드 프랭클린Rosalind Franklin을 실험에 합류시켰다. 당시 프랭클린은 이미 엑스선 회절 작업에 상당한 전문성을 획득해놓은 상태였다. 프랭클린을 팀으로 데려오는 데 특히 열성을 보인 사람은 랜들이었다. 윌킨스와 고슬링이 얼룩덜룩한 회절 이미지에서 DNA의 구조를 알아내는 문제를 풀 만한 전문성이 있는지 믿음이 가지 않았기 때문이었다. 프랭클린과 고슬링은 새 장비를 갖춘 다음 더 나은 회절 이미지를 얻었고, 결정질 DNA에 두 가지 형태가 있다는 것을 발견했다. DNA가 젖어 있을 때는 길고 얇은 섬유질을 형성했지만 말라 있을 때는 짧고 뚱뚱했다. 이것에는 각각 'B형'과 'A형'이라는 이름이 붙었다. 세포 내의 습기 때문에 B형이 생명체의 DNA와 더 유사하리라 여겨졌다.

엑스선 회절 사진을 통해 DNA분자의 구조를 어렴풋이 알 수 있긴 했지만, 분자 내 원자의 위치를 알아내려면 분석이 더 필요했다. 프랭클린은 고슬링과 함께 A형 구조의 수수께끼를 푸는 데 집중했던 반면 윌킨스는 B형에 심혈을 기울였다. 이들의 연구 사이에는 어느 정도 교차지점이 있었지만, 프랭클린과 윌킨스 사이의 성격으로 인한 갈등 탓에 협력은 잘 이뤄지지 못했다. 1953년 초 DNA의 두 가지 형태 모두 나선 구조에 기반을 두고 있다는 사실이 명확해졌다. 프랭클린은 A형 DNA의 이중나선 구조를 기술하는 두 편의 논문을 준비해 그해 3월 〈악타 크리스탈로그라피카Acta Crystallographica〉(생물리학 및 결정학 분야의 저명한 국제 학술지_옮긴이)에 제출했다. 바로 그 무렵 그녀는 킹스칼리지에서 역시 런던에 있던 버크벡칼리지로 자리를 옮겼다. B형 DNA 구조가 케임브리지대학교의 다른 연구팀에 의해 규명된 것도 그 무렵이었다.

왼쪽 로절린드 프랭클린(1920년~1958년).
오른쪽 '사진 51'. DNA(디오시리보핵산)의 엑스선 회절 사진. 1952년 5월 런던 킹스칼리지에서 로절린드 프랭클린과 레이먼드 고슬링(1926년~2015년)이 얻어낸 사진이다.

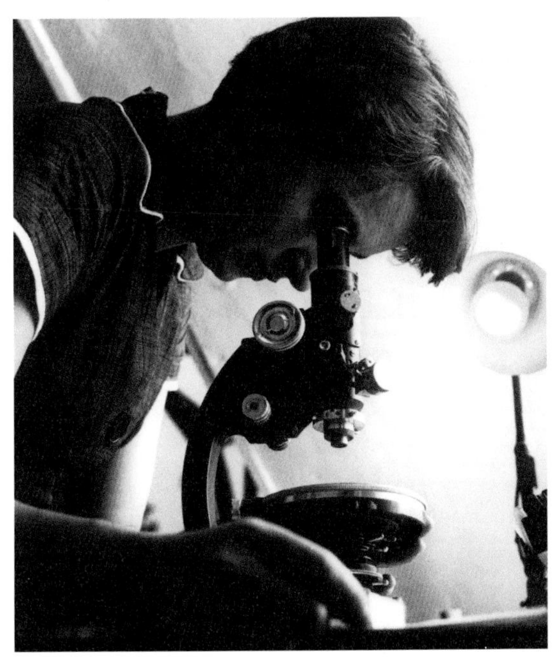

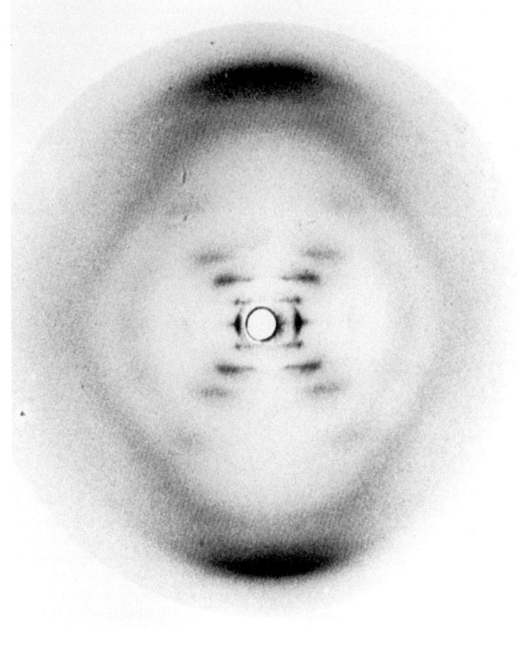

제임스 왓슨(1928년~현재)(왼쪽)과 프랜시스 크릭(1916년~2004년). 1953년 완성한 DNA 분자의 일부 모형과 함께.

1953년 1월, 킹스칼리지를 방문할 당시에 케임브리지대학교에 자리를 잡고 있던 왓슨은 B형 DNA 최상의 엑스선 회절 이미지를 보게 됐다. 사실 그 이미지는 프랭클린과 고슬링이 1952년 5월에 찍은 것이었는데, 그들이 모르는 사이에 그곳으로 넘어간 것이었다. '사진 51Photo 51'이라 알려진 이 이미지는 당시로서는 최고화질의 DNA 회절무늬 이미지로서, 나선 구조여야만 만들어질 수 있는 열십자 무늬가 선명하게 드러났다. DNA의 비밀을 풀었다고 말할 수 있는 단 하나의 실험을 든다면 바로 이 이미지를 만든 실험일 것이다.

케임브리지대학교로 돌아온 왓슨은 꽤 오랫동안 DNA 구조의 수수께끼를 풀기 위해 함께 연구해온 동료 프랜시스 크릭Francis Crick과 폴링의 상향식 접근법(실험 81을 보라)(회절 이미지를 분석해 단백질 사슬구조를 알아내는 접근법과 달리 각 아미노산이 엮여 단백질 사슬구조를 만드는 방식을 화학결합과 연결시켜 알아보는 접근법_옮긴이)을 이용해 회절 이미지에 맞는 분자 모형을 만들어보려 했다. 이 작업을 통해 이들은 DNA 분자 두 가닥이 서로 꼬여 있고 내부에 염기들이 있어 한쪽 가닥의 염기들이 다른 쪽 가닥의 염기들과 나선형 계단처럼 서로 연결돼 있는 이중나선 구조로 돼 있어야 모든 것이 딱 들어맞는다는 것을 신속하게 알아냈다. 아데닌은 항상 티민과 결합하고 시토신은 항상 구아닌과 결합한다. 따라서 이 가닥들은 서로의 거울 이미지와 같으며, 만일 이들이 풀어지면 독립된 각 가닥은 다른 가닥을 구성하기 위해 적합한 단위체들을 보태 새로운 이중 나선을 만들 수 있다.

이러한 구조는 A·C·G·T라 알려진 염기의 단조로운 반복(실험 97을 보라)보다 훨씬 더 많은 정보를 운반한다. A·T·C 그리고 G는 어떤 순서로든 상관없이 AATCAGTCAGGCATT… 등으로 이 사슬을 따라 만들어진다. 이는 마치 네 글자 암호로 이뤄진 메시지와 같다. 엄청난 양의 정보 전달이 가능하다. 두 글자짜리 모르스 암호나 이진법 컴퓨터 코드가 많은 양의 정보를 전달할 수 있는 것과 마찬가지 이치다. 크릭과 왓슨은 1953년 3월 7일 모형을 완성했고 논문을 〈네이처〉지로 보냈다.

1962년 크릭과 왓슨과 윌킨스는 이 연구로 노벨 생리의학상을 공동 수상했다. 1958년 암으로 사망한 프랭클린은 상을 받을 수 없었다. 노벨상은 사후에는 수여되지 않는 것이 원칙이기 때문이었다.

084 생명체를 구성하는 분자

· 밀러-유리 실험

생체분자가 다른 분자와 동일한 화학 규칙을 따른다는 사실이 밝혀지면서, 생명을 구성하는 유기물이 어떤 경로로 무기물에서 진화했느냐 하는 문제는 철학의 영역에서 과학의 영역으로 자리를 옮기게 된다. 1922년 이미 러시아의 화학자 알렉산더 오파린Alexander Oparin은 당시 거대한 행성들의 대기에 메탄이 존재한다는 사실이 발견됐다는 것을 알고 있었다. 그는 이러한 사실을 기반으로 큰 도약을 감행했다. 초창기 지구에 메탄과 암모니아와 물과 수소를 포함한 강력한 '환원성' 대기가 있었고, 이것이 태양으로부터 오는 번개와 자외선 에너지를 받아 단백질 같은 생체분자의 원료를 제공했다는 가설을 제시한 것이다. 이와 비슷한 가설을 독자적으로 발전시킨 또 다른 인물은 1920년대 영국의 유전학자이자 진화생물학자이면서 다방면에 박학다식했던 J. B. S. 홀데인J. B. S. Haldane이었다. 그는 태초의 지구 대양 상태를 기술하기 위해 '원시 수프primordial soup'라는 용어를 처음 도입했다.

사실 이 두 사람의 노선은 찰스 다윈의 입장과 동일했다. 다윈은 1871년 친구인 조지프 후커Joseph Hooker에게 보낸 편지에 다음과 같이 적었다.

"만일에 말입니다(아! 정말 그렇다면 얼마나 대단한 일일까요!), 온갖 종류의 암모니아와 인산염과 빛과 열과 전기 등이 존재하는 작고 따스한 연못을 생각할 수만 있다면, 그래서 단백질 화합물이 형성돼 훨씬 더 복잡한 변화를 거칠 채비가 갖춰져 있다면 말입니다."[46]

1950년대 미국의 화학자 해럴드 유리Harold Urey(듀테륨을 발견한 공로로 1934년 노벨상을 수상했다)는 시카고대학교에서 연구하고 있었다. 그는 오파린-홀데

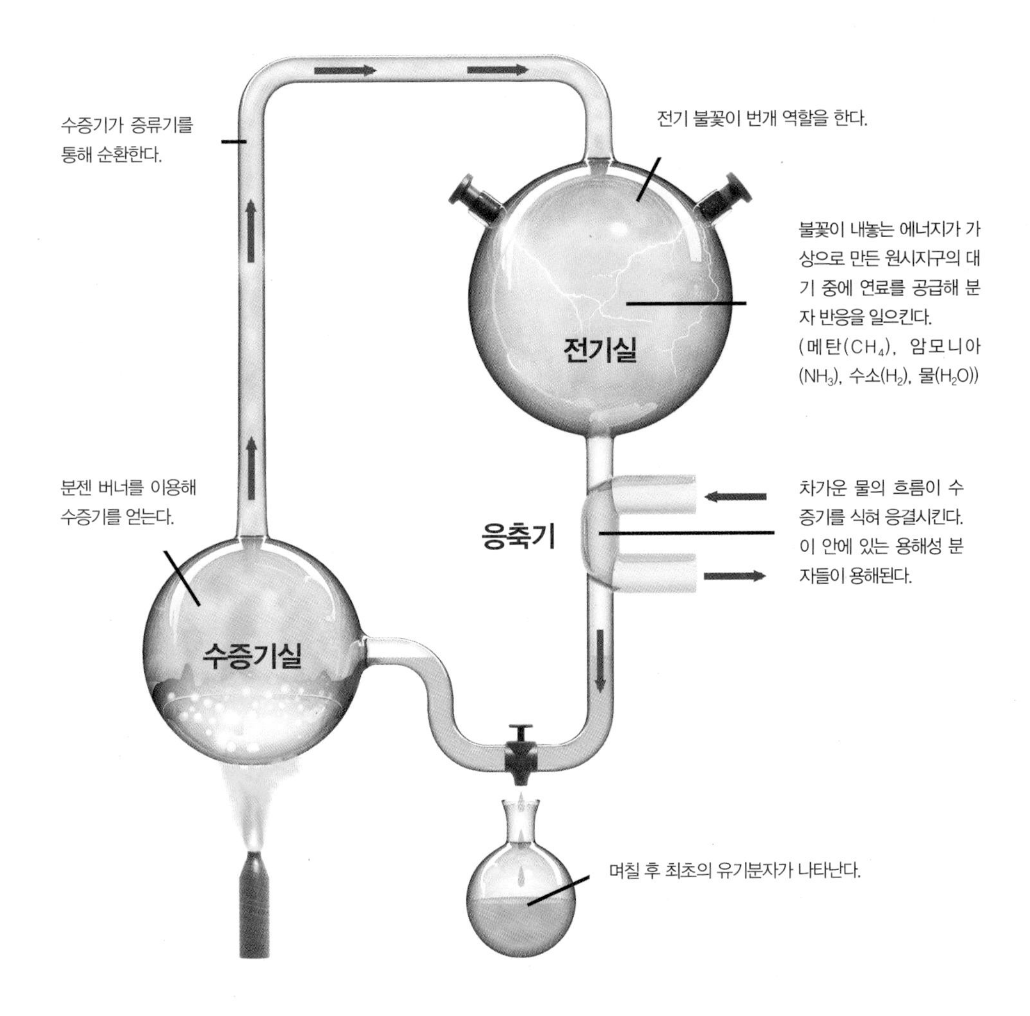

인 가설에 대해 강의를 했다. 이 강의를 들은 스탠리 밀러Stanley Miller라는 대학원생은 자신이 유리의 감독하에서 그 가설을 검증할 실험을 하는 과제를 해도 좋겠느냐고 물었다. 그 결과로 밀러-유리 실험이 이뤄졌다. 실험에서는 간단한 닫힌계를 만들었고 그 안에서 메탄과 암모니아와 수증기와 수소를 담은 5리터짜리 유리 플라스크에 전기 불꽃을 일으켜 번개를 만들었다. 증기를 내는 뜨거운 물이 반쯤 담긴 0.5리터짜리 플라스크가 이 혼합물에 수증기를 제공하고, 첫 번째 플라스크에서 나간 뜨거운 수증기는 식은 채 순환해서 다시 플라스크에 있는 끓는 물로 돌아가도록 장치를 했다. 어떤 액체가 만들어지건 싱크대 밑 하수관의 U자 배수관처럼 생긴 곳에 모이도록 했다. 일주일 이상 실험을

• 밀러-유리 실험.

실험실의 해럴드 유리(1893년~1981년).

계속한 다음 나오는 산물을 수집해 분석했다.

하루도 지나지 않아 U자 관에 보존된 액체가 분홍색으로 변했다. 1주일 이후 이 분홍빛 액체를 빼냈다. 밀러는 원래 존재하던 기체 혼합물에 있던 탄소의 10~15퍼센트가 유기화합물 속으로 들어갔다는 것을 발견했다. 이 유기화합물에는 생명체의 단백질 구성체를 형성하는 22개 아미노산 중 13개가 포함돼 있었다. 밀러는 생명체를 만들지는 못했으나 생명체의 선구 물질을 만들어 낸 것이다.

첫 번째 실험 결과는 1953년 5월 〈사이언스〉에 발표됐고 밀러는 박사학위를 받았다. 그는 2007년 사망할 당시까지도 이 실험을 바탕으로 한 연구를 계속했으며 더 개선된 장비와 정교한 화학분석 기술을 이용해 광범위한 복합 유기 분자를 만들어냈다. 그러나 당시의 과학자들은 초창기 지구의 대기에는 밀러가 처음 가정했던 기체 혼합물이 아니라 이산화탄소와 화산으로부터 분출된 질소와 이산화황 같은 기체가 주로 존재했다고 생각했다. 하지만 밀러가 사용했던 기체 혼합물과 수증기를 더한 유사 실험을 해보면 밀러-유리 실험과 비슷한 결과가 도출된다.

밀러와 유리가 했던 원래 실험의 가장 중요한 발견은 비교적 단순한 재료에 에너지를 공급하면 생체분자가 만들어진다는 점이었다. 이런 과정이 발생하는 장소가 꼭 지구상이어야 할 필요조차 없을 수도 있다. 오늘날 천문학자들은 분광법을 이용해 우주에 존재하는 기체와 먼지 구름 속에서 포름알데히드와 프로필렌 그리고 아미노산과 구조가 유사한 이소프로필시안화물이라는 분자를 비롯해 많은 복합 유기분자들을 발견했다. 또한 1969년 9월 28일 호주의 빅토리아 주 머치슨에 떨어진 운석에는 생명체에서 발견되는 19가지 아미노산을 비롯해 많은 아미노산이 함유돼 있는 것으로 밝혀졌다. 이제 이런 종류의 복합 분자들, 심지어 아미노산까지 포함한 복합 분자들이 지구 형성 직후 혜성에 의해 지구로 운반됐으리라는 가정도 개연성이 있어 보인다. 이러한 물질들이 다윈의 '따스하고 작은 연못'에, 최소한 밀러-유리 실험에서 만든 것 정도의 복합물질을 보탠 것이다. 밀러는 "고등학생조차 모방할 수 있을 만큼 실험이 간단하다는 사실은 전혀 나쁘지 않으며, 효력을 발휘하면서도 간단하다는 사실이야말로 이 실험이 위대한 이유다"라고 말했다. 고등학생도 일주일 만에 생명체를 이루는 선구물질을 만들어내는 데 우주가 몇 십억 년 만에 생명체를 만들어낼 수 있었다는 사실이 그렇게 놀라운 일일까?

085 메이저와 레이저

· 실용적 가치를 찾게 된 유도방출

메이저와 레이저는 현대 사회에서 가장 많이 찾아볼 수 있는 발명품 중 하나다. 원거리통신, 슈퍼마켓의 바코드 판독장치, 블루레이와 CD 재생기, 광섬유 통신 장치와 다른 많은 제품에 사용되기 때문이다. 이러한 물건들의 배경이 되는 아이디어는 1917년 알베르트 아인슈타인의 통찰로 거슬러 올라가지만, 이 아이디어의 실용화가 가능하다는 것을 증명한 주요 실험을 실행한 인물은 1953년 컬럼비아대학교의 찰스 타운스Charles Townes와 동료들이었다.

아인슈타인의 통찰은 빛과 다른 전자기복사의 기이한 성질인 파동-입자 이중성과 관련이 있는 또 하나의 사례다. 그가 알아낸 바에 따르면, 원자 속에 에

왼쪽 메이저 옆에 있는 니콜라이 바소프(1922년~2001년). 러시아 모스크바의 소련 과학 아카데미 레베데프 물리학 연구소에서 촬영한 사진.
오른쪽 알렉산드르 미하일로비치 프로호로프(1916년~2002년).

너지 준위가 높은 '들뜬' 상태의 전자가 있을 경우 특정 파장을 지닌 광자를 전자에 쏘이면 광자는 전자를 낮은 에너지 상태로 떨어지게 만드는 동시에 자신과 동일한 파장의 또 다른 광자를 방출한다. 이때 광자는 처음에 들어온 것과 더해져 둘이 된다. 이것이 바로 유도방출이다(이 과정에 따르면 실질적으로 광자가 2개 방출되는 꼴이므로 빛의 세기가 들어온 빛보다 강해지는 증폭이 일어나는데, 결국 '유도방출에 의한 광光증폭'이라는 뜻을 가진 레이저의 탄생은 아인슈타인이 제시한 유도방출 이론에서 시작된 셈이다). 그러나 오랜 세월 동안 유도방출은 실용적 가치가 전혀 없는 양자역학적 기현상이라고만 간주됐다.

그러나 1951년 타운스는 제2차 대전 당시 개발된 레이더 기술의 발전을 활용하면 아인슈타인의 이론을 적용해 강력한 극초단파 복사 빔을 만들 수 있다는 것을 깨달았다. 원자 전체를 들뜬 상태로 만들 수 있다면 고삐 풀린 핵 연쇄반응(실험 77을 보라)과 비슷한 과정을 통해 하나의 광자가 원자로부터 또 하나의 광자를 방출하게 하고, 2개가 된 광자는 또 2개를 더 방출하게 하고 그 다음엔 4개, 8개, 16개 등등, 원자가 이런 식의 반응을 일으키도록 유도할 수 있다. 여기서 핵심은 이 모든 광자들이 보조를 맞춰 정확히 똑같은 파장을 갖게 되기 때문에 절대로 밖으로 흩어지지 않는다는 것이다. 이것을 결맞음 방출coherent radiation이라 한다. 타운스는 이 과정에 복사 유도방출에 의한 극초단파 증폭microwave amplification by stimulated emission of radiation이라는 이름을 붙였다. 이것이 약어인 메이저MASER가 됐고 결국 보통 명사 메이저maser가 된 것이다.

이와 동일한 이론적 아이디어를 비슷한 시기에 발전시킨 인물은 레베데프 물리학 연구소Lebedev Institute of Physics의 니콜라이 바소프Nikolay Basov와 알렉산드르 프로호로프Aleksander Prokhorov이다. 그러나 타운스가 제임스 고든James Gordon과 H. J. 자이거H. J. Zeiger와 함께 최초의 실용 메이저를 만들 때까지는 타운스의 팀과 러시아의 팀 모두 서로의 연구에 대해 알지 못했다.

타운스의 실험에서는 암모니아 기체에 초당 240억 사이클(24 기가헤르츠) 미만의 주파수를 가진 극초단파를 충돌시켰다. 그러면 암모니아 분자 일부가 들뜬 상태가 된다. 그 다음 암모니아 기체를 전기장 장치에 통과시켜 들뜬 상태

타운스-고든-자이거 메이저. 미국 필라델피아 프랭클린 연구소에 전시돼 있다. 찰스 타운스(1915년~2015년), 박사학위를 취득하고 타운스의 감독 하에 연구 중이던 허버트 자이거(1925년~2011년), 그리고 타운스에게 수학하던 대학원생 제임스 고든(1928년~2013년)이 발명했다.

가 되지 않은 남은 분자 대부분을 끌어낸다. 남은 분자들은 들뜬 상태의 분자들과 전기적 성질이 다르므로 이 분자들도 모두 들뜬 상태로 만들기 위해서다. 이렇게 하면 대부분의 분자가 들뜬 상태로 변한 기체가 남게 된다. 이를 반전분포population inversion라 한다. 보통의 상태에서는 에너지 준위가 낮은 입자수가 높은 입자수보다 많지만 인위적 과정을 통해 보통의 상태를 역전inversion시켰기 때문에 이런 이름이 붙은 것이다. 이러한 반전분포 상태는 분자 '펌핑pumping'이라는 인위적 과정을 통해 만든다. 이제 메이저 과정을 실행할 수 있게 됐고, 순수 복사의 결맞음 증폭 빔이 산출됐다. 이렇게 방출된 빔의 주파수는 분자를 들뜨게 만들 목적으로 처음에 사용됐던, 결이 맞지 않는 복사의 주파수와 같았다(24기가헤르츠). 이 정도 주파수는 1센티미터가 좀 넘는 파장에 해당한다.

증폭은 주의 깊게 선택한 텅 빈 공간(결국 작은 금속 상자 안)에서 실행됐다. 이 공간 안에서 방출된 광자는 빠져나가지 못하고 다시 돌아와 더 많은 방출을 일으킨다. 들뜬 상태가 된 분자들은 지속적인 빔으로 빈 공간을 오가면서 동일한 과정을 되풀이했다. 1953년의 실험은 1954년 온전한 기능을 갖춘 최초의 암모니아 메이저를 만들 수 있는 초석을 놓았다. 당시 출력된 동력은 10나노와트(1억 분의 1와트)에 불과했지만 이 정도로도 메이저가 가능하다는 것은 훌륭히 입증됐다.

원리가 입증되자 다른 연구자들은 신속히 다양한 메이저를 개발했고 만들 수 있는 에너지의 세기도 커졌다. 이들은 빛에서도 동일한 물리 과정이 작용한다는 것을 알았지만 빛은 재료로 삼기가 훨씬 어려웠다. 빛은 암모니아 실험에서 쓰이는 극초단파 복사보다 파장이 훨씬 더 짧기 때문이다. 그러나 1960년 무렵 빛을 이용한 최초의 시스템이 만들어졌다. 처음에는 '광학 메이저optical maser'라 불렀지만 금세 레이저laser라는 이름으로 바뀌었다('빛light'이라는 단어의 첫 글자인 L이 메이저의 '극초단파microwave'의 앞글자인 M을 대신했다). 1964년 타운스와 바소프와 프로호로프는 "양자전자공학의 근원적 연구를 통해 메이저-레이저 원리를 이용한 발진기와 증폭기 건설의 토대를 닦은 공로"로 노벨 물리학상을 공동 수상했다.

1년 뒤인 1965년, 우주에서 극초단파 복사의 강력한 원천이 확인됐다. 성간 가스구름 속에 분자 형태의 OH가 들어 있는 메이저 분자들이 존재했던 것이다. 그 이후 물과 암모니아와 시안화수소와 메탄올을 비롯해 최소한 12개 정도의 또 다른 메이저 분자가 확인됐다. 이 분자들이 어떻게 들뜬 상태로 '펌핑'되고 있는지는 아직 분명하게 밝혀진 바 없다.

086 자기 띠와 해저 확장

· 엘라닌 연구선

대륙이 지구 표면에서 이리저리 이동한다는 이론(대륙이동설 또는 판 구조론)은 현재 가장 견고하게 확립된 과학적 사실 중 하나다. 그러나 이 이론이 인정을 받게 된 것은 다만 추론에 불과한 가설을 입증하는 다양한 증거가 제시됐던 1960년대 들어서서였다. 핵심 증거 중 하나는 대양저의 자력 연구에서 나온 것이다. 1950년대 후반에 이뤄진 실험은 이 핵심 증거가 발견되는 토대를 마련해줬다.

냉전이 극에 달했던 당시 미국 군부는 소련 잠수함이 북아메리카 서해안 근처의 해저에 숨어 있을 가능성을 우려하고 있었다. 1955년 미 해군은 해당 해역의 해저 조사에 자금을 지원했다. 조사를 담당하는 과학자들은 조사에 방해가 되지 않는 선에서 다른 실험을 해도 좋다는 허가를 얻고 해저의 자력을 연구하기로 결정했다. 그러려면 어뢰같이 생긴 용기에 자력계라는 민감한 장치를 담아 연구선 뒤로 끌고 가야 했다.

이 기구는 지구의 전체 자기장이 장소마다 어떻게 변하는지를 측정했다. 기반암이 전체 자기장과 같은 방식으로 자력을 띤 곳에서 측정한 자기장은 평균보다 약간 강했고, 기반암의 자기장이 지구의 전체 자기장과 반대 방향인 곳에서 측정한 자기장은 평균보다 약간 약했다. 과학자들은 특별히 뭔가를 찾고 있지는 않았고, 그저 흥미를 끌 만한 걸 발견할 기회를 활용하고 있을 뿐이었다.

놀랍게도 이들은 정말 흥미로운 것을 발견했다. 데이터를 분석해보니 일련의 자기 띠들이 서로 평행선을 이루고 있는 모습이 나타났다. 한 띠 부분의 암석자기가 특정한 방향을 가리키면 다음 띠는 반대 방향을 가리키고 있었고, 그 다음 띠는 또 첫 번째 띠의 자기 방향과 같은 방향, 또 다음 띠는 그 반대 방향, 이런 식으로 계속되는 것이었다. 1958년 발표된 연구결과는 더 넓은 해저 지역에 대한 상세한 연구를 촉발시켰다. 이 연구들을 통해 바다 한가운데를 지나가는 해저 산맥인 거대한 해령의 양편에 있는 띠들에 대칭성이 있다는 사실이 밝혀졌다. 해령의 한쪽에 있는 무늬는 반대쪽에 있는 무늬의 거울 이미지였다.

이런 무늬가 나타나는 원인에 대한 설명은 육지의 암석자기 연구에서 나온 것이다. 암석자기는 자남극과 자북극이 뒤바뀌면서 지구의 전체 자기장이 때때로 역전된다는 것을 보여준다. 지구의 자기장이 역전된다는 것은 단단한 지면이 공간적으로 뒤바뀐다는 뜻이 아니다. 이것은 순전히 자성 효과다. 그리고 지구 내부에서 분출하는 용융 암석이 화산을 빠져나와 자리를 잡으면 그 시기의 자기장 방향으로 굳는다.

이 연구를 통해 대륙을 구성하는 지각보다 훨씬 더 두께가 얇은 해저 자체가, 지구 지각의 틈새로부터 용암이 빠져나오며 화산 활동을 하는 해령에서 자라나 밖으로 뻗어나가고 있다는 것이 확인됐다. 해령의 한쪽 편에 있는 용암은

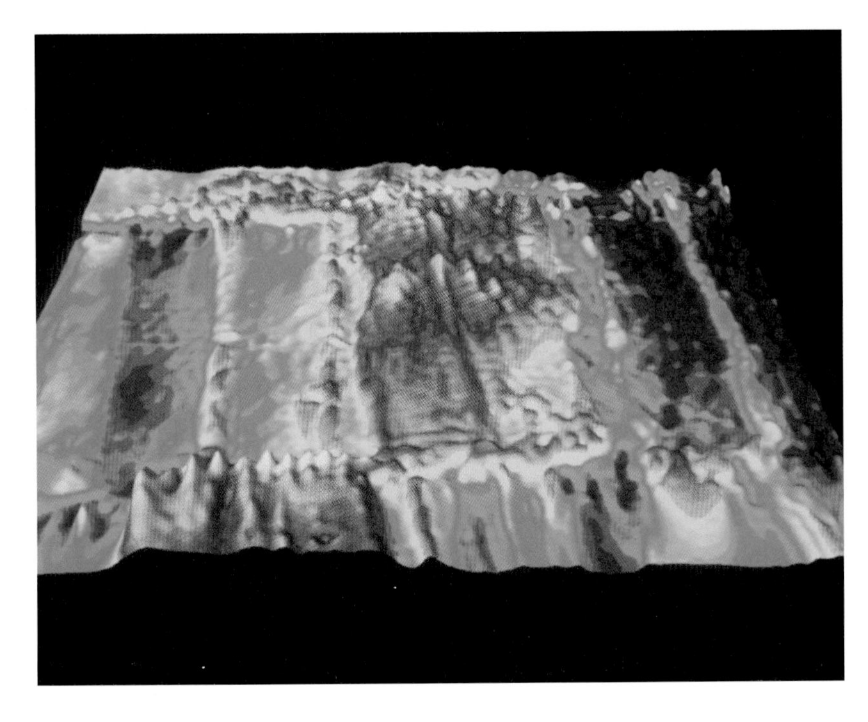

동태평양 해령의 일부를 보여주는 해저 이미지. 해저 확장을 보여주는 해령이다. 색깔로 구분된 수직 띠들은 과거 수백만 년 동안 이뤄진 지구 자기장의 변화를 보여준다.

분출하는 당시의 지구 자성을 붙잡아 고정시킨다. 그 다음 자성이 다시 바뀌면 새로운 해저의 다음 끈 부분이 반대의 자성을 잡아 고정시킨다. 1960년대 중반 미국의 연구선 엘라닌Elanin은 동서 거리가 4,000킬로에 이르는 해역을 탐사했다. 중심부에는 중앙태평양의 해령이 위치해 있고 끝 쪽에는 이스터 섬 남쪽이 위치해 있는 구역이었다. 이 탐사에서 검출한 자기 끈을 해도에 표시한 후 해도를 그린 종이를 해령을 따라 접자 두 무늬가 정확히 겹쳐졌다. 자기 끈이 만들어지는 과정의 대칭성이 입증된 것이다.

그렇다고 해서 지구가 점점 커지고 있다는 뜻은 아니다. 해령에서 만들어지는 새로운 지각은 어느 편으로든 퍼져나가 대륙들을 떠민다. 대륙들은 얼음을 뚫고 나가는 쇄빙선처럼 대양 지각을 뚫고 움직이는 것이 아니라 판plate(판 구조론은 이 판이라는 말에서 나온 것이다) 위에 얹혀서 운반되는 것이며, 얼음이 물 표면에 얹혀 아래에 있는 해류에 의해 이리저리 밀리듯 밀려다닌다. 대양 아래 판들이 만나는 가장자리에는 얇은 대양 지각이 더 두꺼운 대륙 밑으로 밀려 내려가 파괴되는 지점들이 있다. 이것이 일본 열도 등 화산 지역의 화산 활동의 원인이다. 그리고 더 두꺼운 대륙 지각과 얇은 대양 지각이 대륙의 이동에 의해 함께 밀리면, 지각이 구겨지면서 위로 솟아올라 안데스 산맥처럼 거대한 산맥들이 만들어진다.

대륙이 지구의 표면 위에서 떠다니는 방식과 관련된 더 미묘한 다른 작용도 있지만, 해저의 자기 띠에 의해 밝혀진 해저 확장이야말로 '대륙이동설'의 가장 중요한 특징이라고 할 수 있다.

087 드라이클리닝 용액과 중성미자

· 유령입자를 발견하다

1930년 오스트리아의 물리학자 볼프강 파울리Wolfgang Pauli는 특정 입자들이 상호작용하는 동안 손실되는 듯 보였던 에너지가 사실은 유령입자에 의해 운반되고 있다는 이론을 내놓았다. 이 유령입자가 중성미자neutrino다(파울리는 방사능 물질의 붕괴과정에서 에너지 보존 법칙이 깨지는 문제를 해결하기 위해 중성미자가 있다고 가정한 것이다_옮긴이). 이 가설상의 입자는 질량이 매우 작고(전자 질량보다 훨씬 더 작다) 전하를 띠고 있지 않아서 검출이 극히 어렵다. 중성미자는 빛의 속도에 가까운 속도로 우주를 돌아다닐 뿐 아니라 고체도 뚫고 다닌다. 중성미자가 존재하지 않는다면 과학의 가장 근본 법칙 중 하나인 에너지보존법칙은 폐기돼야 할 것이다.

이론에 따르면, 중성미자는 중력을 제외하고는 약한 핵력을 통해서만 물질과 상호작용을 일으킨다. 태양 내부의 핵반응에서 산출된다는 중성미자 빔을 쏘아 3,500광년 동안 납으로 된 벽을 통과시킨다 해도, 도중에서 멈추는 중성미자는 절반 정도에 불과할 뿐 나머지는 다 빠져나간다고 봐도 무방할 정도다. 파울리는 발견할 수도 없는 입자를 제시하다니, 자신이 정말 '끔찍한 짓'을 저질렀다고 생각했다. 그는 실험으로 중성미자를 직접 찾아낼 가능성은 거의 없다고 여겼기 때문에 이 난제에 성공하는 실험과학자가 누구건 그에게 샴페인을 선사하겠다고 제안했다.

레이먼드 데이비스 2세(1914년~2006년). 초창기의 중성미자 검출기 앞에서.

그렇지만 제2차 대전이 촉발시킨 원자로의 발전(실험 77을

홈스테이크 금광 내부에 설치된, 태양 중성미자 검출에 쓰이는 거대한 드라이클리닝 용액 탱크.

보라)으로 1930년대에는 꿈조차 꾸지 못했던 실험이 가능해졌다. 중성미자 한 개를 잡아내는 일은 불가능에 가깝지만 중성미자가 아주 많고 검출기가 충분히 크다면 그 중 소수가 검출기에서 원자들과 작용하는 결과를 보게 될 수도 있다.

이 난제에 도전장을 내민 사람은 1950년대 클라이드 코원Clyde Cowan과 프레더릭 라이너스Frederick Reines였다. 이들의 검출기는 미국의 서배너Savannah 강 원자로 옆에 세운 물탱크였다. 그 안에는 약 1,000파운드(400리터)의 물이 담겨 있었다. 추산에 따르면 50조(5×10^{13}) 개의 중성미자가 매초마다 탱크 옆 1제곱센티미터를 통과해야 하고, 한 시간 동안 이 중성미자 중 한 두개는 물 속 양성자(수소의 핵)에 의해 포획될 것이다. 그러면 양성자가 중성자로 바뀌고, 양전하를 띤 전자의 반입자인 양전자가 방출된다. 코원과 라이너스가 실험에서 발견하려고 했던 것은 이 양전자였다. 각 양전자가 급속히 전자와 충돌해 쌍소멸pair annihilation을 일으키면 뚜렷한 성질을 보이는 한 쌍의 감마선 형태로 에너지가 방출된다.

예상했던 '중성미자 신호'의 단서가 나온 것은 1953년, 파울리의 가설이 옳았다는 완전한 확증이 이뤄진 것은 1956년이었다. 코원과 라이너스는 파울리에게 이 소식을 전하는 전보를 쳤고, 파울리는 이들에게 샴페인을 보냄으로써 25년 된 내기 값을 지불했다. 1995년 라이너스는 이 연구로 노벨상을 받았다. 하지만 코원은 1974년에 사망했기 때문에 상을 받지 못했다.

아직 남은 이야기가 더 있다. 중성미자는 그 무엇과도 작용을 일으키려 하지 않기 때문에, 태양 중심부에서 나오는 중성미자는 우주로 달아나 누구도 모르게 지구를 지나거나 통과한다. 우리 피부의 1제곱센티미터를 매초마다 통과하는 중성미자의 수는 수백억 개에 달한다. 천문학자들은 태양에서 나오는 중성미자 중 일부를 찾아 분석할 수 있다면 태양의 중심부에서 무슨 일이 벌어지고 있는지 직접 알게 되리라는 것을 깨닫게 됐다.

이 또한 '불가능한' 실험이었다. 그러나 브룩헤이븐 국립 연구소Brookhaven National Laboratory의 레이먼드 데이비스Raymond Davis는 이 실험을 해보기로 했다. 그의 검출기는 우주선cosmic rays(우주에서 지구로 쏟아지는 매우 높은 에너지의 미립자 및 복사선, 그리고 이들이 대기의 분자와 충돌해 2차적으로 생긴 높은 에너지의 미립자 및 복사선의 총칭_옮긴이) 따위 검출을 방해하는 모든 원천을 차단해야 했기 때문에 사우스다코타 주의 리드에 있는 홈스테이크 금광 1,500미터 지하 깊숙한 곳에 세워졌다. '드라이클리닝'에 쓰이는 세탁용제인 테트라클로로에틸렌perchlorethylene 액체 40만 리터를 가득 채운, 올림픽 수영장만 한 탱크 형태의 검출기를 넣을 공간을 마련하기 위해 7,000톤의 암석을 제거해야 했다.

이 용액의 핵심 성분은 '염소'였다. 가능성은 매우 희박하지만, 태양에서 나온 중성미립자가 테트라클로로에틸렌 분자 속의 염소 원자와 반응하면 염소 원자는 아르곤의 방사성 동위원소로 바뀌어 액체 속으로 방출된다. 몇 주일마다 탱크 속 용액에서 헬륨을 통과시켜 아르곤을 검출해야 했고 방사능 붕괴를 파악하고 아르곤 원자 숫자를 셌다. 실험이 시작된 것은 1968년이었다. 각고의 노력을 기울인 끝에 실험 때마다 얻어낸 아르곤 원자 수는 10여 개였다. 평균 며칠에 한 번씩 방사성 아르곤 원자 1개가 만들어진 꼴이었다.

데이비스가 태양 중성미자 검출이 가능하다는 것을 입증하자 뒤이어 다른 실험도 고안됐고 '중성미자천체물리학'은 이제 태양의 작동과 중성미자 자체의 성질에 대한 통찰을 제공하는, 천문학의 주요 분과학문이 됐다. 데이비스는 2002년 "우주 중성미자 검출을 통해 천체물리학에 선구적 기여를 한 공로"로 노벨상을 받았다.

088 비타민 B12에서 인슐린까지

· 필수 비타민의 구조

엑스선결정학을 실험에 응용해 생체분자, 특히 단백질의 구조를 규명하는 방법을 개발한 인물은 도로시 크로우풋 호지킨이었다. 버널과 함께 했던 초기 연구를 지속한 성과로 얻은 열매였다(실험 73을 보라). 호지킨의 공헌은 엄청나게 많기 때문에 딱히 한 가지 중요한 실험을 골라내기가 어렵다. 1964년 '중요한 생화학 물질 구조를 엑스선결정학 기술로 입증한 공로'로 그녀에게 노벨 화학상을 수여한 노벨상 위원회도 그런 시도는 아예 포기했을 정도다. 이 수상으로 호지킨은 마리 퀴리와 이렌 퀴리에 이어 노벨 화학상을 받은 세 번째 여성이 됐다. 수상 이유에서 알 수 있듯, 호지킨의 가장 중요한 업적

도로시 크로우풋 호지킨(1910년~1994년).

비타민 B12(코발라민)의 분자 모형. 화학식은 $C_{63}H_{88}CoN_{14}O_{14}P$다.

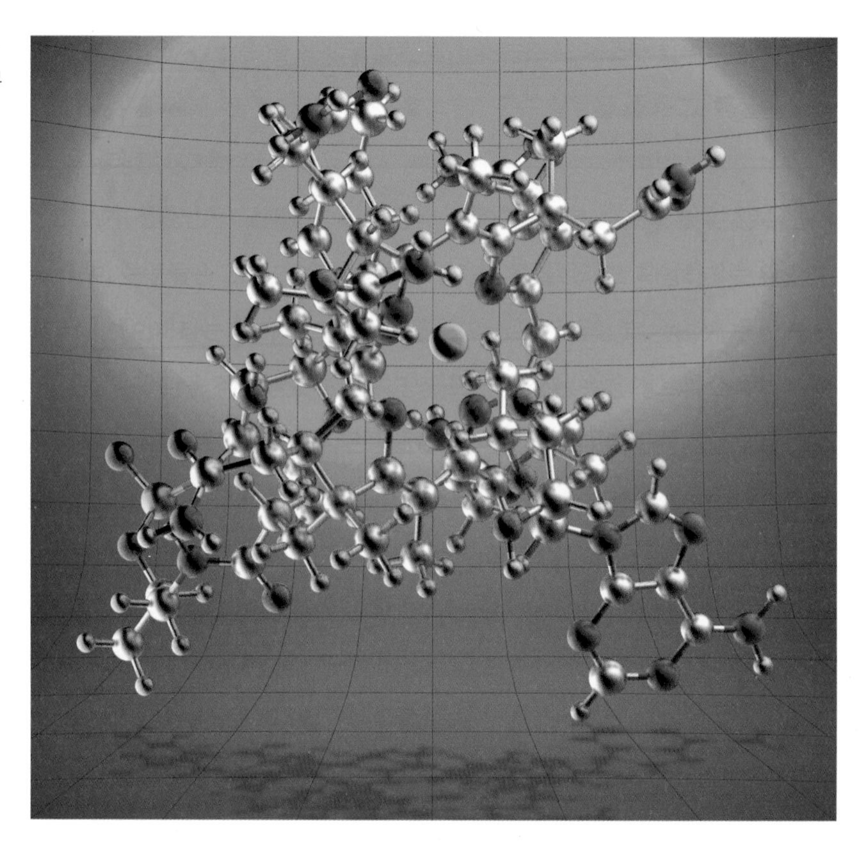

은 그녀가 도전했던 모든 문제에 적용시킨 바로 그 실험 기술이었다.

사진 기록으로 남는 엑스선 회절 무늬 분석의 핵심 단계는 화학적 기술을 이용해 무거운 원자들을 연구 대상인 결정 분자 속으로 삽입하는 것이다. 이 추가되는 원자들은 엑스선 무늬로 뚜렷한 '특징'을 만들고, 이들의 위치를 알아내면 결정의 전체 구조에 대한 통찰을 얻을 수 있다. 이 과정은 길고 단조롭다. 회절 사진은 전자들이 결정 속에 어떻게 분포돼 있는가를 보여주지만, 전체적인 결정의 무늬는 너무 복잡해서 한꺼번에 그려낼 수 없다. 특정 구역을 먼저 분석해 전자 밀도의 지도를 만든 다음 이 정보를 이용해 그 옆 구역의 지도를 또 그리는 식으로 작업을 진행해야 한다. 여기에는 수많은 수학적 분석이 필요하다. 당시에는 컴퓨터의 도움은 기대할 수도 없었다.

1940년대 옥스퍼드대학교에서 연구 중이던 호지킨은 페니실린에 관한 언스트 체인의 혁신적 연구에 대해 알게 됐다(실험 70을 보라). 1943년 무렵에는 화학 분석을 통해 페니실린 분자에 11개의 수소 원자, 9개의 탄소 원자, 4개의 산소 원자, 2개의 질소 원자, 그리고 1개의 황 원자가 포함돼 있다는 것이 입증됐던 상태였다. 그러나 이러한 원자들의 조합이 배열되는 방식은 두 가지 다른 방식 중 하나였기 때문에, 페니실린을 대량으로 제조하고 유사한 항생물질을 합성하려면 어떤 구조가 맞는 것인지 꼭 알아내야 했다. 호지킨은 이를 찾아내는 연구에 착수했다.

다행히 페니실린 분자 속에 있는 황 원자 1개는 다른 무거운 원자를 삽입하지 않아도 그 구조에 대한 핵심 정보를 제공할 만큼 충분히 무거웠다. 호지킨은 수많은 분석을 거친 후 페니실린 구조의 어떤 부분이 생리적으로 활성이 있는 페니실린과 일치하는지 밝혀낼 수 있었다. 호지킨이 밝힌 결과를 검토할 당시엔, 컴퓨터라고는 하지만 실제로는 계산기를 미화시킨 데 불과한 기계가 사용됐다. 본격적 의미의 튜링 기계(실험 78을 보라)보다는 못한 기계였다. 결과는 1945년에 발표됐다.

호지킨의 다음 목표물은 '비타민 B12'였다. 당시 비타민 B12는 신체가 적혈구를 만들 때 사용하는 필수 물질로 밝혀진 터였다. 비타민 B12의 결핍은 악성빈혈이라는 쇠약성 질환을 일으킨다. 비타민 B12는 동물성 음식에 들어 있고 식물에는 들어 있지 않아서, 유제품이나 고기나 생선이나 알류를 먹지 않는 채식주의자들은 보조제가 필요했다. 그러나 이 비타민의 구조를 분석하는 작업은 페니실린 분석과 비교할 수 없을 만큼 어려웠다. 분자가 훨씬 더 크고 복잡했기 때문이다.

호지킨은 1948년 비타민 B12 분석을 시작했지만 연구는 1956년이나 돼서야 마무리됐다. 그로부터 1년 후에 발표된 결과는 결정학자 호지킨의 위대한 성취를 상징한다. 그녀는 이번만큼은 진정한 의미에서 컴퓨터의 도움을 받았다. 도움을 받은 곳은 옥스퍼드대학교도 심지어 영국도 아니었다. 호지킨은 캘리포니아대학교 로스앤젤레스 캠퍼스UCLA에서 연구하는 미국 결정학자들의 팀 수장인 케네스 트루블러드Kenneth Trueblood와 협동 연구를 진행했고, 당시 트루블러드는 컴퓨터를 쓸 수 있었다. 호지킨은 결정학 분석용으로 얻은 데이터를 UCLA 팀에 제공했고 팀은 분석을 위해 컴퓨터를 가동시켰다. 전자우편과 인터넷이 도래하려면 멀었던 시기, 이들은 우편으로 정보를 교환했다.

노벨상 수상 강연에서 호지킨은 비타민 B12를 분석하기까지의 성공적 성과를 기술한 다음 이렇게 말했다.

"모든 결정 구조 문제를 엑스선결정 분석으로 해결할 수 있다거나 모든 결정 구조가 풀기 쉽다는 인상을 남기고 싶지 않습니다. 제 인생의 시간 중에는 결정 구조를 풀어낸 시간보다 풀어내지 못한 시간이 훨씬 더 깁니다. 인슐린을 엑스선결정법으로 분석하기 위한 저희의 노력을 예로 들면서, 엑스선결정학이 극복해야 할 난제들 중 일부를 설명해드리겠습니다."[47]

그런 다음 그녀는 자신이 1930년대 중반 이후 당뇨병 치료에 쓰이는 인슐린 분석과 씨름하다 중단한 후 또 실험을 재개하면서 부분적인 성공밖에 거두지 못한 경험을 펼쳐놓았다. 777개의 원자를 갖고 있는 인슐린 분자(페니실린은 원자가 27개에 불과하다)는 구조가 지극히 복잡하다. 그러나 당시 호지킨의 인슐린 연구는 아직 끝나지 않았고, 결국 그녀는 컴퓨터 기술 향상의 도움을 받아 인슐린의 구조를 밝혀냈다. 연구가 완성된 해는 1969년이었다. 그녀가 노벨상을 받은 지 5년 뒤의 일이었다.

089 지구는 긴 숨을 쉰다

· 킬링의 우연한 발견

1950년대 말 시작된 20세기 가장 중요한 실험 중 하나는 여전히 진행 중이다. 이 실험을 통해 지구 전체가 계절마다 '호흡한다는 것', 그리고 향후 100년 동안 재난의 시발점이 될 지구온난화를 초래하는 이산화탄소가 대기 중에 증가하고 있다는 사실이 밝혀졌다. 하지만 이 역시 또 하나의 우연한 발견이었다.

1950년대 초, 칼텍의 찰스 데이비스 킬링Charles Davis Keeling은 대기와 바다와 석회석 중의 이산화탄소량을 알아보는 계획을 세웠다. 그는 이를 위한 방편으로 기체 압력계gas manometer라는 매우 정교한 도구를 개발했다. 대기 중의 이산화탄소 농도를 측정하기 위한 기기였다. 칼텍이 위치해 있는 패서디나의 대기는 인간의 활동에 의해 오염돼 있었기 때문에 그는 몬터레이의 빅서라는 곳에서 압력계를 시험했다. 그는 그곳의 대기가 낮보다 밤에 약간 더 많은 이산화탄소를 함유하고 있다는 것을 발견했다. 원인은 식물의 호흡작용 때문이었다. 그러나 매일 오후마다 낸 평균치는 약 310ppm으로 농일했다.

미국 내 다른 삼림에서의 측정치도 동일한 패턴을 보였다. 기상학자들과 해양학자들 모두 이러한 관측 결과에 흥미를 갖게 됐고, 1956년 스크립스 해양학 연구소Scripps Institution of Oceanography에서 연구하던 킬링은 국제 지구물리 관측년International Geophysical Year의 일환으로 실행할 후속 연구 자금을 따냈다. 지구과학의 많은 측면을 연구하는 전세계적인 프로젝트였다. 프로그램이 가동됐던 공식적 기간은 1956년부터 1957년까지였지만, 이보다 더 많은 장기적인 실험이 이 프로그램으로부터 출발했다. 킬링의 계획은 동료 과학자들의 도움을 받아 전세계 여러 지역의 대기 중 이산화탄소 농도를 측정하는 것이었다. 여기에는 하와이의 마우나로아 화산 정상의 이산화탄소 농도도 포함돼 있었다. 마우나로아 화산은 태평양 한가운데 위치해 있어 육지의 숲이나 산업 오염원 지역에서 멀리 떨어져 있는 곳이다. 그는 1958년 3월 직접 마우나로아 실험을 시작했는데 첫날 측정한 이산화탄소의 농도는 313ppm이었다.

놀랍게도 이산화탄소 농도는 3월에서 5월을 거치는 동안 약간 올라갔다가 10월까지 다시 내려갔고, 10월부터 이듬해 5월까지 다시 올라가기 시작했다. 이러한 패턴은 매년 반복됐다. 이 주기로 보아 지구 전체가 호흡을 하고 있는 것이 분명했다. 남반구보다 북반구에 육지가 더 많아 육지에서 자라는 초목도 더 많다는 사실에서 나온 결과였다. 북반구의 여름에는 초목이 자라는 동안 대기 중에서 이산화탄소를 흡수한다. 겨울에는 초목이 죽어서 분해되면서 이산화탄소를 방출한다. 이로써 매년 약 5ppm 정도의 주기적 변화가 나타난다.

그러나 계절 효과를 고려했다고 하더라도 대기 속 이산화탄소의 평균 농도는 1958년보다 1959년에, 1959년보다 1960년에 더 높았다. 킬링은 이를 보고하는 논문을 발표했고, '킬링 곡선keeling Curve'을 만들어 정기적으로 정보를 갱신했다. 킬링 곡선은 계절 주기를 고려해 대기 중의 이산화탄소 증가를 나타

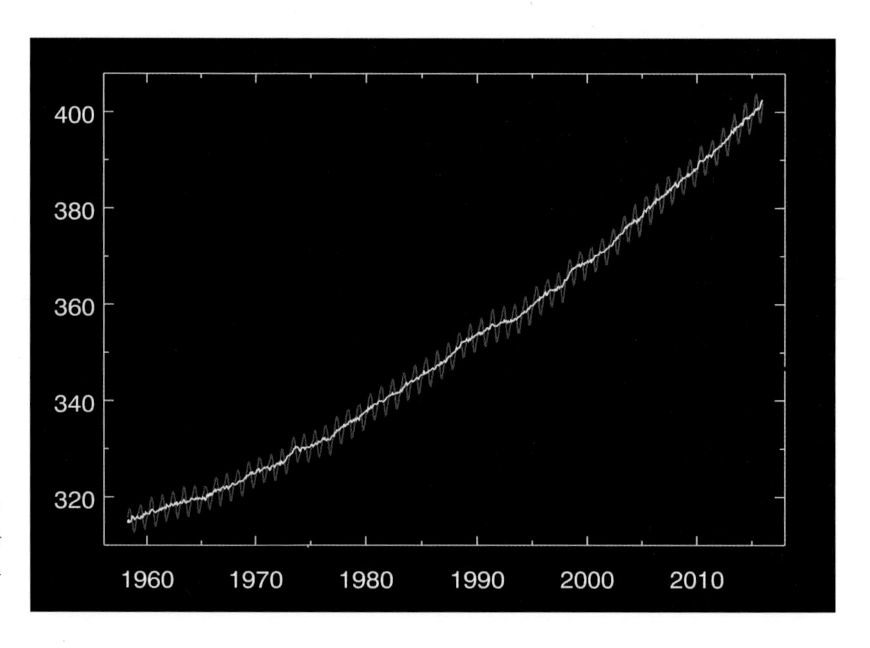

'킬링 곡선'. 1958년에서 2015년까지 마우나로아 화산의 이산화탄소량을 기록한 것.

•
찰스 킬링(1928년~2005년). 미국 샌디에이고의 스크립스 해양학 연구소에 있는 그의 연구실에서 1992년 3월에 촬영한 사진.

내는 그래프다. 1970년 무렵 이산화탄소가 증가함으로써 초래되는 온실효과가 지구온난화의 요인이라는 우려가 커지면서, 이산화탄소의 증가가 삼림 파괴와 화석연료 사용 등 인간의 활동 때문이라는 사실이 명확해지고 있었다. 이 사실이 확증된 것은 1970년대였다. 당시 정치적 위기로 원유 가격이 크게 증가하면서 원유 기반의 연료 연소량이 둔화됐다. 인간이 유발하는 이산화탄소 발생 요인이 줄어들면서 킬링 곡선의 상승세가 약간이나마 수평을 유지한 것이다.

2015년 무렵 대기 중의 이산화탄소 농도는 400ppm 이상으로 상승했다. 1958년 수치보다 약 28퍼센트 증가한 수치다. 전세계에서 사용되는 화석 연료의 양과 이 수치를 비교해보면, 대기 중으로 산출된 이산화탄소의 57퍼센트가 대기 중에 그대로 남아 있는 반면, 나머지는 대양을 비롯한 자연의 '배수로'에 의해 흡수되고 있음을 알 수 있다. 40만 년 정도의 장기적 시간대를 기준으로 볼 때, 극지방의 얼음 핵에 갇혀 있는 기포 연구를 통해 이산화탄소 농도가 빙하기 동안에는 약 200ppm, 더 따뜻한 간빙기 동안에는 약 280ppm이었다는 것이 밝혀졌다. 이산화탄소 농도가 더 올라가기 시작한 시점은 19세기 초였다. 이는 킬링이 마우나로아에서 측정을 시작했던 1958년에도 이산화탄소의 농도가 그 이전 150년 동안 인간이 했던 활동 때문에 '자연적' 수치 이상이었음을 시사한다. 이산화탄소가 지구 표면 근처의 열을 가두는 역할을 한다는 사실이 알려진 이후(실험 39를 보라), 최소한 20세기 중반부터 지구가 겪어온 온난화의 가장 주된 원인이 이산화탄소의 증가라는 것은 분명하다. 이 함의의 중요성 때문에 오늘날 전세계 약 100곳에서는 이산화탄소 농도를 모니터링하고 있다. 하지만 마우나로아의 기록이 가장 유서 깊고, 여전히 가장 중요한 위상을 차지하는 기록인 것만큼은 확실하다. 오늘날 이 관측 수치를 감독하는 인물은 킬링의 아들이자 스크립스 해양학 연구소 교수인 랠프 킬링Ralph Keeling이다.

090 없어지지 않은 우주의 소음

· 빅뱅의 메아리

1963년 아노 펜지어스Arno Penzias와 로버트 윌슨Robert Wilson은 본디 지구 위성 통신을 실행하기 위해 고안된 전파망원경을 천문학 연구용으로 고치는 데 힘을 합쳤다. 뉴저지의 크로포드힐Crawfod Hill에 있던 이 전파망원경은 벨 전화회사(벨 연구소)의 소유였다. 당시 벨 연구소는 자사 연구팀에게 순수과학 프로젝트를 수행할 시간을 허용해주는 정책을 펴고 있었다. 팀은 천문학 관측을 시작하기 전, 망원경을 조정해 온갖 전파 방해 요인들(소음)을 제거해야 했다. 이들은 바로 이 과정에서 훗날 노벨상을 안겨줄, 예기치 못한 발견을 하게 된다.

업무상의 이유로 망원경에는 매우 민감한 수신기가 달려 있었다. 우주에서 오는 미약한 전파라도 잡아내기 위함이었다. 천문학자들이 이 전파를 '신호'라 부르긴 하지만, 이 신호는 TV 전파 같은 인공 신호가 아니라 그저 활동 은하(보통 은하에 비해 활동이 활발해 짧은 시간 동안 많은 양의 에너지를 방출하고 있는 은하를 통틀어 일컫는 용어_옮긴이) 같은 천체들이 방출하는 자연 전파다. 이 신호의 세기는 비슷한 흑체복사의 온도를 기준으로 추정한다. 수신기, 즉 메이저 증폭기를 사용하는 복사계radiometer는 절대 온도인 0k, 즉 섭씨 영하 273.15도 (에너지 총량이 0인 지점의 온도로, 아무리 차가워도 그 이하의 온도란 존재하지 않는다는 의미에서 절대온도라 부른다)보다 약간 높은 섭씨 영하 273도만큼 낮은 온도의 복사도 감지할 수 있을 만큼 정밀했다.

망원경은 조정을 하느라 하늘을 향해 있었고(딱히 겨냥하는 대상은 없었다), 복사계 눈금은 안테나에서 온 신호와, 액체 헬륨을 이용해 4K보다 약간 높은 온

•
미국 뉴저지의 벨 연구소의 홈델 혼 안테나Holmdel horn antenna.

도에서 유지되는 저온부하cold load(잡음을 적게 하기 위해 극저온으로 냉각한 부하_옮긴이)에서 나오는 신호 사이에서 이리저리 움직였다. 이를 통해 펜지어스와 윌슨은 안테나 신호의 온도가 저온부하에서 온 신호보다 얼마나 높거나 낮은지 알 수 있었다. 두 사람은 '하늘의 온도'가 0K라고 예상했기 때문에, 그에 맞춰 조정을 한 다음 안테나 위의 대기 온도 등 잡음의 원인이라 알려진 모든 요소를 제거해나갔다. 남은 것은 안테나 자체로 인한 소음이었고 팀은 금속 표면이 부드러워지도록 윤을 내는 일 등 필요한 기술을 이용해 이 소음도 제거하려 했다. 그러나 아무리 노력을 기울여도 시스템 내의 소음은 절대로 0까지 줄어들지 않았다. 이들은 심지어 둥지를 짓는 비둘기가 안테나에 남긴 배설물까지 열심히 치웠고, 못을 박은 연결부위마다 반짝거리는 알루미늄 테이프까지 붙였지만 소용없었다. 2K에서 3K 사이의 소위 '초과 안테나 온도excess antenna temperature'는 사라지지 않았다. 이것은 안테나에서 복사계로 들어오는 복사가 이들이 설명할 수 있는 것보다 최소한 2K 더 높다는 뜻이었다. 신호는 밤과 낮 단위, 하루 단위, 주 단위로 동일했다. 그래 봐야 이 신호는 매우 차가운 전자레인지의 '신호'처럼 전파 잡음이 내는 아주 약한 쉬익 소리에 해당하는 마이크로파 진동수microwave frequency를 갖고 있다.

1964년 내내 펜지어스와 윌슨은 계속 이 잡음 때문에 당혹스러웠다. 이들의 전파천문학 프로젝트는 진척을 보지 못하고 있었다. 그러나 이들의 난관에 대한 소식이 인근 프린스턴대학교의 전파 천문학자 팀의 귀에 들어갔다. 이들은 우리가 알고 있는 바대로의 우주가 뜨겁고 밀도가 높은 상태(빅뱅)에서 시작됐을 가능성에 관심이 있었다. 이들은 빅뱅으로 우주가 전자기복사로 가득 찼을 것이고 이 전자기복사가 지금쯤이면 몇 K 정도의 온도까지 식었으리라 추정했다(이들은 알지 못했지만 1940년대 랠프 앨퍼Ralph Alpher와 로버트 허먼Robert Herman도 이와 동일한 추정을 한 적이 있으나 이들의 이론은 주목을 끌지 못했다). 프린스턴대학교 팀은 이 복사를 찾기 위해 전파 망원경을 제작하던 중에 크로포드힐에서의 연구 소식을 듣게 됐던 것이다.

두 팀은 이 발견의 함의를 논하기 위해 만났고, 펜지어스와 윌슨이 발견한 우주의 전파 잡음이 빅뱅의 메아리일 수도 있다는 사실이 명확해졌다. 펜지어스와 윌슨은 완전히 확신하지 못했지만 어쨌거나 설명이 가능하다는 데 안도했고, 1965년에는 자신들이 발견한 결과를 발표할 만큼 자신감을 얻었다. 〈4,080MHz에서 안테나 온도 초과 현상의 측정〉이라는 신중한 제목의 논문에는 이들이 우주 탄생에서 유래된 복사를 찾아냈다는 주장은 담겨 있지 않았다. 노벨상 수상 강연에서 윌슨은 다음과 같이 말했다.

"아노와 저는 배경복사의 기원에 대한 우주론적 논의는 모두 논문에서 배제했습니다. 저희는 그런 연구와는 전혀 무관했기 때문입니다. 그뿐 아니라 저희는 저희가 측정한 수치가 우주론과 독립된 것으로서 더 오래 살아남으리라 생각했습니다."

그런데 이 발표가 도화선으로 작용해 이뤄진 후속 실험들은 우주가 절대온도 2.712K(-270.438℃)의 전자기복사로 가득 차 있다는 것을 입증해냈다. 이는 빅뱅이 존재했다는 강력한 증거로 남았다. 21세기 들어 이 마이크로파배경복사를 관측한 결과들을 통해 우주에 대한 지식이 더욱 심화됐을 뿐 아니라 우주의 성질에 대한 상세한 내용들이 밝혀졌다(실험 100을 보라).

1978년 펜지어스와 윌슨은 "우주마이크로파배경복사cosmic microwave background radiation를 발견한 공로"로 노벨물리학상을 수상했다.

091 비행기에 올라탄 시간

· 시계로 검증한 상대성 이론

특수 상대성 이론이 내놓았던 유명한 예측에 따르면, 관찰자를 지나가는 시계(움직이는 시계)는 관찰자의 시계보다 느리게 가는 모습을 보인다. 이것을 '시간 지연time dilation'이라고 한다. 그보다는 덜 유명하지만 일반 상대성 이론이 예측한 바에 따르면, 중력장이 강한 곳에 있는 시계가 약한 곳에 있는 관측자의 시계보다 더 느리게 흘러간다. 이것은 중력장 안에 있는 광원으로부터 오는 빛의 파장 변화로 인한 중력 적색편이gravitational redshift 현상과 연관이 있다. 이러한 예측은 1971년 비행기를 타고 전세계를 일주한 시계 실험을 통해 입증됐다.

실험의 실행자는 2명의 미국 물리학자 조지프 하펠Joseph Hafele과 리처드 키팅Richard Keating이다. 실험과 관련된 발상은 고고도에서 움직이는 시계가 가리키는 시각을(일반 상대성 이론과 특수 상대성 이론의 효과를 결합한 조치다) 땅에 고정된 시계가 가리키는 시각과 비교해보자는 것이었다. 개인용 전세기를 구할 수 있었다면 일은 훨씬 더 쉬웠겠지만 예산의 제약 때문에 여객기 일반석을 탈 수밖에 없었다. 이들은 초정밀 원자시계를 이용해 실험을 실시했다. 시계는 객실 앞 벽에 끈으로 묶어 놓고 비행기 전원공급 장치에 연결시켜 놓았다. 똑같이 생긴 다른 시계는 워싱턴 DC의 미 해군성 천문대US Naval Observatory에 고정시킨 다음 비행기를 탔던 시계가 돌아오면 비교할 예정이었다.

1971년 10월 4일에서 7일 사이, 비행기를 탄 시계는 지구 서쪽에서 동쪽을 향해 세계를 일주했다. 연구팀은 다양한 기착과 고도 변화와 비행기의 속도 변화를 고려한 다음 시계가 254에서 296나노초(1나노초는 10억 분의 1초다)가 더 빨라져야 한다고 추산했다. 그 중 3분의 2는 높은 곳에 있기 때문에 생기는 중력 효과(높은 곳에서는 중력이 더 약하기 때문에 시계가 더 빨리 간다)로 인한 것이다. 빨라진 시간 중에서 3분의 2를 뺀 나머지가 특수 상대성 이론이 예측한 효과로 인한 것이었는데, 여기에 지구 자전으로 생기는 문제도 중력효과에 추가돼 시간이 더 빨라졌다. 이를 상상하는 가장 간단한 방법은 지구 중심에 대한 고정된 '기준틀'의 관점에서 생각하는 것이다. 지구의 자전 방향과 같은 동쪽으로 이동하는 비행기 안의 시계는 땅에 있는 시계보다 빨리 가지만 서쪽으로 움직이는 비행기 안의 시계는 땅에 있는 시계보다 느리게 간다. 결국 차이를 측정한 값은 273나노초였다. 추산했던 253에서 296나노초 정확히 중간 지점에 오는 수치였다.

두 번째 비행에서는 동일한 시계가 동쪽에서 서쪽으로 이동했다. 기간은 1971년 10월 13일에서 17일까지였다. 두 번째 실험 결과는 그다지 인상적이지 못했다. 이번에는 시계가 움직여서 나타나는 시간 지연 효과 때문에 중력 효과에서 빨라지는 시간보다 느려지는 시간이 더 크리라는 예상치가 나왔다.

원자시계와 함께 있는 조지프 하펠과 리처드 키팅.

땅에 있는 시계와의 시간 차이는 40±23나노초가 돼야 했다. 데이터 측정에서 나타나는 일부 문제 때문에 이번에 연구팀은 측정치가 49에서 69나노초 사이라고 발표해야 했다. 예측한 수치와 대략적으로 맞는 정도의 수치였다. 그러나 두 차례의 실험을 종합해보면 아인슈타인의 위대한 두 이론이 예측한 시간 지연 효과가 실재라는 것만큼은 확증됐다.

앞의 실험과 같은 선상에서 더 정확한 실험이 이뤄진 것은 1976년 6월이었다. 스미소니언 천체물리 관측소Smithsonian Astrophysical Observatory와 나사NASA가 실험에 참여했다. 로켓에 실린 중력탐사 A Gravity Probe A 시스템은 1만 킬로미터 고도(비행기가 도달할 수 있는 높이보다 훨씬 높은 고도)까지 거의 수직으로 올라간 다음 다시 수직으로 내려왔다. 소요 시간은 두 시간 미만이었다. 이는 지구의 자전으로 인한 효과를 무시할 수 있다는 뜻이었다. 1만 킬로미터 높이에서는 비행체가 느끼는 중력은 지구 표면에서 느끼는 중력의 10퍼센트에 불과하다.

비행 동안 로켓 비행체에 넣어 놓은 시계에 기록된 시간을 메이저에 연결된 무선 링크로 모니터한 다음 지상에 있는 동일한 시계의 시간과 비교했다. 로켓과 비행체의 속도 변화 또한 도플러 효과(실험 38을 보라)를 이용해 모니터했다. 지구에서 전송돼 탐사선이 받아 다시 지구로 재전송한 두 번째 신호를 이용하는 것이었다. 그런 다음 관측한 수치를 상대성이론 방정식으로 추정한 예상 수치와 비교했다. 이번에는 측정치가 예상치와 70ppm, 즉 100만 분의 7 단위까지 정확히 맞아떨어졌다. 당연한 결과라 아무도 딱히 놀라지는 않았지만 그래도 많은 물리학자가 결과에 흡족해했다. 중력탐사 A 실험은 지금까지 시행된 중력 적색편이 측정 실험 중 가장 완벽하고 정밀한 실험으로 남아 있다.

092 중력파를 입증하다

· 우주가 내는 소리

자연이 제공하는 가장 장대한 실험 중 하나는 '쌍성 펄서binary pulsar'라는 한 쌍의 별과 관련이 있다. 별 각각은 지구에 있는 커다란 산 정도의 크기지만 태양보다 질량이 크고 중력의 손아귀에 갇힌 채 서로의 주변을 초당 수백 킬로미터 속도로 공전하고 있다. 관측에 따르면 쌍성 펄서는 우주라는 거대한 틀 안에서 파동을 만들어내고 있다. 그 파동이 바로 중력파(질량에 의한 시공간의 뒤틀림으로 발생한 요동이 광속으로 진행하는 파동_옮긴이)다.

중력파는 1916년 아인슈타인에 의해 이미 예견됐다. 그러나 그 예견의 정당성을 입증하는 발견은 1974년이나 돼서야 이뤄졌다. 그해 푸에르토리코의 아레시보에 있는 전파망원경으로 천체를 연구하던 젊은 천문학자 러셀 헐스Russell Hulse는 펄서의 행동에서 뭔가 이상한 점을 발견했다. 펄서는 빠르게 회전하는 중성자별로서 크기는 작지만 밀도가 극히 높은 천체다(원자핵만큼이나 밀도가 높다). 펄서는 전파 잡음을 방출하며 이 전파는 등대의 불빛처럼 주변을 휩쓴다. 펄서의 반지름은 약 10킬로미터, 표면 중력은 지구의 중력이 1,000억 배다. 지구가 우연히 펄서 빔의 경로에 들어가게 된다면 전파 망원경은 전파 잡음의 규칙적 맥동pulse(시계 똑딱임처럼 규칙적이다)을 잡아낸다. 특히 PSR 1913±16이라는 펄서는 0.059초마다 한 번씩 자전하는 중성자별로서, 알려진 펄서 중 가장 빠른 것에 속한다.

원래 펄서의 맥동은 대부분 기막히게 정확한 시계 역할을 수행한다. 소수점 이하 여러 자리까지 측정할 수 있을 정도의 정확성을 갖고 있다. 그러나 1974년 여름, 펄서를 관측하던 헐스는 펄서의 맥동이 하루 최대 30마이크로초(100

아레시보 전파 망원경을 그린 그림.

만 분의 1초)씩 바뀐다는 것을 발견했다. 규칙적인 펄서로서는 커다란 '오차'였다. 이러한 변화는 자체의 리듬이 있었고, 그에 따라 측정한 주기도 정기적으로 바뀌었다. 헐스는 이것이 도플러 효과(실험 38을 보라)가 바뀌어서 초래된 현상이라는 것을 깨달았다. 도플러 효과가 변한 것은 펄서가 감지할 수 있는 전파 잡음을 전혀 방출하지 않는 비슷한 별 주위를 좁은 궤도로 공전하기 때문이었다. 쌍성 펄서를 발견한 것이다.

헐스의 동료였던 조지프 테일러Joseph Taylor(둘 다 매사추세츠대학교에서 연구했다)는 아레시보에 있는 헐스와 만나 더 후속연구에 돌입했다. 이들은 이 펄서가 7시간 45분에 한 번씩 서로를 공전한다는 것을 발견했다. 최대 속도에 도달할 때는 초속 300킬로미터, 평균 공전 속도는 초속 200킬로미터 정도였다. 궤도의 크기는 약 600만 킬로미터로서 태양의 둘레와 비슷하다. 따라서 전체 쌍성 펄서의 공전 시스템은 태양 안으로 쏙 들어갈 정도의 크기인 셈이다. 이들은 공전의 성질을 통해 두 별의 질량을 합치면 태양 질량의 2.8275배라는 것

쌍성 펄서를 가정해 그린 그림. 한 중성자별(중간에서 아래쪽)이 에너지 맥동을 방출하고 있다. 펄서란 빠르게 회전하는 중성자별로서 회전하면서 좁은 에너지 빔을 방출한다. 진한 핑크색으로 그린 타원들은 펄서들이 상호 질량 중심(파란 점) 주변을 도는 궤도들을 표시한 것이다. 펄서 시스템이 중력복사에 의해 에너지를 잃으면서 궤도가 바깥으로 이동하고 있다(이 그림에서는 궤도 이동의 효과를 크게 과장해 놓은 것이다! 실제 효과는 아주 작다).

도 알아냈다.

천문학자들은 이 특이한 시스템을 시험대로 삼으면 중력복사에 대한 아인슈타인의 가설을 검증할 수 있다는 것을 즉시 알아차렸다. 중력복사에 대한 아인슈타인의 가설은 그의 일반 상대성 이론에 토대를 두고 있었다. 일반 상대성 이론에 따르면 이렇듯 극한의 조건하에서 공전하는 별은 우주에 파동을 일으킨다. 물탱크 속에서 팽팽 도는 아령이 물결을 일으키는 것과 마찬가지 이치다. 이 중력복사는 펄서 시스템에서 에너지를 빼앗아가 공전 궤도를 바꾼다. 이로써 궤도주기(어림수로 2만 7,000초다)는 1년마다 100만 분의 75초씩 증가한다. 이는 1년에 약 0.0000003퍼센트씩 증가한다는 뜻이다. 관측을 시작한지 4년 후인 1978년, 중력복사가 실재한다는 아인슈타인의 이론이 옳았다는 것을 입증할 만큼 정확한 변화량을 측정했고, 1983년이 되면 1년에 100만 분의 2초 정확도까지 변화량을 측정해, 1년에 100만 분의 76±2초라는 증가분을 산출해냈다. 그때 이후 일반 상대성 이론의 정확성은 1퍼센트 오차범위 내에서 입증돼왔다.

지속적인 관찰을 통해 쌍성 펄서 시스템에 속한 두 별의 질량 비율을 산출할 수도 있게 됐다. 펄서의 이동 속도가 빨라 시간 지연 효과가 나타났기 때문에 가능한 일이었다. 그 과정에서 특수 상대성 이론의 정확성도 입증됐다. 헐스와 테일러는 이미 별들의 총 질량을 알고 있었기 때문에 이 비율을 알아냄으로써, PSR1913+16 펄서의 질량은 태양보다 1.42배 더 큰 반면, 다른 쌍둥이별의 질량은 태양보다 1.40배 크다는 것을 밝혀냈다. 중성자별의 정확한 질량 값이 최초로 밝혀진 것이다.

PSR1913+16 펄서가 쌍성 펄서라는 것이 밝혀진 이후, 이와 비슷한 다른 쌍성 펄서들이 발견됐고, 이는 언제나 일반 상대성 이론의 정확성을 입증하는 결과를 낳았다. 그러나 천문학자들은 아직도 '쌍성 펄서' 하면 PSR1913+16을 떠올린다. 1993년 헐스와 테일러는 "새로운 유형의 펄서를 발견해 혁신적 중력 연구를 개척한 공로"로 노벨물리학상을 받았다.

093 지금의 지구는 왜 빙하기가 아닌가

· 빙하기의 페이스메이커

지구는 왜 빙하기를 겪는 것일까? 일견 당연한 질문인 듯 하지만 사실 질문은 지구가 왜 빙하기를 겪는 것인가가 아니라 "왜 지구가 영구적인 빙하기에 있지 않은가"로 바뀌야 한다. 현재 대륙의 배열로 볼 때 오히려 후자의 질문이 자연스럽다는 뜻이다. 답이 나온 것은 100년도 훨씬 넘은 과거의 일이지만 이를 실험으로 입증한 것은 1970년대 중반이었다.

지질학자들은 암석에 난 생채기와 흉터들, 그리고 그 밖의 다른 증거를 통해 거대한 얼음이 과거에(필시 한 차례 이상) 극지방으로부터 유럽과 북아메리카를 건너 남쪽으로 퍼져나갔다는 사실을 알아차렸다(실험 39를 보라). 19세기 스코틀랜드의 제임스 크롤James Croll과 20세기 초반 세르비아의 밀루틴 밀란코비치Milutin Milankovitch는 이것이 지구가 태양을 공전할 때 기울어지고 흔들리는 방식과 연관돼 있다는 가설을 제기했다. 그러나 훗날 '밀란코비치 이론'이라 명명된 이 가설은 당시엔 별다른 주목을 받지 못했다.

계절이 생기는 원인은 지구가 태양 주위를 공전할 때 세로로 된 자선축에서 약 23.5도만큼 기울어져 있기 때문이다. 이렇게 되면 지구의 절반은 태양 쪽으로 기울어져 여름을 맞는 반면 다른 쪽 절반은 겨울을 맞는다. 6개월 후 상황은 반대가 된다. 그러나 이 기울기는 고정불변의 것이 아니다. 태양과 달의 중력으로 인한 동요 때문에 이 각도는 수천 년 세월 동안 21.8도에서 24.4도까지 변한다. 그리고 더 포착하기 어렵긴 하지만 공전궤도의 미묘한 변화 또한 존재한다. 이 모든 요인으로 인해 계절마다 상이한 위도에서 받는 태양열의 양(일사량insolation)이 변한다. 물론 한 해 내내 지구 전체가 받는 열의 양은 동일하다.

밀란코비치 주기. 지구의 축은 대략 2만 6,000년마다 한 번 세차운동歲差運動, precession을 마친다(위쪽 그림). 동시에 궤도의 이심률ecentricity(타원이 원 모양으로부터 벗어난 정도_옮긴이)은 약 40만 년 주기에 따라 달라진다(아래 오른쪽 그림). 게다가 지구 자전축의 기울기 각도는 4만 1,000년 주기에 따라 22.1도에서 24.5도까지 바뀌기를 되풀이한다. 현재 이 각도는 23.44도이고 점점 줄어들고 있다.

밀란코비치는 이 모든 변화 요인으로 인해 수십만 년 동안 일사량이 어떤 영향을 받는지 일일이 계산해냈다. 컴퓨터가 없던 시절에는 그야말로 놀랄 만한 업적이었다. 북반구의 겨울이 가장 추울 때 빙하기가 절정에 이르리라 예상하는 것이 당연했다. 따라서 얼음이 육지로 퍼져나간다. 남극대륙은 늘 얼음으로 뒤덮여 있고, 인근에는 영향을 받을 육지가 전혀 없기 때문에 남반구는 강력한 잠재적 영향을 끼치지 않는다. 그러나 지질학자들이 더 많은 데이터를 수집하게 되면서, 예상했던 패턴과 정반대되는 패턴이 나타난다는 사실이 밝혀졌다. 밀란코비치가 북쪽의 겨울이 가장 춥다고 추산했던 시기는 빙하기가 아니었던 것이다. 오히려 당시는 지질학 시기 중 제4기Quaternary Period에 해당하는 수

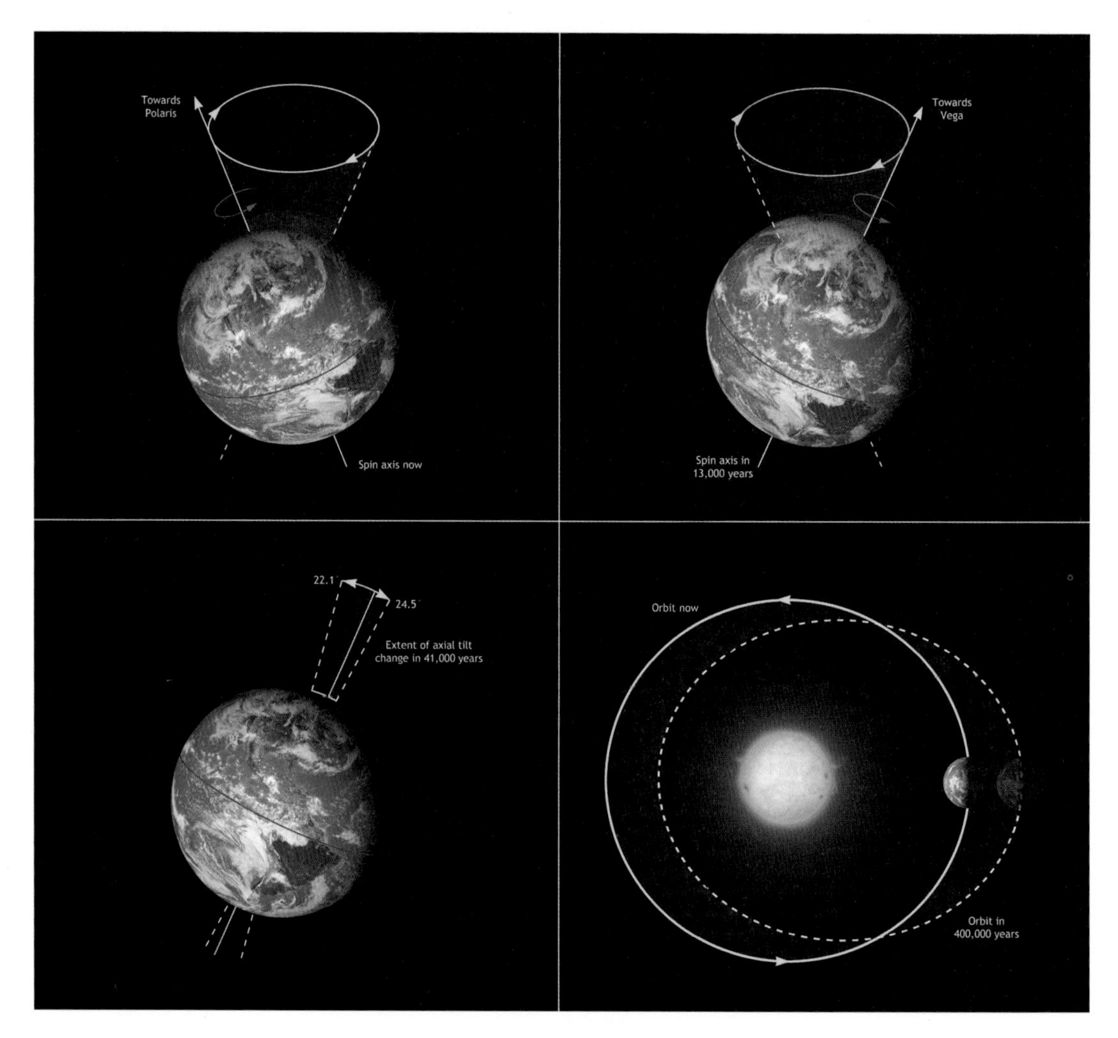

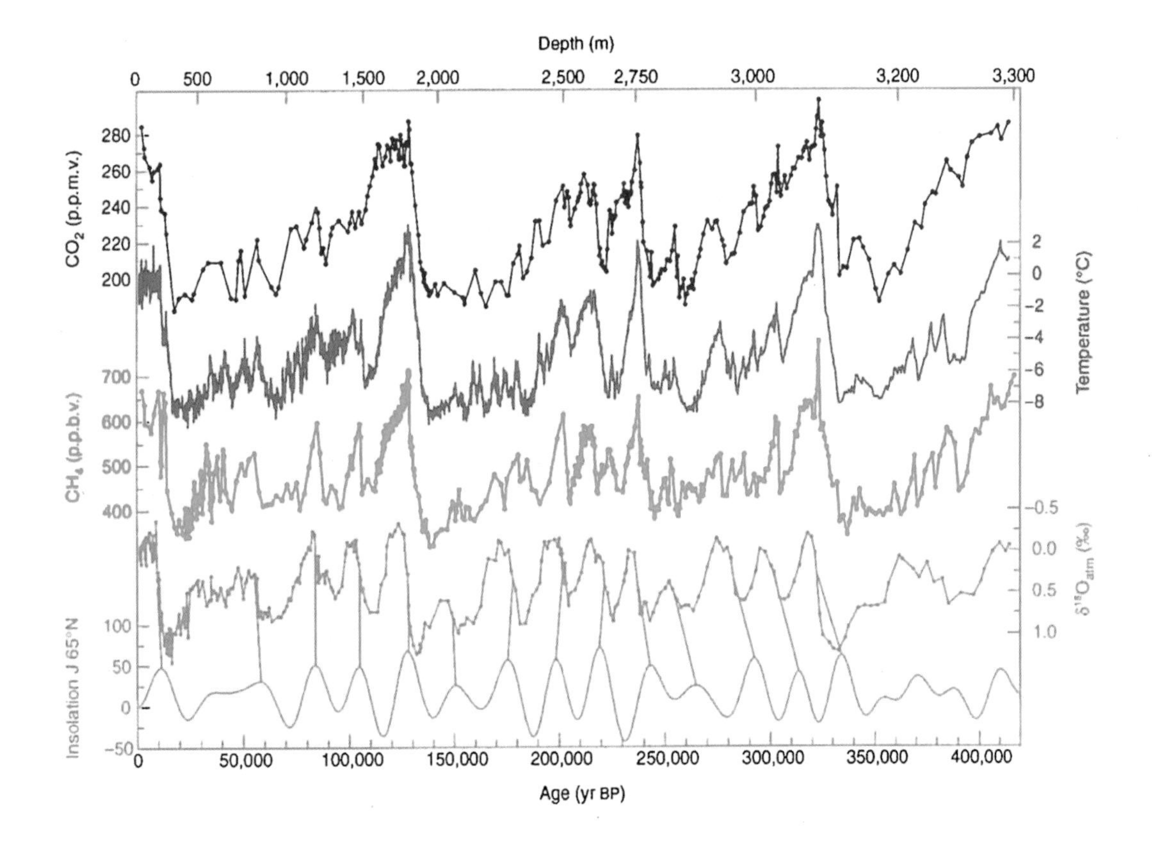

백만 년 간 '빙하 시대ICE Epoch'의 손아귀 속에 잡힌 지구에서 빙하가 약 10만 년 동안 완전히 퍼져나간 후 일시적으로 후퇴했던 1만 년 정도의 중간 휴지기, 다시 말해 간빙기interglacial였다. 우리 또한 현재 이 간빙기에 살고 있다.

이제 과학자들은 무슨 일이 벌어지고 있는지 알게 됐다. 1년 동안의 지구 열 수지heat balance(지구에 출입하는 열의 양_옮긴이)는 동일하기 때문에 추운 북부의 겨울은 더운 북부의 여름과 밀접한 관련이 있다. 간빙기는 북반구의 여름이 얼음을 녹여 다시 북극 쪽으로 돌려보낼 만큼 더울 때만 발생한다.

이런 가정은 이론상으로는 근사했지만 어떻게 검증이 가능했을까? 이를 밝힐 결정적 실험은 지구의 자기장 강도가 변할 뿐 아니라 때로는 방향을 바꾸면서 암석에 고지자기古地磁氣, fossil magnetism(지질시대에 생성된 암석에 분포하고 있는 잔류자기로, 이를 연구하면 대륙이 이동한 경로를 추적할 수 있다)를 남긴다는 사실

•
빙하기의 변화추세. 남극대륙 보스토크의 연구 기지에서 발견한 42만 년 된 빙하코어 ice core(극지방에 오랜 기간 묻혀 있던 빙하에서 추출한 얼음 조각_옮긴이)는 산소 동위원소의 농도, 메탄 농도, 그리고 대기 중의 이산화탄소량의 변화를 알려준다. 산소 동위원소들은 온도 변화를 밝혀준다. 이 모든 것은 밀란코비치 주기에서 제시하는, 북위 65도에서의 일사량 변화량과 비교되며, 이는 산소/온도 곡선과 일치한다. 최근 몇 십 년 동안 위쪽 곡선들이 급격하게 변화하는 모습에 주목하라(왼쪽). 이 도약은 천문학에서 추산한 주기들과 맞지 않는다. 지구온난화를 일으키는 인간의 활동 때문이다.

이 발견되면서 가능해졌다. 지질학자들은 고지자기뿐 아니라 다른 추적자 물질tracer 증거를 이용해 아프리카와 호주와 남극대륙 사이의 남극해 해저에서 시추한 코어 퇴적층의 연대를 측정해냈다. 이 퇴적층은 세월의 흐름에 따라 가장 오래된 층이 맨 아래, 가장 어린 층이 맨 위쪽으로 가도록 쌓여 해저에 그대로 남아 있다. 1970년대 중반 무렵 지질학자들은 50만 년 정도 과거로 거슬러 올라가는 지층의 기록을 갖고 있었다. 이 코어에는 '유공충foraminifera'이라는 아주 작은 바다 생물의 유해가 들어 있으며, 이 유공충의 껍질은 이들이 살면서 껍질을 만들 때 썼던 물에서 나온 산소 원자를 함유하고 있다. 바닷물의 산소는 두 가지 종류(동위원소)가 있다. 하나는 산소16, 또 하나는 더 무거운 산소18이다. 무거운 분자일수록 가벼운 분자보다 더 쉽게 얼기 때문에 빙하기 동안에는 유공충이 흡수할 수 있도록 산소18을 함유한 물 분자가 주변에 비교적 적었다. 결국 심해 퇴적층에서 나온 유기물의 잔해 속 산소16과 산소18의 비율을 측정함으로써 기후학자들은 수백만 년 동안 얼음덩어리가 어떻게 진행하고 후퇴했는지 정밀하게 추론했고, 밀란코비치 모형Milankovitch Model을 교정한 모형이 예측한 바를 검증해냈다.

1976년, 짐 헤이스Jim Hays와 존 임브리John Imbrie 그리고 닉 셰클턴Nick Shackleton은 〈사이언스〉에 논문을 한 편 발표했다. '지구 궤도의 변화: 빙하기의 페이스메이커'라는 제목의 이 논문은 증거를 모두 모아 간빙기가 북반구의 여름이 가장 더웠을 때만 발생했다는 것을 입증했다. 논문이 내린 결론은 "지구 궤도의 기하학적 구조orbital geometry가 제4기 빙하기가 지속된 근본 이유라는 것"이었다.[49] 밀란코비치 모형이 냉대 받던 한지에서 나와 실험적 검증을 통해 이론으로 격상된 순간이었다.

094 세계는 비국소적이다

· 벨의 부등식

상식적으로 생각해보면 내가 영국에 있는 경기장에서 크리켓 공을 때린다 해도 호주에 있는 크리켓 공은 아무런 영향도 받지 않는다. 설사 2개의 공이 같은 공장의 일괄작업대에서 같은 시간대에 제조돼 같은 상자에 나란히 담겨 있었다 해도 그 사실은 달라지지 않는다. 공간상으로 떨어져 있는 두 물체 중 하나에게 어떤 외부적 영향이 가해지더라도 그것이 다른 물체에게 영향을 미치지 않는 것, 이것이 국소성의 원리다. 하지만 광자와 전자 같은 양자 세계에서도 상식적인 국소성의 원리가 통용될까? 기괴하게 들리겠지만, 20세기 양자역학은 앞의 질문에 대한 답이 '아니다'일 수 있는 가능성을 증대시켰다. 1982년 이러한 양자 세계의 비국소성은 실험으로 입증됐다.

모든 이야기의 출발점은 1935년이었다. 당시 알베르트 아인슈타인과 그의 동료 보리스 포돌스키Boris Podolsky와 네이선 로젠Nathan Rosen은 사고실험의 형식으로 수수께끼 하나를 제시했다(때로 이 수수께끼는 'EPR 역설'이라고도 한다). 훗날 데이비드 봄David Bohm이, 또 그 후에는 존 벨John Bell이 이를 가다듬었다. 훗날 가다듬은 버전의 수수께끼는 원자로부터 반대 방향으로 방출된 두 개의 광자(빛의 입자)의 행태를 다루고 있다. 광자는 편광polarization이라는 성질을 갖고 있다. 편광이란 창을 위, 아래 또는 진행 방향 어느 각도로건 겨누는 행위와 비슷한 것이다(전자기파가 진행할 때 빛을 구성하는 전기장과 자기장이 특정한 방향으로 진동하는 현상_옮긴이). 수수께끼의 가장 중요한 특징은 광자들의 분광은 서로 다르지만 어떤 방식으로건 서로 영향을 미친다는 것이다. 문제를 좀 간단히 보기 위해 하나의 광자는 수직 편광성이 있고, 다른 광자는 수평 편광성이 있다고 가정해보라.

이제 예상 밖의 사건이 전개된다. 양자 물리학에 따르면 광자의 편광은 결정돼 있지 않다. 측정할 때까지 편광은 '실재'가 아니라는 것이다. 측정 행위가 광자로 하여금 특정 편광을 '선택하도록' 영향을 미치며, 광자가 수직편광이나 수평편광을 일으키도록 영향을 미치는 실험도 가능하다(간단한 실험이다). 실험의 난이도는 편광 선글라스에 달린 2개의 렌즈로 빛을 통과시키는 정도에 불과하다. 'EPR 역설'의 본질은 광자 2개 중 하나를 측정함으로써 그것이 수직으로 편광하도록 영향을 미치는 즉시 아주 멀리 떨어져 있고 만질 수도 없는 다른 광자는 수평으로 편광한다는 것이다. 아인슈타인과 그의 동료들은 이것이 상식에 어긋나는 난센스기 때문에 양자역학은 틀린 이론이라고 주장했다.

1960년대 존 벨이 지극히 명료한 형태로 이 수수께끼를 다시 제시한 후 여러 실험과학자 팀은 이 예측을 검증하는 일에 착수했다. 가장 포괄적이고 완전한 실험은 1980년대 초 파리에서 알랭 아스페Alain Aspect와 그의 동료들이 실행한 실험이었다. 그 이후로 이러한 종류의 실험은 개선을 거쳤지만 실험 결과

존 벨(1928년~1990년).

는 아스페의 실험에서 나타났던 바와 늘 동일하다.

실험의 가장 중요한 특징은, 광자들이 원자를 떠난 다음 어떤 편광이 측정될 것인가에 대한 선택이 자동으로, 그리고 무작위로 이뤄진다는 것이다. '영향을 받은' 광자가 편광기에 도달하려면 영향을 줄 첫 번째 광자의 신호가 두 번째 광자에게 도달해야 한다. 그러나 아무리 빠른 신호도, 심지어 빛의 속도로 이동하는 신호라 해도 그럴 시간은 없다. 따라서 두 번째 광자(영향을 받은 광자)를 측정하는 데 쓰이는 검출기가 첫 번째 측정치가 무엇인지 '알' 방법은 없다(가령 A라는 측정기가 측정을 해서 포개진 상태이던 광자의 상태가 고유상태로 바뀌면 그 순간에 B라는 측정기 쪽으로 간 광자의 고유상태도 갑자기 같이 바뀌어버린다. 두 입자의 상태가 서로 얽혀 있기 때문이다. 따라서 A가 측정을 하느냐 안 하느냐가 B에게 간 입자의 상태를 결정하게 된다. A라는 측정기가 지구에 있고 B측정기가 저 멀리 안드로메다 은하에 있어서 광자 하나는 지구로, 다른 하나는 안드로메다 은하로 보냈다고 생각하면, 지구와 안드로메다 은하 사이가 엄청나게 먼데도 불구하고 지구에서 측정을 했느냐 안 했느냐가 안드로메다 은하에 있는 전자의 상태를 순식간에 바꿔주게 된다).

한꺼번에 2개의 광자를 가지고 실험을 하는 것은 매우 어렵다(현재의 기술로도 거의 불가능에 가깝다). 그러나 아스페와 그 이후의 실험에서 수많은 쌍의 광자들이 연구되고 있고, 편광 각도도 2개 이상을 조사하며 그 결과를 통계적으로 분석한다. 존 벨은 이런 종류의 분석에서는 통계치에서 나타나는 특정 숫자가 다른 구체적 숫자보다 클 경우 상식이 승리하므로, 아인슈타인이 "유령 같은 원격 작용"이라 불렀던 양자 얽힘entanglement은 없다는 것을 보여줄 작정이었다. 이것이 벨의 부등식Bell's Inequality이다. 그러나 정작 실험 결과들은 벨의 부등식이 상식을 뒷받침하지 않는다는 것을 보여준다. 통계치의 숫자가 다른 숫자보다 작게 나온 것이다. 실험이란 과학자들이 예상했던 것의 반대를 보여줄 때 설득력이 더 커지는 법이다. 실험에 속임수가 있거나 무의식적 편향이 개입돼 있지 않다는 것을 확증하기 때문이다. 그렇지만 이러한 결과의 함의는 무엇일까?

두 광자는 정말 유령 같은 원격 작용을 받아 서로 연결돼 있는 것이다. 그야말로 '상식'이 깨진 셈이다. 양자 물리학자들은 이러한 상태를 '양자 얽힘'이라고 한다. 광자 A에 일어나는 일은 실제로 광자 B에 즉각 영향을 미친다. 둘이 얼마나 멀리 떨어져 있느냐와 무관하다. 이 영향은 '국소적이지' 않기 때문에 '비국소성'(또는 한곳성)이라고 불린다(더 구체적으로 양자 얽힘은 빛의 속도보다 더 빠른 속도로 일어난다. 뉴마켓 경마장의 3시 30분 경기 결과 같은 유용한 정보는 어떤 수단을 이용하건 빛보다 빨리 전송될 수 없다 해도 양자의 세계에서는 이런 일이 벌어진다). 아스페와 후속 연구자들의 실험은 양자 세계가 비국소성을 갖고 있다는 것을 보여준다. 그리고 이 괴상한 성질은 양자컴퓨터quantum computing의 세상에서 실용화될 수도 있다(실험 98을 보라).

095 궁극의 양자 실험

· 히타치 연구소 팀

리처드 파인만이 이른바 양자물리학의 '최고의 수수께끼'를 검증하는 결정적 실험을 수행한 것은 1980년대 말 일본의 한 연구팀이었다. 당시 이 실험은 파동-입자 이중성과 양자 세계의 비국소성을 모두 입증하기 위해 개별 전자들을 이용한, 이중 슬릿 실험(실험 27을 보라)의 궁극적 버전이었다.

고전적인 이중 슬릿 실험에서는 빛이 두 개의 구멍을 통과해 반대편에서 간섭무늬를 만드는 것을 보임으로써 빛의 파동성을 입증한다. 히타치 연구소에서 토노무라 아키라와 동료들이 개발한 실험에서는 개별 전자들을 한 번에 하나씩 쏘아 전자들이 그 진행방향과 수직으로 설치한 아주 얇은 도선 옆을 통과하도록 했다. 이 경우 전자들은 이중 슬릿처럼 중심에 있는 도선 양 옆 중 한 곳으로 지나가게 된다. 이것이 '전자 복프리즘electron biprism'이라는 장치다. 도선 반대편에는 스크린을 놓았다. TV나 컴퓨터 스크린과 같은 스크린 위로 전자가 도착하면서 빛점을 남겼다. 그러나 이 점들은 명멸하지 않았고, 더 많은 전자들이 도착하면서 계속 누적됐다. 전체 전자들이 모두 스크린에 기록됐고, 점점 더 많은 원자들이 도착해 더 많은 점들이 만들어지면서 스크린 상에 특정 무늬가 나타났다.

전자가 만일 (테니스공처럼) 보통 입자처럼 행동할 경우 특정한 무늬가 생겨나리라는 예상은 불가능하다. 중앙에 있던 도선의 한쪽 옆으로 지나간 점들은 스크린에서 합쳐져 한쪽에 덩어리를 이룰 테고, 다른 쪽 옆으로 지나간 점들은 또 다른 쪽에 덩어리를 만들 것이다. 하지만 히타치 연구팀이 본 것은 그런 모습이 아니었다. 각각 날아와 스크린 위에 점을 찍은 전자들은 처음에는 스크린

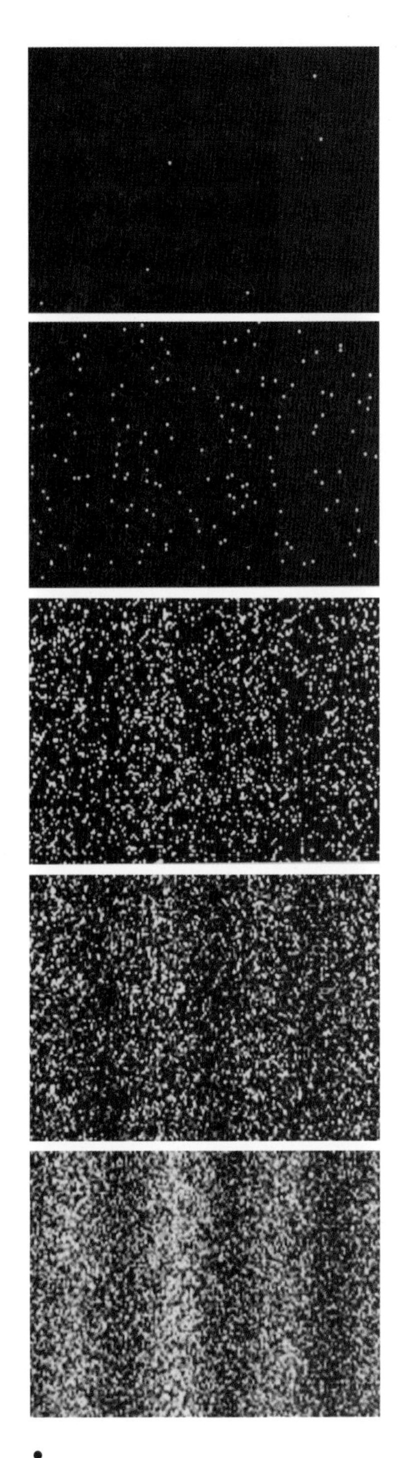

•
'이중 슬릿' 실험. 전자들이 한 번에 하나씩 슬릿을 통과할 때 생기는 간섭무늬.

전체에 걸쳐 무작위로 분포돼 있는 듯 보였다. 그러나 더 많은 전자들이 스크린 위에 점을 찍으면서 어떤 무늬가 나타났다. 간섭현상이 일어날 때 전형적으로 나타나는 줄무늬였다. 전자들은 입자로 출발해 입자로 도착했지만, 실험을 거치는 과정에서 파동처럼 행동한 듯 보였다. 하나의 전자가 한 번에 복프리즘을 통과했음에도 불구하고 분명히 서로 간섭을 일으킨 것이다. 이들은 마치 시간과 공간 모두의 측면에서 전체 실험 장치를 '인식하고' 있는 듯 보였다.

히타치 연구소 팀은 1989년에 결과를 발표했지만, 이러한 현상을 관찰한 사람들은 이 팀만이 아니었다. 피에르 조르지오 메를리Pier Giorgio Merli, 줄리오 포지, Giulion Pozzi 잔프랑코 미시롤리Gianfranco Missiroli 역시 1970년대 볼로냐에서 단일 전자를 가지고 간섭 실험을 수행했다. 누가 먼저인가에 대한 논쟁은 있었지만 일본 연구팀의 실험이 더 정밀했던 것으로 보인다. 포지와 동료들이 일본 팀의 실험과 같은 전자 간섭 실험을 하되 최초로 실제 이중 슬릿을 사용하고 그 결과를 발표한 것은 2008년의 일이다. 예상대로 이 실험에서도 전자들의 간섭무늬가 나타났다.

이 실험 덕에 다른 연구자들은 한 단계 더 나아가 전자 복프리즘 대신 말 그대로 두 개의 슬릿을 이용하되 슬릿을 마음대로 열고 닫도록 조절하는 실험을 고안해냈다. 네브라스카-링컨 대학교의 허먼 바텔란Herman Batelaan이 이끄는 연구팀은 3년을 실험에 매진한 끝에 2013년 결과를 발표했다. 이들은 금박을 두른 실리콘 막으로 만든 벽을 향해 전자를 하나씩 쏘았다. 벽에는 두 개의 슬릿이 있었다. 각 슬릿의 넓이는 62나노미터, 슬릿 사이의 거리는 272나노미터였다. 실험자는 작은 셔터로 하나의 슬릿만 닫거나 두 개의 슬릿을 모두 닫을 수 있었다. 늘 그랬듯 전자들은 슬릿을 통과한 다음 스크린에 잡혔다. 1초에 약 1개씩의 전자만 검출됐다.

하나의 슬릿만 열어놓았을 때는 전자들은 테니스공이 튀듯 스크린에서 무작위적인 점으로 나타났다. 그러나 두 개의 슬릿을 모두 열었을 때는 간섭무늬가 나타났다. 이탈리아와 일본의 연구팀이 실험에서 본 것과 같은 현상이 나타난 것이다. 전자들은 슬릿이 1개 열렸는지 2개 열렸는지 '알고 있었던' 것이다.

도대체 어떻게 이런 일이 가능한지 이해할 수 없다 해도 걱정할 필요는 없다. 파인만은《물리법칙의 특성The Character of Physical Law》에서 "양자역학을 이해하는 사람이 하나도 없다고 봐도 무방하리라 생각한다"라고 말했다. 그러고 나서 이렇게 조언했다.

"가능하다면 스스로에게 '어떻게 그럴 수가 있지?'라고 되풀이해 자문하지 마라. 그래 봐야 아무도 빠져나온 적 없는 가망 없는 구렁텅이에 빠져 '길을 잃게' 될 테니 말이다. 어떻게 그럴 수 있는지 아는 사람은 없다."

그러나 과학자들은 양자물리학이 어떻게 그렇게 작동하는지 몰라도 이를 실용화할 수 있다. 양자컴퓨터 분야가 생생한 실례다(실험 98을 보라).

096 멀어지는 초신성

· 우주의 가속팽창

1990년대, 두 연구팀은 폭발하는 별들로부터 오는 빛을 연구함으로써 팽창하는 우주의 지도를 그리고 있었다. 초신성이라 알려진 이 별들은 멀고 먼 은하에서 관찰된다. 표준촛불로 쓰이는 초신성은 1a형 초신성 SN1a으로서 우주 팽창 연구에 매우 유용하다. 이들은 모두 폭발하는 동안 똑같은 최대 광도에 도달하기 때문이다. 따라서 멀리 떨어진 초신성의 광도를 측정할 수 있다면, 천문학자들은 그 초신성이 살고 있는 은하가 얼마나 멀리 떨어져 있는지 알아낼 수 있다. 세페이드 변광성의 밝기를 통해 나선형 성운이 우리 은하 너머에 있는 은하계라는 것, 그리고 우주가 팽창하고 있다는 것을 입증했던 것과 마찬가지 이치다(실험 63을 보라).

이것은 과학기술을 극한으로 밀어붙여야 하는, 매우 어려운 작업이었다. 평균적으로 1,000년에 한 번씩 은하 하나에서 대개 2개의 초신성이 폭발한다. 따라서 매년 100여 개의 초신성을 찾아내려면 5만 개의 은하를 관찰해야 한다. 연구팀들은 하늘을 수십 곳으로 나눠 되풀이해 촬영함으로써(대개 사진들은 각각 지극히 희미한 수백 개의 은하를 담고 있다) 매년 한 줌의 초신성을 발견하기를 기대했다. 이 초신성들의 최고 광도와 이들이 속한 은하의 적색편이를 비교하면, 빅뱅 때 시작된 팽창을 막으려 하는 중력으로 인해 우주의 팽창이 얼마만큼 느려지는지 그 속도를 알아낼 수 있을 터였다. 빛이 우주를 이동하는 데는 유한한 시간이 걸리기 때문에, 천문학자들은 먼 은하를 관찰함으로써 그동안 우주가 어떻게 변해왔는지 보며 과거를 되돌아보고 있는 셈이다.

놀랍게도 두 팀은 각각 기이한 현상을 발견했다. 매우 희미한 은하(아주 멀리 떨어진 은하)에 대해서는, 관측으로 추산한 거리가 연구팀들의 예상과 딱 맞아떨어지지 않았던 것이다. 적색편이와 거리 사이의 비례 관계에 대한 통상 규칙(은하가 멀수록 적색편이가 많이 나타난다는 규칙_옮긴이)을 기준으로 볼 때 초신성은 좀 지나치다 싶게 희미했다. 이러한 현상의 원인은 두 가지 중 하나였다. 멀리 떨어진 초신성들이 더 가까이 있는 다른 초신성들보다 실제로 밝은 빛을 더 내지 못해 희미하거나, 아니면 이 초신성들이 이들의 적색편이가 나타내는 것보다 더 멀리 떨어져 있거나. 만일 이들이 더 멀리 떨어져 있는 것이라면, 그것은 우주가 예상했던 것보다 더 많이 팽창했다는 뜻이었다. 다시 말해 팽창이 둔화되기는커녕 가속화되고 있는 것이다. 우주의 팽창을 둔화시키려는 중력에 맞서는 어떤 힘이 존재하고 있는 게 분명했다.

멀리 떨어진 초신성들의 밝기가 인근의 다른 초신성들의 밝기와 다르다고 생각할 이유는 전혀 없다. 그렇다면 남은 설명은 하나, 우주의 가속팽창이다. 하지만 대중을 상대로 한 언론보도에서 이 발견 때문에 우주론의 근본까지 흔들렸다고 시사했음에도 불구하고, 사실상 우주론자들은 우주를 가속으로 팽창시키는 힘의 근원에 대한 타당한 과학적 설명을 이미 갖고 있었다. 알베르트 아인슈타인이 일반 상대성 이론을 이용해 우주 전체의 성질을 기술하는 방정식을 개발했을 때 그는 우주상수라는 개념을 식에 포함시켰다. 우주상수란 우주 진공의 에너지 밀도다. 우주상수 값은 예로부터 0으로 처리됐다. 필요해 보이지 않았기 때문이다. 그러나 우주상수가 아주 미미한 값으로나마 존재한다면 이는 우주의 모든 공간마다 동량의 암흑에너지가 실제로 존재한다는 것을 의미한다. 암흑에너지는 우주에 일종의 탄성을 부여함으로써 중력에 맞서 우주를 밖으로 팽창시킨다.

빅뱅 직후 우주는 팽창하고 있었지만 중력은 이 팽창속도를 둔화시켰다. 빅뱅 당시에는 밖으로 미는 암흑에너지의 힘이 지극히 미미했기 때문에 큰 효과가 없었다. 그러나 우주가 팽창을 거듭하면서 부피가 더 늘어나자 암흑에너지도 늘어났다. 반면 은하가 서로에게 미치는 중력은 우주 팽창으로 서로의 거리가 멀어지면서 점차 약해졌다. 따라서 암흑에너지가 우주를 밖으로 밀어대

•

NGC4526 은하에 속한 초신성의 이미지(왼쪽 아래)는 단 하나의 별이 아주 짧은 시간 동안 그것의 모체 은하에 들어 있는 다른 모든 별들을 합친 것만큼 밝게 빛난다는 것을 보여준다.

애덤 리스(1969년~).

는 힘이 안으로 수축시키는 중력의 힘을 능가하는 시기가 도래했고 팽창이 가속화되기 시작한 것이다. 1988년 초신성 관측 결과들이 발표됐고 암흑에너지를 기반으로 신속하게 설명이 이뤄졌다. 그 이후 훨씬 더 희미한 초신성들(이들은 시간상으로 더 과거에 보였던 먼 별들이다)에 대한 연구들은 우주의 나이가 더 어렸을 때 팽창이 실제로 둔화되고 있었다는 사실을 입증해왔다.

우주의 가속팽창을 발견했던 두 팀 중 하나를 이끌었던 인물은 브라이언 슈미트Brian Schmidt와 애덤 리스Adam Riess, 또 하나를 이끈 인물은 솔 펄머터Saul Perlmutter였다. 2011년 이 세 사람은 "초신성 연구를 통해 우주의 가속팽창을 발견한 공로"로 노벨물리학상을 공동수상했다. 펄머터는 BBC 방송과의 인터뷰에서 다음과 같이 말했다.

"두 연구팀은 각자의 결과를 몇 주 간격으로 발표했고 그 결과들은 거의 일치했습니다. 그 덕에 과학계는 새로운 결과를 신속하게 받아들일 수 있었죠."

그러나 각 팀에는 전세계 각지에서 연구하는 수십 명의 연구자들이 포진하고 있었다. 현재 암흑에너지는 우주 질량에너지의 최소 3분의 2를 차지하고 있다고 여겨지고 있다(실험 100을 보라). 암흑에너지와 우주의 운명에 이러한 발견이 갖는 함의를 더 알아내는 것, 그것이 현재 우주 연구의 핵심이다.

097 유전자를 수리할 수 있는 길

· 인간 유전체 지도의 완성

불과 70년 전 유전자의 화학 구조는 여전히 논란거리였다. 2001년, 그로부터 60년도 채 지나지 않아 인간 신체의 모든 유전자 구조(인간 유전체)가 규명됐다. 기술만 받쳐준다면 이 정보를 통해 기본 화학물질로 인간을 조합하는 것이 이론상 가능해진 것이다. 실제로 인간 유전체가 규명되면서, 유전공학을 통해, 다시 말해 결함이 있는 유전자를 수리함으로써 낭포성섬유증(염소 수송을 담당하는 유전자에 이상이 생겨 신체의 여러 기관에 문제를 일으키는 선천성 질병_옮긴이) 등의 질병을 치료할 길이 열렸다.

유전자의 구성물질인 DNA는 A·C·G·T라 알려진 염기로 이뤄져 있다(실험 64를 보라). 이 염기들은 네 글자짜리 단어를 이루는 알파벳 문자라고 생각하면 쉽다. 신체의 구성과 작동을 위한 세포단위에서의 지침은 AGT, GAT, AAC 등의 세 글자짜리 '단어'의 형태로 유전자속에 암호화된다. 이것들을 트리플렛triplet(핵산의 세 염기의 순열_옮긴이)이라 한다. 이 단어를 이어놓은 것들은 정보를 포함하고 있다. 알파벳 문자로 이뤄진 단어들을 이어놓으면 정보를 포함하게 되는 것이나 마찬가지다. 글자들의 서열이 충분히 길 경우 어떤 정보건 '쓸 수' 있다. 결국 영어로 쓰인 모든 정보도 오직 0과 1만 포함한 컴퓨터의 이진법 코드, 즉 온·오프 방식으로 쓸 수 있지 않은가. 우리가 이 책을 쓰는 방식도, 여러분이 책을 읽고 있는 방식도(전자책을 읽고 있다면) 마찬가지다.

DNA 속 문자 서열은 인간의 생명에 필요한 정보를 담을 만큼 길다. 인간 유전체는 약 30억 개의 글자를 포함하고 있다. 컴퓨터 메모리로 환산하면 1기가바이트 정도에 해당하는 양이다. 어떤 의미에서 이것은 놀라울 정도로 적은 정보량이며 그 덕에 인간 유전체 지도 작성 프로젝트가 가능한 것이다. 개별 세포에도 같은 원리가 적용된다. 유전자 지도 덕분에 이제 우리는 2만 개에서 2만 5,000개 사이의 인간 유전자가 있으며, 이것들이 22개의 쌍을 이룬 염색체와 성을 결정하는 X 및 Y염색체로 배열돼 있다는 것을 알게 됐다.

유전자(또는 유전체genome) 지도 작성을 전문 용어로 서열분석sequencing이라 한다. 서열분석이란 DNA 사슬을 따라 글자의 배열을 찾아내는 것이다. 실험을 하는 과학자들은 또한 하나의 염색체를 구성하는 DNA 사슬을 따라 하나의 유전자가 어디서 끝나고 또 다른 유전자가 어디서 시작되는지 알아내야 한다. 과학자들은 이 일에 필요한 모든 작업에 효소를 이용한다. 효소는 일종의 화학적 가위로서 DNA를 정확한 위치에서 작은 조각으로 잘라준다. 정확한 위치를 알려면 글자들의 배열을 정확히 찾아내야 한다. 이 일은 책에서 특정 단어를 찾아내는 것과 같다. 그런 다음 이 조각들을 '겔 전기영동gel electrophoresis'이라는 기술을 이용해 분리한다. DNA 조각들을 끈끈한 겔(전기장을 띤 매질)로 가득한 관의 한쪽 끝에 놓고 전류를 사용해 이 조각들을 겔 속

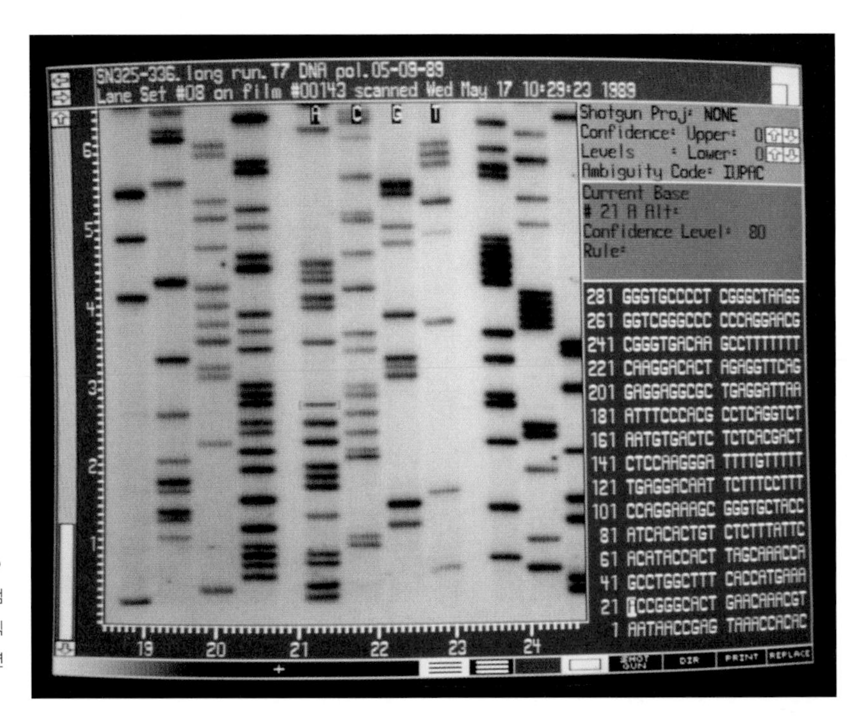

인간 유전체의 DNA 염기서열. 컴퓨터가 자동으로 수행한 것. 칼텍의 리로이 후드Leroy Hood의 연구실에서 촬영한 것이다.

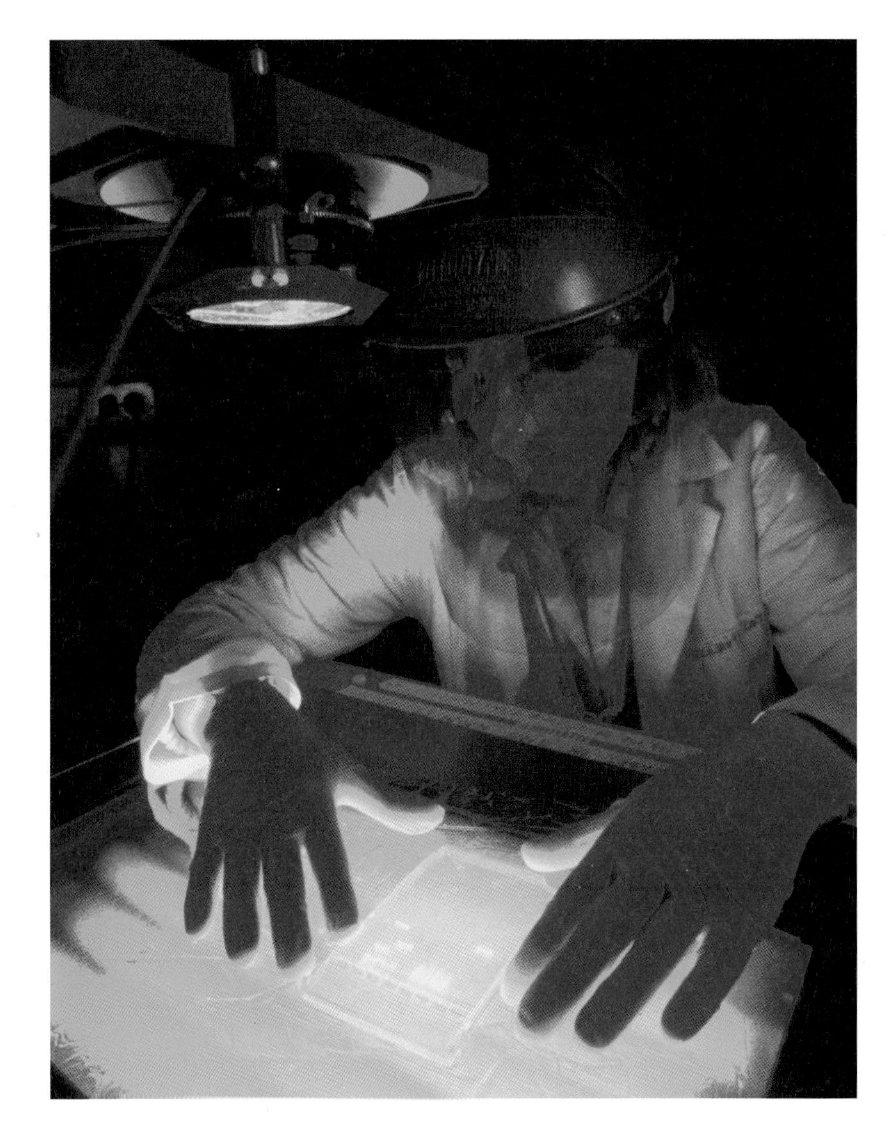

•
암실에 있는 연구자. 대장균의 염색체에서 추출한 DNA의 지도를 그릴 때 사용하는 겔 전기영동 촬영 준비를 하고 있다.

에서 움직인다. 작은 조각들은 거칠 것이 적어 긴 조각들보다 더 빨리 움직이기 때문에 조각들이 크기 별로 분류된다. 그 다음 분류한 조각들을 화학적으로 분석해 염기서열을 찾아낸다. 여기에는 우리 몸이 DNA 복제를 위해 사용하는 것과 동일한 기술을 이용해 다수의 조각들을 복제함으로써 조각들을 '증폭시키는 일amplifying'이 포함된다. 이 작업을 통해 생긴 수많은 동일 DNA 복제물들로 화학자들은 이제 원하는 작업을 할 수 있게 된다.

인간의 전체 유전체를 서열화한다는 개념은 1985년 미국의 생물학자 로버트 신샤이머Robert Sinsheimer가 제안했다. 이것으로 1990년대 초 미 국립보건연구소National Insitutes of Health, NIH의 후원하에 프로젝트 하나가 만들어졌다. 그러나 이곳의 연구자들 중 한 명이었던 크레이그 벤터Craig Venter는 약간 다른 기술을 사용해 자신만의 유전체 프로젝트를 만들기 위해 국립보건연구소를 떠났다. 벤터는 셀레라Celera라는 이름의 상업 벤처회사를 만들었다. 그 결과로 인간 유전체 지도를 그리려는 극심한 경쟁이 이어졌고, 절정을 향해 치닫던 유전체 경쟁은 2001년 각각 수천 명의 연구 인력을 데리고 있던 벤터의 회사와 국립보건연구소가 자신들의 지도를 발표하면서 일시적 휴전 상태에 돌입했다. 2001년 2월 둘째 주, 합의를 거쳐 벤터의 팀은 〈사이언스〉에 결과를 발표했고, 현재 국제 인간 유전체 서열 컨소시엄International Human Genome Sequencing Consortium으로 변신한 국립보건연구소 팀은 〈네이처〉에 결과를 발표했다.

사실 그 어떤 지도도 완벽한 것은 아니었다. 두 팀 모두 자신들의 유전체 서열이 완성본이 아니라 초안이라는 점을 인정했다. 각 연구팀은 인간 유전체 중 90퍼센트 이상을 서열화했다. 공백은 100만 글자 길이 정도다. 유전체 지도를 완성하려는 경쟁은 곧 예전처럼 극심해졌다. 셀레라는 이제 유전체 정보를 기반으로 한 약물을 개발하는 데 집중하는 반면 컨소시엄은 공백을 메꾸는 데 집중했다. 그 결과 지도가 '완성됐다'는 여러 후속 주장들이 나왔고 특히 국립보건연구소는 2003년을 지도 완성의 원년으로 삼고 싶어 한다. 그러나 이 모험담을 계속해서 추적해왔던 미국의 기자 로라 헬무스Laura Helmuth는 다음과 같이 지적한다.

"2001년이 아니라 2003년을 인간 유전체 서열의 가장 중요한 해로 기념하는 것은 최초의 달 착륙이 아니라 마지막 아폴로 미션을 기념하는 것과 같다."[50]

098 15는 3곱하기 5다

· 양자컴퓨터의 현실화

15라는 숫자는 3과 5의 곱으로 얻어진다. 15의 소인수는 3과 5라는 뜻이다. 그다지 심오한 지식은 아니다. 하지만 21세기 이후 지난 몇 년 동안 15를 스스로 소인수분해할 수 있는 새로운 종류의 컴퓨터를 개발해낸 성과는 양자컴퓨터의 현실화를 향한 거대한 도약을 상징한다. 진정한 양자컴퓨터와 기존 컴퓨터의 거리는 기존 컴퓨터와 주판의 거리만큼 멀다. 그만큼 큰 발전이라는 뜻이다. 그러나 이러한 기계가 현실화되려면 아직 20년 이상의 세월이 더 필요하다.

종래의 컴퓨터는 0과 1의 서열로 대변되는 이진법 코드로 숫자들을 변환시켜 작동했다. 여기서 0과 1은 온On 또는 오프Off 두 가지 신호로 변환돼 작동한다. 온이나 오프 한 쌍이 '1비트'의 정보에 해당되며 8비트짜리 '단어' 하나는 1바이트byte에 해당된다. 컴퓨터 성능의 기준은 전산 과정 동안 저장되고 조작되는 비트(또는 바이트)의 수이다. 그러나 개별 원자나 전자 등 양자라는 실체를 다룰 때는 규칙이 다르다. 양자 '변환'은 온 오프 상태를 동시에 구현할 수 있다. 양자는 '중첩superposition'(두 가지 상태가 중첩돼 있는 상태에서 관측과 동시에 한 가지 상태가 결정되는 양자의 성질_옮긴이)이라 불리는 상태에 있을 수 있기 때문이다.

전자는 이러한 현상의 사례를 제공한다. 전자는 스핀spin이라는 성질을 갖고 있다. 스핀은 화살이 위나 아래를 향하는 모습이라고 상상하면 된다. '업up'은 이진법 언어의 0, '다운down'은 1에 해당한다. 그러나 적정 환경에서 전자는 (일부 원자처럼) 동시에 두 가지 상태로 존재할 수 있다.

그 결과가 양자비트quantum bit 또는 큐비트qubit(고대의 단위를 나타내는 '큐비트

cubit'와 발음이 같다)이다. 컴퓨터 용어로 1큐비트의 성능은 종래의 컴퓨터 비트의 숫자인 2를 큐비트 숫자만큼 곱한 성능과 같다. 양자컴퓨터의 연산속도는 큐비트 개수가 n이라고 가정할 때 2의 n제곱 배로 증가한다는 뜻이다. 가령 4큐비트 컴퓨터의 성능은 2×2×2×2=16비트 성능을 가진 기존 컴퓨터의 성능에 해당한다. 이러한 지수는 매우 급속하게 늘어난다. 10큐비트짜리 양자컴퓨터만 해도 210으로 종래의 컴퓨터 1,024비트에 해당하는 성능을 갖게 된다(이를 1킬로비트라 하는데, 1,000비트에 가깝기 때문이다).

불행히도 큐비트 상태를 유지하고 조작하고 거기서 데이터를 읽어내는 일은 매우 어렵다. 그러나 어쨌거나 양자컴퓨터는 첫 발걸음을 내디뎠고, 그 결과로 소인수분해 문제가 풀린 것이다.

양자컴퓨터가 풀어야 할 첫 번째 과제로 소인수분해가 선택된 이유는 소인수분해가 은행과 대기업과 군대에서 보안에 쓰는 암호를 만드는 일뿐 아니라 인터넷 정보를 안전하게 유지하는 데도 매우 중요하기 때문이다. 이 분야에서 쓰이는 암호는 수백 자리나 되는 큰 숫자들을 기반으로 한 것들이며, 이 숫자들은 대개 두 개의 큰 소수(즉 7이나 317처럼 인수분해가 되지 않지만 상상할 수 없을 만큼 훨씬 더 큰 수)의 곱으로 만들어진다. 수백 자리의 수를 암호에 쓰는 이유는 암호화한 메시지를 뒤죽박죽으로 만들어 이 소인수들을 아는 사람만 메시지를

피터 쇼어(1959년~).

읽을 수 있도록 하기 위함이다. 이러한 보안이 가능한 것은 수백 자리나 되는 소인수를 찾기가 극히 어렵기 때문이다. 그러나 양자컴퓨터가 현실화될 경우, 종래의 컴퓨터에서 수년 씩 걸릴 이런 작업을 단 몇 분 만에 해치울 수 있다. 양자역학을 이용한 소인수분해 알고리즘을 개발한 사람은 벨 연구소의 피터 쇼어Peter Shor였고 따라서 이 알고리즘은 쇼어의 알고리즘Shor's algorithm이라 불린다(정수를 소인수분해할 경우 가령 400 자릿수는 가장 빠른 디지털 컴퓨터로 수십억 년이 소요되지만, 쇼어의 양자 알고리즘으로는 1년여 정도밖에 걸리지 않는다_옮긴이).

2001년 IBM 연구팀은 각각 다섯 개의 불소 원자와 2개의 탄소 원자로 이뤄진 분자를 포함하는 시스템을 7큐비트짜리 컴퓨터처럼 작동시키는 데 성공했다. 7큐비트짜리 컴퓨터는 종래의 컴퓨터 27비트(128비트)짜리에 해당한다. 연구자들은 이를 사용해 쇼어의 알고리즘을 시험했다. 컴퓨터를 이용해 15의 소인수를 알아낸 것이다.

불행히도 이 기술의 단점은 큐비트를 더 이상 늘릴 수 없다는 것이다. 그러나 이 기술은 쇼어의 알고리즘이 실제로 효력을 발휘한다는 것, 그리고 큐비트 단위를 늘린 양자컴퓨터가 실현될 경우 보안 시스템의 전면적 정비가 필요할 만큼 강력한 기기, 그뿐 아니라 다른 많은 문제를 풀어낼 수 있는 강력한 기기가 될 것이라는 분명한 증거를 제공했다.

핵심적 돌파구가 열린 것은 2012년이었다. 당시 캘리포니아대학교 산타바버라 캠퍼스UCSB의 한 연구팀은 네 개의 초전도 큐비트가 담긴 고체 상태의 프로세서에 쇼어의 알고리즘을 가동시켰나. 트랜지스터 수준의 양자컴퓨터라고 할 수 있는 프로세서다. 이 컴퓨터도 15의 소인수를 찾아냈다. 15는 쇼어의 알고리즘을 적용할 수 있는 가장 작은 숫자다. 그러나 IBM이 개발한 양자컴퓨터와 달리 이 초전도체 시스템의 연산은 칩 형태로 이뤄진, 진정한 의미의 양자컴퓨터 연산이었고, 앞으로 훨씬 더 큰 시스템으로 규모를 키울 잠재력을 갖고 있다. 쉽지는 않겠지만 UCSB 연구자들 중 하나인 앤드루 클리랜드Andrew Cleland의 말대로 "양자컴퓨터의 앞길은 창창"하다.

099 물질에게 질량을 부여하는 입자

· 힉스 입자의 발견

힉스 입자Higgs particle라는 개념이 처음 나타난 것은 1960년대 초반이었다. 이 개념은 자연력이 원자보다 작은 층위에서 작용하는 방식을 연구하면서 등장했다. 그야말로 때를 만난 개념이었는지 1964년 당시 이 입자의 가능성을 탐색하는 연구팀은 여럿이었다. 피터 힉스Peter Higgs는 에든버러 대학교에서 혼자 연구하고 있었고, 프랑수아 앙글레르François Englert와 로버트 브라우트Robert Brout는 벨기에에서 함께 연구 중이었으며, 톰 키블Tom Kibble과 제랄드 구랄닉Gerald Guralnik 그리고 칼 헤이건Carl Hagen은 런던의 임페리얼칼리지에서 연구 중이었다. 각 연구팀은 다소 같은 내용을 담은 논문을 따로 발표했다. 이들 중 누구도 몰랐던 사실 하나. 러시아의 젊은 이론물리학자 사샤 미그달Sacha Migdal과 사샤 폴리야코프Sacha Polyakov도 같은 개념을 내놓았지만 회의적 태도를 지닌 선배 과학자들이 이들의 연구를 묵살했던 탓에 발표가 좌절됐다.

힉스 입자와 관련해 큰 그림을 구성하는 기본 가설은 자연의 약력弱力을 전달하는 입자들의 행태와 관련된 것이다. 이 입자들은 빛의 입자인 광자와 유사하지만 광자와 달리 질량이 있다. 약력은 태양을 계속 빛나게 하는 핵붕괴반응 등의 작용과 관련된 힘이다. 따라서 이 모든 것은 학문적 관심을 훨씬 넘어서는 흥미를 일으킨다. 하지만 광자는 질량이 없는데 반해 왜 약력의 입자들(W 보손W boson과 Z 보손Z boson이라 불린다)은 질량이 있을까?

브라우트Brout와 앙글레르Englert와 힉스Higgs의 앞 글자를 따 BEH 메커니즘이라는 이름이 붙은 메커니즘이 원인에 대한 설명을 제공했다. 처음엔 키블이 지적한 것이었다. 그러나 약력을 설명하는 과정에서 BEH 메커니즘은 전자뿐 아니라 우리 일상의 물질계를 구성하는 양성자와 중성자를 구성하는 씨앗 역할을 하는 쿼크 등을 포함해 모든 입자의 질량이 어디서 오는지에 관한 설명도 제공하게 된다.

이 가설에 따르면, 우주는 다른 입자 군에 비해 특정 입자 군과 더 강력하게 작용하는 장으로 가득 차 있다. 거칠게나마 자기장의 작용을 예로 들어 설명해 볼 수 있다. 자기장 안에서 움직이는 자성체들은 장의 영향을 받지만, 비자성체들은 자기장의 존재를 인식하지 못한 채 고요히 자기장을 항해한다. 현재 힉

두 광자 간의 충돌로 보손을 만드는 모습을 화가가 그린 상상도.

•
유럽입자물리연구소의 대형 강입자 충돌기의 컴팩트 뮤온 솔레노이드Compact Muon Solenoid, CMS 검출기의 일부. 보수 중에 촬영한 모습.

스 장이라 불리는 이 장을 인식하지 못하는 유일한 입자인 광자들은 빛의 속도로 힉스 장을 쌩쌩 돌아다닌다. 무거운 물체를 움직이게 하는 것이 가벼운 물체를 움직이게 하는 것보다 더 어렵다는 것은 누구나 안다. 이 장을 약간만 '느끼는' 입자들은 '미는 힘'이 아주 작아도 거의 광자만큼 빨리 움직이는 반면, 장을 강력하게 '느끼는' 입자들은 '미는 힘'이 같을 경우 더 천천히 움직이기 때문이다. 이러한 입자들은 관성이 더 크기 때문에 질량도 더 크다. 하지만 장 자체는 변하지 않는다. 이러한 과정은 물속을 헤엄치는 것과 비슷하다. 유선형의 물고기와 사람이 물을 헤엄치는 경우, 둘 다 같은 물에서 움직이는 데도 불구하고 물고기가 사람보다 훨씬 더 빠르다. 물질이 질량이라는 성질을 제공받는 것은 힉스 장과의 이러한 상호작용 때문이다.

이러한 가설을 발표했던 여섯 명 중, 이 장이 그 자체로 보손boson(다른 입자가 질량을 갖도록 해주는 입자_옮긴이)을 보유하고 있음에 틀림없다는 것을 추론하고 그 성질을 예측한 인물은 피터 힉스뿐이었다. 힉스 입자라고 말할 때 그것은 이 보손을 가리킨다. 당연한 말이지만 힉스 입자들은 자신이 속한 장을 인식할 것이므로 질량이 있어야 했다. 이러한 입자들은 오늘날에는 돌아다니지 않는다(빅뱅 때는 있었다). 에너지를 버리고 방사능 붕괴 같은 과정을 통해 붕괴됐기 때문이다. 그러나 순수한 에너지를 사용하면 힉스 입자를 만들 수 있다. 아인슈타인의 유명한 방정식 $E=mc^2$에 부합하는 강력한 기계만 있다면 말이다. 그러나 이 입자가 갖고 있다고 예측된 질량은 상당히 컸기 때문에 1960년대 구할 수 있는 입자 가속기로는 검출될 가능성이 전혀 없었다.

2012년 7월, 힉스 메커니즘이 제시된 지 48년이 지나고 나서야 비로소 유럽입자물리연구소CERN의 대형 강입자 충돌기Large Hadron Collider가 126기가전자볼트GeV 주변의 질량 구역에서 새로운 유형의 입자를 관찰해냈다. 이 입자의 성질은 BEH 메커니즘의 가장 간단한 버전으로서 힉스 보손에 대해 예측했던 성질과 정확히 일치했다. 역사상 가장 크고(비싸고) 복잡한 정밀 기계가 성취해낸 놀라운 업적이었다. 대형 강입자 충돌기 실험은 20년 이상 수백 명의 과학자들이 매달린 거대 프로젝트다. 이 실험의 중요성을 이론의 중요성만큼 인정받은 것은 2013년이었다. 힉스와 앙글레르(브라우트는 자신의 이론이 옳은 것으로 증명되기 직전인 2011년에 사망했다)가 노벨 물리학상을 받은 것이다. 그러나 이번에는 이론뿐 아니라 실험 또한 수상 이유에 길게 언급됐다. 이례적인 일이었다. 노벨상 심사위원회는 "아원자 입자 질량의 기원을 이해하는 데 기여하는 메커니즘을 이론적으로 발견한 공로, 그리고 유럽입자물리연구소의 아틀라스ATLAS와 CMS(유럽입자물리연구소에 있는 입자 검출기_옮긴이)의 대형 강입자 충돌기 실험을 통해 이 입자의 존재를 입증한 공로"를 수상 이유로 밝혔다.

100 우주에 대한 현재 지식의 표준

· 플랑크의 관측

아르키메데스가 저 유명한 목욕을 하던 당시(실험 1을 보라)의 사람들은 지구가 태양 주위를 도는 것이 아니라 태양이 지구 주위를 돈다고 생각했고, 별들은 태양보다 그리 멀리 떨어져 있지 않은 원에 붙어 있는 빛점들이라고 믿었다. 오늘날 우리는 태양과 별의 구조를 알고 있고 최근의 실험들은 태양과 별들이 낯선 '암흑물질dark matter'과 '암흑에너지dark energy'로 이뤄진 우주에서 별로 대단하지 않은 구성 요소에 불과하다는 것을 밝혀냈다. 그 과정에서 우주의 나이(빅뱅 이후의 시간)가 138억 살이라는 사실도 발견됐다.

이러한 발견들에 기여한 관측들은 많다. 특히 실험 96에 소개한 초신성 연구가 그 사례다. 그러나 (여태까지 이뤄진) 궁극의 실험은 관측 위성 플랑크Planck가 실행한 것이다(플랑크라는 이름은 흑체복사의 성질을 최초로 규명해낸 막스 플랑크를 기리는 듯으로 붙여진 것이다). 플랑크를 통한 실험 결과는 2015년 초에 발표됐다. 플랑크 위성은 2009년 5월 14일 유럽우주기구European Space Agency, ESA에 의해 아리안 5 로켓에 탑재돼 발사됐다. 2013년 3월 첫 번째 결과가 발표되기 전, 이 위성은 여러 해 동안 하늘을 관측했다. 관측은 연료가 바닥이 나 위성이 꺼지던 그해 10월까지 계속됐다. 그러나 데이터 분석은 2015년 초까지 계속됐고 확정적 결론이 발표됐다.

이름이 암시하는 바대로 플랑크 위성에 탑재된 기구들은 50년 전 아노 펜지어스와 로버트 윌슨이 발견했던 우주마이크로파배경복사cosmic microwave background radiation를 상세히 연구하기 위해 설계됐다(실험 91을 보라). 그러나 펜지어스와 윌슨이 우주의 모든 방향에서 오는, 단일해 보이는 전자 잡음만 검

출할 수 있었던 반면 플랑크는 장소마다 미세하게 달라지는 온도 차이들, 즉 비등방성anisotropy(하늘의 방향에 따른 복사 에너지의 강도 차이_옮긴이)을 측정해냈다. 비등방성은 빅뱅 후 몇 십만 년 전, 복사가 물질로부터 '분리되던decoupled' 당시의 우주 상태를 밝혀줬다. 이러한 분리는 우주가 양전기의 핵과 음전기의 전자가 합쳐져 중성을 띤 원자를 만들 만큼 식었을 때, 즉 물질이 전자기복사와 상호작용을 멈췄던 시점에 일어났다. 플랑크가 검출한 광자 중 일부는 물질이 더 빽빽이 차 있어 은하와 별들이 생겨나도록 씨앗 노릇을 했던 구역에서 나온 반면 또 다른 것들은 은하의 이 씨앗들 사이의 틈새 공간에서 나왔다. 중요한 것은 온도 차이가 이를 반영한다는 것이다.

•
플랑크와 허셜 발사 그림. 이 두 개의 우수 방원경은 2009년 5월 14일 아리안 5 로켓에 탑재돼 발사됐다. 이 망원경은 로켓의 2층(위층)에 실린다. 여기서 덮개(페어링 fairing)가 분리돼 안에 있던 우주선이 나온다. 처음엔 허셜(덮개가 벗겨진 로켓의 맨 윗부분), 그 다음에는 플랑크(허셜 바로 아래 검은 색의 운반체 안에 있다)가 위층에서 분리돼 지구로부터 멀리 날아가 미션을 수행했다.

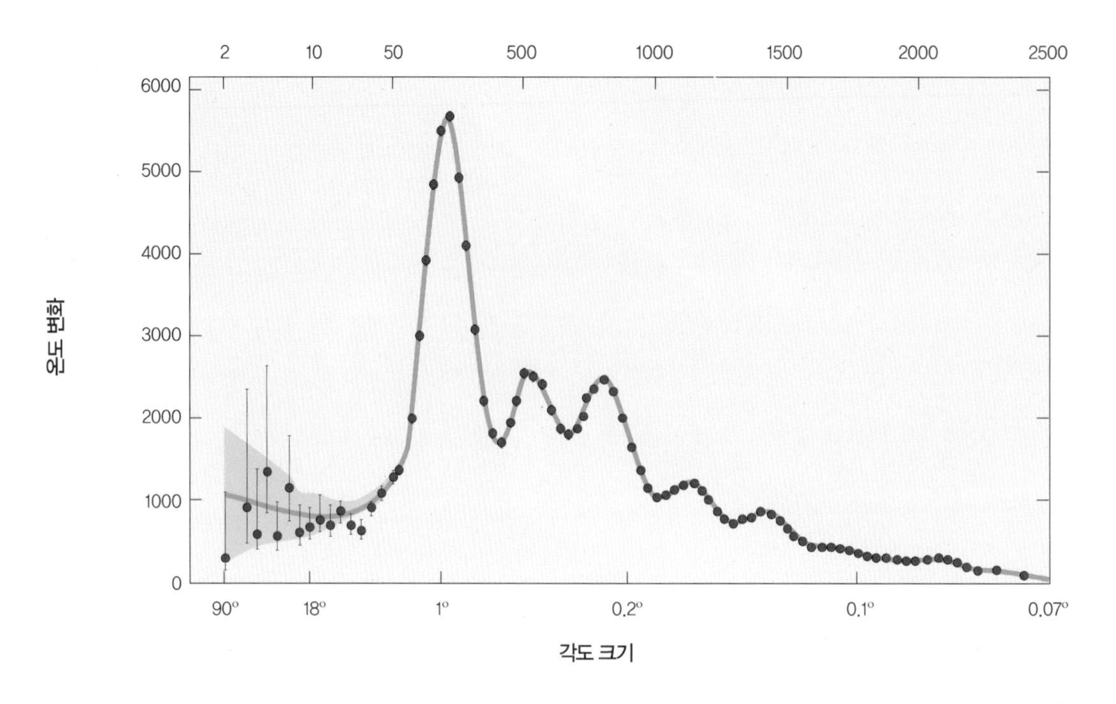

•
플랑크 데이터(점들)에 대한 파워 스펙트럼 분석은 이 장에서 기술한 바대로 우주의 모형이 예측했던 곡선과 정확히 일치한다. 중입자 물질 4.9퍼센트, 암흑물질 26.8퍼센트, 암흑에너지 68.3퍼센트 그리고 우주 나이 138억 년.

배경 복사의 이러한 비등방성 즉 '파동'의 성질은 초기 우주의 균형 작용에 달려 있다. 물질(암흑물질과 우리를 이루는 성분인 중입자baryon를 합친 것)은 중력으로 입자들을 한데 모으려고 하는 반면 강력한 광자의 형태를 띤 복사는 모인 것을 흐트러뜨리려 한다. 물질과 복사가 일으키는 효과 사이의 상호작용은 음향 진동이라는 파동을 파장의 혼합물과 함께 산출한다. 복사와 물질이 분리될 때 이 파동의 패턴은 장소에 따라 달라지는 온도의 형태로 굳어버린다. 플랑크 위성은 바로 이 온도 차이를 측정한 것이다. 차이는 지극히 작다. 어떤 곳에서는 빅뱅으로부터 남은 복사leftover radiation가 1도의 100만 분의 몇 정도 온도가 더 높은 반면 다른 곳에서는 딱 그만큼 더 낮다. 그러나 플랑크는 이 차이를 측정할 수 있을 만큼 정교했고, 실험과학자들은 기타의 화음을 이루는 개별 음들을 화음 소리를 분석해 하나하나 풀어내는 방식과 유사한 과정을 통해 차이를 만드는 파동의 패턴을 풀어냈다. 이러한 기법을 파워 스펙트럼 분석power spectrum analysis이라 한다. 이 분석은 배경복사 연구에 표준적으로 쓰이긴 하지만, 그것이 그랜드피아노를 계단 아래로 밀 때 피아노가 내는 소음을 분석해 피아노의 구조를 알아내는 일과 비슷하다는 연구자의 말을 생각해보면 얼마나 복잡한 기술인지 가늠해볼 수 있다.

이 모든 노력 덕분에 우리는 우주의 구조를 놀라울 정도로 상세히 알게 됐다. 중입자 물질이 우주에서 차지하는 비율은 4.9퍼센트에 불과하다. 중입자란 우리가 '보통' 물질이라고 생각하는 것들(별과 행성과 사람들을 구성하는 물질)

우주마이크로파배경복사. 유럽우주기구의 플랑크 위성으로 본 것(위 오른쪽)과 그 전신인 나사의 윌킨슨 마이크로파 비등방성 탐색기로 본 것(아래 왼쪽). 플랑크는 우주마이크로파배경복사 중 가장 상세한 이미지를 산출해냈다.

•

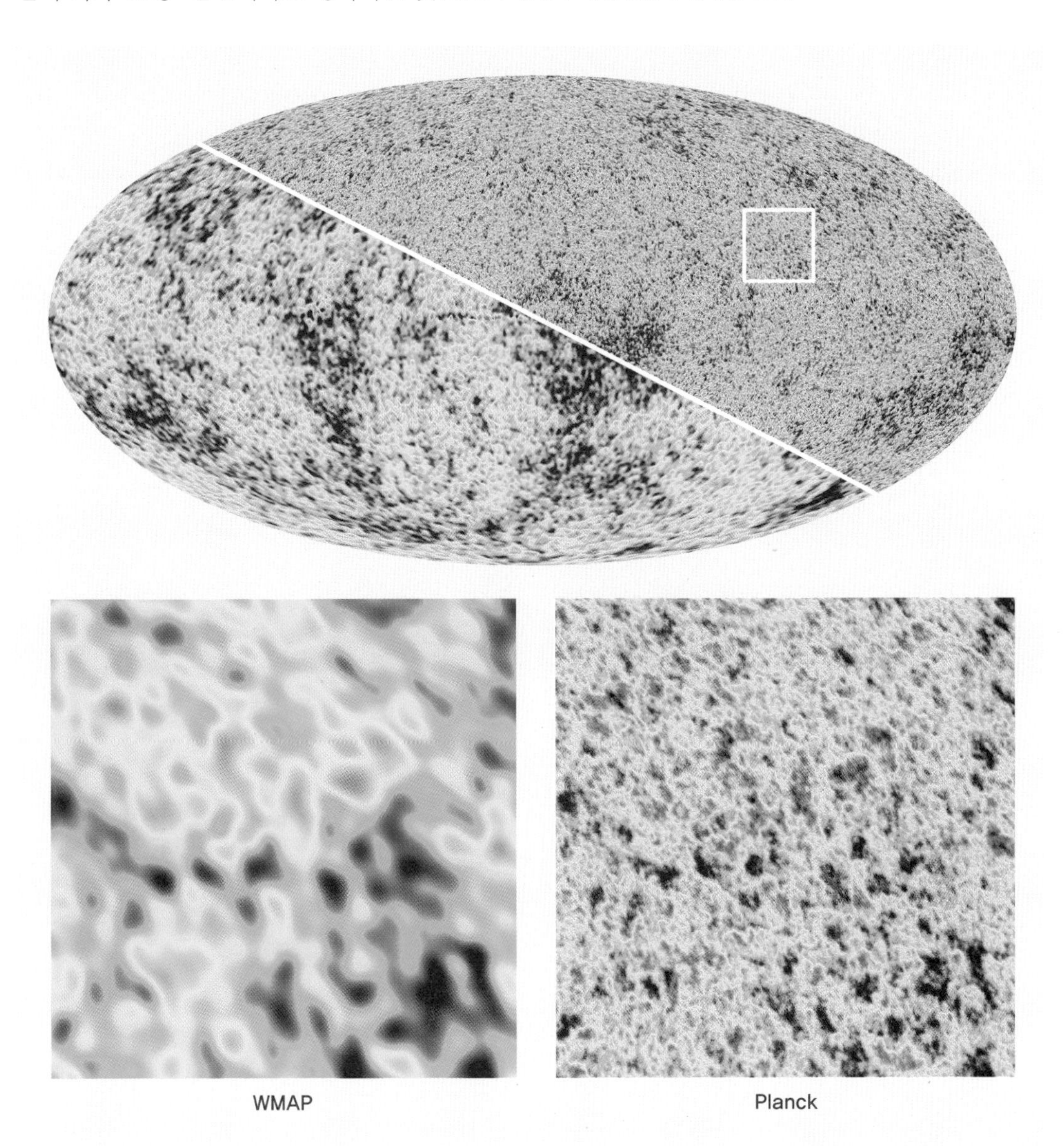

이다. 우주의 26.8퍼센트는 암흑물질로 이뤄져 있다. 암흑물질은 특정한 종류의 입자 형태로 이뤄져 있는 듯 보인다는 의미에서는 보통의 물질이지만, 중력을 제외하고는 어떤 힘으로건 중입자와 전혀 상호작용을 일으키지 않는 입자다. 이제 남은 것은 68.3퍼센트의 성분인데(3분의 2가 넘는다), 이것은 암흑에너지의 형태로 돼 있다. 암흑에너지는 초신성 연구팀에 의해 발견됐다. 그 과정에서 플랑크 위성은 우주의 나이를 137억 9,800만 년(대략 138억 년)으로 확정했고 우주가 팽창하는 속도를 측정했다. 바로 허블상수Hubble constant다. 그가 측정한 허블상수는 초당 1메가파섹Megaparsec(우주공간의 거리를 나타내는 단위_옮긴이) 당 67.8킬로미터이다. 이 모든 것은 윌킨슨 마이크로파 비등방성 탐색기Wilkinson Microwave Anisotropy Probe, WMAP라는, 플랑크 위성 이전의 위성이 측정한 비율과 잘 맞아 떨어지지만 WMAP의 결과는 정확성이 좀 떨어졌기 때문에 우주에 대한 현재 지식의 표준은 플랑크의 관측이다.

보너스 실험 101

· 라이고 실험, 현대 과학실험의 결정체

2016년 2월, 다수의 과학자들이 모인 대규모 연구팀이 실험 결과 하나를 보고했다. 이 실험은 과학적 방법에 대한 파인만의 명언을 너무도 아름답게 요약해놓았기 때문에 '실험 101(라이고 실험을 뜻한다_옮긴이)'이라고 부를 만한 가치가 있다. 대학 기본 과목의 강의명도 대개 '물리학 101' 등으로 부르지 않는가. 이 경우 실험의 재료가 되는 가설은 일반 상대성 이론이다. 이 이론에 따르면, 공간에서 서로를 공전하는 질량체들은 우주에서 중력파라는 물결을 산출하고, 이 중력파는 우주를 가로질러 퍼져나간다. 우리는 이미 이러한 파가 존재한다는 증거를 쌍성 펄서의 연구를 통해 얻게 됐다(실험 92를 보라). 그러나 지구상의 실험을 통해 중력파를 직접 검출할 수 있다면 우리는 우주를 새로운 눈으로 보게 될 것이다.

중력파를 실험으로 검출하는 방법(파인만의 말대로 이론을 검증하는 방법)은 양팔이 달린 검출기를 만드는 것이다. 서로 수직 방향으로 뻗은 2개의 팔 속에는 진공관이 들어 있고 이 진공관 속에서는 레이저빔이 4킬로미터를 이동한 다음, 진자 시스템에 매달려 있는 아주 무거운 덩어리에 부착된 반사 표면을 맞고 튀어나와 다시 진공관을 타고 이동해 다른 레이저빔과 합쳐진다. 이 시스템은 기막힌 정밀성을 갖추고 있을 뿐 아니라 외부의 교란을 완전히 차단하도록 설계돼 있으며, 2개의 레이저빔은 보조를 맞춰 이동해(실제로는 위상이 정확히 반대란 뜻이다) 둘이 만나 합쳐질 때는 정확히 서로를 상쇄시켜 아무런 신호도 검출되지 않도록 조치해놓았다.

실험과학자들의 예상(파인만의 '추측')은 이 실험 기기를 통과하는 중력파가

•

라이고 LIGO(Laser Interferometer Gravitational-Wave Observatory)의 중력파 검출기. 미국 루이지애나 리빙스턴에 있는 라이고의 중력파 검출기 구역을 항공사진으로 촬영한 것. 라이고는 3,000킬로미터 떨어진 두 검출기 구역(미국 워싱턴 핸포드 근교의 검출기 구역과 루이지애나 리빙스턴 구역) 사이의 중력파 측정치를 비교한다. 각 구역은 L자형의 초고진공 시스템이며, L자형 막대 각각의 길이는 4킬로미터다. 레이저 간섭계들은 중력파가 일으키는 미세한 변화를 검출하는 데 사용된다. 라이고는 2002년부터 가동 중이고 2015년 이후 개선된 버전의 어드밴스드 라이고aLIGO가 가동되고 있다. 2016년 2월 11일, 라이고가 중력파를 검출했다는 발표가 나왔다. 2015년 9월 14일, 2개의 블랙홀이 충돌한 결과 중력파 신호가 검출됐다.

수직 방향으로 움직이는 빔 2개의 스텝을 꼬이게 만들어 이 빔들이 합쳐지는 검출기에서 어떤 활동의 신호를 드러내리라는 것이었다. 일반 상대성 이론을 이용해 계산할 경우 어떤 종류의 패턴이 산출될지도 정확히 예측할 수 있었다. 그리고 2015년 9월 14일 정확히 그 패턴이 10분의 1초도 안 되는 시간 동안 지속된, 아주 미세한 파동pulse에서 잡혔다. 파동 때문에 레이저빔 길이의 스텝이 꼬여 나타난 변화량은 원자 지름보다도 작은 값에 불과했다(이 검출기는 중력파의 영향이 없어서 두 갈래로 갈라진 빛이 정확하게 똑같은 거리를 똑같은 시간에 움직였다면, 만날 때 서로 위상이 정확히 정반대인 상태로 겹치게 돼 아무런 신호도 검출되지 않도록 설계돼 있다. 반면 중력파로 시공간에 뒤틀림이 생긴다면, 두 갈래로 나뉘었던 신호의 경로 길이에 차이가 나서 정확히 겹치지 않기 때문에 간섭 패턴을 검출할 수 있도록 돼 있다).

이보다 훨씬 더 굉장한 사실은 중력파의 파동이 두 개의 똑같은 검출기에서 모두 나타났다는 것이다. 북미 대륙의 양쪽 끝에 있는 검출기에서 하나씩 나타난 것이다. 중력파의 파동이 첫 번째 검출기에 도착하는 시간과 두 번째 검출기에 도착하는 시간 사이의 차이는 단지 6.9밀리초(1밀리세컨드, 밀리초는 1,000분의 1초에 해당_옮긴이)에 불과했다. 이것은 이 파동이 실재라는 것, 그리고 이것이 빛의 속도로 이동한다는 사실을 입증했다. 이 파동의 정확한 패턴은 두 개의 블랙홀의 충돌과 융합에 대해 예상한 수치와 일치한다. 2개의 블랙홀은 각각 태양 질량의 약 30배에 해당하는 질량을 갖고 있다. 이들이 충돌하고 융합되는 과정에서 우리 태양 질량의 약 3배에 해당하는 질량이 중력파의 형태를 띤 에너지로 전환됐고, 이는 아인슈타인의 유명한 공식 $E=mc^2$과 일치한다. 10억 광년 이상 떨어져 있다고 추산된 곳에서 분출된 이 거대한 에너지는 지구상의 검출기를 아주 미세하게 흔들었다.

이 놀라운 실험결과는 2,000년 이상 이어져 온 실험과학의 절정이었다. 그리고 이 모든 것은 또 다른 종류의 파동, 아르키메데스라는 그리스 철학자의 욕조 속 파동에서 시작됐다.

오른쪽 두 개의 블랙홀이 합체되면서 일으키는 중력파(나선)를 상상해서 그린 그림. 2015년 9월 중력파가 최초로 검출됐다. 이 중력파는 태양 질량의 36배와 29배 되는 블랙홀 2개가 충돌하면서 나온 것이다. 이 블랙홀들은 약 13억 광년 떨어져 있다. 이 중력파는 미국에 위치한 2개의 라이고 검출기에서 검출됐다.

주

1. Richard Feynman, *The Key to Science*, Lecture at Cornell University, 1964 (www. youtube.com/watch?v=b240PGCMwV0)
2. William Gilbert, *On the Loadstone and Magnetic Bodies, and On the Great Magnet the Earth*, trans. P. Fleury Mottelay (Newyork: John Wiley and Sons, 1893)
3. P. A. M. Dirac, *The Principles of Quantum Mechanics*, 1893 (Oxford University Press, Oxford, 1958)
4. Galileo Galilei in *Dialogue Concerning Two New Sciences* 1638 (Prometheus Books 1991)
5. Letter from Périer to Pascal, 22 September 1648, in Blaise Pascal, *Oeuvres complètes* (Paris: Éditions du Seuil, Paris, 1964)
6. Royal Society archive: 'Letter of Benjamin Franklin Esq. to Mr. Peter Collinson F. R. S. concerning an Electrical Kite. Read at R.S. 21 Decemb. 1752. Ph. Trans. XLVII. p. 565'
7. Joseph Black and John Robison, *Lectures on the Elements of Chemistry* (Longman and Rees, London, 1803)
8. Quoted in Andrew Carnegie, *James Watt* (Doubleday, Page & Company, New york, 1905)
9. Antoine Lavoisier, *Mémoires of the French Academy* (1786)
10. J. L. E. Dreyer (ed.), *The Scientific Papers of Sir William Herschel*, 2 vols (The Royal Society, London, 1912)
11. Clifford Cunningham, 'William Herschel and the First Two Asteroids' in *The Minor Planet Bulletin* (Dance Hall Observatory, Ontario, 11:3, 1984)
12. J. J. Berzelius, *Essai sur la théorie des proportions chimiques* (Paris, 1819)
13. Lucretius, *The Nature of Things* (trans. A. E. Stallings, Penguin Books, London, 2007)
14. Charles Darwin, *Voyage of the Beagle* (Penguin Books, London, 1989; first published 1839)
15. Ibid.
16. Louis Agassiz, *'Discours prononce a l'ouverture des seances Société Helvétique des Sciences Naturelles'*, address delivered at the opening of the Helvetic Natural History Society, at Neuchâtel, 24 July 1837 (*The Edinburgh New Philosophical Journal* v.24, Oct. 1837–April 1838, pp.364–383)
17. Louis Agassiz, *Études sur les Glaciers* (Jent et Gassmann, Neuchâtel, 1(3) 122, 1840)
18. John Tyndall, *Light and electricity*, notes of two courses of lectures before the Royal Institution of Great Britain (D. Appleton and Co., New york, 1883)
19. Thomas Lefroy, *Memoir of Chief Justice Lefroy* (Hodges, Foster & Co., Dublin, 1871)
20. Crawford Long, An account of the first use of Sulphuric Ether by Inhalation as an Anaesthetic in Surgical Operations (*Southern Medical and Surgical Journal*, vol. 5, 705–713, 1849)
21. Letter to the editor of the *Medical Times and Gazette*, September 1854
22. Ibid.
23. Louis Pasteur, *Methode pour prevenir la rage apres morsure* (C. R. Acad. Sci. 101, 765–774, 1885) quoted at: www.historylearningsite.co.uk/a-history-of-medicine/ louis-pasteur/
24. Reprinted in R. S. Shankland, 'Michelson–Morley experiment' (*American Journal of Physics*, 31(1), 1964)
25. Quoted at:http://web.archive.org/web/20090925102542/http://chem.ch.huji.ac.il/history/hertz.htm
26. Lord Rayleigh, 'The Density of Gases in the Air and the Discovery of Argon', *Nobel Lecture*, 12 December 1904

27. Sir William Ramsay, 'The Rare Gases of the Atmosphere', *Nobel Lecture*, 12 December 1904

28. J. J. Thomson, 'On the Masses of the Ions in Gases at Low Pressures' (*Philosophical Magazine*, 5:48, No.295, pp.547–567 (page 565), December 1899)

29. Antoine H. Becquerel, 'On radioactivity, a new property of matter', *Nobel Lecture*, 11 December 1903

30. Philipp E. A. Lenard, 'On Cathode Rays', *Nobel Lecture*, 28 May 1906

31. Robert A. Millikan, 'The electron and the light-quant from the experimental point of view', *Nobel Lecture*, 23 May 1924

32. Ivan Pavlov, 'Physiology of Digestion', *Nobel Lecture*, 12 December 1904

33. Ibid.

34. William Lawrence Bragg, 'The diffraction of X-rays by crystals', *Nobel Lecture*, 6 September 1922

35. Clinton J. Davisson, 'The discovery of electron waves', *Nobel Lecture*, 13 December 1937

36. Alexander Fleming, 'Penicillin', *Nobel Lecture*, 11 December 1945

37. Ibid.

38. Albert Szent-Györgye, 'Oxidation, energy transfer, and vitamins', *Nobel Lecture*, 11 December 1937

39. Dorothy Crowfoot Hodgkin, 'X-Ray Photographs of Crystalline Pepsin', in *Nature*, 133, 795, 1934

40. Frédéric Joliot and Irène Joliot-Curie, 'Artificial Production of Radioactive Elements', *Nobel Lecture*, 12 December 1935

41. Frédéric Joliot, 'Chemical evidence of the transmutation of elements', *Nobel Lecture*, 12 December 1935

42. Otto Hahn, 'From the natural transmutations of uranium to its artificial fission', *Nobel Lecture*, 13 December 1946

43. Enrico Fermi, 'Fermi's own Story', in *The First Reactor* (United States Department of Energy, DOE/NE-0046, pp.25–26, 1982)

44. Linus Pauling, *The Nature of the Chemical Bond* (Cornell UP, 1939)

45. Milly Dawson, 'Martha Chase dies', *The Scientist*, 20 August 2003

46. From the University of Cambridge Darwin Correspondence Project: http://www.darwinproject.ac.uk/letter/ DCP-LETT-7471.xml

47. Dorothy Crowfoot Hodgkin, 'The X-ray analysis of complicated molecules', *Nobel Lecture*, 11 December 1964

48. Robert W. Wilson, 'The Cosmic Microwave Background Radiation', *Nobel Lecture*, 8 December 1978.

49. J. D. Hays, John Imbrie, N. J. Shackleton, Variations in the Earth's Orbit: Pacemaker of the Ice Ages' (*Science*, 194:4270, pp. 1121–1132, 10 December 1976).

50. Laura Helmuth, 'Watch Francis Collins Lunge for the Nobel Prize', *Slate*, 4 November 2013

이미지 출처

본문에 나오는 순서대로 표기. 위에서 아래, 왼쪽에서 오른쪽 순.

서문 NASA/Science Photo Library
서문 National Library of Medicine/Science Photo Library
서문 Physics Today Collection/American Institute of Physics/Science Photo Library
서문 Science Source/Science Photo Library
서문 Paul D. Stewart/Science Photo Library
001 Science Photo Library
002 Sheila Terry/Science Photo Library
002 Collection Abecasis/Science Photo Library
003 Science Museum/Science & Society Picture Library
003 Science Source/Science Photo Library
004 British Library/Science Photo Library
004 British Library/Science Photo Library
005 Science Photo Library
005 Science Photo Library
006 New york Public Library/Science Photo Library
007 Dr Jeremy Burgess/Science Photo Library
007 Science Photo Library
008 Science Source/Science Photo Library
009 Royal Astronomical Society/Science Photo Library
010 British Library/Science Photo Library
010 Natural History Museum, London/Science Photo Library
011 David Parker/ Science Photo Library
011 Universal History Archive/UIG/ Science Photo Library
012 New york Public Library/Science Photo Library
013 Science Photo Library
013 St. Mary's Hospital Medical School/Science Photo Library
014 Print Collection, Miriam and Ira D. Wallach Division of Art, Prints and Photographs/New York Public Library/Science Photo Library
014 Sheila Terry/Science Photo Library
015 Middle Temple Library/Science Photo Library
015 Sheila Terry/ Science Photo Library
016 Claus Lunau/Science Photo Library
016 Science Photo Library
017 Science Photo Library
017 Biophoto Associates/Science Photo Library
018 New York Public Library Picture Collection/Science Photo Library
018 Royal Astronomical Society/Science Photo Library
019 Science Photo Library
019 Gregory Tobias/ Chemical Heritage Foundation/ Science Photo Library
020 Science Photo Library
020 Science Source/Science Photo Library
021 Dorling Kindersley/UIG/Science Photo Library
022 Science Photo Library
022 Sheila Terry/Science Photo Library
023 Jean-Loup Charmet/Science Photo Library
023 Doublevision/Science Photo Library
023 CDC/Science Photo Library
024 Universal History Archive/UIG/Science Photo Library
025 NASA/JPL-Caltech/UCLA/MPS/DLR/IDA/Science Photo Library
025 Science Photo Library
026 Sheila Terry/Science Photo Library
027 Emilio Segre Visual Archives/American Institute of Physics/Science Photo Library
027 Erich Schrempp/Science Photo Library
027 GIPHOTOSTOCK/Science Photo Library
028 David Taylor/Science Photo Library
028 Science Photo Library
029 Science Photo Library
029 Sheila Terry/Science Photo Library
030 Sheila Terry/Science Photo Library
031 Ashley Cooper/Science Photo Library

032 Patrick Dumas/Look at Sciences/Science Photo Library
032 American Philosophical Society/Science Photo Library
033 GIPHOTOSTOCK/ Science Photo Library
033 Sheila Terry/Science Photo Library
034 Molekuul/Science Photo Library
034 Sheila Terry/Science Photo Library
035 Royal Institution of Great Britain/Science Photo Library
035 Royal Institution of Great Britain/Science Photo Library
036 Sheila Terry/Science Photo Library
036 Natural History Museum, London/ Science Photo Library
037 Photo Researchers/Science Photo Library
037 Science Museum/Science & Society Picture Library
038 Jose Antonio Peñas/Science Photo Library
039 British Library/Science Photo Library
039 Getty Images: Print Collector/Contributor
040 Royal Institution of Great Britain/Science Photo Library
040 British Library/Science Photo Library
041 David Parker/Science Photo Library
041 Royal Astronomical Society/Science Photo Library
042 Science Photo Library
043 Emilio Segre Visual Archives/ American Institute of Physics/Science Photo Library
043 Detlev Van Ravenswaay/Science Photo Library
043 Science Photo Library
044 National Library of Medicine/Science Photo Library Science Photo Library
044 Science Photo Library
045 National Physical Laboratory © Crown Copyright/ Science Photo Library
046 Science Photo Library
047 Sinclair Stammers/Science Photo Library
047 Natural History Museum, London/ Science Photo
048 Alfred Pasieka/Science Photo Library
048 Science Photo Library
049 Martyn F. Chillmaid/ Science Photo Library
049 James King-Holmes/Science Photo Library
050 Universal History Archive/UIG/Science Photo Library
050 Andrew Lambert Photography/Science Photo Library
051 Science Photo Library
051 Dorling kindersley/UIG/Science Photo Library
052 Roger-Viollet/ Topfoto
052 Emilio Segre Visual Archives/American Institute of Physics/Science Photo Library
053 NYPL/Science Source/Science Photo Library
054 Royal Institution of Great Britain/Science Photo Library
054 Library of Congress/ Science Photo Library
054 By Alchemist-Hp (Talk) (www. Pse-Mendelejew. De) – Own Work, GFDL 1.2, https:// Commons. Wikimedia.org/ W/ Index.Php?Curid=9597870
055 Science Photo Library
055 Adam Hart-Davis/Science Photo Library
056 Jean-Loup Charmet/Science Photo Library
056 Science Photo Library
057 American Institute of Physics/Science Photo Library
057 Emilio Segre Visual Archives/American Institute of Physics/Science Photo Library
058 Science Photo Library
058 Emilio Segre Visual Archives/American Institute of Physics/Science Photo Library
059 Emilio Segre Visual Archives/American Institute of Physics/Science Photo Library
059 Jacopin/Science Photo Library
060 Ceroi (Own work) [CC BY-SA 3.0 (http:// creativecommons.org/licenses/by-sa/3.0)], via Wikimedia Commons
060 Science Source/Science Photo Library
061 Mikkel Juul Jensen/Science Photo Library

061 Gary Hincks/Science Photo Library
062 Prof. Peter Fowler/ Science Photo Library
062 Jacopin/Science Photo Library
063 Harvard College Observatory/Science Photo Library
063 NASA/JPL-Caltech/Science Photo Library
064 Steve Gschmeissner/Science Photo Library
064 Science Photo Library
065 Science Source/Science Photo Library
065 Eye of Science/Science Photo Library
066 Photo By Ed Hoppe, Cambridge University Press, Courtesy AIP Emilio Segre Visual Archives, Physics Today Collection/Science Photo Library
066 (left) Royal Institution of Great Britain/ Science Photo Library
066 (right) Science Photo Library
067 Royal Astronomical Society/Science Photo Library
068 NYPL/Science Source/Science Photo Library
068 Omikron/Science Photo Library
069 Library of Congress/Science Photo Library
069 Gunilla Elam/Science Photo Library
069 Mike Peres/Custom Medical Stock Photo/Science Photo Library
070 (left) St Mary's Hospital Medical School/Science Photo Library
070 (right) St Mary's Hospital Medical School/Science Photo Library
070 National Library of Medicine/Science Photo Library
071 The Cavendish Laboratory, University of Cambridge
072 Raul Gonzalez Perez/Science Photo Library
072 US National Library of Medicine/Science Photo Library
073 Courtesy of Marx Memorial Library, London
074 Science Photo Library
074 I. Curie and F. Joliot/Science Photo Library
075 Francis Simon/American Institute of Physics/Science Photo Library
075 Victor De Schwanberg/Science Photo Library
076 Emilio Segre Visual Archives/American Institute of Physics/Science Photo Library
076 Emilio Segre Visual Archives/American Institute of Physics/Science Photo Library
077 US National Archives & Records Administration/ Science Photo Library
077 Gary Sheahan/US National Archives & Records Administration/Science Photo Library
078 Bletchley Park Trust/Science & Society Picture Library
078 Topfoto
079 World History Archiv/Topfoto
080 Photo Researchers/Mary Evans Picture Library
080 Demarco/Fotolia
081 Smithsonian Institution/ Science Photo Library
081 Kenneth Eward/Science Photo Library
082 Peter Gardiner/Science Photo Library
082 Eye of Science/Science Photo Library
083 (left) Science Source/Science Photo Library
083 (right) King's College London Archives/Science Photo Library
083 A. Barrington Brown, Gonville & Caius College/ Science Photo Library
084 Jose Antonio Peñas/Science Photo Library
084 Emilio Segre Visual Archives/American Institute of Physics/Science Photo Library
085 (left) Sputnik/Science Photo Library
085 (right) Sputnik/ Science Photo Library
085 Emilio Segre Visual Archives/ American Institute of Physics/Science Photo Library
086 Dr Ken Macdonald/Science Photo Library
087 David Parker/Science Photo Library
087 Brookhaven National Laboratory/Science Photo Library
088 Corbin O'Grady Studio/Science Photo Library
088 Alfred Pasieka/Science Photo Library
089 NOAA/Science Photo Library
089 Hank Morgan/Science Photo Library
090 Emilio Segre Visual Archives/American Institute of

Physics/Science Photo Library

092 David A. Hardy/Science Photo Library

092 Mark Garlick/Science Photo Library

093 Mark Garlick/ Science Photo Library

093 Science Source/Science Photo Library

094 CERN/Science Photo Library

095 provided with kind permission of Dr Tonomura

096 NASA/ESA/STSCI/High-Z Supernova Search Team/ Science Photo Library

096 Emilio Segre Visual Archives/ American Institute of Physics/Science Photo Library

097 Peter Menzel/Science Photo Library

097 Peter Menzel/ Science Photo Library

098 Physics Today/IOP Publishing

099 Mikkel Juul Jensen/Science Photo Library

099 Fons Rademakers/CERN/Science Photo Library

100 David Ducros, ESA/Science Photo Library

100 ESA and the Planck Collaboration, NASA/WMAP Science Team

보너스 Caltech/MIT/Ligo Labs/Science Photo Library

보너스 Russell Kightley/Science Photo Library

찾아보기

ㅂ

ㅈ

ㅊ

ㅋ

ㅌ

ㅍ

ㅎ

영문

zur
Stromquelle
Röntgen Laboratorium der
CHEMISCHEN FABRIK IN HELFENBERG BEI DRESDEN.
EUGEN DIETERICH
PENICILLIN
CURES
GONORRHEA
IN 4 HOURS
SEE YOUR DOCTOR TODAY

세상을 바꾼 위대한 과학실험 100

초판 1쇄 발행 2017년 10월 16일
초판 2쇄 발행 2018년 6월 22일

지은이 존 그리빈 메리 그리빈
옮긴이 오수원
펴낸이 정용수

사업총괄 장충상 **본부장** 홍서진
편집주간 조민호 **편집장** 유승현
책임편집 유승현 **편집** 김은혜 이미순 조문채 진다영
디자인 김지혜
영업·마케팅 윤석오 이기환 정경민 우지영
제작 김동명
관리 윤지연

펴낸곳 ㈜예문아카이브
출판등록 2016년 8월 8일 제2016-000240호
주소 서울시 마포구 동교로18길 10 2층(서교동 465-4)
문의전화 02-2038-3372 **주문전화** 031-955-0550 **팩스** 031-955-0660
이메일 archive.rights@gmail.com **홈페이지** yeamoonsa.com
블로그 blog.naver.com/yeamoonsa3 **페이스북** facebook.com/yeamoonsa

ISBN 979-11-87749-42-4 03400

㈜예문아카이브는 도서출판 예문사의 단행본 전문 출판 자회사입니다. 널리 이롭고 가치 있는 지식을 기록하겠습니다.

이 책의 국립중앙도서관 출판예정도서목록(CIP)은 서지정보유통지원시스템 홈페이지(seoji.nl.go.kr)와
국가자료공동 목록시스템(nl.go.kr/kolisnet)에서 이용하실 수 있습니다(CIP제어번호 CIP2017024476).

* 책값은 뒤표지에 있습니다. 잘못 만들어진 책은 구입하신 곳에서 바꿔드립니다.